Klaus H. Herrmann

Der Photoeffekt

Grundlagen der Strahlungsmessung

Klaus H. Herrmann

Der Photoeffekt

Grundlagen der Strahlungsmessung

Mit zahlreichen Abbildungen und Diagrammen

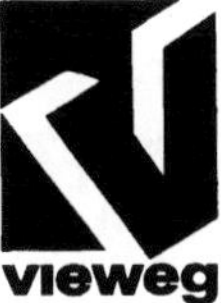

Anschrift des Autors:

Prof. Dr. Klaus H. Herrmann
Institut für Festkörperphysik
der Humboldt-Universität zu Berlin
Unter den Linden 6
10099 Berlin

Der Verlag Vieweg ist ein Unternehmen der Verlagsgruppe Bertelsmann International.

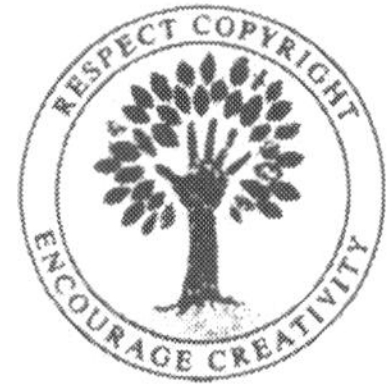

Umschlag: Klaus Birk, Wiesbaden

Gedruckt auf säurefreiem Papier

ISBN 978-3-322-98788-4 ISBN 978-3-322-98787-7 (eBook)
DOI 10.1007/978-3-322-98787-7

Vorwort

Die Untersuchung der Photoeffekte machte die Quantennatur des Lichtes und seiner Wechselwirkung mit Materie deutlich. Entsprechend groß ist die Rolle bei der Herausbildung der quantenphysikalischen Modellvorstellungen in der Physik der kondensierten Materie. Zugleich haben applikative Aspekte eine dynamische Entwicklung dieses Gebiets von seiner Geburt an große Aufwendungen für die Forschung und Bauelementeentwicklung bewirkt. Dies begann mit den Anwendungen in der Tonfilmtechnik und betrifft noch heute die Bauelementegruppen Lichtemitter, Solarzellen, Sensoren, Empfänger für die Lichtwellenleitertechnik, CCD-Matrixsensoren für die Bildaufnahme und die Infrarottechnik, aber auch die xerographische Bildübertragung.

Das griechische Wort für Licht *τὸ φῶς* (Genitiv *φωτὸς*) gab den Photoeffekten und – abgewandelt in Anlehnung an das Wort ,Elektron' (griech. *ἤλεκτρον*, Bernstein) – dem Photon seinen Namen, das entsprechende lateinische Wort *lux* wird als Einheit der Belichtungsstärke verwendet.

In Analogie zu **Elektronik** wurde in den 80er Jahren der Begriff **Photonik** als Ausdruck der wachsenden Verknüpfung von Elektronik mit Optik geprägt, die insbesondere durch die zunehmende Anwendung von Halbleitereffekten in optischen Systemen möglich wurde. Wenn Elektronik die Steuerung von Elektronenströmen (im Vakuum oder in Leitern) bedeutet, so ist Photonik als Steuerung von Photonenströmen (im freien Raum oder in optischen Medien) aufzufassen. In diesem Sinne werden die photoelektrischen Effekte und Bauelemente häufig als Teilgebiet der Photonik dargestellt.

Dieses Buch ist aus Vorlesungen für Physikstudenten an der Humboldt-Universität zu Berlin enstanden, die der Autor gemeinsam mit Dr. H. J. Jüpner (Max-Born-Institut für Nichtlineare Optik und Kurzzeitspektroskopie, Berlin) gehalten hat. Neben den applikativen Aspekten, die der Photonik zuzurechnen sind, werden vorrangig festkörperphysikalische Fragestellungen erörtert. Die Grundlagen des Photoeffekts, die in den Vorlesungen zur Quantenphysik behandelt werden, bieten dem Studenten erfahrungsgemäß einen interessanten Zugang zur Festkörperphysik. Wenn auch ,Photoeffekt' primär als Kürzel für photoelektrischen Effekt und insbesondere ,innerer Photoeffekt' als Kürzel für inneren photoelektrischen Effekt verstanden wird, kann man doch die photoelektrischen Effekte nicht losgelöst von den Mechanismen der Lichtemision betrachten, ja die Physik des Photoeffekts stellt eine interessante Verbindung zwischen den optischen und den Transporteigenschaften von Festkörpern und den Eigenschaften des Lichtes überhaupt dar. Die vorliegende Darstellung ist auf Photoeffekte im Festkörper beschränkt, obwohl dadurch die Photosynthese als für die Menschheit wichtigster Photoeffekt ausgeklammert ist.

Die photoelektrischen Methoden haben eine große Rolle bei der Aufklärung von Festkörpereigenschaften gespielt, da sie zunächst empfindlicher als die optischen

Methoden waren. Vor allem bezüglich der Zeitauflösung sind inzwischen die rein optischen Methoden wieder leistungsfähiger. Die Photoelektronen-Spektroskopie schließlich ist eine Standardmethode zur Aufklärung der elektronischen Struktur von Festkörpern und Festkörper-Oberflächen geworden.

Bei der Veröffentlichung eines Buches zu dieser Thematik im Jahre 1994 hoffen Autor und Verlag auf das Interesse der Leser, weil durch die technologischen Möglichkeiten der NEA-Emitter, der Hetero- und Quantengrabenstrukturen und der Übergitter eine große Bereicherung des Gebietes eingetreten ist, die nach einer Systematisierung verlangt. Andererseits steht die Physik erst am Anfang bei der Ausschöpfung der eröffneten neuen Möglichkeiten, und jeder schöpferisch über Photoeffekte Arbeitende wird sich gern einige Grundtatsachen ins Gedächtnis zurückrufen. In der bisherigen Entwicklung wurden auf diesem interdisziplinären Gebiet bis dahin angenommene Grenzen immer dann erfolgreich überschritten, wenn die Physik der zugrundeliegenden Effekte beachtet wurden.

Die Hörer der Vorlesung waren stets dankbar für die Bemühungen, den inneren und den äußeren Photoeffekt einheitlich darzustellen. Mit der Beschreibung interessanter fremder Experimente soll schließlich Neugier auf das Erleben im eigenen Experiment geweckt werden.

Der Autor bedankt sich bei seinen Kollegen und seinen Studenten für zahlreiche fördernde Diskussionen, er ist für Hinweise jeder Art stets dankbar. Dank gebührt auch den zahlreichen Fachkollegen in aller Welt, die dem Abdruck ihrer Original-Maßkurven zugestimmt haben.

Berlin, im März 1994

K. H. Herrmann

Inhaltsverzeichnis

1 Einführung in die Photoeffekte 1
1.1 Historischer Rückblick: Die grundlegenden Aussagen 1
1.1.1 Lichtelektrische Wirkungen 1
1.1.2 Einsteinsche Gleichung und lichtelektrische Gerade 3
1.2 Der äußere Photoeffekt und der Welle-Teilchen-Dualismus des Lichtes 5
1.3 Der Photoeffekt als Methode zur Strahlungsmessung 7
1.4 Die Entwicklung der Kenntnisse zum inneren Photoeffekt 10
1.5 Zeittafel zum Photoeffekt und zu seinen Anwendungen 12

2 Äußerer Photoeffekt 13
2.1 Grundlegende Modellvorstellungen 13
2.1.1 Die spektrale Quantenausbeute 15
2.1.2 Die Austrittsarbeit von Festkörpern 18
2.1.3 Elemente der Elektronentheorie von Festkörpern 22
2.1.4 Spicers Theorie der Photoemission 26
2.1.5 Die Zeitdauer der Photoemission 27
2.2 Photoemission von Metallen 29
2.3 Photoemission von Halbleitern und Dielektrika 35
2.4 Photoemission spinpolarisierter Elektronen 46
2.5 Dunkelstrom und Rauschen beim äußeren Photoeffekt 50

3 Innerer Photoeffekt 54
3.1 Grundlegende Modellvorstellungen 54
3.2 Photoeffekte der Majoritäts- bzw. Minoritätsträger 65
3.2.1 Photoleitfähigkeit 65
3.2.2 Dembereffekt 72
3.2.3 Photoelektromagnetischer Effekt 72
3.2.4 Photoeffekt am *pn*-Übergang (Photodiode) 75
3.2.5 Andere Raumladungsstrukturen 83
3.3 Der innere Photoeffekt und die Physik der Rekombinationsprozesse . 87
3.3.1 Strahlende Band-Band-Rekombination 89
3.3.2 Dynamisches Gleichgewicht und Generations-Rekombinations-Rauschen 90
3.3.3 Augerrekombination 92
3.3.4 Rekombination über Zentren 95
3.3.5 Strahlende Rekombination über Störstellen und von Excitonen 100
3.4 Der Grenzfall kleiner Quantenenergien 103
3.4.1 Signalempfindlichkeit und rauschbezogene Empfindlichkeit . . 104
3.4.2 Das Rauschen von Photodioden unterschiedlicher Energielücke 106
3.4.3 Einfluß des thermischen Strahlungshintergrunds – BLIP . . . 107
3.4.4 Detektivität eines Störstellen-Photoleiters 111

3.4.5 Extremfälle des Hintergrundeinflusses 112
3.4.6 Herabsetzung der Augerrekombination 116
3.5 Nichtgleichgewichtsverteilungen beim inneren Photoeffekt 117
3.6 Der innere Photoeffekt und der Impuls der Lichtquanten 125
3.7 Photoeffekte in dimensionsreduzierten Systemen 127
3.7.1 Energiespektrum und Zustandsdichte 128
3.7.2 Photoeffekte und geändertes Energiespektrum 133
3.7.3 Vertikaler Transport über maßgeschneiderte Potentialreliefs . 138
3.8 Optische Untersuchung photoangeregter Zustände 146

4 Nichtlinearitäten beim Photoeffekt 150

4.1 Nichtlineare Generation durch Mehrquanten-Absorption 150
4.2 Nichtlineare Generation durch Nichtlinearität der Absorption 153
4.3 Nichtlinearitäten bei intrinsischer Rekombination 154
4.4 Anwendungen in der Photonik 159
4.5 Chaos in Photoleitern 161
4.6 Die quadratische Abhängigkeit des Photoeffekts von der Lichtfeldstärke 162

5 Wissenschaftliche Anwendungen 166

5.1 Photoelektronen-Spektroskopie 166
5.1.1 Energieverteilungskurven 166
5.1.2 Methodenübersicht zur Photoelektronen-Spektroskopie 169
5.1.3 Ausgewählte Anwendungsbeispiele 176
5.2 Spektroskopische Anwendungen des inneren Photoeffekts 183

6 Photoelektrische Strahlungsmessung 186

6.1 Meßgrößen und Bewertung von Strahlungsempfängern 186
6.2 Meßtechniken hoher Genauigkeit 191
6.3 Meßtechniken hoher Empfindlichkeit 192
6.4 Meßtechniken hoher Zeitauflösung 200
6.5 Strahlungsmessung in unterschiedlichen Spektralbereichen 203
6.5.1 Silicium-Strahlungsempfänger mit Grundgitteranregung . . . 204
6.5.2 Strahlungsempfänger für die Lichtwellenleitertechnik 207
6.5.3 Infrarot-Strahlungsempfänger 208
6.6 Bildaufnahme 215
6.6.1 Bildaufnahme mit Elektronenstrahlröhren 217
6.6.2 CCD-Bildsensoren 219
6.6.3 Infrarot-Bildaufnahme 224
6.6.4 Xerographische Bildübertragung und Druckbilderzeugung . . 227
6.7 Solarzellen: Optimierungsziel Leistung 229

Ausblick 233

Zitierte Originalarbeiten 234

Sachwortverzeichnis 242

1 Einführung in die Photoeffekte

Der Erkenntnisweg bei der Fixierung der Grundaussagen zum äußeren und inneren Photoeffekt wird skizziert. Die Rolle des Photoeffekts bei der Herausarbeitung des Welle-Teilchen-Dualismus des Lichtes und der quantenphysikalischen Beschreibung der Wechselwirkung zwischen Licht und Festkörpern wird nachgezeichnet.

1.1 Historischer Rückblick: Die grundlegenden Aussagen

1.1.1 Lichtelektrische Wirkungen

Die Geschichte des äußeren Photoeffektes begann vor mehr als 100 Jahren: In seiner Arbeit ,Über einen Einfluß des ultravioletten Lichtes auf die electrische Entladung' berichtete H. Hertz 1887 [75] über eine Beobachtung bei seinen Experimenten zur Übertragung elektromagnetischer Wellen. Zwischen den Elektroden einer Funkenstrecke bildete sich die Funkenentladung leichter aus und erreichte größere Schlagweiten, wenn die negativ geladene Elektrode nicht gegen das ultraviolette Licht abgeschattet wurde, das von einer zweiten Funkenstrecke ausging:

> Nach den Resultaten unserer Versuche hat das ultraviolette Licht die Fähigkeit, die Schlagweite der Entladungen eines Inductoriums und verwandter Entladungen zu vergrößern. Die Verhältnisse, unter welchen es bei derartigen Entladungen seine Wirkung äussert, sind freilich recht complicirte, und es ist also wünschenswerth, die Wirkung auch unter einfacheren Bedingungen, insbesondere unter Vermeidung des Inductoriums zu studiren.

Diese Bedingungen schuf sich W. Hallwachs 1888 [70] bei seiner Untersuchung ,Ueber den Einfluß des Lichtes auf electrostatisch geladene Körper' in einem Experiment, das heute als **Grundversuch zum äußeren Photoeffekt** gilt (Bild 1.1 [71]). Eine isoliert aufgestellte, negativ geladene Metallplatte, die mit einem Elektroskop verbunden ist, verliert ihre Ladung – die Elektroskop-Plättchen fallen zusammen – sobald sie mit dem Licht einer Kohlebogenlampe bestrahlt wird. Dagegen bleibt eine positive Aufladung der Platte bei Belichtung erhalten.

> Man ist demnach berechtigt anzunehmen, dass bei der Belichtung negativ electrischer, blanker Metallplatten, deren Oberflächen eine solche Aenderung erleiden, dass negativ electrische Theilchen von ihnen weggehen und den electrostatischen Kräften des Feldes folgen können...

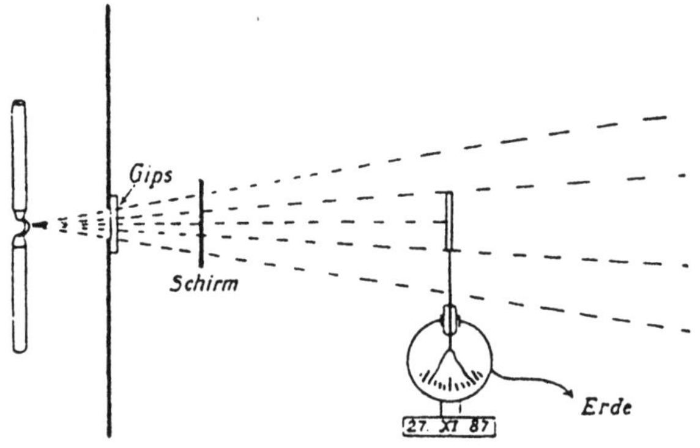

Bild 1.1
Grundversuch zum äußeren Photoeffekt nach W. Hallwachs

Hallwachs führte seine Messungen an Luft durch, sein Emitter war ein ,blank geputztes' Zinkblech, gegenüber der Lichtquelle durch ein zweites, größeres Blech abgeschirmt, in dessen Mitte sich ein UV-durchlässiges Marienglasfenster[1] befand. Der Versuch läuft in gleicher Weise ab, wenn sich die Metallplatte im Vakuum befindet und ihr gegenüber eine geerdete Gegenelektrode z.B. in Form eines Drahtnetzes angebracht ist. Solche ersten *Photozellen* wurden um 1900 von Elster und Geitel gebaut, um den lichtelektrischen Effekt an Alkalimetallen zu untersuchen [53].

Auch Lenard benutzte für seine Arbeiten von 1900 bzw. 1902 [99] bereits eine evakuierbare Versuchsanordnung. Er postulierte im Hinblick auf den ,streng unipolaren Charakter der lichtelektrischen Wirkung, zusammen mit der Erkenntnis, daß Kathodenstrahlen wesentlich Träger negativer Ladungen seien', daß das ultraviolette Licht Kathodenstrahlen auslöst. Dies konnte auch durch Messungen der spezifischen Ladung e/m an den ,lichtelektrischen Strahlen' bestätigt werden, die den gleichen Wert brachten wie der von Thomson an freien Elektronen erhaltene.

Lenard arbeitete vor allem mit Gegenfeldmessungen, als Lichtquelle dienten ihm Kohle- bzw. Zinkbogenentladungen. Trotz mancher Erschwernisse, die sich z.B. aus der Ionisierung von Restgasen ergaben, fand er durch systematische Versuche eine Reihe wesentlicher Merkmale des äußeren Photoeffektes:

- Die Anfangsgeschwindigkeit der austretenden elektrischen Quanten[2] ist unabhängig von der erregenden Lichtintensität, abhängig von der erregenden Lichtart und bei gleicher Lichtart abhängig von der bestrahlten Substanz;
- die Zahl der austretenden elektrischen Quanten ist der wirkenden Lichtintensität ohne Schwelleneffekt proportional.

[1] Gipsspat
[2] Der Begriff *Elektron* wurde von Lenard noch nicht benutzt.

1.1.2 Einsteinsche Gleichung und lichtelektrische Gerade, Bestimmung des Planckschen Wirkungsquantums h aus dem Photoeffekt

Der experimentell gesicherte Befund, nach welchem die Zahl der emittierten Photoelektronen direkt proportional der Lichtintensität, ihre Anfangsgeschwindigkeit dagegen unabhängig von der Lichtintensität ist, war im Rahmen des Wellenbildes der elektromagnetischen Strahlung nicht zu erklären. Danach sollte das elektrische Feld der Lichtwelle Beschleunigung und Ablösung der Elektronen bewirken, und die Energie der Photoelektronen sollte mit zunehmender Feldstärke (Intensität der Lichtwelle) zunehmen.

Einen Ausweg zeigte A. Einstein 1905 in seiner Arbeit ‚Über einen die Erzeugung und Verwandlung des Lichtes betreffenden heuristischen Gesichtspunkt' [46]:

> Monochromatische Strahlung geringer Dichte (innerhalb des Gültigkeitsbereiches der Wienschen Strahlungsformel) verhält sich in wärmetheoretischer Beziehung so, wie wenn sie aus voneinander unabhängigen Energiequanten der Größe $h\nu$ bestünde.

Mit dieser Lichtquantenhypothese folgt aus dem Energieerhaltungssatz die Einsteinsche Gleichung des äußeren Photoeffektes:

$$h\nu = \frac{m}{2}v^2 + e\phi \tag{1.1}$$

Hier ist $(m/2)v^2$ die kinetische Energie des Photoelektrons, e die Elektronenladung und ϕ das Austrittspotential; $e\phi$ wird als photoelektrische Austrittsarbeit W (engl. **W**ork function) bezeichnet. So zwanglos sich mit der Einsteinschen Hypothese die experimentellen Ergebnisse zur Photoemission erklären ließen, so wenig stieß die Vorstellung von einer korpuskularen Natur des Lichtes auf Zustimmung. Noch als Einstein 1913 nach Berlin berufen werden sollte, hieß es im Berufungsvorschlag von Planck, Nernst, Rubens und Warburg an das Preußische Unterrichtsministerium [21]:

> Daß er (Einstein) in seinen Spekulationen auch einmal über das Ziel hinausgeschossen haben mag, wie z.B. in seiner Hypothese der Lichtquanten, wird man ihm nicht allzu sehr anrechnen dürfen.

Ihre überzeugende experimentelle Bestätigung erhielt die Einsteinsche Gleichung durch die Arbeit von Millikan ‚Quantenbeziehungen beim photoelektrischen Effekt' [115], in der dieser die Photoemission an Alkalimetallen untersuchte. Millikan präparierte in seiner Apparatur ‚reine neue Oberflächen von K, Na, Li... durch Schaben im extremsten Vakuum', an denen ‚sofort nachher Photoströme und Kontaktpotentiale gemessen' wurden. Wir stellen hier die originalen Anlaufmessungen von Millikan (Bild 1.2a) und seine Bestimmung der langwelligen Grenze des Photoeffekts an Natrium (Bild 1.2b) einer schematischen Darstellung mit den heute üblichen Bezeichnungen gegenüber. Wird nach Millikan [115] die maximale Anlaufspannung der Photoelektronen um das Kontaktpotential K zwischen Kathode und Anode korrigiert, so erhält man aus der Einsteinschen Gleichung:

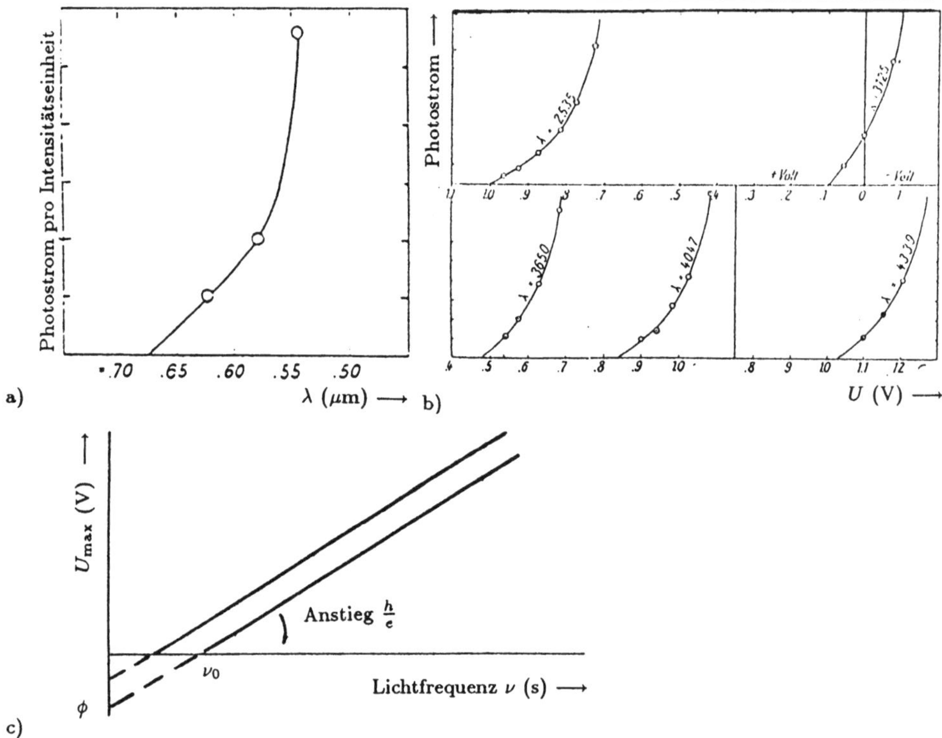

Bild 1.2 a) Photostrom in Abhängigkeit von der Gegenspannung bei Anregung von Na mit verschiedenen Hg-Linien (nach Millikan, λ in Å), b) Bestimmung der langwelligen Grenze der Photoemission von Na (nach Millikan), c) lichtelektrische Gerade zur Bestimmung von h/e und ϕ aus den als Funktion der Lichtfrequenz gemessenen maximalen Anlaufspannungen $U_{\max}$ (schematisch für zwei Metalle mit verschiedenen Austrittsarbeiten)

$$E_{\mathsf{kin\,max}} = f(\nu) = e(U_{\mathsf{max}} + K) = h\nu - e\phi = h\nu - W. \tag{1.2}$$

(U_{max} ist die maximal notwendige Gegenspannung, K das Kontaktpotential). Die Auftragung von U_{max} als Funktion der Lichtfrequenz (Bild 1.2c) bezeichnet man als *lichtelektrische Gerade.* Ihr Anstieg ist für alle Metalle gleich dem Quotienten aus dem Planckschem Wirkungsquantum h und der Elementarladung e, ihr Schnittpunkt mit der Ordinatenachse das photoelektrische Austrittspotential ϕ und ihr Schnittpunkt mit der Abszissenachse die ‚Grenzfrequenz ν_0, bei der die beleuchtete Substanz anfängt, photoelektrisch zu werden.' Aus der Mittelung seiner Ergebnisse an K, Na und Li und mit dem von ihm benutzten Wert der Elementarladung $e = 4,77 \cdot 10^{-10}$ elektrostatische Einheiten konnte Millikan aus der lichtelektrischen Geraden die Größe des Planckschen Wirkungsquantums h beeindruckend genau zu $h = 6,57 \cdot 10^{-27}$ erg·s berechnen. Anhand von Bild 1.2b gibt er auch ‚... eine direkte Bestimmung der langen Grenzwellenlänge für Na' $\lambda_0 = 0,68$ μm an und findet (nach Korrektur durch das Kontaktpotential K) völlige Übereinstimmung mit $\nu_0 = 4{,}39 \cdot 10^{14}$ s^{-1} aus seiner Auftragung der lichtelektrischen Geraden.

1.2 Der äußere Photoeffekt und der Welle-Teilchen-Dualismus des Lichtes

Die klassische Wellentheorie vermochte alle bekannten Interferenz-, Beugungs- und Polarisationserscheinungen des Lichtes so überzeugend zu erklären, daß die Lichtquantenhypothese zur Zeit ihrer Veröffentlichung allenfalls als notwendig zur Deutung des äußeren Photoeffektes betrachtet wurde, nicht aber als Grund für die von Einstein bereits 1909 ausgesprochene Forderung [48]:

> Eine tiefgehende Änderung unserer Anschauungen vom Wesen und von der Konstitution des Lichtes ist unerläßlich.

Um den mühsamen Weg der Erkenntnis für heutige Leser etwas deutlicher werden zu lassen, stellen wir die Einsteinsche Gleichung des äußeren Photoeffekts in ihrer heutigen Gestalt nach Gl. (1.1) der ursprünglichen Formulierung gegenüber:

$$\text{Heutige Formulierung:} \qquad h\nu = \tfrac{m}{2}v^2 + e\phi.$$
$$\text{Einsteinsche Formulierung:} \qquad \tfrac{R}{N}\beta\nu = \Pi\epsilon + P.$$

Einstein benutzte, da er nicht vom Planckschen, sondern vom Wienschen Strahlungsgesetz ausging, noch nicht die Plancksche Konstante h, sondern den Ausdruck $(R/N)\beta$. Dabei bedeuten R die universelle Gaskonstante, N die Avogadrosche Zahl und β die Konstante im Exponenten des Wienschen Strahlunsgesetzes $\rho \sim \exp(-\beta\nu/T)$. Π ist das Emitterpotential, ϵ ,die elektrische Masse des Elektrons' und P ,eine für jeden Körper charakteristische Arbeit, die jedes Elektron beim Verlassen des Körpers zu leisten hat'.

Erst in einer Arbeit von 1906 [47] stellte Einstein eine Verbindung zur Planckschen Theorie der Hohlraumstrahlung her. Er sah jetzt in ihr nicht mehr ,in gewisser Beziehung ein Gegenstück' zu seiner Arbeit, sondern eine gemeinsame theoretische Grundlage, bestehend in der Annahme für die Energie eines mit dem Strahlungsfeld wechselwirkenden materiellen Oszillators:

> Die Energie eines Elementarresonators kann nur Werte annehmen, die ganzzahlige Vielfache von $(R/N)\beta\nu$ sind; die Energie eines Resonators ändert sich durch Absorption und Emission sprungweise, und zwar um ein ganzzahliges Vielfaches von $(R/N)\beta\nu$.

In der gegenseitigen Zuordnung von klassischen Wellenfeldern und Lichtquanten postulierte Einstein 1909 [48], daß den Lichtquanten ein Impuls $h\nu/c$ zukommen müsse, und stellte als Ergebnis weiterer theoretischer Überlegungen 1916 [49] schließlich fest:

> Bewirkt ein Strahlenbündel, daß ein von ihm getroffenes Molekül die Energiemenge $h\nu$ in Form von Strahlung duerch einen Elementarprozeß aufnimmt oder abgibt (Einstrahlung), so wird stets der Impuls $h\nu/c$

> auf das Molekül übertragen.... Erleidet das Molekül ohne äußere Anregung einen Energieverlust von der Größe $h\nu$, indem es diese Energie in Form von Strahlung abgibt (Ausstrahlung), so ist auch dieser Prozeß ein gerichteter. Ausstrahlung in Kugelwellen gibt es nicht...

Die Krise der klassischen Vorstellungen wurde mit weiteren experimentellen Beweisen für die Quantennatur des Lichtes immer deutlicher.

Aussendung von γ-Strahlung Falls die Ausstrahlung eines γ-Strahlers der klassischen Theorie entsprechend in Kugelwellen erfolgt, dürften rund um die Quelle herum aufgestellte Spitzenzähler oder Ionisationskammern untereinander keine Schwankungen ihrer Registrierung über einen Nulleffekt hinaus aufweisen. Tatsächlich zeigten aber die Versuche von E. Meyer [112] im Jahre 1910, daß die Signalanzeigen durchaus räumlich fluktuieren, daß die γ-Strahlung in Form von gebündelter und gerichtet abgestrahlter Energie, also in Form von Quanten abgegeben wird.

Compton-Streuung Wird Röntgenstrahlung an sehr schwach gebundenen Elektronen gestreut, so beobachtet man eine Wellenlängenänderung

$$\Delta\lambda = \lambda' - \lambda = \frac{h}{m_0 c}(1 - \cos\theta). \tag{1.3}$$

(λ' – Wellenlänge der Streustrahlung, θ – Streuwinkel), und neben den ‚normalen' Photoelektronen der maximalen kinetischen Energie $(m/2)v^2 = h\nu - W$ treten ‚Rückstoßelektronen' auf, für die $h\nu$ zu ersetzen ist durch

$$h\nu' = h\nu \frac{2\lambda_C \sin^2\theta/2}{\lambda + 2\lambda_C \sin^2\theta/2}, \tag{1.4}$$

wobei $\lambda_C = h/m_0 c = 2,426 \cdot 10^{-10}$ cm die Compton-Wellenlänge ist. Der Comptoneffekt [36] ließ sich erklären, wenn man sich als Elementarprozeß der Wechselwirkung vorstellte, daß ein Lichtquant und ein als frei betrachtetes Elektron wie in einem elastischen Stoß unter Energie- und Impulserhaltung aufeinandertreffen.

Röntgenfluoreszenz in Metallfolien Durch Anregung mit Röntgenstrahlung erzeugte W. Bothe [22] 1926 in einer Metallfolie die Röntgen-K-Linien. Diese Fluoreszenzstrahlung wurde, beiderseits aus der Folie austretend, mit je einem Spitzenzähler registriert. Dabei ließen sich keinerlei zeitliche Koinzidenzen der Zählersignale feststellen. Diese Tatsache war nur so zu erklären, daß die im elementaren Emissionsakt freigesetzte Lichtenergie einseitig gerichtet abgestrahlt wird und nicht als Kugelwelle in beide Detektoren gleichzeitig.

Neben der Photoemission ist der Bothesche Versuch zu einer der stärksten Stützen des korpuskularen Bildes vom Licht geworden. So begann die Physik, mit dem Welle-Teilchen-Dualismus des Lichtes zu leben. Er drückt sich darin aus, daß das Licht – je nach dem Experiment, das wir ausführen – einmal mehr als Welle, ein andermal mehr als Korpuskel erscheint. Für ein anschauliches Bild ist es oft legitim, sich das Photon als einen Wellenzug begrenzter Länge (etwa 1 m für Licht) vorzustellen.

Die moderne Physik kennt eine Reihe faszinierender Gedankenexperimente, in denen die unterschiedlichen Eigenschaften des Photons zum Ausdruck kommen, und mit der Laserentwicklung wird die ‚nichtklassische Strahlung' mehr und mehr auch dem Experiment zugänglich. Eine aktuelle Darstellung gibt Paul (1985).

Nobelpreise Die Arbeiten zur Untersuchung und Deutung der lichtelektrischen Erscheinungen prägten stark die Entwicklung der Physik zu Beginn des 20. Jahrhunderts und trugen wesentlich zur Herausbildung der Quantentheorie bei. Daß ihre Bedeutung frühzeitig erkannt wurde, findet seinen Ausdruck auch in der Verleihung der Nobelpreise jener Zeit:

Lenard erhielt den Nobelpreis *für seine Arbeiten über Kathodenstrahlen* 1905, Planck wurde 1918 *in Anerkennung seiner Verdienste um die Entwicklung der Physik durch die Entdeckung des Wirkungsquantums* ausgezeichnet. Einstein erhielt die Ehrung 1921 *für seine verdienstvollen mathematisch-physikalischen Untersuchungen, insbesondere für die Entdeckung des Gesetzes des photoelektrischen Effektes*, Millikan wurde 1923 *für seine Arbeiten über die elektrische Elementarladung und über den lichtelektrischen Effekt* ausgezeichnet. *Für die Entdeckung des nach ihm benannten Gesetzes* wurde Compton 1927 mit dem Nobelpreis ausgezeichnet. Wesentlich später (1981) erhielt Siegbahn den Nobelpreis *für seinen Beitrag zur Entwicklung der hochauflösenden Elektronenspektroskopie.*

1.3 Der Photoeffekt als Methode zur Strahlungsmessung

Die Photoemission von Metallen wurde bereits in den 20er und 30er Jahren intensiv untersucht, u. a. von Lukirsky und Priležaev [104], die durch Messungen an zahlreichen Metallen die Gültigkeit des Einsteinschen Gesetzes Gl. (1.5) nachgewiesen haben. Trotz der durch fehlendes Ultrahochvakuum und mangelhafte Probenqualität noch recht unzulänglichen experimentellen Bedingungen konnten Austrittsarbeiten nach unterschiedlichen Methoden bestimmt und deren deutliche Herabsetzung durch Alkaliadsorbate beobachtet werden.

Der Photoeffekt weckte auch frühzeitig Interesse an meßtechnischen Anwendungen. Über erste Versuche, die lichtelektrische Proportionalität

$$I_{\mathrm{Photo}} \sim P_0 \tag{1.5}$$

von Photostrom I_{Photo} und auffallender Lichtleistung P_0 in Photozellen zur radiometrischen Strahlungsmessung auszunutzen, wird von Elster und Geitel [53] bereits 1910 berichtet. Seither waren die Erhöhung der lichtelektrischen Ausbeute und die Ausdehnung der spektralen Empfindlichkeit des Photoemitters vom ultravioletten bis in den sichtbaren und infraroten Wellenlängenbereich (später auch für die Anwendung bei der Tonfilmwiedergabe) ganz wesentliche Beweggründe für Untersuchungen zum Verständnis der Photoemission selbst sowie für die Suche nach neuen Photoemittern.

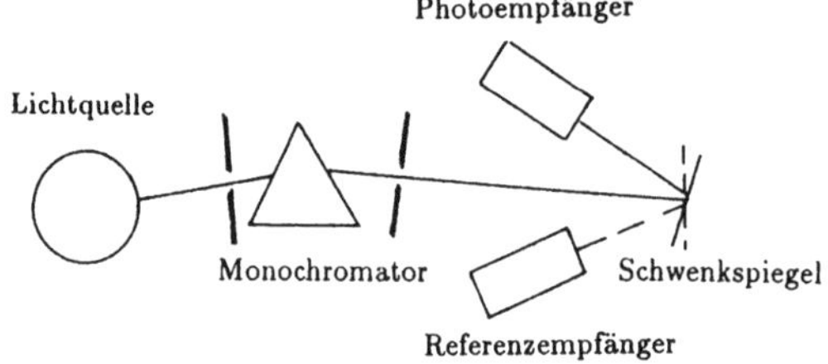

Bild 1.3
Anordnung zur Messung der spektralen Verteilung der lichtelektrischen Empfindlichkeit

Spektrale Empfindlichkeit und Quantenausbeute des Photoeffekts

In der Meßanordnung, die schematisch in Bild 1.3 dargestellt ist, trifft ein Fluß monochromatischer Strahlung der Stärke P_0 wahlweise auf den zu untersuchenden Strahlungsempfänger oder auf einen kalibrierten Referenzempfänger. Diese Anordnung ist in gleicher Weise zur Untersuchung des inneren Photoeffekts geeignet und noch heute gebräuchlich. Statt des Schwenkspiegels wird zweckmäßig ein Strahlteiler verwendet, der Strahlungsanteile gleichzeitig auf den zu untersuchenden und den Referenzempfänger lenkt, so daß die Empfindlichkeit durch eine elektronische Quotientenbildung ermittelt werden kann. Bei Verwendung eines optischen Vielkanalanalysators (OVA) wird das sequentielle Abtasten umgangen: Der Monochromator wird durch einen Polychromator ersetzt, in dessen Brennebene direkt der Sensor des OVA angeordnet wird (siehe Abschnitt 6.3). Das gemessene Spektrum kann als spektrale Empfindlichkeit oder als spektrale Quantenausbeute dargestellt werden.

Spektrale lichtelektrische Empfindlichkeit Die Größe des Photoemissionsstroms I_{Photo} (in A), bezogen auf den auftreffenden monochromatischen Strahlungsfluß P_0, ist ein Maß für die lichtelektrische Empfindlichkeit S_{I} (in A/W) des Photoemitters. Zur Charakterisierung wird die spektrale Verteilung $S_{\text{I}}(\lambda)$ angegeben:

$$S_{\text{I}}(\lambda) = \frac{\text{Photostrom } I_{\text{Photo}}}{\text{monochrom. Strahlungsleistung } P_0(\lambda)}. \tag{1.6}$$

Damit läßt sich das lichtelektrische Proportionalitätsgesetz Gl. (1.5) anders formulieren:

$$I_{\text{Photo}} = S_{\text{I}}(\lambda) P_0, \tag{1.7}$$

wobei $S_{\text{I}}(\lambda)$ nicht von der Strahlungsleistung P_0 abhängen soll. Die Spektralverteilung $S_{\text{I}}(\lambda)$ ist charakteristisch für den jeweiligen Emitter, so daß die in kommerziellen Vakuumphotoempfängern verwendeten Photokathoden durch Standardkurven S 1...S 25 (S von engl. Sensitivity) der spektralen Empfindlichkeit gekennzeichnet werden (siehe die Tabelle auf S. 10).

Spektrale Quantenausbeute Die Quantenausbeute des äußeren Photoeffekts (engl. photoemissive yield) ist definiert als Quotient aus dem Photoemissionsstrom (ausgedrückt als Teilchenstrom $I_{\text{Ph T}} = I_{\text{Photo}}/e$ in Photoelektronen pro s) und dem auftreffenden Quantenfluß $Q_0 = P_0/h\nu$ (gemessen in Photonen pro s):

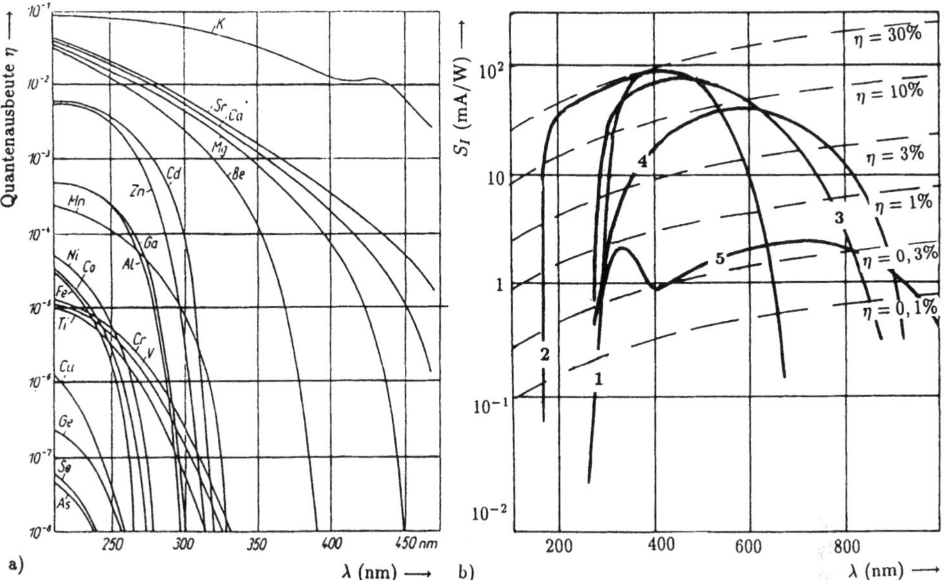

Bild 1.4 a) Spektrale Quantenausbeute $\eta(\lambda)$ verschiedener Metalle nach Görlich (1962), b) spektrale Stromempfindlichkeit $S_I(\lambda)$ einiger gebräuchlicher Photokathoden [126]: 1 - Bialkali, 2 Bialkali mit Quarzfenster, 3 Multialkali, 4 ERMA, 5 S1-Kathode. Gestrichelt sind die Kurven konstanter Quantenausbeute dargestellt.

$$\eta = \frac{\text{Elektronenfluß}}{\text{Photonenfluß}}. \tag{1.8}$$

Die spektrale Empfindlichkeit bzw. Quantenausbeute werden entweder in Abhängigkeit von der Wellenlänge λ oder als Funktion der Photonenenergie $h\nu$ dargestellt. Als Beispiel zeigt Bild 1.4 nach Görlich (1962) spektrale Quantenausbeuten von Metallen und die spektrale Stromempfindlichkeit wichtiger Photokathoden. Einige der Bezeichnungen sind in der folgenden Tabelle erklärt (nach Jedlička 1986).

Wegen des Zusammenhangs zwischen Wellenlänge und Quantenenergie

$$\lambda = \frac{hc}{h\nu} \quad \text{bzw.} \quad \lambda \text{ in } \mu\text{m} = \frac{1,24}{h\nu \text{ in eV}}$$

gilt für die Umrechnung zwischen spektraler Stromempfindlichkeit (in A/W) und spektraler Quantenausbeute

$$S_I(h\nu) \text{ in A/W } = \frac{\eta(h\nu)}{h\nu \text{ in eV}} \quad \text{bzw.} \quad S_I(\lambda) \text{ in A/W } = \eta(\lambda)\frac{\lambda \text{ in } \mu m}{1,24}. \tag{1.9}$$

Mit $\eta = 1$ hat ein Photodetektor bei der Quantenenergie $h\nu = 1$ eV die Stromempfindlichkeit $S_I = 1$ A/W, bei kleineren Wellenlängen wird die Empfindlichkeit trotz konstanter Quantenausbeute geringer.[3]

[3] In der technischen Literatur heißt die Proportionalität zu λ bei linearer Auftragung von S_I über λ *Quantengerade*. Bei logarithmischer Auftragung ergibt sich der Kurvenverlauf in Bild 1.4b.

Typ	Material	λ_{gr} nm	η_{max} %	photom. Empfindlichkeit[2] μA/lm	Dunkelstromdichte A/cm^2
S 1	Ag-O-Cs	1100	0,5		$\leq 10^{-12}$
S 10	Bi-Ag-O-Cs	750	5,5		$\approx 10^{-14}$
S 11	Cs_3Sb	580	15	60	$10^{-16} \ldots 10^{-15}$
S 20	Sb-Na-K-Cs	870	30	150...200	10^{-16}
S 24	Sb-Na-K	600	30	50...60	10^{-18}
S 25	Sb-Na-K-Cs[1]	950	20...25	250...600	10^{-15}

[1] ERMA – **E**xtended **R**ed **M**ulti**A**lkali, [2] Zum Zusammenhang zwischen radiometrischer Empfindlichkeit nach Gl. (1.6) und photometrischer Empfindlichkeit siehe Abschnitt 6.1.

Tabelle 1.1 Eigenschaften gebräuchlicher Photokathoden

1.4 Die Entwicklung der Kenntnisse zum inneren Photoeffekt

Die ersten quantitativen Untersuchungen zur Photoleitfähigkeit von Isolatoren und Halbleitern wurden in den 20er Jahren von Gudden und Pohl an natürlichen Kristallen von Selen, Diamant, Zinkblende (ZnS), CdS und Zinnober (HgS) durchgeführt. Aufgrund der Schwierigkeiten, größere Einkristalle dieser Materialien zu erhalten, gingen Gudden und Pohl zur Untersuchung von Alkalihalogeniden mit Farbzentren über. Dies war zugleich für die Aufklärung der photochemischen Prozesse bedeutsam. An den Alkalihalogeniden wurde der Zusammenhang zwischen Generation und Rekombination, zwischen Bewegung und Akkumulation der Ladungsträger studiert und die Korrelation zwischen der optischen Absorption und der Photoleitfähigkeit entdeckt. Das Vorzeichen der photogenerierten Träger wurde mittels Halleffekt bestimmt. Weitere Meilensteine waren die Beobachtung der Diffusion der photogenerierten Träger beim Dembereffekt (Dember 1931) und deren Ablenkung im Magnetfeld beim PEM-Effekt (Kikoin und Noskov 1933).

Der weitere Fortschritt war bestimmt durch die Entwicklung der Festkörperphysik auf quantenmechanischer Grundlage, besonders nach der Ausarbeitung der Elektronentheorie der Metalle durch Sommerfeld, die schließlich zum Bändermodell des festen Körpers führte. Die experimentellen Untersuchungen verlagerten sich von den I-VII-Verbindungen zu den breitlückigen II-VI-Halbleitern, die ebenfalls im Labor synthetisiert werden konnten (CdS durch Frerichs 1946, CdSe durch Görlich 1948). Der Begriff *Modellsubstanz* wurde bezüglich der Photoleitfähigkeit der Alkalihalogenide geprägt und später auf CdS übertragen. Diese Materialien wurden in der Schule von F. Möglich, R. Rompe und K. W. Böer in Berlin intensiv untersucht. In den 50er Jahren wurden die III-V-Halbleiter eingeführt (N. A. Gorjunova in St. Petersburg, H. Welker in Erlangen).

Etwa seit der Erfindung des Transistors durch Bardeen, Brattain und Shockley im Jahre 1947 sind die Fortschritte bei den Vorstellungen vom inneren Photoeffekt nicht mehr zu trennen von der Entwicklung der Halbleiterphysik überhaupt. Zugleich begann eine weitgehende Internationalisierung der Wissenschaft, und etwa seit dieser Zeit bereicherten auch britische und amerikanische Autoren das systematische Verständnis der Photoeffekte, unter ihnen N. F. Mott, T. S. Moss, R. H. Bube, A. Rose. Diese Entwicklung ist gut abzulesen an den Tagungsbänden der Konferenzreihen ‚Photoconductivity Conference' und ‚International Conference on the Physics of Semiconductors'.

Neue Konzepte und Entwicklungen nach der Grundlegung der Elektronentheorie durch Sommerfeld und des Bändermodells durch Wilson waren:

- das Konzept des Defektelektrons (Loch, in der älteren Literatur auch Elektronenlücke) zur Beschreibung einer Ein-Teilchen-Anregung in einem fast voll gefüllten Band (Pauli, Peierls, Heisenberg),
- das Konzept der Majoritäts- und Minoritätsträger und ihrer unterschiedlichen Relaxation in Raum und Zeit, das von dem durch Shockley erreichten Verständnis des *pn*-Übergangs ausging und zur Unterscheidung der Photoeffekte von Majoritäts- und Minoritätsträgern führte,
- das Konzept der intrinsischen und extrinsischen Rekombination von Nichtgleichgewichtsträgern, das eng mit der Entwicklung der Vorstellungen von Lokalzuständen einerseits und ausgebreiteten Zuständen andererseits sowie der Anwendung der Statistik auf deren Besetzung verknüpft ist,
- das Konzept der Elementaranregungen und ihrer Wechselwirkungen, mit dem vergleichsweise anschauliche Beschreibungsweisen der Gitterschwingungen (Phonon), der Effekte der Elektron-Elektron-Wechselwirkung (Exciton), von Polarisationseffekten (Polaron) usw. erreicht wurden,
- die Verwendung von Einkristallen der Elementhalbleiter Germanium und Silicium (und später des direkten III-V-Halbleiters GaAs) zusammen mit der Erlangung der Fähigkeit zur Beherrschung der Konzentration der Ladungsträger (höchste Reinheit einerseits, gezielte Dotierung andererseits) und der Lebensdauer der Minoritätsträger (intrinsische Werte einerseits, gezielte Herabsetzung andererseits),
- die Entwicklung der Halbleitertechnologie überhaupt, die neben Einkristallen auch die Epitaxieverfahren und die Strukturierung bis in den Nanometerbereich brachte.

1.5 Zeittafel zum Photoeffekt und zu seinen Anwendungen

1727	Lichtempfindlichkeit der Silbersalze (Schulze)
1873	Photoleitfähigkeit des Selens (Smith)
1887	Äußerer Photoeffekt (H. Hertz)
1900	Wirkungsquantum (Planck)
1905	Lichtquantenhypothese (Einstein)
1917	Photoleitfähigkeit des Thalliumsulfids (Case)
1929	Ag-O-Cs-Photokathode (Koller)
1931	Dembereffekt
1931	Konzept des Excitons (Frenkel)
1933	PEM-Effekt (Kikoin, Noskov)
1936	Cs_3Sb-Photokathode (Görlich)
1939	Theorie der Halbleiter-Randschichten (Schottky, Spenke, Mott)
1939	Erster Mehrelement-Sensor (Selenzelle mit zweigeteilter Kathode)
1942	Erstes Patent zur Elektrophotographie (Carlson)
1942	Serienproduktion von ir-empfindlichen PbS-Zellen (Görlich, Lang)
1946	Photoleitfähigkeit an synthetischen CdS-Einkristallen (Frerichs)
1948	Theorie des *pn*-Übergangs (Shockley)
ca. 1950	III-V-Halbleiter (Goryunova, Welker)
1956	Erstmals Synchrotronstrahlung in der PES (Tomboulian, Hartman)
1959	(Hg,Cd)Te für Infrarotdetektoren (Lawson, Nielson, Putley, Young)
1963	Erste Massenanwendung von Solarzellen in der Raumfahrt (Telstar)
1965	Erste NEA-Photokathode (Scheer, van Laar)
1968	Erstes funktionstüchtiges Si-Multidiodenvidikon (Crowell)
1970	CCD (Boyle, Smith)
1971	Photoemission polarisierter Elektronen (Busch, Campagna, Siegman)
1981	Erste Standbildkamera mit CCD-Sensor
1987	Si-CCD-Matrix mit 4096×4096 Pixeln
1991	großflächige Si-Lawinenphotodioden

Literaturempfehlungen

Bücher:

Paul, H.: Photonen – Experimente und ihre Deutung. Berlin: Akademie-Verlag 1985, Braunschweig: Vieweg 1985

Queisser, H.: Kristallene Krisen. München: Piper 1985

Görlich, P.: Photoeffekte. I. Historische Entwicklung. Photoemission der Metalle, 1962. II. Experimentelle Photoleitung, 1963. III. Erzeugung photoelektrischer Kräfte, 1966. Leipzig: Akademische Verlagsgesellschaft Geest & Portig K.-G.

Simon, H., R. Suhrmann (Hrsg.): Der lichtelektrische Effekt und seine Anwendungen. 2. Aufl. Berlin, Göttingen, Heidelberg: Springer-Verlag 1958

Moss, T. S.: Photoconductivity in the elements. London: Butterworth 1952

Mott, N. F., R. W. Gurney: Electronic Processes in Ionic Crystals. Oxford: Clarendon Press 1940

Reviewartikel:

Jedlička, M., P. Kulhánek, Photocathodes - contemporary state and trends, in: Vacuum 36 (1986) 515 - 521

2 Äußerer Photoeffekt

2.1 Grundlegende Modellvorstellungen

Der äußere Photoeffekt an Festkörpern wird im Rahmen des Bändermodells behandelt. Photoemission entsteht bei optischer Anregung von Festkörperelektronen in freie Zustände, die oberhalb des Vakuumniveaus liegen, so daß eine gewisse Wahrscheinlichkeit für das Verlassen des endlichen Festkörpers besteht. Eine quantitative Beschreibung wird mit den Begriffen Eindringtiefe der Strahlung, Austrittstiefe der Elektronen und Austrittsarbeit vorgenommen.

Auswertbare Informationsquellen beim äußeren Photoeffekt sind:

- die spektrale Quantenausbeute $\eta(\hbar\omega)$, d.h. die Zahl der pro auffallendes Lichtquant emittierten Photoelektronen, und
- das Energiespektrum der Photoelektronen, d.h. die Zahl der pro auffallendes Lichtquant mit einer bestimmten kinetischen Energie emittierten Elektronen (Energieverteilungskurve, EDC von engl. **E**nergy **D**istribution **C**urve). Die Quantenausbeute erhält man durch Integration über das Photoelektronenspektrum. Umgekehrt kann die Energieverteilung als Ableitung des Photoemissionsstroms nach der Gegenspannung gemessen werden, insofern sind Anlaufexperimente die Wurzeln der Photoelektronen-Spektroskopie.

Bei Anregung der Photoelektronen aus inneren Schalen der Festkörperatome[1] hat man eine Situation ähnlich wie in der Atomphysik, siehe Bild 2.1: Die gemessene Energieverteilung der Photoelektronen kann mittels der Energiebilanz

$$E_{\text{kin}} = \hbar\omega - E_{\text{B}}$$

gedeutet werden (Die Bindungsenergie E_{B} wurde hier positiv gezählt.) Insofern liegt Bild 2.1 in der Tradition der von Grotrian in die Atomphysik eingeführten Energieniveauschemata. Bei dieser Interpretation faßt man das Photoelektronenspektrum als Widerspiegelung der Zahl der mit Elektronen besetzten Zustände $N(E)$ auf: Die Zahl der im Energieintervall $(E, E+dE)$ registrierten Photoelektronen wird als Maß für die Zahl der im gleich großen Energieintervall bei $E - \hbar\omega$ im Atom vorhandenen Elektronen $N(E) = D(E)f(E)$ gewertet. Beim Durchtritt durch die Oberfläche werden die Photoelektronen zwar bezüglich ihrer Energie diskriminiert, diese wird aber nicht geändert.

[1] Im Festkörper werden diese inneren atomähnlichen Energiezustände als Rumpfniveaus bezeichnet.

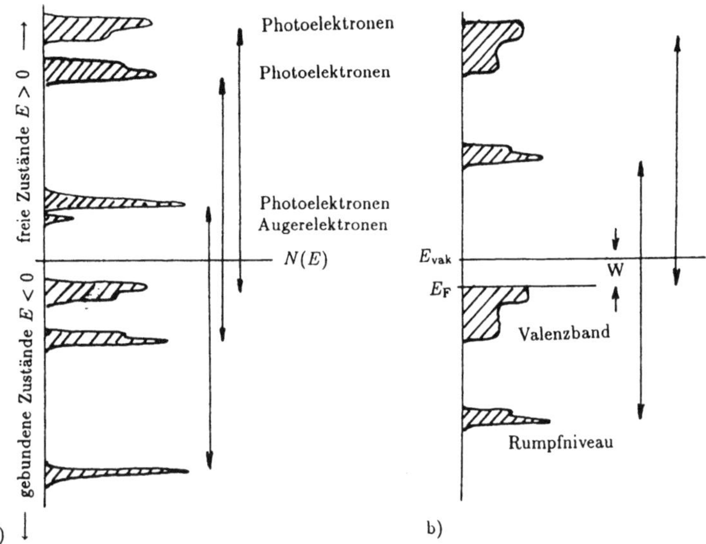

Bild 2.1 Energieniveauschema zur Photoelektronen-Spektroskopie a) an Atomen, b) am Festkörper. Alle vertikalen Pfeile haben die Länge $\hbar\omega$ (anregende Photonenenergie). Im Atom seien drei Schalen mit Elektronen besetzt, außer den Photoelektronen ist ein Typ Augerelektronen (KLL) dargestellt. Die Begriffe E_{vak} (Vakuumniveau) und E_F (Ferminiveau) werden im Text erläutert.

Dieses Bild wird durch Sekundärprozesse wie die Auger-Elektronenemission modifiziert: Nach Anregung eines Lochs in einem Rumpfzustand kann als Alternative zur charakteristischen Röntgenstrahlung ein Elektron emittiert werden. Es sind drei Teilchen beteiligt, Mg-K L_2 L_3 bezeichnet z. B. die Emission eines L_3-Elektrons und die Auffüllung des K-Loches durch ein L_2-Elektron beim Magnesium.

Im Festkörper werden Photoelektronen auch aus Valenzbandzuständen emittiert, dies stand bei den bisherigen Betrachtungen zur langwelligen Grenze des Photoeffekts im Vordergrund. Valenzelektronen nennt man im Metall die Zustände der quasifreien, die metallische Bindung bewirkenden Elektronen. Der Energienullpunkt der kinetischen Energie wird als Vakuumniveau E_{vak} bezeichnet. Die Austrittsarbeit W ist die Bindungsenergie der Elektronen mit der höchsten Energie, d. h. der Elektronen am Ferminiveau E_F, siehe Bild 2.1. Die aus festkörperphysikalischer Sicht an diesem Bild anzubringenden Korrekturen werden im folgenden, die Photoelektronen-Spektroskopie selbst im Abschnitt 5.1 behandelt. Hier wird zunächst ein phänomenologischer Zugang zur Quantenausbeute gewählt. Die in das Modell eingehenden Parameter werden anschließend mikroskopisch interpretiert.

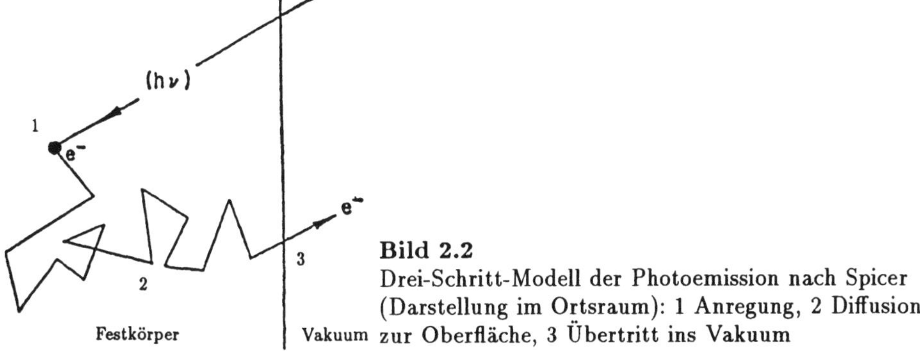

Bild 2.2
Drei-Schritt-Modell der Photoemission nach Spicer (Darstellung im Ortsraum): 1 Anregung, 2 Diffusion zur Oberfläche, 3 Übertritt ins Vakuum

2.1.1 Die spektrale Quantenausbeute

Die spektrale Quantenausbeute des äußeren Photoeffekts wurde in Gl. (1.8) als Zahl der emittierten Photoelektronen pro auftreffendes Lichtquant definiert. Diese Definition wurde historisch unter applikativen Gesichtspunkten gewählt. Vom physikalischen Standpunkt wäre es eigentlich sinnvoller, die Zahl der Photoelektronen pro *absorbiertes* Lichtquant zu betrachten, da z. B. in Metallen der Reflexionsgrad sehr groß und im UV wellenlängenabhängig ist und auch der Absorptionskoeffizient und damit die Eindringtiefe des Lichtes von der Wellenlänge abhängen. Die Quantenausbeute von Metallen liegt nach Bild 1.4 auf S. 9 weit unter Eins. Dies hat mehrere Gründe:

- ein Teil der Strahlung geht durch Reflexion an der Metalloberfläche verloren,
- ein Teil der Strahlung dringt tiefer ein, als die Photoelektronen austreten können,
- nicht jedes angeregte Elektron kann den Festkörper verlassen.

Darauf fußt das phänomenologische **Drei-Schritt-Modell der Photoemission**, das Spicer eingeführt hat [15] [150]. Der Gesamtprozeß wird in drei unabhängige Teilschritte zerlegt, siehe Bild 2.2:

- Absorption der Strahlung und Übertragung der Energie von den Photonen auf die Festkörperelektronen bei diesem Absorptionsprozeß,
- Transport der angeregten Elektronen vom Ort der Anregung zur Oberfläche,
- Übertritt energiereicher Elektronen über die Grenzfläche ins Vakuum.

Das Modell beschreibt die Photoemission aus Festkörpern anschaulich im Rahmen der Ein-Elektronen-Näherung[2]. Es bietet den Ansatz für eine mikrophysikalisch vertiefte Diskussion, die im folgenden anhand der die Teilschritte charakterisierenden Größen Eindringtiefe der Strahlung, Elektronenaustrittstiefe und Austrittsarbeit quantitativ geführt wird.

[2] Ein alternativer Zugang besteht etwa darin, daß man die Elektronenwelle im Festkörper an eine Elektronenwelle im Vakuum koppelt und den Transmissionskoeffizienten der Oberfläche untersucht.

Eindringtiefe der Strahlung und Energieübertragung auf die Elektronen
Die Tiefenverteilung der optischen Anregung wird im Rahmen der phänomenologischen Optik durch die optischen Konstanten Brechzahl n und Absorptionsindex κ beschrieben. Als Reflexionsgrad der Oberfläche kann im einfachsten Fall der Halbraum-Reflexionsgrad gegen Vakuum bei senkrechtem Strahlungseinfall angesetzt werden:

$$\rho = \frac{(n-1)^2 + \kappa^2}{(n+1)^2 + \kappa^2}. \tag{2.1}$$

Die Intensitätsverteilung $I(z)$ in die Tiefe z der Probe ergibt sich bei Annahme linearer Lichtschwächung (Lambertsches Gesetz)

$$-\frac{dI}{dz} = const.\, I(z) = \alpha I(z) \tag{2.2}$$

und Vernachlässigung der Reflexion an der Probenrückseite wie folgt:

$$I(z) = (1-\rho) I_0 \exp(-\alpha z). \tag{2.3}$$

I_0 ist die auftreffende Intensität von Strahlung der Wellenlänge λ. Der so eingeführte Absorptionskoeffizient α (gemessen in cm^{-1}) läßt sich über

$$\alpha = \frac{2\omega\kappa}{c} = \frac{4\pi\kappa}{\lambda} \tag{2.4}$$

durch den Absorptionsindex κ ausdrücken. Als *optische Eindringtiefe* wird diejenige Strecke bezeichnet, nach der die an der Oberfläche herrschende Intensität $(1-\rho)I_0$ auf $1/e$ abgesunken ist. Die Eindringtiefe der Strahlung ist gleich dem Kehrwert des Absorptionskoeffizienten $1/\alpha$. (Zur Charakterisierung der Eindringtiefe hochfrequenter Wellen in Metalle wird die Skintiefe eingeführt. Diese ist doppelt so groß, da sie nicht auf die Leistung, sondern auf die Amplitude der Welle bezogen wird.)

Zur mikroskopischen Berechnung der optischen Konstanten (siehe Abschnitt 2.2 für Metalle bzw. Abschnitt 2.3 für Halbleiter) beschreibt man die Polarisation des Mediums im elektrischen Feld der Lichtwelle durch eine frequenzabhängige komplexe Dielektrizitätsfunktion $\tilde{\epsilon}(\omega)$, die man als Quadrat der komplexen Brechzahl $\tilde{n}$ auffaßt. Demzufolge gelten die Zusammenhänge

$$\tilde{\epsilon} = \epsilon_1 - i\epsilon_2 = \tilde{n}^2 = (n - i\kappa)^2 \tag{2.5}$$

$$\epsilon_1 = n^2 - \kappa^2; \qquad \epsilon_2 = 2n\kappa. \tag{2.6}$$

Bei den Untersuchungen zur Photoemission verfolgte man ursprünglich ausschließlich reine Metalle oder Metalloberflächen, die mit dünnen adsorbierten Alkalischichten bedeckt waren. Bereits die Eigenschaften der von Görlich 1936 gefundenen Cs_3Sb-Photokathode ebenso wie die anderer in der Folgezeit untersuchter Kombinationen von Alkalimetallen mit Antimon bzw. Wismut konnten jedoch nicht mit dem Modell der metallischen Photoemission erklärt werden. Die relativ hohe Quantenausbeute und die optischen und elektrischen Eigenschaften dieser Kathoden legten eine Interpretation als halbleitende intermetallische Verbindungen nahe.

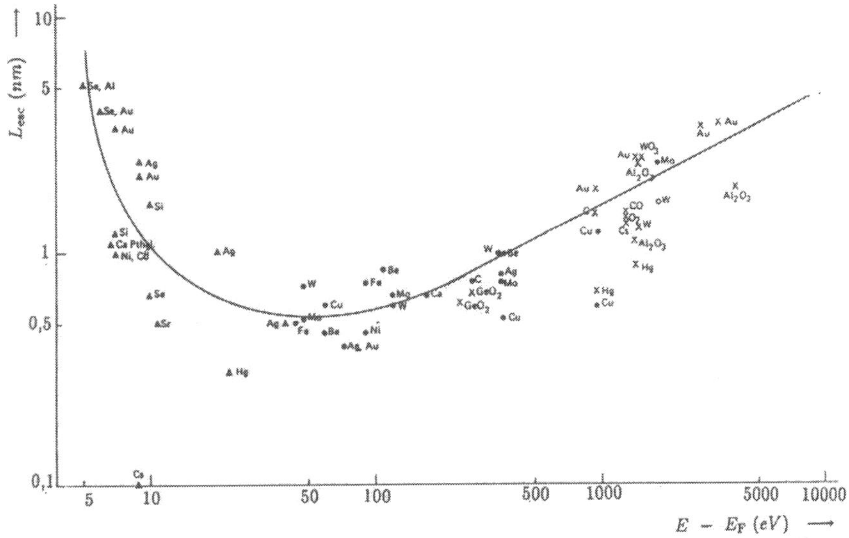

Bild 2.3 Mittlere Austrittstiefe L_{esc} von Elektronen als Funktion des Energieüberschusses über die Fermienergie, bestimmt mittels XPS (△), UPS (•) uand AES (×) [24]

In dem Spektralbereich, in dem der äußere Photoeffekt auftritt, ist die Absorption von Festkörpern rein elektronischer Natur. Ehrenreich und Philipp haben 1962 eine Trennung der optischen Eigenschaften nach freien und gebundenen Elektronen eingeführt, beide Beiträge werden bei kleinen Lichtintensitäten als unabhängig voneinander angesehen. In Halbleitern müssen sinngemäß die Beiträge der freien Elektronen und der freien Löcher berücksichtigt werden.

Austrittstiefe der Photoelektronen Damit ein Elektron den Festkörper als Photoelektron verlassen kann, muß es bei der Absorption eines Photons eine Energie im Kontinuum der quasifreien Zustände erreichen. Entsprechend dem durch die Austrittsarbeit festgelegten Energiemaßstab Elektronenvolt muß die kinetische Energie groß gegen kT ($kT = 26$ meV bei Zimmertemperatur) sein, es handelt sich demzufolge um ein *Problem heißer Elektronen.*

Auf dem Weg zur Oberfläche erleidet das heiße Elektron elastische und inelastische Stöße. Inelastische Stöße bedeuten Energieverluste, die das Elektron im Spektrum verschieben – dann nennt man es *Sekundärelektron* – oder seine Emission gänzlich unterdrücken. Zur Vereinfachung wird der Transport der angeregten Elektronen zur Grenzfläche phänomenologisch mit dem Begriff *Austrittstiefe der Photoelektronen* L_{esc} beschrieben. Darunter versteht man diejenige Schichtdicke, nach deren Überwindung noch der Bruchteil 1/e der im Innern des Emitters angeregten Photoelektronen eine für den Austritt ins Vakuum ausreichende Energie besitzt.[3]

[3] Für Austrittstiefe wird mitunter auch ‚mittlere freie Weglänge' geschrieben. Man sollte präzisieren ...*bez. inelastischer Stöße*; denn strenggenommen ist die mittlere freie Weglänge das Ensemblemittel für thermalisierte Elektronen.

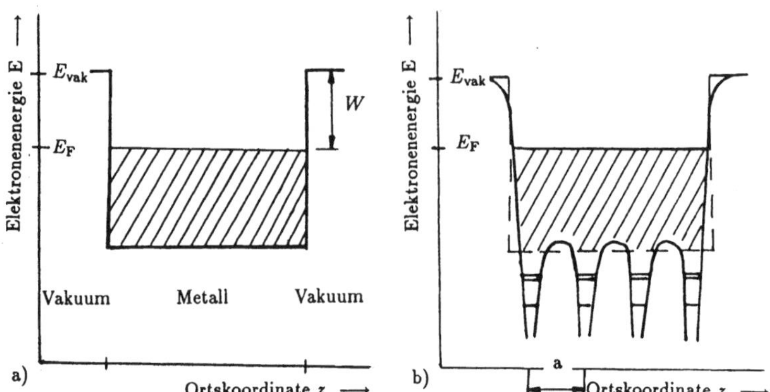

Bild 2.4 Potentialtopfmodell zur Beschreibung von Photoemission und Glühemission aus Metallen (a) als Approximation für die ortsabhängige potentielle Energie eines Elektrons längs einer endlichen Kette von Atomen mit der Gitterkonstante a (b)

Schon 1919 wurden durch Messungen von Compton und Ross [37] an Silber und Platin im nahen UV sehr geringe Werte für die Austrittstiefe L_{esc} zwischen 1 und 5 nm erhalten. Allgemein ist heute bekannt (siehe Bild 2.3 [24]), daß für Elektronen mit kinetischen Energien von einigen Elektronenvolt Austrittstiefen von einigen bis 10 nm typisch sind, das entspricht einigen Atomlagen. In der Umgebung des Minimums ist die Beschreibung der Photoemission als Volumeneffekt nur bedingt möglich. Die Streuprozesse sind zwar materialspezifisch, zur Orientierung kann aber die eingetragene mittlere Kurve dienen; sie ist vor allem durch Elektron-Elektron-Wechselwirkung verursacht, nur bei kleinen Energien trägt auch die Elektron-Phonon-Wechselwirkung merklich zur Energieverlustrate bei. Bei hohen Energien gilt die universelle Abhängigkeit $L_{esc} \sim \sqrt{E}$. In polykristallinen Materialien findet eine zusätzliche Streuung an Korngrenzen und anderen Gitterdefekten statt. Amorphe Halbleiter sind als Photokathoden ungeeignet, weil die Austrittstiefen wegen der hohen Defektkonzentration noch geringer sind.

2.1.2 Die Austrittsarbeit von Festkörpern

Austrittsarbeit und Potentialtopfmodell Zur graphischen Darstellung der Barriere für den Elektronenaustritt aus einem homogenen Metall wurde das Potentialtopfmodell[4] entwickelt, das auch als ‚Schottkysches Napfmodell' bezeichnet wird. Es stellt einerseits wie Bild 2.1 eine graphische Darstellung von Energieniveaus dar, andererseits ist es eine Weiterentwicklung, insofern es die minimale Elektronenenergie im heterogenen System Metall/Vakuum darstellt – die Koordinate senkrecht zur Metalloberfläche wird als Abszisse verwendet.

[4] Wegen des abweichenden Gebrauchs des Begriffs ‚Potentialtopf' im Abschnitt 3.7 mag dies widersprüchlich erscheinen. Die Linearabmessungen muß man sich makroskopisch vorstellen, so daß mit der Begrenzung keinerlei Quantisierung ins Spiel kommt.

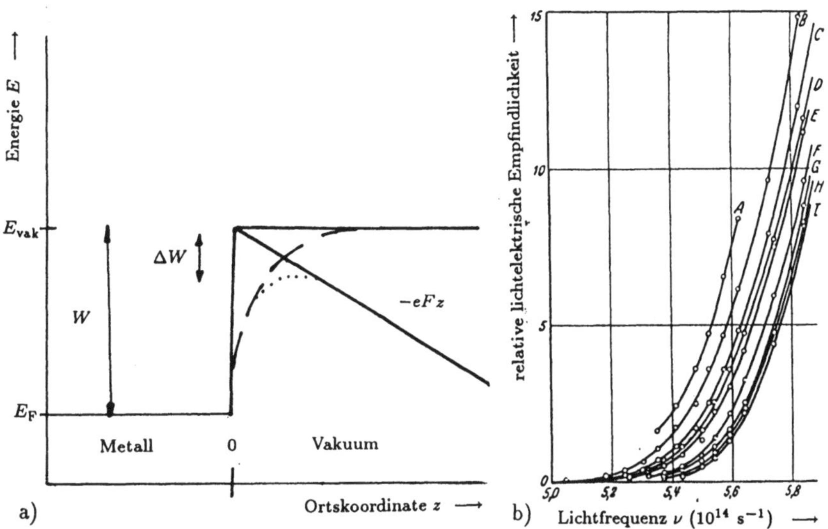

Bild 2.5 Zum Schottkyeffekt: a) Verlauf der potentiellen Energie eines Elektrons an der Grenzfläche Metall/Vakuum (1. Term in Gl. (2.7) gestrichelt, resultierender Verlauf gepunktet), b) Verschiebung der langwelligen Grenze der Photoemission aus Wolfram mit der Feldstärke (F in V/cm: 63100 (A), 36200 (B), 22100 (C), 15800 (D), 9000 (E), 3100 (F), 1000 (G), 260 (H), 0 (I)) [98]

Man faßt das Potentialtopfmodell zweckmäßig als Approximation des Verlaufs der potentiellen Energie des Elektrons beim Schnitt durch eine begrenzte Metallprobe auf, bei der das Feld der Atomrümpfe (Kerne plus Rumpfelektronen) durch eine positive Hintergrundladung konstanter Dichte ersetzt ist, die die Raumladung der quasifreien Elektronen kompensiert (sog. Jellium-Modell). Die Elektronen bewegen sich dann in einem örtlich konstanten Potential. Die Fermienergie E_F bildet bei $T = 0$ K die Grenze zwischen den mit Elektronen besetzten und den von Elektronen freien Zuständen. Danach ist die Austrittsarbeit die minimale Arbeit, die ein Elektron an der Fermikante gegen die Bindungskräfte leisten muß, um den Festkörper zu verlassen. Die Fermienergie berechnet sich aus Elektronenkonzentration und Zustandsdichte, siehe Gl. (2.13).

Schottkyeffekt Glühemissions- und Photoemissionsstrom wachsen erfahrungsgemäß mit der elektrischen Feldstärke vor der Kathode an. Zur Erklärung wurde von Schottky der Potentialverlauf an der Metall-Vakuum-Grenzfläche als Überlagerung des atomar bedingten inneren Feldes und des makroskopischen äußeren Feldes F angenommen. Bei Entfernungen, die groß gegen den Atomabstand im Festkörper sind, wird die potentielle Energie $eV_i(z)$ durch die Coulombanziehung zwischen dem emittierten Photoelektron und der positiv zurückgebliebenen Metalloberfläche bestimmt, d. h. durch das Feld einer Punktladung vor einer leitenden Platte, das

Bildfeld. Der äußere Photoeffekt bedeutet ja eine ,Ionisation' des Festkörpers. Wählt man das Vakuumniveau als Energienullpunkt, gilt außerhalb des Metalls ($z > 0$):

$$V(z) = V_i(z) - Fz = -\frac{e}{2^2 4\pi\epsilon_0 z} - Fz. \tag{2.7}$$

Dieser Verlauf ist im Bild 2.5a dargestellt, zusätzlich ist das Ferminiveau eingetragen. Es entsteht ein Potentialmaximum bei $z_m = \sqrt{e/16\pi\epsilon_0 F}$, das um $\sqrt{eF/4\pi\epsilon_0}$ niedriger liegt als das Vakuumniveau. Dies bedeutet eine feldstärkeabhängige Verringerung der Austrittsarbeit um $\Delta W = e\sqrt{eF/4\pi\epsilon_0}$. Um diese Größe muß folglich die gemessene Austrittsarbeit für den feldfreien Fall korrigiert werden.

Für den unbelichteten Zustand erklärt diese Betrachtung die Zunahme der Glühemission mit der Feldstärke und im Grenzfall hoher Feldstärken die Feldemission als Tunneleffekt durch die Potentialbarriere. Bezüglich des äußeren Photoeffekts erklärt das Modell die beobachtete Erhöhung des Emissionsstroms und die Verschiebung der langwelligen Grenze mit der Feldstärke, siehe Bild 2.5b.

In der Atomphysik findet die Erniedrigung der Ionisierungsenergie von Atomen durch Zusammenwirken eines äußeren Feldes und des atomaren Potentialverlaufs $V_r(z) = -eZ_{eff}/4\pi\epsilon_0 r$ eine aktuelle meßtechnische Anwendung zur Diskriminierung hochangeregter Rydbergzustände bezüglich der Hauptquantenzahl.

Methoden zur Bestimmung der Austrittsarbeit

- Bestimmung aus der Photoemission:
  * durch Messung der spektralen Quantenausbeute nahe der langwelligen Grenze und Auswertung der Fowler-Kurve, siehe Bild 2.8 auf S. 25 und die Ausführungen dazu im Abschnitt 2.1.3,
  * durch Messung der Quantenausbeute bei einer Wellenlänge nahe λ_0 als Funktion der Temperatur und isochromatische Darstellung,
  * durch Messung der maximalen Photoelektronenenergie $E_{\text{kin max}} = h\nu - W$. In der Photoelektronen-Spektroskopie enspricht dies der *Sekundärelektronenmethode*, siehe dazu im Abschnitt 5.1.2.
- Bestimmung aus der Glühemission: Nach der Richardson-Gleichung für die Glühemission Gl. (2.18)[5] kann man W aus der *Richardson-Geraden* $\ln(j/T^2) = f(1/T)$ bestimmen.
- Messung der Kontaktpotentialdifferenz: Die Kontaktpotentialdifferenz zweier Metalle ist gleich der Differenz ihrer Austrittsarbeiten; daher kann man die Austrittsarbeit eines Metalls durch Vergleich mit einem Metall bekannter Austrittsarbeit, z. B. in der Kondensator-Anordnung nach Kelvin, bestimmen.

[5] Zur Ableitung siehe Abschnitt 2.1.3

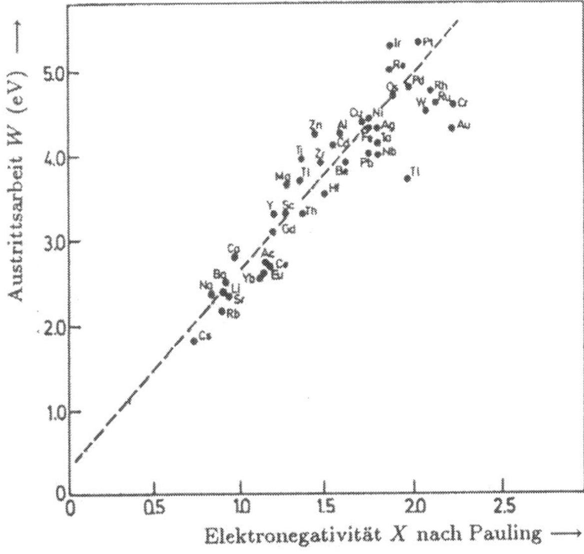

Bild 2.6
Empirischer Zusammenhang zwischen der Austrittsarbeit von Metallen und der Elektronegativität der Metallatome [170], gestrichelt die theoretische Abhängigkeit $W = 2,27X + 0,34$ eV nach Gordy und Thomas [65]

Die Fowler-Kurve ist am universellsten einsetzbar und einfacher als die anderen photoelektrischen Methoden. Die Glühemissionsmethode ist auf hochschmelzende Metalle beschränkt. Die Kontaktpotentialmethode ist ebenfalls universell, aber empfindlich gegen Oberflächen-Kontamination, z. B. bei Alkalimetallen (siehe Hölzl und Schulte 1979). Der Oberflächeneinfluß wird im folgenden diskutiert.

Empirische Zusammenhänge Die Berechnung der Austrittsarbeit ist ein kompliziertes Vielteilchenproblem. Die existierenden Theorien werden von Cardona und Ley (1978) sowie Hölzl und Schulte (1979) diskutiert.

Aufgrund der experimentellen Beobachtungen wurden empirische Zusammenhänge zwischen der Austrittsarbeit und anderen die Bindung in Festkörpern beschreibenden Größen aufgestellt, z. B. eine Korrelation zur Elektronegativität der das Metall aufbauenden Atome, siehe Bild 2.6 [170]. Der von Gordy und Thomas für Metalle vorgeschlagene Zusammenhang [65] wurde für zweikomponentige Verbindungshalbleiter und Dielektrika wie folgt verallgemeinert:

$$W_{\text{ph el}}^{AB} = 2,86\sqrt{X_A X_B} + E_g/2. \qquad (2.8)$$

(X_A, X_B – Elektronegativitäten der Komponenten, E_g – Energielücke des Halbleiters). Nach Cardona und Ley (1978) ist diese Beziehung für kubische Halbleiter der Gruppe IV (A ≡ B), III-V- und II-VI-Halbleiter sowie für die Alkalihalogenide eine gute Orientierung.

Austrittsarbeit von Einkristallen Die Elektronenemission wird durch die Bindungsverhältnisse an der Oberfläche bestimmt. Kristalline Festkörper sind jedoch nicht isotrop, und qualitativ wurde eine anisotrope Elektronenemission schon 1937

Metall	Struktur	Metalloberfläche		
		(100)	(110)	(111)
Ag	kfz	4,3...4,81	4,52	3,98...4,75
Al	kfz	3,38...4,41	3,8...4,28	3,11...4,26
Au	kfz	4,02	5,37...5,47	4,12...5,31
Cu	kfz	3,96...5,61	4,23...4,48	4,2...4,98
Mo	krz	4,53...4,67	4,95	4,49...4,67
W	krz	4,64	5,11	4,32...4,5

Tabelle 2.1 Mittels Photoemission bestimmte Austrittsarbeiten ausgewählter Flächen von Metalleinkristallen nach Fomenko 1981 (zitiert nach Bechstedt und Enderlein 1988)

durch die Untersuchungen von E. W. Müller zur Feldemission aus Wolframspitzen demonstriert. Da die Packungsdichte der Gitterbausteine und damit die Elektronendichte netzebenenspezifisch ist, erwartet man eine netzebenenabhängige Austrittsarbeit. Dies wurde erstmals 1940 bei der Glühemission nachgewiesen: Nicht nur die Austrittsarbeit W hängt von der Netzebene ab, sondern auch die Richardson-Konstante A. In der Tabelle ist dieser Sachverhalt anhand moderner Messungen belegt. Das Experiment bestätigt den erwarteten Trend einer Zunahme der Austrittsarbeit mit der Packungsdichte der Oberfläche.

Erst spät erkannte man, daß die niedrigindizierten Einkristalloberflächen strukturell nicht einfach ein abruptes Ende der Gitterperiodizität darstellen, sondern daß unter dem Einfluß der geänderten Bindungsverhältnisse an einer z. B. duch Spalten neu entstandenen Oberfläche verschiedene Prozesse ablaufen: eine als *Oberflächenrelaxation* bezeichnete Verringerung des Abstands zwischen der ersten und der zweiten Atomlage und eine als *Oberflächenrekonstruktion* bezeichnete Änderung der Symmetrie an der Oberfläche (siehe z. B. Bechstedt und Enderlein (1988)).

Besonders gut untersucht ist die Silicium-(111)-Oberfläche. Auf dieser gibt es in Abhängigkeit von der Temperatur unterschiedliche Rekonstruktionstypen: Die bei Zimmertemperatur gespaltene Oberfläche zeigt eine 2×1-Rekonstruktion, durch Tempern bei Temperaturen $T > 800$ K geht diese in eine 7×7-Rekonstruktion über, die bei Abkühlung auf Zimmertemperatur stabil bleibt. Dieser Phasenübergang an der Oberfläche ist auch anhand von Änderungen der Austrittsarbeit nachweisbar, wie Bild 2.7 zeigt (nach Bechstedt und Enderlein 1988).

2.1.3 Elemente der Elektronentheorie von Festkörpern

Zustandsdichte in einem Gas freier Elektronen Elektronen unterliegen dem Pauliprinzip. In der Volumeneinheit h^3 des 6dimensionalen Impuls-Orts-Phasenraumes können zwei Elektronen mit entgegengesetztem Spin vorhanden sein.[6] Man nennt die Größe $2/h^3$ die *Zustandsdichte im Phasenraum*, sie gibt die Zahl der Zustände pro Volumenelement im Impulsraum und pro Volumenelement

[6] Diese Betrachtung heißt *Phasenraumquantisierung*.

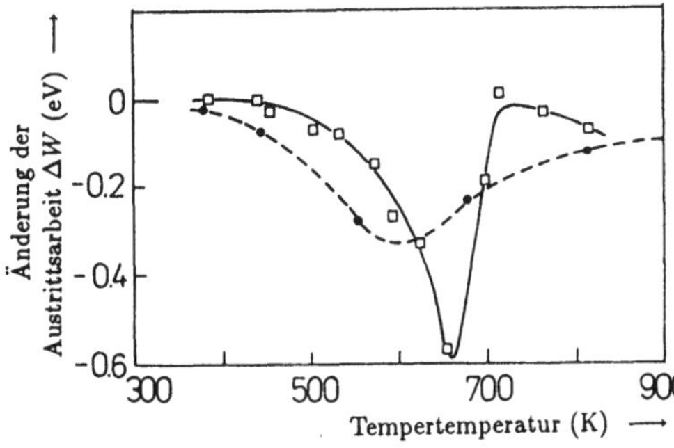

Bild 2.7
Änderung der Austrittsarbeit einer gespaltenen Si-(111)-Oberfläche in Abhängigkeit von der Tempertemperatur.
• nach [54], □ nach [118]

im Ortsraum an. Im Geschwindigkeitsraum ist die Zustandsdichte dementsprechend $N(v) = 2(m/h)^3$, wobei m zunächst als Masse des freien Elektrons aufzufassen ist. Wegen der Welleneigenschaften der Elektronen führt man die Diskussion allerdings nicht im Impuls- oder Geschwindigkeitsraum, sondern im $\boldsymbol{k}$-Raum. $\boldsymbol{k}$ ist der Wellenvektor des Elektrons, der aus den de-Broglie-Beziehungen für den Zusammenhang zwischen Wellen- und Teilcheneigenschaften folgt:

$$\lambda = \frac{h}{p} \quad \text{bzw.} \quad \boldsymbol{p} = \hbar \boldsymbol{k}. \tag{2.9}$$

k hat die Dimension einer reziproken Länge. Setzt man dies in die Energie-Impuls-Beziehung für ein freies Teilchen $E(\boldsymbol{p}) = \boldsymbol{p}^2/2m_0$ ein, erhält man:

$$E(\boldsymbol{k}) = \frac{\hbar^2 \boldsymbol{k}^2}{2m_0}. \tag{2.10}$$

In dieser sog. *Dispersionsbeziehung* spielt die Größe $\hbar\boldsymbol{k}$ die gleiche Rolle wie der Impuls $\boldsymbol{p}$ beim freien Elektron, man bezeichnet daher $\hbar\boldsymbol{k}$ als *Quasiimpuls*. Insbesondere gilt unter dem Einfluß äußerer Kräfte das Newtonsche Gesetz $\boldsymbol{F} = \dot{\boldsymbol{p}} = \hbar\dot{\boldsymbol{k}}$.

Bandstruktur Ohne Ableitung werden einige **weitere Ergebnisse der Theorie** angegeben, die im folgenden benötigt werden (siehe z. B. bei Kittel 1989):

- Für Festkörperelektronen am Rande des Leitungsbandes ist die *isotrope und parabolische Näherung* nach Gl. (2.10) häufig eine gute Näherung, nur ist statt der Elektronenmasse die *effektive Masse* einzusetzen, die i. a. kleiner ist: $m_{\text{eff}} < m_0$. Im weiteren wird die effektive Masse als experimentell bestimmbarer Materialparameter behandelt.
- Die erlaubten Zustände liegen auf den $E(\boldsymbol{k})$-Flächen. Jede solche Fläche im $\boldsymbol{k}$-Raum nennt man ein Energieband. Verbotene Energiebereiche entstehen, wenn die Elektronenwelle eine Braggreflexion an den Netzebenen des Kristalls erleidet.

- Die Gesamtheit der möglichen Zustände im Leitungs- und Valenzband in einer $E(\boldsymbol{k})$-Darstellung heißt *Bandstruktur*. $\boldsymbol{k}$ wird als Vektor $\boldsymbol{k} = (k_x, k_y, k_z)$ im reziproken Gitter behandelt, die vollständige Bandstruktur umfaßt $E(\boldsymbol{k})$ für die wesentlichen Symmetrierichtungen. Die durch die Braggreflexionen (bei $\lambda = 2a$, a – Netzebenenabstand) festgelegten kleinsten Wellenvektoren begrenzen den zu betrachtenden Wertevorrat des Wellenvektors, im kubischen Kristall sind das entlang der Würfelachsen die Werte $k_{x,y,z} = \pm\pi/a$. Das so definierte Volumen im **k**-Raum ist die 1. Brillouinzone. Die bisher ,Bändermodell' genannte Darstellung entsteht aus der $E(\boldsymbol{k})$-Darstellung durch Projektion auf die Energieachse. Wenn die Abhängigkeit von einer Ortskoordinate dargestellt ist, spricht man besser vom Bandkantenverlauf.

Die **Besetzung der Zustände** genügt der Fermi-Dirac-Verteilung $f(E)$:

$$f(E) = \frac{1}{\exp\left(\frac{E-E_F}{kT}\right)+1}. \tag{2.11}$$

$f(E)$ ist die Besetzungswahrscheinlichkeit für einen Zustand der Energie E bei der Temperatur T, es ist $0 \leq f(E) \leq 1$. Bei tiefen Temperaturen besetzen die Elektronen alle Zustände vom Boden des Potentialtopfes bis zur Fermienergie, der Übergang zwischen den besetzten Zuständen ($f(E) = 1$) unterhalb E_F und den freien Zuständen ($f(E) = 0$) oberhalb E_F verläuft über einen Energiebereich von einigen kT. Mit wachsender Temperatur wird dieser Übergang immer allmählicher, man spricht vom ,Abschmelzen des Fermiblocks'.

Mit $\boldsymbol{p} = \hbar\boldsymbol{k}$ folgt die Zustandsdichte im $\boldsymbol{k}$-Raum $N(k) = 2/(2\pi)^3$. Für ein isotropes parabolisches Band kann man mit diesen Kenntnissen bei bekannter Elektronenkonzentration n den Abstand des Ferminiveaus vom Bandrand E_0[7] ausrechnen. Dabei wird als Zwischenschritt die *energetische Zustandsdichte* $D(E)$ eingeführt, das ist die Zahl der Zustände zwischen E und $E + dE$ pro cm^3:

$$n = \int_0^{+\xi} N(k) 4\pi k^2 dk \quad \text{mit} \quad \frac{\hbar^2\xi^2}{2m} = E_F \quad \text{bzw.}$$

$$n = \int_{E_0}^{E_F} D(E)dE \quad \text{mit} \quad D(E)dE = \frac{1}{2\pi^2}\left(\frac{2m}{\hbar^2}\right)^{3/2}(E-E_0)^{1/2}dE, \tag{2.12}$$

$$E_F - E_0 = (3\pi n)^{3/2}\frac{\hbar^2}{2m}. \tag{2.13}$$

Photoemission und Glühemission für ein Fermigas quasifreier Elektronen
Zur Berechnung der Emissionsstromdichte wurde von Nordheim [122] und Fowler [59] im Rahmen der Sommerfeldschen Elektronentheorie (1928, siehe Sommerfeld 1933) folgende Vorstellung entwickelt: Den Potentialtopf verlassen können diejenigen Elektronen, deren Geschwindigkeitskomponente senkrecht zur Oberfläche v_z

[7] ,Bandrand' bezeichnet hier den unteren Rand des mit Leitungselektronen besetzten Valenzbandes, in Bild 2.4 den Boden des Potentialtopfes. Aus der Elektronenkonzentration n nach Gl. (2.13) berechnete Werte E_F sind in Tabelle 2.2 angegeben. In der Photoelektronen-Spektroskopie wird als Energienullpunkt meist das Vakuumpotential gewählt.

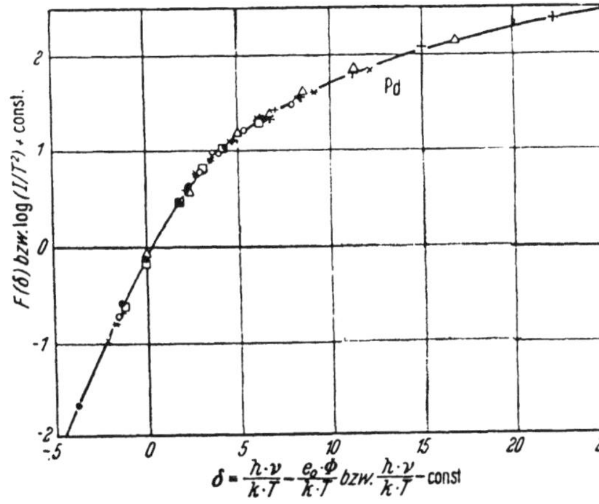

Bild 2.8
Fowler-Kurve für Palladium bei Temperaturen zwischen 305 und 1078 K [43]: ◇ 305 K, △ 400 K, × 550 K, * 730 K, ○ 830 K, + 925 K, • 1008 K, □ 1078 K

einer Energie oberhalb des Vakuumpotentials entspricht. In die Energiebilanz der Elektronen geht die durch Absorption eines Lichtquants erlangte Energie $\hbar\omega$ ein. Die minimal erforderliche Geschwindigkeit ξ wird beschrieben durch

$$(m/2)v_z^2 > (m/2)\xi^2 = E_F + W - \hbar\omega .$$

Die Quantenausbeute η sei unabhängig von der Photonenenergie. Die Stromdichte wird durch Integration über alle Zustände im Geschwindigkeitsraum berechnet:

$$j_z = \eta e 2 \left(\frac{m}{h}\right)^3 \int\limits_{-\infty}^{+\infty} \int\limits_{-\infty}^{+\infty} \int\limits_{\xi}^{+\infty} v_z \frac{1}{\exp\left(\frac{E-E_F}{kT}\right)+1} dv_z\, dv_y\, dv_x . \tag{2.14}$$

Nach Integration über die Geschwindigkeitskomponenten in der Ebene der Oberfläche dv_x und dv_y in Polarkoordinaten und Umschreiben auf Energien erhält man

$$j_z = \eta \frac{4\pi e m k^2 T^2}{h^3} \int\limits_0^{u_0} \frac{\ln(1+u)\, du}{u} \tag{2.15}$$

mit den Bezeichnungen $u = \exp[(E_F - E)/kT]$ und $u_0 = \exp\delta$, dabei ist $\delta = (\hbar\omega - W)/kT$. Die Emissionsstromdichte $j = j_z$ ergibt sich zu

$$\frac{j}{T^2} = \eta A f(\delta) \quad \text{mit} \quad f(\delta) \approx \exp\delta \qquad \text{für} \quad \delta \le 0 \tag{2.16}$$

$$f(\delta) \approx \frac{\pi^2}{6} + \frac{\delta^2}{2} - \exp(-\delta) \qquad \text{für} \quad \delta \ge 0. \tag{2.17}$$

$A = 4\pi emk^2/h^3 = 120$ A/cm^2·K^2. Diese Theorie erklärt die beobachtete Unschärfe der langwelligen Grenze der Photoemission bei $T \neq 0$ K (vgl. Bild 2.5b). Die Emission von Elektronen bei $\hbar\omega < W$ ist offenbar darauf zurückzuführen, daß einige Elektronen eine thermische Energie oberhalb der Fermienergie haben. Die Theorie liefert eine Vorschrift zur Bestimmung der Austrittsarbeit aus der gemessenen spektralen Quantenausbeute. Bei $\hbar\omega > W$ sagt sie eine Abhängigkeit $\eta \sim (\hbar\omega - W)^2$ voraus. In einer Darstellung von $\eta^{1/2}(\hbar\omega)$ über $\hbar\omega$ erhält man aus dem Schnittpunkt mit der Energieachse die Austrittsarbeit. Als *Fowler-Kurve* im engeren Sinne bezeichnet man eine Auftragung der theoretischen Größen $\log f(\delta)$ über δ bzw. der gemessenen Größen $\log(j/T^2)$ über $\hbar\omega/kT$. Aus dem Vergleich beider Auftragungen kann man die Austrittsarbeit W und das Produkt ηA bestimmen. Bild 2.8 zeigt dies für Palladium (nach DuBridge and Roehr [43]). Aus der Anpassung ergibt sich die Austrittsarbeit $W = 4{,}97$ eV. Der Wert der Fowlerkurven besteht vor allem in der Beschreibung der Temperaturabhängigkeit, die Annahme η =const. ist jedoch zu grob. Die Austrittsarbeit W selbst ist schwach temperaturabhängig (Temperaturkoeffizient dW/dT von 0 bis -3k). Mit $\eta = 1, \hbar\omega = 0$ folgt aus der Gleichung für die Emissionsstromdichte auch die *Richardson-Gleichung* für die *Glühemission*[8]

$$j = AT^2 \exp(-W/kT). \tag{2.18}$$

Gemessene Werte der Richardson-Konstante A streuen um den theoretischen Wert.

2.1.4 Spicers Theorie der Photoemission

Spektrale Quantenausbeute Das 3-Schritt-Modell der Photoemission bietet einen mikroskopischen Zugang zur Quantenausbeute. Bei Annahme unabhängiger Teilschritte ist die Wahrscheinlichkeit der Photoemission gleich dem Produkt der Wahrscheinlichkeiten der Teilschritte. Diese werden wie folgt beschrieben:

- Nur der Anteil α_{PE} des gesamten Absorptionskoeffizienten α führt zur Anregung von Elektronen in Zustände oberhalb des Vakuumniveaus, es gibt einen photoelektrisch inaktiven Anteil $\alpha - \alpha_{\mathrm{PE}}$. Sei I_0 die bei $z = 0$ auf die Oberfläche auftreffende Intensität. In der Tiefe z werden dann

$$\frac{\alpha_{\mathrm{PE}} I(z)}{\hbar\omega} = \frac{I_0(1-\rho)}{\hbar\omega} \alpha_{\mathrm{PE}} \exp(-\alpha z) \tag{2.19}$$

  Elektronen pro cm^3 und s angeregt.

- Die Wahrscheinlichkeit, daß ein in der Tiefe z angeregtes Elektron die Oberfläche bei $z = 0$ erreicht, wird durch die Austrittstiefe der Elektronen L_{esc} bestimmt und ist gleich $\exp(-z/L_{\mathrm{esc}})$ (‚Transportfaktor').

[8] Richardson ist 1902 von der Maxwellverteilung statt von der Fermiverteilung ausgegangen, sein Ergebnis enthielt den Faktor $T^{1/2}$ statt T^2. Die richtige T-Abhängigkeit wurde später von Richardson und v. Laue gefunden. Der (bis auf einen fehlenden Faktor 2 wegen der noch unbekannten Spinentartung) richtige Ausdruck für den Faktor A wurde 1923 von Dushman angegeben.

- Der Übertritt der Elektronen durch die Oberfläche ins Vakuum wird durch eine energieabhängige Wahrscheinlichkeit $B(E)$ beschrieben. Die einfachste Annahme ist $B(E) = 0$ für $E < E_{\text{vak}}$ und $B(E) = B$ für $E \geq E_{\text{vak}}$.

Mit diesem Ansatz wird der Beitrag der zwischen z und $z + dz$ mit der Energie E angeregten Elektronen zur Photoemission

$$dI_{\text{Photo}}(z) = \frac{I_0(1-\rho)}{\hbar\omega}\alpha_{\text{PE}} \exp\left[-\left(\alpha + \frac{1}{L_{\text{esc}}}\right) z\right] B(E)dz. \quad (2.20)$$

Durch Integration über z ergibt sich für $E > E_{\text{vak}}$ folgender Ausdruck für die spektrale Quantenausbeute:

$$\eta(\hbar\omega) = [1 - \rho(\hbar\omega)] \frac{\alpha_{\text{PE}}(\hbar\omega)}{\alpha(\hbar\omega)} \frac{\alpha(\hbar\omega)L_{\text{esc}}(\hbar\omega)}{1 + \alpha(\hbar\omega)L_{\text{esc}}(\hbar\omega)} B. \quad (2.21)$$

Bild 2.14 in Abschnitt 2.3 gibt ein Beispiel für die quantitative Anwendung. Zur Erzielung einer hohen Quantenausbeute müssen der Reflexionsgrad gering, der Absorptionskoeffizient, der Anteil der photoemissionswirksamen Absorption $\alpha_{\text{PE}}/\alpha$ und das Produkt αL_{esc} möglichst groß sein. Die Quantenausbeute η erweist sich als *Sammlungseffizienz*, sie ist durch das Wechselspiel von optischer Eindringtiefe und Elektronen-Austrittstiefe bestimmt.

Energiespektrum der Photoelektronen Das Energiespektrum der Photoelektronen $N(E, \hbar\omega)dE$ bei festgehaltener Photonenenergie kann in ähnlicher Weise wie die Quantenausbeute beschrieben werden:

$$N(E,\hbar\omega)dE = P(E,\hbar\omega)\frac{1}{1 + \frac{1}{L_{\text{esc}}(E)\alpha(\hbar\omega)}}B(E)dE + S(E,\hbar\omega)\frac{1}{1 + \frac{1}{L_{\text{esc}}(E)\alpha'(\hbar\omega)}}B(E)dE. \quad (2.22)$$

Der erste Term beschreibt die Elektronen, die optisch in das Energieintervall zwischen E und $E + dE$ angeregt werden und den Festkörper ballistisch (stoßfrei) verlassen, ohne aus diesem Intervall herausgestreut worden zu sein (,Primärelektronen'). Der zweite Term beschreibt diejenigen Elektronen, die durch Streuung in das betrachtete Energieintervall gelangen (,Sekundärelektronen'). Da die Tiefenverteilung der Sekundärelektronen i.a. eine andere sein wird als die der Primärelektronen, ist ein modifizierter Absorptionskoeffizient α' geschrieben worden.

2.1.5 Die Zeitdauer der Photoemission

Nach dem 3-Schritt-Modell der Photoemission erwartet man Beiträge zur Zeitkonstante der Photoemission vom Anregungsprozeß und vom Transportvorgang zur Oberfläche. Der Elementarprozeß der optischen Anregung sollte innerhalb der durch die Unschärferelation für Energie und Zeit gegebenen Zeit von $h/e = 4 \cdot 10^{-15}$ eV·s ablaufen, bei einer energetischen Breite des Anregungsimpulses und der Absorptionsbande von 1 eV also in $10^{-14} \ldots 10^{-15}$ s. Während der Bewegung der Elektronen zur Oberfläche erleiden diese eine große Zahl richtungsändernder Stöße. Daher kann der effektiv zurückgelegte Weg ein Vielfaches der Austrittstiefe sein, woraus sich eine Verzögerungszeit der Photoemission von etwa 10^{-12} s und wegen des stochastischen Charakters der Stöße eine Streuung von etwa 10^{-13} s ergibt. Die Emissionszeit bleibt aber in der Größenordnung einer Pikosekunde und damit vergleichbar mit der Energierelaxationszeit der Elektronen. Nur so ist überhaupt eine merkliche Photoemission über Potentialbarrieren von einigen Elektronenvolt Höhe erklärlich.

Die Zeitkonstante einer Vakuum-Photodiode wird aber nicht primär durch die Photoemission bestimmt, sondern durch die *Laufzeitstreuung der Elektronen* mit unterschiedlicher Anfangsgeschwindigkeit v_0 längs der Vakuumstrecke. Im homogenen elektrischen Feld der Feldstärke F (eindimensionale Näherung für biplanare Photodioden mit ebener Kathode und ebener Anode) ergibt sich die Laufzeit t_{transit} längs der Strecke d von der Photokathode zur Anode durch Integration der Bewegungsgleichung zu:

$$t_{\text{transit}} = \frac{1}{eF}\left(\sqrt{2mdeF + m^2 v_0^2} - mv_0\right). \tag{2.23}$$

Unter der Annahme, daß Anfangsgeschwindigkeiten zwischen Null und v_0 auftreten, folgt die Laufzeitstreuung aus der Taylorentwicklung bis zum 1. Glied:

$$\Delta t_{\text{transit}} = \frac{mv_0}{eF}\left[1 - \frac{1}{\sqrt{1 + U_a/U_0}}\right] \approx \frac{mv_0}{eF} = \frac{1}{F}\sqrt{\frac{2m}{e}U_0} \tag{2.24}$$

(U_a – Anodenspannung, eU_0 – Anfangsenergie der Photoelektronen).

Die Zeitauflösung einer Vakuum-Photodiode hängt über eU_0 von der Photonenenergie ab. Kommerziell werden biplanare Photodioden mit einer Anstiegszeit von 55 ps bei Anpassung an 50 Ω angeboten. Solche Werte erfordern Elektrodenabstände von wenigen Millimetern und Anodenspannungen von einigen kV, die maximale Anfangsenergie der Photoelektronen darf einige eV nicht überschreiten.

Literaturempfehlungen

Bücher:

Desjonquères, M. C., D. Spanjaard: Concepts in Surface Physics (Springer Series in Surface Sciences 30). Berlin: Springer-Verlag 1993

Kittel, Ch.: Einführung in die Festkörperphysik. München: Oldenbourg 1989

Bechstedt, F., R. Enderlein: Semiconductor surfaces and interfaces, their atomic and electronic structure. Berlin: Akademie-Verlag 1988

Cardona, M., L. Ley (Hrsg.): Photoemission in Solids I, Topics in Applied Physics 26. Berlin, Heidelberg, New York: Springer-Verlag 1978

Simon, H., R. Suhrmann (Hrsg.): Der lichtelektrische Effekt und seine Anwendungen. 2. Aufl. Berlin, Göttingen, Heidelberg: Springer-Verlag 1958

Reviewartikel:

Hölzl, J., F. K. Schulte: Work Function of Metals. in: Springer Tracts in Modern Physics 85 (1979) S. 1 - 150

Sommerfeld, A.: Elektronentheorie der Metalle. in: Handbuch der Physik, Band XXIV/2, S. 333 - 622. Berlin: Springer-Verlag 1933

2.2 Photoemission von Metallen

Die Photoemission von Metallen ist unterhalb der Plasmafrequenz der freien Elektronen schwach wegen des hohen Reflexionsgrades für die auftreffende Strahlung. Für die Photoemission spielen direkte und indirekte Interbandübergänge eine wichtige Rolle. Die Photoemission wird durch Oberflächenbelegungen beeinflußt, die die Austrittsarbeit senken.

Optische Anregung der Metallelektronen

Intrabandübergänge Metalle sind durch eine hohe Konzentration quasifreier Elektronen gekennzeichnet. In den einwertigen Alkalimetallen wie auch in Cu, Ag usw. trägt jedes Atom etwa ein Leitungselektron bei, die Elektronenkonzentration ist etwa $n = 10^{23}$ cm^{-3}. Im infraroten und sichtbaren Spektralbereich leisten daher die freien Elektronen den entscheidenden Beitrag zu den optischen Konstanten. Im klassischen *Drude-Modell* geht man von den erzwungenen Schwingungen dieser Elektronen (mit der Eigenfrequenz Null) im hochfrequenten Feld der Lichtwelle aus. Dabei unterliegt das Elektron der beschleunigenden Wirkung des Lichtfeldes innerhalb seines Energiebandes, es handelt sich also um *Intrabandübergänge*. Das Modell liefert für die Dielektrizitätsfunktion bzw. deren Real- und Imaginärteil

$$\epsilon = C - \frac{\omega_\mathrm{p}^2}{\omega}\frac{1}{(\omega + i/\tau)}, \tag{2.25}$$

$$\epsilon_1 = n^2 - \kappa^2 = C - \frac{\omega_\mathrm{p}^2}{\omega}\frac{\omega\tau^2}{1+\omega^2\tau^2}, \tag{2.26}$$

$$\epsilon_2 = 2n\kappa = \frac{\omega_\mathrm{p}^2}{\omega}\frac{\tau}{1+\omega^2\tau^2}. \tag{2.27}$$

τ ist die Stoßzeit, die Größe C wird anstelle der nach dem Oszillatormodell hier stehenden Eins zur Berücksichtigung weiterer Prozesse eingeführt, die eine Polarisation des Mediums bewirken (Übergänge aus Rumpfniveaus, Interbandübergänge); für die meisten Metalle gilt $C \approx 1$.[9] Zur Abkürzung wurde die Plasmafrequenz[10]

$$\omega_\mathrm{p} = \sqrt{\frac{ne^2}{m_\mathrm{eff}\epsilon_0}} \tag{2.28}$$

eingeführt, die auch durch die Leitfähigkeit des Metalls $\sigma = ne^2\tau/m_\mathrm{eff}$ ausgedrückt werden kann. Die in die Plasmafrequenz eingehende ,optische' Masse m_eff liegt für die meisten Metalle nahe bei der Masse des freien Elektrons, sie stimmt i. a. auch näherungsweise mit der Transportmasse überein. Wegen der hohen Elektronenkonzentration liegt die Plasmafrequenz von Metallen im UV: Mit $n = 10^{23}$ cm^{-3} und

[9] Eine typische Ausnahme bildet wegen starker Interbandübergänge Silber, für dieses gilt z. B. $\hbar\omega_\mathrm{p} = 3,77$ eV, $\hbar\omega_\mathrm{p}' = \hbar\omega_\mathrm{p}\sqrt{C} = 9,1$ eV, d.h. $C = 5,8$, siehe auch Bild 2.9.

[10] Plasmaschwingungen sind longitudinal, sie koppeln daher normalerweise nicht an transversale elektromagnetische Wellen. Bei schrägem Lichteinfall und p-Polarisation ist aber eine Anregung möglich, sofern $\epsilon_1 = 0$ und $\epsilon_2 \ll 1$. Die Frequenz ist $\omega_\mathrm{p}' = \omega_\mathrm{p}\sqrt{C}$.

Metall	Elektr. konz. n 10^{22}cm^{-3}	τ 10^{-14}s	$\hbar\omega_p$ eV	ρ^1	$1/\alpha^1$ nm	$\hbar\omega_{\text{int min}}$ eV	E_F eV	W eV
Li		0,4		0,79	17,8			2,46
Na	2,65	2,3	5,6	0,91	21,1		3,23	2,3
K	1,40	1,06	3,84	0,76	37,7		2,12	2,2
Rb	1,15		3,4	0,69	55,8[2]		1,85	2,13
Cs	0,91		3,0	0,25	94,0[2]		1,58	1,8
Cu	8,45	3	8,4	0,51	14,9	2,08	7,0	4,48
Ag	5,85	2	9,1	0,86	14,4	3,87	5,48	4,1
Au	5,90	1	8,2	0,36	17,7	2,45	5,51	4,4
Pt		0,7	6,6	0,61	11			5,6

Tabelle 2.2 Drude-Parameter und andere optische Eigenschaften von Metallen bei $T =$ 300 K. [1] bei $\hbar\omega = 3$ eV, nach Landolt-Börnstein Band 15b (1985), [2] $T = 195$ K

$m_{\text{eff}} = m_0$ folgt $\omega_p \approx 10^{16}$ s^{-1}. Die Bestimmung der Plasmafrequenz durch Anpassung an das Drude-Modell bedeutet eine *Extrapolation vom Infraroten her.* Die Alkalimetalle Na, K, Rb, Cs zeigen Drude-Verhalten bis zu der so bestimmten Plasmafrequenz, in den Metallen Cu, Ag und Au setzen weit unterhalb der extrapolierten Plasmafrequenz zusätzliche *Interbandübergänge* ein, die das optische Verhalten bestimmen. Charakteristische Parameter einiger Metalle sind in Tabelle 2.2 aufgeführt.

Der für die Anwendung von Metallen als Photoemitter interessante Spektralbereich umfaßt sowohl die Frequenzen $1/\tau \ll \omega \ll \omega_p$ (‚reflektierender Bereich') als auch $\omega \gtrapprox \omega_p$ (‚Durchlässigkeitsbereich'). In diesen Spezialfällen ergibt sich für die optischen Konstanten ohne Berücksichtigung von Interbandübergängen:

$$n \approx \frac{\omega_p}{2\omega^2\tau}, \kappa \approx \sqrt{\left(\frac{\omega_p}{\omega}\right)^2 - 1} \approx \frac{\omega_p}{\omega} \quad \text{im reflektierenden Bereich,} \tag{2.29}$$

$$n \approx \sqrt{1 - \left(\frac{\omega_p}{\omega}\right)^2} \approx 1, \quad \kappa \approx \frac{\omega_p}{2\omega^2\tau} \approx 0 \quad \text{im Durchlässigkeitsbereich.} \tag{2.30}$$

Im reflektierenden Bereich zeigen Metalle einen Reflexionsgrad nahe Eins, der Absorptionsgrad $a \approx 2/\omega_p\tau$ und die Eindringtiefe der Strahlung $1/\alpha \approx c/2\omega_p$ sind klein. Dies ist einer der Gründe dafür, daß Metalle bei $\omega < \omega_p$ eine geringe Photoemission zeigen. (Hier wie in Gl. (2.27) ist n die Brechzahl.)

Interbandübergänge Die Abnahme der Absorption mit steigender Frequenz im Drude-Modell läßt sich auch so interpretieren, daß bei Intrabandübergängen die für die Photoemission erforderlichen großen Energien wegen der Impulserhaltung nicht übertragen werden können, daher sind für die Photoemission direkte und indirekte Interbandübergänge entscheidend. Die Interbandübergänge liefern einen Zusatzterm in Gl. (2.25):

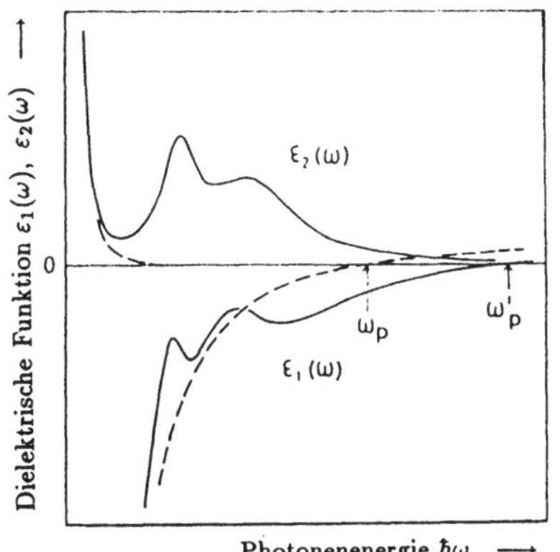

Bild 2.9
Real- und Imaginärteil der dielektrischen Funktion eines hypothetischen Metalls mit zwei Interbandübergängen (nach Nilsson 1974). Der Drude-Anteil ist gestrichelt gezeichnet. Durch die Interbandübergänge wird die Plasmafrequenz von ω_p auf ω_p' erhöht.

$$\epsilon(\omega) = 1 - \frac{\omega_p^2}{\omega}\frac{1}{(\omega + i/\tau)} - \frac{e^2}{m\pi^2}\sum_{i,f}\int \frac{f_{if}(\boldsymbol{k})}{(\omega + i/\tau_{if})^2 - (\omega_f(\boldsymbol{k}) - \omega_i(\boldsymbol{k}))^2} d^3\boldsymbol{k}. \quad (2.31)$$

i und f beziehen sich auf den Anfangs- und Endzustand; die Interband-Relaxationszeit τ_{if} wird wie im Drude-Modell phänomenologisch zur Beschreibung der Dämpfung eingeführt; $f_{if}(\boldsymbol{k})$ ist die *Oszillatorstärke* für den Übergang, die das Matrixelement des Impulsoperators enthält (siehe unten). Die einsetzenden Interbandübergänge modifizieren das aus der Extrapolation der Drude-Formeln abgeleitete Verhalten. Dies ist in Bild 2.9 schematisch dargestellt. In Tabelle 2.2 ist der niederenergetischste Interbandübergang für einige Metalle vermerkt. Da $\hbar\omega_{\text{int min}} < E_F$, handelt es sich um Interbandübergänge quasifreier Leitungselektronen. Erst bei größeren Photonenenergien sieht man in der Photoemission die Interbandübergänge gebundener Elektronen.

Beispiele für die Analyse der spektralen Photoemission von Metallen

Gemessene spektrale Quantenausbeuten von Metallen sind schon in Bild 1.4 auf S. 9 dargestellt worden. Die Komplexität der optischen Eigenschaften von Metallen macht die Analyse der spektralen Quantenausbeute selbst im homogenen Fall sehr kompliziert. Erleichtert wird sie, wenn man die Quantenausbeute auf die absorbierten Quanten bezieht, dafür sollen zwei Beispiele angegeben werden:

Photoemission von Kalium: Im sichtbaren und nahen ultravioletten Spektralbereich zeigt Kalium näherungsweise Drude-Verhalten ohne starke Interbandübergänge. Die extrapolierte Plasmafrequenz enspricht 3,84 eV oder 320 nm. Der Abfall des Reflexionsgrades von 90 auf 10 % vollzieht sich zwischen 550 und 275 nm. Im gleichen Bereich nimmt der Absorptionsindex um 1 1/2 Größenordnungen ab, und bei λ = 275 nm hat die optische Eindringtiefe den auffallend großen Wert $1/\alpha$ = 365 nm (im Vergleich z. B. mit 11,2 nm für Pt und 17,1 nm für Ag),

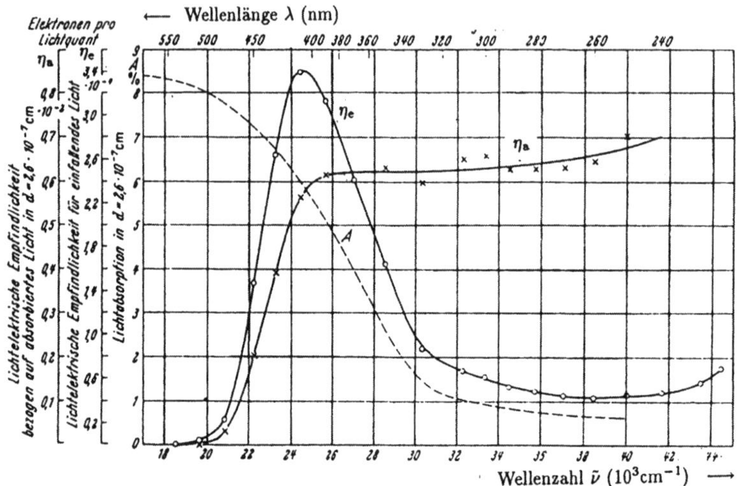

Bild 2.10 Lichtelektrische Empfindlichkeit einer durch Innenverspiegelung der Photozelle hergestellten Kaliumkathode, nach Simon/Suhrmann (1958, ©Springer-Verlag): $\eta_e(\hbar\omega)$ – spektrale Quantenausbeute, bezogen auf einfallende Quanten; $A = 1 - I/I_0$ – Lichtabsorption in einer 2,6 nm dicken K-Schicht, I_0 – auftreffende Intensität; $\eta_a(\hbar\omega)$ – Quantenausbeute, bezogen auf die in der 2,6 nm dicken K-Schicht absorbierten Quanten

so daß ein vergleichsweise geringer Anteil der Strahlungsintensität photoelektrisch wirksam wird. Das zunächst unverständliche spektrale Maximum der Empfindlichkeit bei Bezug auf auffallende Quanten (s. auch Bild 1.4) verschwindet und die Quantenausbeute nimmt monoton mit der Frequenz zu, wenn sie auf absorbierte Quanten bezogen wird, siehe Bild 2.10 (nach Simon/Suhrmann 1958).

Photoemission von Gold Bild 2.11 zeigt die spektrale Quantenausbeute von Gold. Gold ist ein Beispiel für starke zusätzliche Interbandübergänge. Auch hier nimmt bei Bezug auf absorbierte Quanten die spektrale Quantenausbeute monoton mit der Photonenenergie zu, obwohl im dargestellten Bereich bei 8,2 eV die extrapolierte Plasmafrequenz liegt und das optische Spektrum stark strukturiert ist.

Einfluß von Oberflächenbedeckungen auf die Photoemission Von den drei Teilschritten der Photoemission ist der letzte unmittelbar an die Oberfläche geknüpft, insofern die Potentialbarriere, die durch die Austrittsarbeit W beschrieben wird, sich über eine Strecke aufbaut, die durch die Reichweite der Bindungskräfte gegeben ist. Bezüglich der Photoemission ist unter einer Oberflächenschicht immer eine Monolage zu verstehen, bei dickeren Schichten mißt man deren Eigenschaften. Die geringe Photoelektronen-Austrittstiefe bei Metallen, die ja bei Energien um 60 eV weniger als eine Gitterkonstante beträgt, legte angesichts sehr kleiner Quantenausbeuten den Schluß nahe, daß es sich bei der Photoemission überhaupt

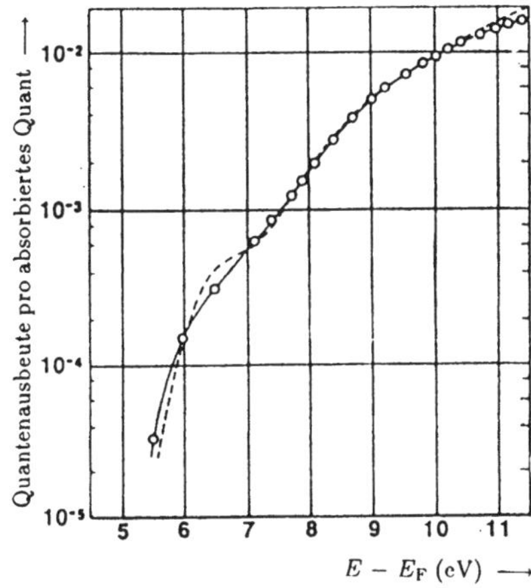

Bild 2.11
Berechnete und gemessene spektrale Quantenausbeute von Gold bei Bezug auf absorbierte Photonen [93]:
- - - Experiment, o Theorie

um einen Oberflächeneffekt und nicht um einen Volumeneffekt handelt. Nach vielen Irrtümern klärten 1957 Messungen von Thomas [160] sowie von Mayer und Thomas [110], die unter wohldefinierten experimentellen Bedingungen an im Ultrahochvakuum aufgedampften Alkalischichten vorgenommen wurden, endgültig, daß die emittierten Elektronen aus dem Volumen des Festkörpers stammen.

Die Zurückführung der Potentialbarriere auf die Bindungskräfte an der Oberfläche macht die Beobachtung verständlich, daß die Austrittsarbeit durch Oberflächenkontamination verändert werden kann. Nur im Ultrahochvakuum durchgeführte Messungen erwiesen sich später als zuverlässig. Unter der Annahme, daß etwa 10^{14} cm^{-2} Atome an der Oberfläche vorhanden sind und daß alle auftreffenden Atome haftenbleiben (Haftkoeffizient 1), läßt sich aus der kinetischen Gastheorie die Zeit abschätzen, die bei gegebenem Restgasdruck für die Ausbildung einer Monolage von adsorbierten Restgasatomen erforderlich ist. Zur Illustration seien Angaben von Sommer (1968) zitiert:

Restgasdruck in Torr	10^{-6}	10^{-7}	10^{-8}	10^{-9}
Monolagenzeit in s	1	10	100	1000

Nach Sommer (1968) besteht eine Korrelation zwischen dem Charakter der Bindungskräfte, die an der Oberfläche wirken, und deren Einfluß auf die Austrittsarbeit: Bei Van-der-Waals-Kräften (z. B. Metalle in Edelgasatmosphäre) ist die Wirkung gering, in allen anderen Fällen führt die elektronische Wechselwirkung zwischen der adsorbierten Schicht und dem Metall zur Bildung einer Dipolschicht, die W erhöhen oder erniedrigen kann. Gewöhnlich vergrößern elektronegative Elemente wie Sauerstoff die Austrittsarbeit und verringern elektropositive Elemente wie Wasserstoff diese. Z. B. findet man für Platin bei ionenstrahlgeätzter Oberfläche $W = 5{,}36$ eV, in O_2-Atmosphäre $W = 6{,}55$ eV, in H_2-Atmosphäre $W = 4{,}21$ eV.

Senkung der Austrittsarbeit durch Metallschichten Die Alkalien und die Erdalkalien sind die am stärksten elektropositiven Elemente. Sie verringern daher die Austrittsarbeit besonders stark, was zuerst an der Glühemission von Wolfram beobachtet wurde: Cs auf W senkt W auf 1,7 eV, K auf W senkt W auf 1,75 eV. Cäsium führt bei vielen Metallen (und Halbleitern, siehe den Abschnitt 2.3) zu einer Senkung der Austrittsarbeit, wie die folgenden Zahlenwerte nach Sommer zeigen:

Metall	Ag	Cu	Ni	W
W in eV für ‚reine' Oberfläche	4,1	4,48	4,7	4,5
W in eV für Cs-bedeckte Oberfl.	1,65	1,55	1,42	1,7

Sommer (1968) gibt einige **Regeln für die Wirkung metallischer Schichten** auf die Photoemission von Metallen an:

- Als Monolage adsorbierte Metallschichten sind immer in der Weise polarisiert, daß die Austrittsarbeit der Unterlage verringert wird.
- Metalle, deren Ionisierungsenergie kleiner als die Austrittsarbeit der Unterlage ist, verringern bei der Absorption die Austrittsarbeit der Unterlage unter den Wert der Austrittsarbeit dieses Metalls selbst.

Weitere inhomogene Systeme Viele der empirisch entwickelten Photokathoden sind bezüglich ihres optischen Verhaltens wie auch bezüglich der Photoemission komplizierte heterogene Systeme. Beispielsweise besteht die S1-Kathode (Ag-O-Cs) aus Ag-Partikeln in einer halbleitenden Cs_2O-Matrix, entzieht sich also völlig den im Rahmen dieser Einführung diskutierten elementaren Modellen.

Literaturempfehlungen

Bücher:

Sommer, A. H.: Photoemissive Materials. Preparation, properties and uses. New York: John Wiley 1968

Görlich, P.: Photoeffekte. I. Historische Entwicklung. Photoemission der Metalle. Leipzig: Akademische Verlagsgesellschaft Geest & Portig K.-G. 1962

Simon, H., R. Suhrmann (Hrsg.): Der lichtelektrische Effekt und seine Anwendungen, Berlin, Göttingen, Heidelberg: Springer-Verlag 1958

Reviewartikel:

Foiles, C. L.: Optical properties of pure metals and binary alloys, in: Landolt-Börnstein (Neue Serie) Band 15b, S. 210 - 490. Berlin: Springer-Verlag 1985

Hölzl, J., F. K. Schulte: Work Function of Metals, in: Springer Tracts in Modern Physics 85 (1979) 1 - 150

Nilsson, P. O.: Optical Properties of Metals and Alloys, in: Solid State Physics 29 (1974) 139 - 234

Spicer, W. E.: Photoelectric Emission, in: Optical Properties of Solids (ed. F. Abelès). Amsterdam-London: North Holland 1972, S. 755 - 858

Nottingham, W. B.: Thermionic Emission, in: Handbuch der Physik, Band XXI, S. 1 - 231. Berlin-Göttingen-Heidelberg: Springer-Verlag 1956.

2.3 Photoemission von Halbleitern und Dielektrika

In Halbleitern erfolgt die Anregung bei Interbandübergängen gebundener Elektronen. Die Grenzwellenlänge ist durch Energielücke und Elektronenaffinität bestimmt. In den NEA-Photoemittern ist der Bandverlauf in der Oberflächenrandschicht so gestaltet, daß die Photoemission thermalisierter Nichtgleichgewichtsträger möglich ist. Dies führt zu größeren Austrittstiefen, zu höheren Quantenausbeuten und zu größeren Grenzwellenlängen.

Optische Anregung von Elektronen in Halbleitern und Dielektrika

Phänomenologische Charakterisierung Der Reflexionsgrad von Halbleitern und Dielektrika wird im kantennahen Bereich durch die Brechzahl bestimmt. Diese ist grob mit der Energielücke korreliert und nimmt bei $\hbar\omega = E_g$ Werte zwischen etwa 2,4 (ZnS, $E_g = 3{,}8$ eV) und 5,6 (PbTe, $E_g = 0{,}32$ eV) an, so daß ρ maximal einige 10 % beträgt. Andererseits erreicht der Absorptionskoeffizient bei Photonenenergien oberhalb E_g schnell Werte von einigen 10^5 cm^{-1}, so daß weit günstigere Bedingungen für die Photoemission als bei Metallen bestehen.

Charakter der optischen Übergänge Die Konzentration der freien Elektronen ist in Halbleitern und Dielektrika gering, zur Photoemission werden Elektronen aus gebundenen Zuständen angeregt. Die zum Verlassen des Festkörpers nötige Energie erlangen diese bei Interbandübergängen. Sieht man von den spezifischen Fragen der Photoelektronen-Spektroskopie ab, sind Halbleiter-Photokathoden vor allem hinsichtlich ihrer langwelligen Grenze interessant. Deshalb muß vorrangig der niederenergetischste Interbandübergang betrachtet werden – das sind Übergänge aus dem Valenzband ins Leitungsband im Energiebereich an und oberhalb der fundamentalen Absorptionskante.

***k*-erhaltende Interbandübergänge** Das Herangehen zur Beschreibung der Interbandübergänge und ihres Beitrags zur Dielektrizitätsfunktion entspricht dem Ansatz in Gl. (2.31); die Verbreiterung ist in kristallinen Halbleitern so klein, daß der Lorentzterm durch die δ-Funktion genähert werden kann. Für die Umgebung von E_g lassen sich analytische Ausdrücke ableiten, wenn einige weitere Näherungen gemacht werden. Die intensivste Absorption liefern die $\boldsymbol{k}$-erhaltenden Übergänge, in Bild 2.12 durch senkrechte Pfeile markiert. Ihr Beitrag zum Imaginärteil der Dielektrizitätsfunktion kann wie folgt geschrieben werden:

$$\epsilon_2(\omega) = \frac{4\hbar^2 e^2}{\pi m^2 \omega^2} \int |\boldsymbol{e} \cdot \boldsymbol{M}_{\mathrm{vc}}|^2 \delta(E_{\mathrm{c}}(\boldsymbol{k}) - E_{\mathrm{v}}(\boldsymbol{k}) - \hbar\omega)\, d^3\boldsymbol{k}. \tag{2.32}$$

Unter Ausnutzung von Eigenschaften der δ-Funktion kann man das Volumenintegral in ein Oberflächenintegral umformen:

$$\epsilon_2(\omega) = \frac{4\hbar^2 e^2}{\pi m^2 \omega^2} \int_S \frac{|\boldsymbol{e} \cdot \boldsymbol{M}_{\mathrm{vc}}|^2}{|\nabla_{\boldsymbol{k}}((E_{\mathrm{c}}(\boldsymbol{k}) - E_{\mathrm{v}}(\boldsymbol{k}))|_{E_{\mathrm{c}}(\boldsymbol{k}) - E_{\mathrm{v}}(\boldsymbol{k}) = \hbar\omega}}\, dS, \tag{2.33}$$

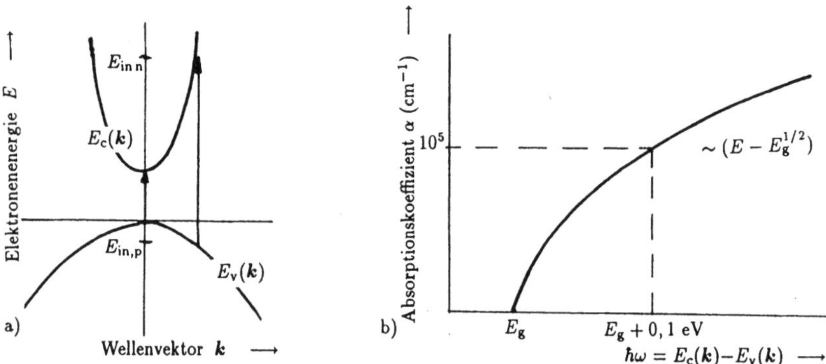

Bild 2.12 a) Anregung von Elektronen bei k-erhaltenden Interbandübergängen in einem direkten Halbleiter, b) Wurzelkante der Fundamentalabsorption

wobei die Integration über die Fläche $E_c(\boldsymbol{k}) - E_v(\boldsymbol{k}) = \hbar\omega$ im $\boldsymbol{k}$-Raum erfolgt. Aus dieser Schreibweise ersieht man, daß große Beiträge zur Absorption entstehen, wenn zwei Bänder zueinander parallel verlaufen. Ein wichtiger Sonderfall ist der eines $\boldsymbol{k}$-unabhängigen Matrixelements $\boldsymbol{e}\cdot\boldsymbol{M}_{vc}$. Unter dieser Voraussetzung kann das Matrixelement aus dem Integral herausgezogen werden, und das verbleibende Integral hat die Bedeutung einer *Interband-Zustandsdichte*

$$D_{vc}(\omega) = \int_S \frac{dS}{|\nabla_{\boldsymbol{k}}((E_c(\boldsymbol{k}) - E_v(\boldsymbol{k}))|_{E_c(\boldsymbol{k})-E_v(\boldsymbol{k})=\hbar\omega}}. \tag{2.34}$$

Diese ist ein Maß für das Produkt der Zustandsdichten im Ausgangs- und im Zielband, deren energetischer Abstand dem Energiesatz bei der Absorption eines Lichtquants $\hbar\omega$ genügt. Wenn das Maximum des Valenzbandes und das Minimum des Leitungsbandes beim gleichen Wellenvektor $\boldsymbol{k}$ liegen (direkter Halbleiter) und in beiden Bändern die $E(\boldsymbol{k})$-Abhängigkeit quadratisch mit den effektiven Massen m_p bzw. m_n ist, ergibt sich für die Interband-Zustandsdichte

$$D_{vc}(\hbar\omega) = \frac{1}{2\pi^2}\left(\frac{2m_{np}}{\hbar^2}\right)^{3/2}(\hbar\omega - E_g)^{1/2}, \tag{2.35}$$

also dieselbe Wurzelabhängigkeit wie bei der energetischen Zustandsdichte innerhalb eines Bandes nach Gl. (2.13), einsetzend bei E_g und mit der reduzierten effektiven Masse $1/m_{np} = 1/m_n + 1/m_p$. Damit erhält man einen expliziten Ausdruck für $\epsilon_2(\omega)$ und bei Annahme einer frequenzunabhängigen Brechzahl n[11] mit Gl. (2.4) und Gl. (2.6) von S. 16 auch einen analytischen Ausdruck für den Absorptionskoeffizienten

$$\epsilon_2(\omega) = \frac{8\hbar^2 e^2}{m^2\omega^2}\left(\frac{2m_{np}}{\hbar^2}\right)^{3/2}|\boldsymbol{e}\cdot\boldsymbol{M}_{vc}|^2(\hbar\omega - E_g)^{1/2} \quad \text{sowie} \quad \alpha(\omega) = \frac{\epsilon_2(\omega)\omega}{nc}. \tag{2.36}$$

[11] Genauer kann $\epsilon_1(\omega)$ durch Kramers-Kronig-Transformation aus $\epsilon_2(\omega)$ berechnet werden. $n(\omega)$ und $\kappa(\omega)$ folgen dann aus $\epsilon_1(\omega)$ und $\epsilon_2(\omega)$.

Diese Form der Absorptionskante wird als *Wurzelkante* bezeichnet.[12] Sie wird bei vielen direkten Halbleitern näherungsweise beobachtet. In diesen sind die Absorptionskanten steil, und α erreicht bereits bei $E_g + 0,1 eV$ Werte von einigen 10^5 cm^{-1}, was für die Photoemission günstig ist. Sind die Übergänge im Extremalpunkt selbst verboten, kann man annehmen, daß das Matrixelement dem Wellenvektor $\boldsymbol{k}$ proportional ist. Dann wird der Absorptionskoeffizient proportional zu $(\hbar\omega - E_g)^{3/2}$.

Energie der erzeugten Photoelektronen Für die Energieübertragung auf das angeregte Elektron ergibt sich bei $\boldsymbol{k}$-erhaltenden Übergängen eine wichtige Besonderheit: Der Energieüberschuß des Photons über die Bildungsenergie des Elektron-Loch-Paars $\hbar\omega - E_g$ wird nicht vollständig auf das Elektron übertragen, sondern auf Elektron und Loch aufgeteilt. Elektron bzw. Loch werden mit der kinetischen Energie

$$E_{\text{in n}} - E_{c0} = \frac{m_{\text{np}}}{m_{\text{n}}}(\hbar\omega - E_g) \quad \text{bzw.} \quad E_{\text{in p}} - E_{c0} = \frac{m_{\text{np}}}{m_{\text{p}}}(\hbar\omega - E_g) \qquad (2.37)$$

in das jeweilige Band optisch ‚injiziert', siehe Bild 2.12a. Ein großes Massenverhältnis $m_p/m_n \gg 1$ führt zur bevorzugten Energieübertragung auf das Elektron und begünstigt die Photoemission. Diese Situation ist in allen Halbleitern mit Zinkblendestruktur gegeben.

Photoemission homogener Halbleiter

Energetische Verhältnisse im homogenen Halbleiter Zunächst soll der Elektronenaustritt aus Metallen und aus Halbleitern anhand des Bandkantenverlaufs an der Grenzfläche eines homogenen Festkörpers zum Vakuum in Bild 2.13 verglichen werden. Im Unterschied zum Potentialtopfmodell Bild 2.4 bezeichnet man dies jetzt als Bändermodell, weil im Halbleiter zwischen dem mit Elektronen (fast) voll gefüllten Valenzband und dem um die Energielücke E_g darüberliegenden fast leeren Leitungsband unterschieden werden muß.[13]

Im Metall ist die in die Richardson-Gleichung eingehende thermische Austrittsarbeit gleich der photoelektrischen, d. h. gleich dem Abstand zwischen Ferminiveau und Vakuumpotential. Im Halbleiter ist als neue Größe die *Elektronenaffinität* χ zur Kennzeichnung des Abstandes zwischen dem unteren Rand des Leitungsbandes und dem Vakuumniveau eingeführt worden, und man muß zwischen der thermischen und der photoelektrischen Austrittsarbeit unterscheiden. Zahlenwerte für E_g und χ für einige Halbleiter nach Sommer (1968) sind in der Tabelle angegeben. Die Berechnung des Glühemissionsstroms nach Gl. (2.18) auf S. 26 ist ersichtlich unabhängig davon, ob das Ferminiveau E_F in einem erlaubten Energieband oder

[12] Die Frequenzabhängigkeit des Absorptionskoeffizienten ist $\alpha(\omega) \sim (\hbar\omega - E_g)^{1/2}/\omega$, was nur für $\hbar\omega/E_g - 1 \ll 1$ genau eine Wurzelabhängigkeit ergibt.

[13] Im Metall spricht man von ‚Leitungselektronen', diese sind ihrem Wesen nach Valenzelektronen.

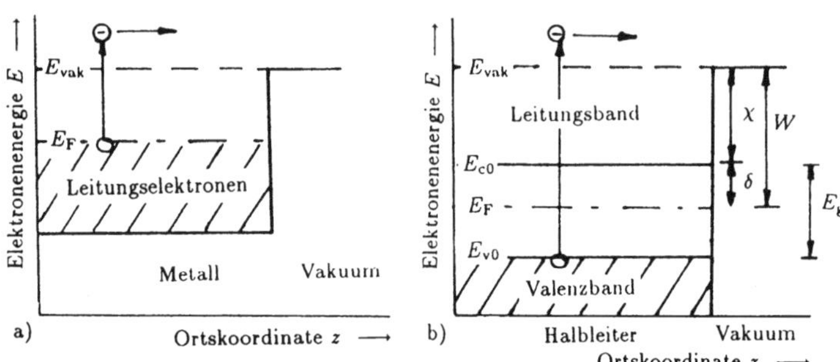

Bild 2.13 Elektronenaustritt aus einem Metall bzw. aus einem Halbleiter unter der Annahme, daß sich die Bandkanten vom Volumen bis zur Oberfläche fortsetzen lassen: a) Metall-Vakuum-Grenzfläche, b) Halbleiter-Vakuum-Grenzfläche

Halbleiter	Cs_3Sb	Cs_3Bi	Si	Ge	Te	GaAs	InSb	InP	CdTe	PbTe
E_g/eV	1,6	0,5	1,1	0,7	0,3	1,4	0,2	1,3	1,5	0,3
χ/eV	0,4	1,5	4	4,2	4,6	4,1	4,6	4,4	4,4	4,7
$E_g + \chi$/eV	2,0	2,0	5,1	4,9	4,9	5,5	4,8	5,7	5,9	5

Tabelle 2.3 Energielücke und Elektronenaffinität einiger Halbleiter nach Sommer (1968)

in der verbotenen Zone liegt, daher ist die thermische Austrittsarbeit eines Halbleiters wie die des Metalls durch den Abstand zwischen Vakuum- und Ferminiveau gegeben. Die thermische Austrittsarbeit eines Halbleiters sollte demzufolge von der Dotierung abhängen. Eine solche Abhängigkeit der Austrittsarbeit von der Dotierung wird an Halbleitern experimentell auch beobachtet, jedoch ist die Veränderung schwächer als erwartet, wenn man Volumeneigenschaften zugrundelegt. So wurde im Silicium-Innern das Ferminiveau um 1,2 eV verschoben, dabei änderte sich die Austrittsarbeit aber nur von 4,76 auf 4,92 eV (siehe Cardona u. Ley 1979). Dies muß als weiterer Hinweis auf die Rolle der Oberfläche verstanden werden.

Die Schwellenergie für den äußeren Photoeffekt an einem homogenen Halbleiter ergibt sich aus der Forderung, daß das Elektron mindestens mit der Energie χ ins Leitungsband injiziert wird. Die *photoelektrische Austrittsarbeit* folgt demnach, wenn der Halbleiter nicht gerade entartet n-dotiert ist, aus dem Bändermodell als Summe von Elektronenaffinität und Breite der Energielücke, sie übersteigt somit die thermische Austrittsarbeit um den Abstand δ zwischen dem Ferminiveau und dem Valenzband:[14]

$$W_{\text{ph el}} = E_g + \chi = W + \delta. \tag{2.38}$$

[14] Bei festgehaltener Summe $E_g + \chi$ ist es günstiger, wenn E_g groß und χ klein ist. Bei $\chi > E_g$ können die heißen primären Elektronen energiearme sekundäre Elektron-Loch-Paare anregen, die zwar die Quantenausbeute des inneren Photoeffekts erhöhen, aber für die Photoemission verloren sind.

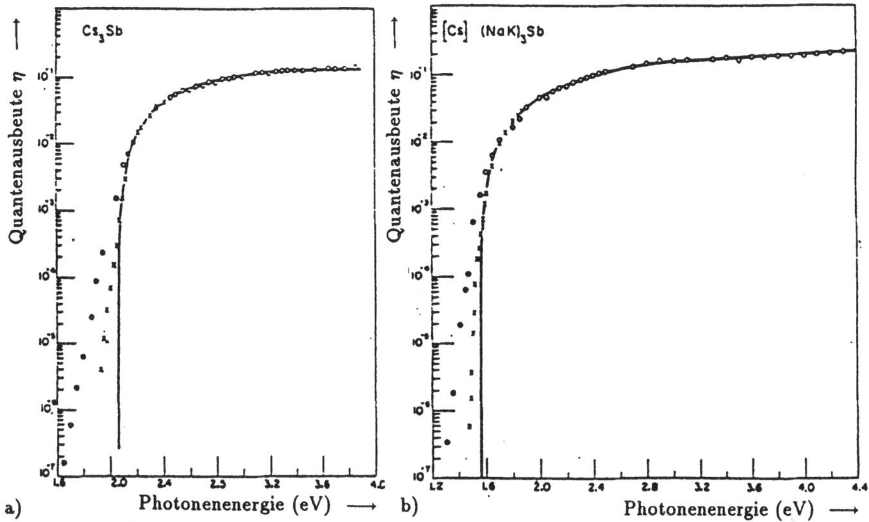

Bild 2.14 Anpassung der gemessenen spektralen Quantenausbeute von Cs_3Sb (a) bzw. $(NaK)_3Sb$:Cs (b) an das 3-Schritt-Modell der Photoemission [149]. ∘ $T = 300$ K, × $T = 77$ K, ausgezogene Kurve berechnet

Es soll nochmals betont werden, daß bei $\boldsymbol{k}$-erhaltenden Übergängen und sonst gleichen Parametern die langwellige Grenze des Photoeffekts $\hbar\omega_{\mathrm{gr}}$ verschoben ist:

$$\hbar\omega_{\mathrm{gr}} = E_{\mathrm{g}} + \frac{m_{\mathrm{n}}}{m_{\mathrm{np}}}\chi = E_{\mathrm{g}} + \chi\left(1 + \frac{m_{\mathrm{n}}}{m_{\mathrm{p}}}\right). \tag{2.39}$$

Monolagen von Cäsium, die bei Metallen zur Senkung der Austrittsarbeit führen, bewirken analog bei Halbleitern eine Senkung der Elektronenaffinität χ. Dies wird sowohl bei einigen Multialkaliantimonid- als auch bei den NEA-Photoemittern ausgenutzt.

Die $\mathbf{Cs_3Sb}$- und die Multialkaliantimonid-Photokathoden Cs_3Sb ist ein kubischer Halbleiter mit einer direkten Energielücke $E_{\mathrm{g}} = 1,6$ eV. Die Absorptionskante läßt sich durch $\alpha = const.(\hbar\omega - E_{\mathrm{g}})^{3/2}$ beschreiben, was auf verbotene direkte Übergänge deutet. Bei $\hbar\omega = 3$ eV erreicht α den Wert $5{\cdot}10^5$ cm^{-1}, die maximale Quantenausbeute beträgt etwa 30 %. Da die Cs_3Sb-Photokathoden polykristallin sind, hängt ihre Empfindlichkeit von Korngrößen und Barrieren an diesen ab. Spicer interpretierte auf der Grundlage von Absorptions-, Photoleitungs- und Photoemissionsmessungen die spektrale Quantenausbeute (Bild 2.14) im 3-Schritt-Modell, vergleiche Gl. (2.20). Mit der angegebenen Form der Absorptionskante und unter der Annahme, daß der photoemissionsunwirksame Anteil des Absorptionskoeffizienten $\alpha_{\mathrm{c}} = \alpha - \alpha_{\mathrm{PE}}$ wellenlängenunabhängig ist[15], folgt statt Gl. (2.21)

[15] Dies ist nur bei Absorption freier Ladungsträger und Streuung an neutralen Störstellen möglich.

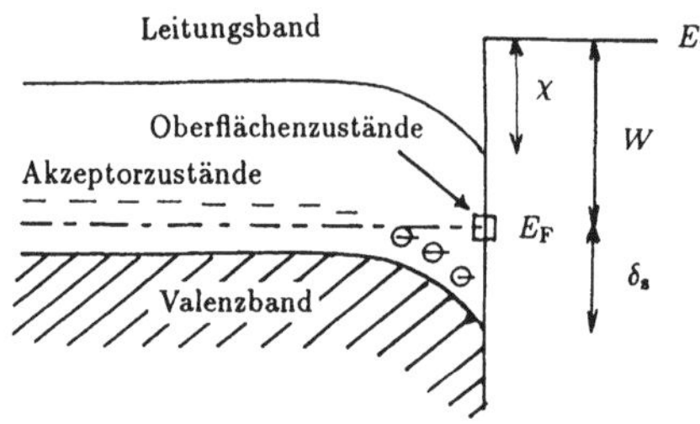

Bild 2.15
Bandkantenverlauf in einem p-Halbleiter mit Oberflächenzuständen und Oberflächen-Bandverbiegung

$$\eta(\hbar\omega) = \frac{[\hbar\omega - (E_g + \chi)]^{3/2} B}{[\hbar\omega - (E_g + \chi)]^{3/2} + (\alpha_c + 1/L_{esc})/const.}.$$

Aus der Anpassung an das gemessene Spektrum (Bild 2.14) bestimmte Spicer die Elektronenaffinität $\chi = 0{,}45$ eV. Diese Auswertung beruht auf der Annahme gebrochener $\boldsymbol{k}$-Erhaltung. Mit $\boldsymbol{k}$-Erhaltung wäre in der letzten Gleichung χ durch $(m_n/m_{np})\chi$ zu ersetzen, und nur für $m_n \ll m_p$ bleibt der so bestimmte Zahlenwert für χ richtig.

Auch die später gefundenen Multialkaliantimonid-Kathoden wie Na_2KSb und K_2CsSb sind im Modell der Photoemission aus Halbleitern zu verstehen, wobei die Energielücken z. T. kleiner sind als beim Cs_3Sb. Durch eine Monolage eines anderen Alkalimetalles wird die Elektronenaffinität auch hier gesenkt, z. B. wird bei Na_2KSb ($E_g = 1{,}0$ eV) χ von 1,0 eV durch Bedeckung mit Rubidium auf 0,7 eV und durch Bedeckung mit Cäsium auf 0,55 eV abgesenkt. Ähnliche Verhältnisse gelten offenbar nicht nur bei atomarer Bedeckung der Oberfläche, sondern z. B. auch für Na_2KSb, bei dem sich an der Oberfläche eine kaliumreichere Phase NaK_2Sb bildet. Solche Kathoden können auch als Heterostrukturen behandelt werden.

Einfluß der Oberflächen-Randschicht auf die Photoemission

Bändermodell mit Oberflächen-Randschicht Die bisher zugrundegelegte ortsunabhängige Lage der Bandkanten bis hin zur Oberfläche ist für Halbleiter meistens unrealistisch. Zustände infolge von Defekten an der gestörten Oberfläche oder infolge von Fremdschichten bewirken durch den Ladungsaustausch mit Zuständen im Volumen die Entstehung einer oberflächennahen Raumladungszone, die einen ortsabhängigen Beitrag zur potentiellen Energie nach sich zieht. Im Bändermodell, bei dem die Abszisse wieder die Koordinate senkrecht zur Oberfläche darstellt, entspricht dies einer *Bandverbiegung*, siehe Bild 2.15. Die Größe δ nimmt dabei an der Oberfläche und im Volumen unterschiedliche Werte δ_s bzw. δ_V an.

Zur quantitativen Beschreibung dieser Bandverbiegung soll angenommen werden, daß in einer Schicht der Dicke d_s die von der Dotierung herrührenden Akzeptorniveaus (Konzentration N_A) vollständig durch die Elektronen aus den Oberflächenzuständen gefüllt sind und daß der Halbleiter außerhalb dieser Schicht neutral ist. Die Poissongleichung als Differentialgleichung 2. Ordnung führt bei Annahme einer ortsunabhängigen Raumladung auf einen *parabolischen Potentialverlauf*, und

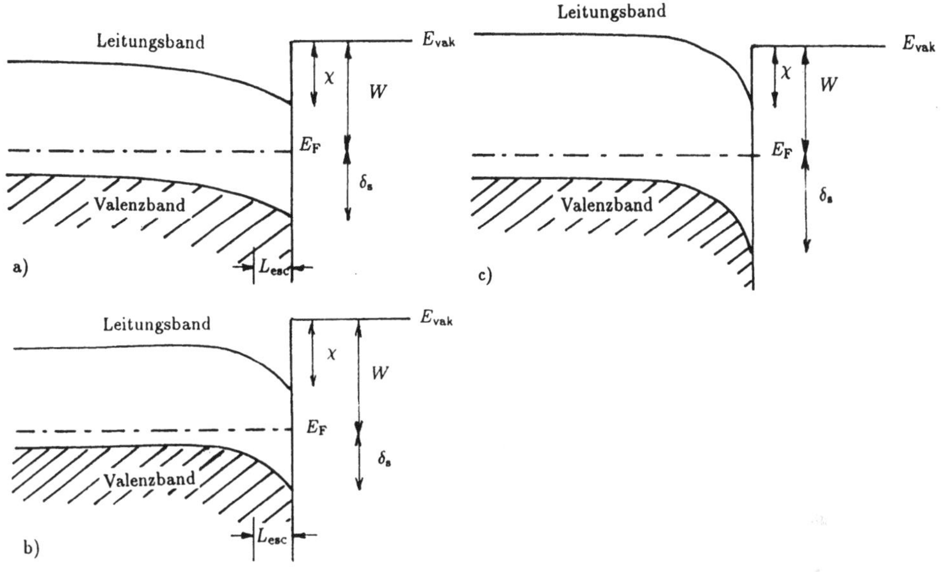

Bild 2.16 Einfluß der Volumendotierung und der Größe der Elektronenaffinität auf die Photoemission nach [97]. a) schwach dotierter p-Halbleiter, b) stark dotierter p-Halbleiter, c) Halbleiter mit negativer Elektronenaffinität

die Weite der Oberflächen-Randschicht d kann durch die Höhe der Bandverbiegung $\psi_s = eV_s$ oder durch das ‚Oberflächenpotential' V_s ausgedrückt werden:

$$d_s = \sqrt{\frac{2\epsilon_0\epsilon_r V_s}{eN_A}}.$$

Je geringer die Dotierung ist, desto weiter reicht die Bandverbiegung in das Volumen hinein. Liegt N_A im Bereich $10^{17}\ldots10^{19}$ cm^{-3}, so wird für GaAs mit $eV_s \approx 1$ eV $d_s \approx 10\ldots100$ nm.

Falls die Dichte der Oberflächenzustände groß ist, wird die Lage des Ferminiveaus an der Oberfläche nur schwach von der ins Volumen abgegebenen Ladung $N_A d_s$ abhängen. Das bedeutet aber, daß δ_s nur wenig von der Dotierung im Volumen beeinflußt wird. Dafür ist die Bezeichnung *Fixierung des Ferminiveaus* geprägt worden. Dieses bewirkt im n-Halbleiter eine Aufwärtsverbiegung der Bänder und im p-Halbleiter eine Abwärtsverbiegung.

NEA-Photokathoden Im folgenden soll die Wirkung der Oberflächen-Bandverbiegung auf die Photoemission vorrangig für p-Halbleiter betrachtet werden, weil dieser Fall für die Photoemission besonders interessant ist. Entsprechend dem 3-Schritt-Modell wird in Bild 2.16 eine gewisse Austrittstiefe L_{esc} angenommen. Ist die Dotierung so schwach, daß $d_s \gg L_{esc}$ gilt (Bild 2.16a), ist das Potential innerhalb L_{esc} näherungsweise konstant, und es wird $W_{ph\,el} \approx E_g + \chi$. Bei starker Dotierung gilt $d_s \ll L_{esc}$ (Bild 2.16b), und es wird $W_{\mathrm{ph\,el}} \approx W$, weil das Ferminiveau im Volumen praktisch mit dem Rand des Valenzbandes übereinstimmt und die meisten Photoelektronen aus einer größeren Tiefe als d_s stammen, wo die Bandverbiegung schon unmerklich ist. Mittels

$$\chi_{\mathrm{eff}} + E_{\mathrm{g}} = E_{\mathrm{ph\,el}} \tag{2.40}$$

wird eine *effektive Elektronenaffinität* definiert, eine Größe, welche die minimale kinetische Energie beschreibt, die ein Elektron im Volumen haben muß, um den Halbleiter zu verlassen. Im Falle $\chi < \delta_s$ (Bild 2.16c) wird χ_{eff} negativ, d.h. das Vakuumpotential an der Oberfläche liegt tiefer als der Leitungsbandrand im Volumen – Elektronen im Leitungsband brauchen keine zusätzliche kinetische Energie zum Verlassen des Emitters, sondern thermalisierte Photoelektronen sind dazu in der Lage. Solche Emitter werden *NEA-Emitter* genannt (Emitter mit **N**egativer **E**lektronen-**A**ffinität). Diese wurde erstmals von Scheer und Van Laar beschrieben [139].

Die Transportlänge thermalisierter Minoritätsträger ist gleich der Diffusionslänge[16], daher kann in NEA-Kathoden die Austrittstiefe die Diffusionslänge erreichen, das können bei den üblichen Dotierungen einige μm sein. NEA-Kathoden haben folglich höhere Quantenausbeuten als die ‚klassischen' polykristallinen Photokathoden, bei GaAs ergeben sich 10 bis 50 % im sichtbaren und UV-Bereich.

Im Unterschied zur Photoemission aus Metallen bzw. aus Halbleitern mit positiver Elektronenaffinität ist die Grenzwellenlänge nicht durch die Höhe der Potentialbarriere zwischen Festkörper und Vakuum, sondern durch die bei der Energielücke des Halbleiters einsetzende Absorptionskante bestimmt. An der Grenzwellenlänge $\lambda_{\mathrm{co}} = hc/E_{\mathrm{g}}$ fällt die Quantenausbeute steil ab, da die Elektronen bei kleinen Absorptionskoeffizienten in zu großer Tiefe erzeugt werden.

Herstellung und spektrale Empfindlichkeit von NEA-Photoemittern

Moderne NEA-Photoemitter werden als Frontkathoden wie folgt realisiert: Auf einem GaAs-Substrat wird (gegf. über eine Pufferschicht zur Gitteranpassung) zuerst die Emitterschicht aus *p*-GaAs oder *p*-(Ga,In)As und dann eine breitlückige (Ga,Al)As-Pufferschicht epitaktisch aufgewachsen. In III-V-Halbleitern ist die NEA-Situation auf den meisten Kristallflächen erreichbar, (111)B gibt bessere Resultate als andere Flächen. Die Struktur wird dann mit der Pufferschicht durch Thermokompression[17] oder Kleben auf einem Fenster (z. B. Saphir) fixiert. Anschließend werden das Substrat und die erste Pufferschicht durch selektives Ätzen entfernt, die aktive Schicht wird gereinigt und unter definierten Bedingungen mit Cs und Sauerstoff belegt. Photozellen mit NEA-Kathoden erfordern ein Vakuum besser als 10^{-10} Torr. Das ist eine um Größenordnungen schärfere Forderung als

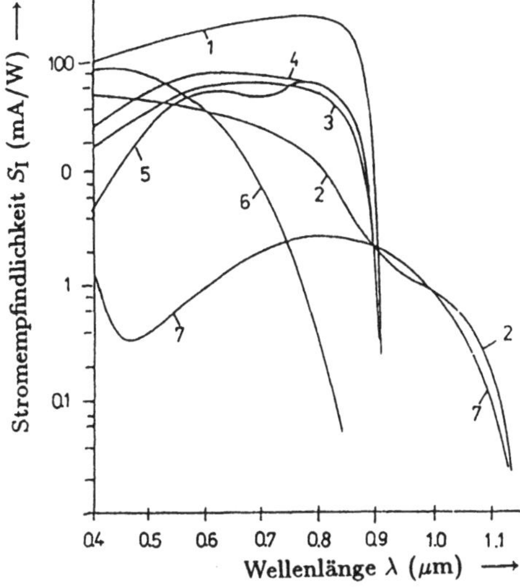

Bild 2.17
Spektrale Empfindlichkeit von NEA-Photokathoden [86]: 1 GaAs, 2 (In,Ga)(As,P), 3,4,5 ERMA, zum Vergleich 6 $Na_2KSb:Cs$, 7 Ag-O-Cs

bei konventionellen Photokathoden und auf die Empfindlichkeit der dünnen Cäsiumoxidschicht und des Interface zum Halbleiter zurückzuführen.

Die große Austrittstiefe der Elektronen in den NEA-Emittern führt auch bei Sekundäremissions-Kathoden (für Multiplier) zu einer verbesserten Ausbeute.

Langwellige Grenze der NEA-Photoemitter Die NEA-Photoemitter haben unter den Emittern mit akzeptablen Quantenausbeuten die größten Grenzwellenlängen – diese ist nur durch die Energielücke bestimmt. Die nach dem bisher diskutierten Wirkprinzip realisierten langwelligsten Spektralverläufe sind in Bild 2.17 [86] dargestellt. NEA-Emitter sind aus Materialien mit Energielücken $E_g \geq 1{,}1$ eV hergestellt worden. Da es III-V-Halbleiter mit Energielücken bis herab zu etwa 0,2 eV (InSb) gibt, stellt sich die Frage nach der physikalisch möglichen Grenzwellenlänge. Diese Frage kann bisher nicht befriedigend beantwortet werden. Spicer hat das Versagen des Prinzips bei kleineren Energielücken auf die Potentialbarriere am Interface zwischen dem Cäsiumoxid und dem III-V-Halbleiter zurückgeführt.

Feldverstärkte Photoemission Größere Quantenausbeuten bei kleinen Photonenenergien können auch durch Ausnutzung innerer elektrischer Felder erreicht werden. Zwei physikalisch interessante Beispiele sollen hier erläutert werden:

Beispiel 1 (Aufheizung der durch Photoeffekt angeregten Träger durch ein inneres elektrisches Feld und Ausnutzung der Zwischentalübertragung von Elektronen

[16] Zu deren Definition siehe Abschnitt 3.1.

[17] Das ist eine Technologie mit schlechter Ausbeute. Man hat versucht, durch ein zwischengeschaltetes Übergitter Versetzungen an den Heterogrenzen zu stoppen. Dadurch konnte die Blauempfindlichkeit von GaAs-Kathoden verbessert werden [78].

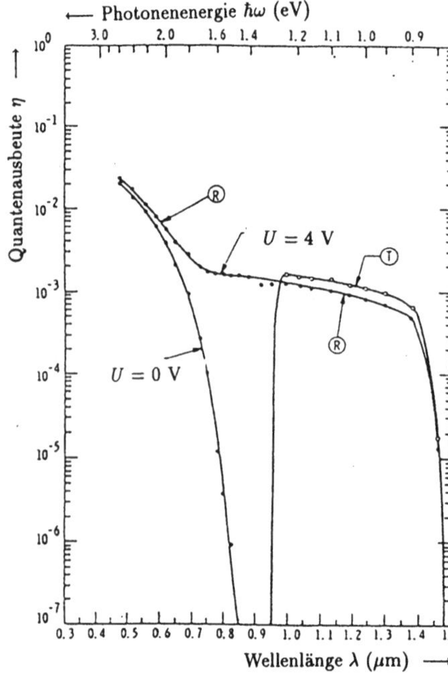

Bild 2.18
Spektrale Quantenausbeute einer NEA-Photokathode mit Zwischental-Übertragung aus p-(In,Ga)(As,P) auf InP-Substrat bei $T = 173$ K [56]. R – Messung in Reflexion mit und ohne Vorspannung U, T – Messung in Transmission

in GaAs und verwandten Halbleitern): Im Leitungsband von GaAs existieren neben dem zentralen Minimum im Γ-Punkt der 1. Brillouinzone energetisch höherliegende Satellitenminima in den L-Punkten und X-Richtungen mit einer großen Zustandsdichte.[18] Die Idee bezüglich der Photoemission besteht darin, durch ein inneres elektrisches Feld die durch das Licht angeregten Elektronen in die in GaAs um 0,31 bzw. 0,48 eV höher liegenden Satellitentäler zu übertragen und zur Emission aus diesen zu befähigen. Dazu wird eine 5...10 nm dicke Ag-Schicht als Schottkybarriere zwischen den III-V-Halbleiter und die abschließende Cs-O-Bedeckung geschaltet. Bei einer Spannung von wenigen Volt zwischen Ag-Elektrode und Volumen werden die Elektronen in dem sich ausbildenden Feld von einigen 10^4 V/cm zur Oberfläche hin beschleunigt und dabei in die Satellitentäler übertragen.

Mit einer Struktur aus p-(In,Ga)(As,P)/InP wurden 0,1 % Quantenausbeute bis $\lambda = 1,4$ μm entsprechend der Energielücke E_g = 0,85 eV des (In,Ga)(As,P) erreicht. Bild 2.18 zeigt die Verschiebung der Grenzwellenlänge durch die angelegte Spannung. In Transmission besitzt die Kathode Bandpaßcharakter wegen der Absorption im InP-Substrat.

Beispiel 2 (Einstellung der NEA-Situation durch ein äußeres elektrisches Feld): Die in einer Schottkybarriere bestehende Bandverbiegung kann durch ein äußeres elektrisches Feld verstärkt werden. Diesen Effekt kann man dahingehend ausnutzen,

[18] Die Übertragung heißer Elektronen in die Satellitenminima bei Aufheizung im elektrischen Feld ist die Grundlage des 1963 entdeckten Gunneffekts (sog. Gunn-Hilsum-Mechanismus für eine negative differentielle Leitfähigkeit).

daß die effektive Elektronenaffinität an der Oberfläche eines mit einem Metall bedeckten Halbleiters, die im feldfreien Zustand positiv ist, durch eine angelegte Spannung verringert und sogar negativ gemacht wird. Dies gelang z. B. an einer Struktur Ag/*p*-InP: Ohne Vorspannung war die Quantenausbeute noch bei $\hbar\omega = 2$ eV nur 10^{-4} und nahm zu kleineren Photonenenergien exponentiell ab. Anlegen einer Spannung von 3,4 V führte dazu, daß bei $\hbar\omega = E_g = 1,34$ eV ein steiler Anstieg der Quantenausbeute um vier Größenordnungen auf etwa 10^{-2} eintritt, was das Erreichen des NEA-Falls signalisiert (Escher, zitiert nach Hermann et al. 1992).

Zeitkonstante von NEA-Photoemittern Wenn die Elektronen als Minoritätsträger zur Oberfläche diffundieren, kann die Zeitkonstante nicht kleiner sein als die Minoritätsträger-Lebensdauer, die in der Größenordnung von $10^{-9} \ldots 10^{-10}$ s liegt. Wegen des mit der Oberflächen-Bandverbiegung verbundenen elektrischen Feldes liegt allerdings ein gemischter Diffusions-Drift-Fall vor, so daß die Zeitkonstante kleiner wird.

Literaturempfehlungen

Bücher:

Cardona, M., L. Ley (Hrsg.): Photoemission in Solids I (1978), II (1979). Topics in Applied Physics Bd. 26/27. Berlin, Heidelberg, New York: Springer-Verlag

Sommer, A. H.: Photoemissive materials. New York: John Wiley 1968

Reviewartikel:

Hermann, C., H.-J. Drouhin, G. Lample, Y. Lassailly, D. Paget, J. Peretti, R. Houdré, F. Ciccacci, H. Riechert: Photoelectronic Processes in Semiconductors Activated to Negative Electron Affinity, in: C. V. Shank, B. P. Zakharchenya (Hrsg.): Spectroscopy of Nonequilibrium Electrons and Phonons. Amsterdam: North Holland 1992 (Modern Problems in Condensed Matter Sciences Vol. 35), S. 397 - 460

Escher, J. S.: NEA Semiconductor Photoemitters, in: Semiconductors and Semimetals Vol. 15 (1981), S. 195 - 300

Bates Jr., C. W., L. E. Galan: X-Ray Photoemission and Auger Electron Spectroscopy of Multialkali Antimonide Photocathodes, Proc 9th International Symp. of the IMEKO TC 2 on Photon Detectors, Visegrad, Hungary 1980

Spicer, W. E.: Negative Affinity 3-5 Photocathodes. Their Physics and Technology, in: Applied Physics 12 (1977) 115 - 130

Martinelli, R. U. et al.: The application of semiconductors with negative electron affinity surfaces to electron emission devices, Proc. IEEE 62 (1974) 1339

Spicer, W. E.: Photoelectric emission, in: Optical properties of solids (Hrsg. F. Abelès). Amsterdam: North Holland Publishing Co. 1972, S. 758 - 858

2.4 Photoemission spinpolarisierter Elektronen

Spinpolarisierte Elektronen können beim Photoeffekt sowohl von magnetisierten Festkörpern (von ferromagnetischen Metallen mit 3d-Elektronen oder von Halbleitern mit 4f-Elektronen) emittiert werden als auch von nicht magnetisierten Halbleitern aufgrund spezieller Übergangswahrscheinlichkeiten infolge Spin-Bahn-Wechselwirkung.

Das bei einem elektrischen Dipolübergang ausgesandte Photon hat einen Drehimpuls $\pm\hbar$. Im Wellenbild entspricht dies rechts- bzw. linkszirkular polarisierter Strahlung. Aus dem Drehimpuls-Erhaltungssatz resultieren Auswahlregeln für atomare Übergänge, die eine zirkular polarisierte Komponente auszeichnen können. Von Kastler wurde der Begriff ‚optisches Pumpen' für die Einstellung eines Nichtgleichgewichts zwischen den Zeemankomponenten eines atomaren Niveaus geprägt.

Auch bei der Emission von Strahlung durch Festkörper ist unter geeigneten Bedingungen der Drehimpulssatz an den Auswahlregeln sichtbar. Daher stellt sich die Frage: Kann man nachweisen, daß auch *bei der Absorption* des Photons dessen Drehimpuls auf die Festkörperelektronen übertragen wird?[19]

Das Konzept des optischen Pumpens wurde Ende der 60er Jahre auf delokalisierte Zustände in Halbleitern übertragen. Dabei wird ausgenutzt, daß infolge der Auswahlregeln für Interbandübergänge in Halbleitern mit Zinkblende- oder Wurtzitstruktur eine selektive Besetzung von Zuständen einer bestimmten Spinorientierung möglich ist. Der Nachweis der Spinorientierung der photogenerierten Leitungselektronen erfolgte zunächst wie in der Atomphysik durch Messung der Polarisation der Photolumineszenz. Spinpolarisierte freie Elektronen aus dem Photoeffekt an Festkörpern (Fe, Co, Ni) wurden erstmals im Jahre 1971 nachgewiesen [26]. Spinpolarisation bedeutet eine Vorzugsorientierung des Spins, als *Polarisationsgrad* definiert man wie in der Optik

$$P = \frac{n_\uparrow - n_\downarrow}{n_\uparrow + n_\downarrow}, \tag{2.41}$$

wobei $n_\uparrow, n_\downarrow$ die Elektronenzahlen parallel bzw. antiparallel zu der durch die Meßapparatur definierten Vorzugsrichtung sind. Zur Analyse der Spinpolarisation freier Elektronen wird meist die Asymmetrie der Elektronenstreuung genutzt.

Ferromagnetika mit 3d-Elektronen Die magnetischen Eigenschaften der klassischen Ferromagnetika Fe, Co und Ni sind durch die teilweise gefüllte Schale der 3d-Elektronen bedingt. In Bild 2.19a sind die energetische Zustandsdichte $D(E)$ und die Besetzung der Zustände im 3d-Band dargestellt. Die Austauschentartung verschiebt die Energiebänder für die beiden entgegengesetzten Spinrichtungen relativ zueinander. Da Elektronen beider Spinrichtungen die Zustände bis zum Ferminiveau füllen, ist die Konzentration der Elektronen mit einer Spinrichtung größer (im Bild

[19] Mit mechanischen Mitteln (unter Verwendung eines Torsionsmessers) gelang dies schon im Jahre 1936 [16]. Dazu wurde ein $\lambda/2$-Plättchen verwendet, das linkszirkular polarisiertes Licht in rechtszirkulares umwandelt und umgekehrt. Insofern überträgt jedes auffallende Photon den Drehimpuls $2\hbar$ auf das Plättchen.

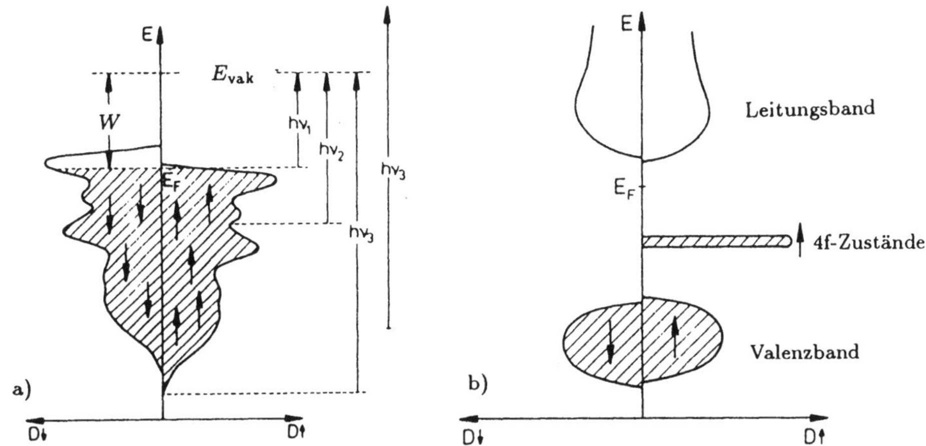

Bild 2.19 Zustandsdichte für Elektronen der beiden Spinrichtungen in magnetisierten Festkörpern: (a) $3d$-Elektronen-Ferromagnetikum Nickel, (b) Europiumchalkogenide (b) nach Kessler (1976)

o.B.d.A. $n_\uparrow$). Nickel hat über dem Rumpf ($1s^2 2s^2 2p^6 3s^2 3p^6$) die Elektronenkonfiguration $3d^8 4s^2$, 5 Elektronen pro Atom besetzen das $3d_\uparrow$-Band und 4,4 Elektronen pro Atom das $3d_\downarrow$-Band, die restlichen 0,6 Elektronen pro Atom das im Bild nicht gezeigte $4s$-Band. Diese Vorzugsrichtung des Spins der quasifreien Elektronen im Metall wird bei der Photoemission als Vorzugsrichtung des Spins der Photoelektronen nachgewiesen.

Experimentell wurde an Ni ein Polarisationsgrad von 15 % in Magnetfeldern oberhalb der Sättigungsmagnetisierung und bei Anregung nahe der langwelligen Grenze der Photoemission ($h\nu_1$ in Bild 2.19a) gefunden. Der Polarisationsgrad ist maximal bei Anregung von Elektronen aus der Umgebung des Ferminiveaus und dabei proportional zur Differenz der Zustandsdichten $D_\uparrow - D_\downarrow$, er nimmt mit wachsender Photonenenergie ab, weil dann auch Elektronen aus tieferen Zuständen emittiert werden, für welche die Differenz $D_\uparrow - D_\downarrow$ geringer ist ($h\nu_{2,3}$ in Bild 2.19a).

Materialien mit lokalisierten Spins Die seltenen Erden besitzen eine nicht abgeschlossene $4f$-Schale, in der besonders große Drehimpulse bzw. magnetische Momente vorkommen. In den Europiumchalkogeniden EuO, EuS, EuSe und EuTe bilden die $4f$-Elektronen des Europiums sehr schmale Bänder, sind also noch quasilokalisiert. Eu hat sieben $4f$-Elektronen, das Band ist gerade halb gefüllt. Nach der Hundschen Regel sind im Grundzustand die Spins aller $4f$-Elektronen parallel, die Spinquantenzahl ist $S = 7/2$. Die energetische Zustandsdichte und die Besetzung der Zustände für diesen Fall sind in Bild 2.19b dargestellt. Man kann hier einen wesentlich höheren Polarisationsgrad der Photoelektronen erwarten als bei den $3d$-Ferromagnetika, wenn die Photoelektronen aus den $4f$-Zuständen heraus emittiert werden. Experimentell wurde tatsächlich an EuO ein Polarisationsgrad bis zu 60 %

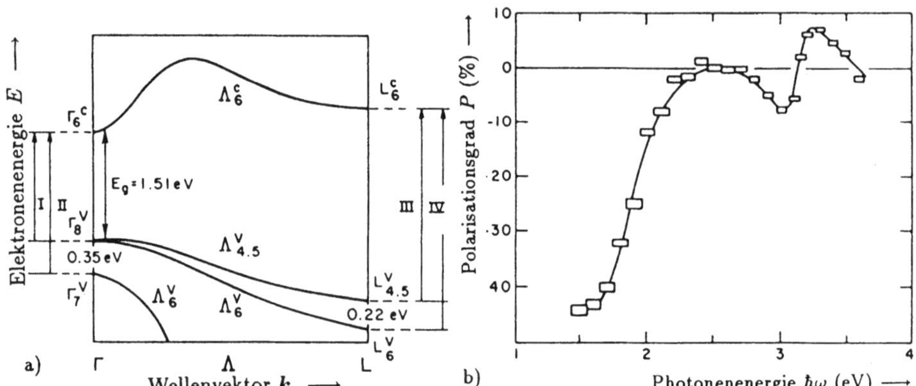

Bild 2.20 Bandstruktur von GaAs in $\Gamma \to \Lambda \to L$-Richtung (a) und Polarisationsgrad der spinpolarisierten Photoemission bei $T \leq 10$ K und Anregung mit σ^+-polarisiertem Licht (b) [127]

und an $Eu_{0,99}La_{0,01}O$ bis zu 70 % in Magnetfeldern von 3 T beobachtet. In Feldemission wurde an EuS sogar $P = 89$ % gemessen. Alle Messungen an Ferromagnetika müssen unterhalb der Curietemperatur erfolgen, diese beträgt 631 K für Nickel, aber nur 69 K für EuO und 16,6 K für EuS.

III-V-NEA-Photokathoden Die spinpolarisierte Photoemission aus einem nichtmagnetischen Material ist möglich infolge spezieller Auswahlregeln für Übergänge zwischen Bändern, die durch Spin-Bahn-Wechselwirkung aufgespalten sind. Besonders GaAs-NEA-Photoemitter (siehe Abschnitt 2.3) sind effektive Quellen für spinpolarisierte Elektronen bei Anregung mit zirkular polarisiertem Licht und Photonenenergien dicht oberhalb von E_g.

Bild 2.20a zeigt die Bandstruktur von GaAs für Wellenvektoren in [111]-Richtung des $\boldsymbol{k}$-Raums mit den Symmetrien $\Gamma \to \Lambda \to L$. Die Spin-Bahn-Aufspaltung des Valenzbandes beträgt in Γ $\Delta_0 = \Gamma_{8v} - \Gamma_{7v} = 0,35$ eV und in L $L_{4,5}^v - L_6^v = 0{,}22$ eV. Das Leitungsband wird aus s-artigen Zuständen gebildet, die atomphysikalischen Quantenzahlen sind $J = 1/2, M_J = \pm 1/2$. Das Valenzband wird aus p-artigen Zuständen gebildet, die atomaren Quantenzahlen sind $J = 3/2, M_J = \pm 3/2, \pm 1/2$ für das Band Γ_{8v} bzw. $J = 1/2, M_J = \pm 1/2$ für das durch Spin-Bahn-Wechselwirkung abgesenkte Band Γ_{7v}. Bei Interbandanregung mit Energien zwischen E_g und $E_g + \Delta_0$ mit σ^+-zirkular polarisiertem Licht ($\Delta M_J = +1$) entsteht eine Spinpolarisation der Leitungselektronen. Dafür wurde die Bezeichnung *Optische Orientierung der Leitungselektronen* geprägt, siehe Zakharchenya (1972). Für den Polarisationsgrad erwartet man aufgrund der statistischen Gewichte der beiden beteiligten Übergänge $P = (1-3)/(1+3) = -0,5$. Der Nachweis der Spinpolarisation ist möglich

- durch Messung der Polarisation der Photolumineszenz,
- durch Doppelresonanzmethoden oder
- durch Messung des Polarisationsgrades der emittierten Photoelektronen.

Der maximal beobachtete Polarisationsgrad beträgt etwa 45 % für eine Photonenenergie $h\nu \approx E_g$, siehe Bild 2.20b. Mit steigender Photonenenergie nimmt die Polarisation zunächst ab, weil bei $k \neq 0$ die Wellenfunktionen nicht mehr reinen s- bzw. p-Charakter haben. Oberhalb $E_0 + \Delta_0$ sind auch andere optische Übergänge beteiligt, und für die entsprechenden kritischen Punkte gelten andere Auswahlregeln:

Übergang in Bild 2.20a	beteiligte Zustände	Bezeichnung	Energie in eV	erwarteter Polarisationsgrad
I	$\Gamma_{8h}^{v} \rightarrow \Gamma_6^c$	E_0	1,5	-0,5
II	$\Gamma_7^v \rightarrow \Gamma_6^c$	$E_0 + \Delta_0$	1,85	+1
III	$L_{4,5}^v \rightarrow L_6^c$	E_{L_1}	2,99	-1
IV	$L_6^v \rightarrow L_6^c$	E_{L_2}	3,23	+1

Anmerkung: Die Indizes bezeichnen die irreduziblen Darstellungen der Gruppe des Wellenvektors wie in der Bandstrukturdarstellung. Die Zusammenhänge zwischen der Kristallsymmetrie und den Auswahlregeln sind z. B. bei Kittel (1970) dargestellt. Die 1. Brillouinzone des kubisch flächenzentrierten Gitters findet man in jedem Lehrbuch der Festkörperphysik.

Die weitgehende Übereinstimmung der Messungen mit den theoretischen Aussagen zeigt, daß trotz der zahlreichen Stöße, die die angeregten Elektronen auf dem Weg zur Oberfläche erleiden, keine wesentliche Depolarisation eintritt. Dies ist darauf zurückzuführen, daß im wesentlichen nur Elektron-Loch-Streuung zur Depolarisation führt und daß die Photoemission, gemessen an der Spinrelaxationszeit T_1, hinreichend schnell erfolgt, da ohnehin im wesentlichen nur die ballistischen Primärelektronen registriert werden. Auch die Cs-O-Bedeckung, die zur Einstellung der negativen Elektronenaffinität bei GaAs nötig ist, hat offenbar wenig Einfluß.

Literaturempfehlungen

Bücher:

Kessler, J.: Polarized Electrons. Berlin, Heidelberg..: Springer-Verlag 2. Aufl. 1985

Kittel, Ch.: Quantentheorie der Festkörper. München, Wien: R. Oldenbourg 1970

Reviewartikel:

Hermann, C., H.-J. Drouhin, G. Lample, Y. Lassailly, D. Paget, J. Peretti, R. Houdré, F. Ciccacci, H. Riechert: Photoelectronic Processes in Semiconductors Activated to Negative Electron Affinity, in: C. V. Shank, B. P. Zakharchenya (Hrsg.): Spectroscopy of Nonequilibrium Electrons and Phonons. Amsterdam: North Holland 1992 (Modern Problems in Condensed Matter Sciences Vol. 35), S. 397 - 460

Zakharchenya, B. P.: Magnetization of charge carriers and excitons in semiconductors by polarized light, in: Proc. 11th Intern. Conf. Physics of Semiconductors, Warschau 1972, S. 1315 - 1326

Planel, R.: Spin orientation by optical pumping in semiconductors, Solid-State Electronics 21 (1978) 1437 - 1444

2.5 Dunkelstrom und Rauschen beim äußeren Photoeffekt

Als Quelle des Dunkelstroms eines Photoemitters wirkt die thermische Elektronenemission. Dies wird für NEA-Emitter diskutiert. Die Schrotrausch-Formel wird abgeleitet.

Der Dunkelstrom von NEA-Emittern Die thermische Emissionsstromdicht eines homogenen Festkörpers ist durch die Richardsongleichung Gl. (2.18) auf S. 2 gegeben. Experimentelle Werte zur Dunkelstromdichte einiger Kathodentypen sin in Tabelle 1.1 auf S. 10 enthalten. Hier sollen speziell die NEA-Photoemitter betrach tet werden. Bei diesen tragen folgende Effekte zum thermischen Emissionsstrom bei

- Diffusion von Minoritätsträgern, siehe die auf S. 77 für einen *pn*-Übergan abgeleitete Gl. (3.40),
- Generation in der Raumladungszone. Dieser Dunkelstromanteil ist hier ge ringer als beim *pn*-Übergang, weil nur diejenigen Elektronen den Halbleite verlassen können, die eine Energie oberhalb des Vakuumniveaus haben.
- Elektronenfreisetzung aus Oberflächenzuständen,
- direkte Emission aus der Cs-O-Bedeckung.

Die letzten beiden Terme sind die entscheidenden für GaAs-Cs-O-Kathoden. Experi mentell erhält man eine Dunkelstromdichte der Größenordnung 10^{-16} A/cm^2 in gu ter Übereinstimmung mit der theoretischen Erwartung. Demgegenüber ist der durc die 300-K-Hintergrundstrahlung hervorgerufene Photostrom bei einer Grenzenergi von 1,4 eV etwa 10^{-21} A/cm^2, so daß NEA-Photoemitter bei weitem nicht hinter grundbegrenzt sind.[20] Auch konventionelle S-25-Photoemitter haben eine Dunkel stromdichte von etwa 10^{-15} A/cm^2, jedoch den Nachteil einer wesentlich geringere Quantenausbeute im Roten. Dies verdeutlicht noch einmal die wesentlichen Vortei le der NEA-Photokathoden gegenüber den konventionellen Emittern. S-1-Kathode (Ag-O-Cs) haben demgegenüber ohnehin einen wesentlich größeren Dunkelstrom Auch *pn*-Übergänge aus GaAs haben gegenüber den NEA-Photoemittern einen un Größenordnungen höheren Dunkelstrom, was auf die dominierende Generation i der Raumladungszone zurückzuführen ist.

Bei Temperaturabsenkung erhöht sich die Quantenausbeute in geringem Maße der Dunkelstrom nimmt erwartungsgemäß für alle thermisch aktivierten Prozess drastisch ab, siehe Bild 2.21. Zur Verringerung des Dunkelstroms und damit de Rauschens ist es also vorteilhaft, Photodioden, Multiplier usw. zu kühlen. Dem sin bei einem Röhrenbauelement enge technische Grenzen gesetzt. Eine (In,Ga)(As,P) Photokathode mit einer Grenzwellenlänge von etwa 1,1 μm ergibt bei Temperature unter -70 °C eine Dunkelzählrate von 1 Elektron/cm^2·s.

[20] Der angegebene Wert folgt aus Gl. (3.82) (S. 108) mit Gl. (3.80) für $\eta_{\text{eff}} = 0,3$.

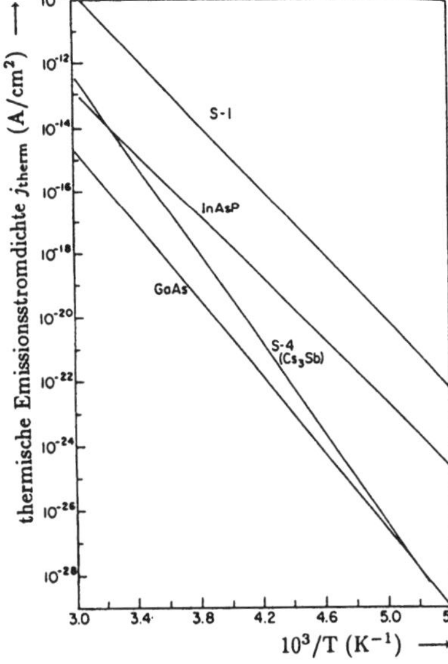

Bild 2.21
Berechnete thermische Emissionsstromdichte in Abhängigkeit von der reziproken Temperatur für verschiedene Photokathoden nach Spicer (1977). Die aus der Grenzwellenlänge abgeschätzten effektiven Austrittsarbeiten betragen 1 eV (S 1), 1,4 eV (S 4), 1,0 eV (InAsP), 1,2 eV (GaAs).

Schrotrauschen Das Schrotrauschen entsteht durch den Atomismus des Ladungstransports. Die Ableitung der Formel für das Schrotrauschen (engl. shot noise) erfolgt hier in Anlehnung an Kingston (1977), S. 12/13. In Bild 2.22a ist der zeitliche Verlauf des Photostroms bei kleiner Zahl der Elementarakte dargestellt. Die Form des Einzelimpulses sei dabei durch die Zeitkonstante des Detektors τ_p gegeben, nachgeschaltet sei ein Tiefpaßfilter mit der nochmals sehr viel größeren Zeitkonstante τ. Jeder Impuls trägt eine Elementarladung, die Zahl der Impulse pro Zeiteinheit ist gegeben durch das Produkt aus Quantenausbeute η und den Photonenfluß r. Bei großer Stromdichte nimmt der Zeitverlauf das in Bild 2.22b gezeigte Verhalten an. Das Rauschen des Photostroms wird auf das stochastische Eintreffen der Photonen zurückgeführt. Bei zeitlich konstantem mittlerem Photonenfluß $\bar{r} = P/h\nu$ ist die Wahrscheinlichkeit für das Eintreffen von k Photonen im Zeitintervall τ nach der Poisson-Statistik gegeben durch

$$p(k,\tau) = \frac{(\bar{r}\tau)^k \exp(-\bar{r}\tau)}{k!}. \qquad (2.42)$$

Die Ladung im Filter ist proportional der Zahl der Photoelektronen $\bar{n}$, die während der Zeit τ aus der Photokathode ausgelöst werden. Meßgröße ist der mittlere Photostrom $I = \bar{i} = \bar{Q}/\tau = e\bar{n}/\tau$. Wir berechnen den Rauschstrom als mittlere quadratische Schwankung des Photostroms und verwenden eine Aussage der Poissonverteilung für das mittlere Schwankungsquadrat der Photonenzahl:

$$\overline{(n-\bar{n})^2} = \bar{n}.$$

Daraus folgt

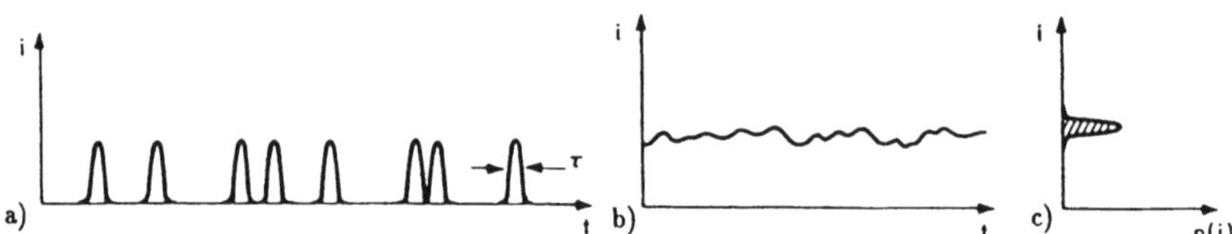

Bild 2.22 Strom durch den Photodetektor: a) Zeitverlauf bei schwacher Belichtung (τ durch den Detektor oder durch das Filter bestimmt), b) Zeitverlauf und c) Wahrscheinlichkeitsdichte bei starker Belichtung

$$\overline{i_N^2} = \overline{(i - \bar{i})^2} = \frac{e^2}{\tau^2}\overline{(n - \bar{n})^2} = \frac{e^2}{\tau^2}\bar{n} = \frac{e}{\tau}\bar{i} = \frac{e}{\tau}I. \tag{2.43}$$

Beachten wir noch, daß die effektive (Leistungs-)Bandbreite eines Filters mit der Abtastzeit τ über $\Delta f_{\text{eff}} = 1/2\tau$ zusammenhängt, so erhalten wir

$$i_N^2 = 2eI\Delta f. \tag{2.44}$$

Dies ist die bekannte Formel für das Schrotrauschen. Schrotrauschen ist ein Beispiel für weißes Rauschen: Das Rauschstromquadrat ist der Bandbreite proportional, die Spektraldichte des Rauschstromquadrats hängt nicht von der Frequenz ab. Gl. (2.44) gilt auch für das Rauschen des Dunkelstroms.

Bei dieser Betrachtungsweise liegt die Stochastik nur bei den Photonen. Für die Elektronenanzahl ist η eine feste Größe.

Rauschfreies Licht Das Schrotrauschen wird i.a. als der kleinste mögliche Rauschpegel angesehen. Die obigen Überlegungen gelten allerdings nur, wenn die Einzelereignisse voneinander unabhängig sind. Andererseits ist seit langem bekannt [146], daß in Vakuumröhren im raumladungsbegrenzten Regime das Stromrauschen unterhalb des Schrotrauschpegels liegen kann. Durch die elektrostatische Wechselwirkung entsteht eine Korrelation der Bewegung der einzelnen Elektronen, die einer geordneten Ankunft an der Anode entspricht. Auf Korrelationseffekte in der Ladungsträgerbewegung, die das Rauschen beeinflussen, wird in diesem Buch noch an zwei Stellen hingewiesen: beim sweep-out (s.Abschnitt 3.2.1) und beim Unterschied zwischen der Detektivität einer Photodiode und eines Photowiderstands (s. Abschnitt 3.4).

Im Photonenbild des Lichts kann man sich in analoger Weise eine korrelierte Ankunft der Photonen vorstellen. Dementsprechend sollte das Amplitudenrauschen eines solchen Photonenstroms unter dem Quantenrauschen liegen, das bei stochastischer Ankunft der Photonen gilt. Das Quantenrauschen läßt sich aus der Unschärfebeziehung für die Amplitude bzw. Phase der Lichtwelle berechnen. Dementsprechend versucht man mit Methoden der nichtlinearen Optik, Licht herzustellen, bei dem entweder die Phasenschwankungen unterhalb und dafür die Amplitudenschwankungen oberhalb des Quantenrauschpegels liegen oder umgekehrt. An solches Licht knüpft man Hoffnungen z. B. für Verbesserungen in der optischen Nachrichtenübertragung oder in der Meßtechnik.

Literaturempfehlungen

Bücher:

van der Ziel, A.: Noise in Solid State Devices and Circuits. New York: Wiley Interscience 1986

Kingston, R. H.: Detection of Optical and Infrared Radiation. Berlin: Springer-Verlag 1977

Reviewartikel:

Spicer, W. E.: Negative Affinity 3-5 Photocathodes. Their Physics and Technology, in: Applied Physics 12 (1977) 115 - 130

van Vliet, K. M.: Noise Limitations in Solid State Photodetectors, Applied Optics 6 (1967) 1145 - 1169

3 Innerer Photoeffekt

3.1 Grundlegende Modellvorstellungen

Der innere Photoeffekt in Photoleitern und die unter Lichteinwirkung ablaufenden Elektronenübergänge werden im Bändermodell betrachtet.[1] Das gestörte Konzentrations-Gleichgewicht wird durch Quasi-Ferminiveaus beschrieben. Zeitskalen und die charakteristischen Längen für die Relaxation von Majoritäts- und Minoritätsträgern werden diskutiert.

Anregungsprozesse beim inneren Photoeffekt im Bändermodell

- In Bild 3.1 a ist nochmals der *äußere* Photoeffekt am Halbleiter dargestellt.
- Im Unterschied dazu wird das Elektron beim inneren Photoeffekt nicht bis zum Vakuumniveau angehoben, sondern nur bis zu einem erlaubten Energiezustand unterhalb des Vakuumniveaus, bei welchem der Leitfähigkeitsbeitrag von dem im Ausgangszustand verschieden ist. Bei der Anregung eines Elektrons aus einer Störstelle ins Leitungsband (Bild 3.1b) durch Licht mit einer Photonenenergie $\hbar\omega > \Delta E_{\mathrm{D}}$ ist das Elektron vor diesem Prozeß an die Störstelle gebunden, nach der Anregung als Photoelektron im Leitungsband beweglich (ΔE_{D} – Ionisierungsenergie des Donators).
- Analog dazu kann durch Licht mit $\hbar\omega > \Delta E_{\mathrm{A}}$ ein Elektron aus dem Valenzband in eine Störstelle angehoben werden (Bild 3.1c). Diesen Prozeß beschreibt man unter Verwendung des Löcherbegriffs nach Bild 3.1d auch als Anregung eines Lochs aus der Störstelle in das Valenzband. Dadurch gewinnt man eine einfachere Beschreibung durch wenige Löcher, die sich als Stromträger mit einer effektiven Masse, einer Beweglichkeit usw. behandeln lassen wie die Elektronen auch, anstelle eines schwer durchschaubaren ‚fast voll besetzten Valenzbandes', muß aber dafür die Zählrichtung für Energien umkehren: Löcher ‚steigen' bei Energieaufnahme im Bändermodell nach ‚unten'. Dies ist nur scheinbar ein Widerspruch – man braucht sich nur einzuprägen, daß im Bändermodell immer Elektronenenergien dargestellt sind. Beide betrachtete Fälle sind Beispiele für *Ausläuferanregung* mit Photonenenergien $\hbar\omega < E_{\mathrm{g}}$ und realstrukturempfindlich.

[1] Die Existenz einer Energielücke ist nicht an die für kristalline Festkörper charakteristische Translationssymmetrie gebunden, daher wird ein Photoeffekt infolge Interbandanregung auch in amorphen Festkörpern beobachtet.

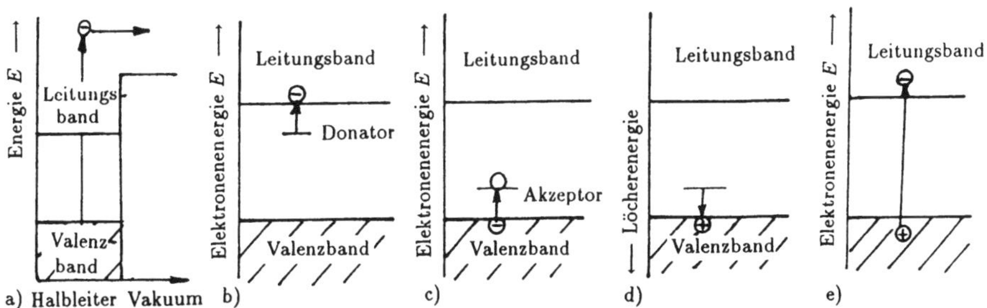

Bild 3.1 Anregung von Elektronen im Festkörper durch Photoeffekt. a) äußerer Photoeffekt an einem Halbleiter, b) Anregung von Elektronen aus Störstellen ins Leitungsband, c) Anregung eines Elektrons aus dem Valenzband in eine Störstelle, d) dasselbe wie c) im Löcherbild, e) Interbandanregung eines Elektron-Loch-Paares. Schraffur kennzeichnet die Besetzung mit Elektronen.

- Grundgitteranregung (Bild 3.1e) eines Elektrons aus dem Valenzband in das Leitungsband mit Licht der Photonenenergie $\hbar\omega \geq E_g$ führt zur Erzeugung eines Elektrons im Leitungsband und eines Defektelektrons im Valenzband, also eines Elektron-Loch-Paares. Photoeffekte infolge Grundgitteranregung sind bezüglich der Anregung wenig realstrukturempfindlich.

Je nachdem, ob Träger beider oder eines Vorzeichen erzeugt werden, unterscheidet man daher *bipolare Generation* bei dem Prozeß nach Bild 3.1e[2] und *unipolare Generation* bei den Prozessen nach Bild 3.1b und d. In beiden Fällen ist die langwellige Grenze des inneren Photoeffekts wie beim NEA-Fall des äußeren Photoeffekts durch den Einsatzpunkt der Absorption bestimmt. Die kantennahen optischen Übergänge mit $\boldsymbol{k}$-Erhaltung in direkten Halbleitern sind im Zusammenhang mit dem äußeren Photoeffekt bereits behandelt worden, siehe Gl. (2.36) bzw. Bild 2.12b. Da die Interbandabsorption ein sehr starker Absorptionsprozeß ist, beobachtet man Störstellenanregung im wesentlichen im Ausläuferbereich. Auf die Photoanregung aus Störstellen wird später im Abschnitt 3.4.4 eingegangen.

Entsprechend der gewählten Definition für den inneren Photoeffekt muß als weiterer Absorptionsprozeß die Intrabandabsorption (Absorption freier Ladungsträger) betrachtet werden, und zwar sowohl für Elektronen als auch für Löcher. Diese ändert zwar nicht die Zahl der freien Ladungsträger, heizt aber die Träger auf und bewirkt immer dann einen meßbaren Photoeffekt, wenn die freien Ladungsträger durch die Energieaufnahme in einen Zustand geänderter Beweglichkeit gelangen. Diese sehr schwache sog. *μ-Photoleitfähigkeit* wird gesondert in Abschnitt 3.5 diskutiert – im folgenden wird angenommen, daß der Photoeffekt mit einer Konzentrationsänderung einhergeht. Die Intrabandabsorption ist in diesem Sinne photoelektrisch inaktiv, ebenso die Absorption durch Phononen, die jedoch in dem für die Photoeffekte hauptsächlich interessanten Spektralbereich keine Rolle spielt.

[2] Im amerikanisierenden Sprachgebrauch heißen die entsprechenden Photoeffekte *intrinsisch*, solche mit Störstellenanregung *extrinsisch*.

Modell der thermalisierten Nichtgleichgewichtsträger Am Bild 2.12a wurde bereits diskutiert, daß im Falle $\hbar\omega \gg E_g$ die Träger mit einer beachtlichen Überschußenergie generiert werden, z. B. ist in InSb (E_g(77 K) = 0,22 eV) bei Anregung mit einem Neodym-YAG-Laser ($\hbar\omega$ = 1,17 eV) die Startenergie der generierten Elektronen E_{in} = 0,92 eV, also nicht nur groß gegen die thermische Energie kT, sondern auch groß gegen die Energielücke. Weil aber die Herstellung des Gleichgewichts mit dem Elektronenensemble und somit die Thermalisierung in einer Zeit von der Größenordnung der Energierelaxationszeit, also in 10^{-12} s erfolgt, wird im größeren Teil dieses Kapitels zunächst das Modell der thermalisierten Nichgleichgewichtsträger angewendet, d. h. es werden ausschließlich Effekte infolge von Konzentrationsänderungen betrachtet. Im Unterschied zum äußeren Photoeffekt spielen Effekte ‚heißer' Elektronen eine untergeordnete Rolle, sie werden ebenfalls im Abschnitt 3.5 aufgegriffen.

Photoeffekte infolge geänderter Trägerkonzentration

Beschreibung durch Quasi-Ferminiveaus Im verabredeten Sinne gilt für die Elektronen- bzw. Löcherkonzentration:

$$n = n_0 + \delta n \quad \text{bzw.} \quad p = p_0 + \delta p. \tag{3.1}$$

Dabei sind mit n_0, p_0 die Gleichgewichtskonzentrationen (also die Konzentrationen im unbelichteten Zustand) bezeichnet und mit $\delta n, \delta p$ die durch Photoeffekt eingestellten Zusatzkonzentrationen. Im Modell der thermalisierten Nichtgleichgewichtsträger kann man die Energieverteilungen der Elektronen und Löcher weiterhin durch Fermiverteilungen beschreiben. Es gilt

$$f(E) = \frac{1}{\exp(\frac{E-E_F}{kT}) + 1} \quad \text{im Gleichgewicht,} \tag{3.2}$$

$$f(E) = \frac{1}{\exp(\frac{E-E_{Fn}}{kT}) + 1} \quad \text{im Nichtgleichgewicht für Elektronen,} \tag{3.3}$$

$$f(E) = \frac{1}{\exp(\frac{E_{Fp}-E}{kT}) + 1} \quad \text{im Nichtgleichgewicht für Löcher.} \tag{3.4}$$

Der Nichtgleichgewichtszustand drückt sich in unterschiedlichen Ferminiveaus für Elektronen und Löcher aus, die man deshalb *Quasiferminiveaus* nennt. Mitunter wird für den so charakterisierten Fall auch die Bezeichnung *Quasigleichgewicht* gebraucht. Im Modell der thermalisierten Nichtgleichgewichtsträger sind die Beschreibung des Nichtgleichgewichtszustandes durch Angabe der Überschußkonzentrationen bzw. der Quasiferminiveaus gleichwertig, ebenso wie das thermische Gleichgewicht wahlweise durch Angabe der Konzentrationen oder durch die Angabe des Fermiveaus beschrieben werden kann. Die Beziehungen zur wechselseitigen Umrechnung lauten für nichtentartete Ensembles:

$$n = n_0 + \delta n = N_c \exp\left(\frac{E_{Fn} - E_{c0}}{kT}\right), \tag{3.5}$$

$$p = p_0 + \delta p = N_v \exp\left(\frac{E_{v0} - E_{Fp}}{kT}\right), \tag{3.6}$$

und es gilt $E_{Fn} \gtreqless E_{Fp}$ für $np \gtreqless n_0 p_0$. N_c und N_v sind die *effektiven Zustandsdichten* im Leitungs- bzw. Valenzband, etwas unanschauliche Größen. Eine bessere Anschauung gewinnt man bei Betrachtung der energetischen Zustandsdichte, die bereits im Abschnitt 2.2 für Elektronen im Leitungsband eingeführt wurde. Sie wird hier noch einmal für Elektronen und Löcher gegenübergestellt: Die Zustandsdichten sind Null an den Bandrändern E_{c0} bzw. E_{v0} und steigen für die durch Gl. (2.10) beschriebene parabolische Energiedispersion wie $\sqrt{E}$ in die Bänder hinein an:[3]

$$D_c(E) = \frac{1}{2\pi^2}\left(\frac{2m_n}{\hbar^2}\right)^{3/2}\sqrt{E - E_{c0}} \quad \text{für Elektronen im Leitungsband,} \tag{3.7}$$

$$D_v(E) = \frac{1}{2\pi^2}\left(\frac{2m_p}{\hbar^2}\right)^{3/2}\sqrt{E_{v0} - E} \quad \text{für Löcher im Valenzband.} \tag{3.8}$$

Es ist charakteristisch für Halbleiter und Photoleiter, daß man das Ferminiveau in weiten Grenzen schieben kann; im Gleichgewicht kann man es durch unterschiedliche Dotierung zwischen Positionen tief im Valenzband (entarteter p-Halbleiter) und hoch im Leitungsband (entarteter n-Halbleiter) verschieben. Durch optische Anregung treibt man die Quasi-Ferminiveaus auseinander, d. h. mit wachsender Überschußkonzentration δn wächst auch der Abstand $E_{Fn} - E_{Fp}$. Dabei verschiebt sich zunächst das Quasi-Ferminiveau der Minoritätsträger wesentlich schneller als das Quasi-Ferminiveau der Majoritätsträger. In Bild 3.2 sind diese Verhältnisse veranschaulicht. Wenn mit wachsender Anregung δn vergleichbar mit der Majoritätsträgerkonzentration wird, – dann sind auch etwa gleich viele Minoritäts- und Majoritätsträger vorhanden – verschieben sich beide Quasi-Ferminiveaus etwa gleich schnell. Dies ist aber bereits der Fall starker Anregung. In vielen Photoleitern können die Quasi-Ferminiveaus so weit auseinandergetrieben werden, daß ihre Differenz die Breite der verbotenen Zone übersteigt:

$$E_{Fn} - E_{Fp} \geq E_g. \tag{3.9}$$

Dies ist die Bedingung für Besetzungsinversion zwischen Leitungs- und Valenzband. Bei der dann einsetzenden stimulierten Emission steigt die Rate der strahlenden Rekombination steil an, und das weitere Auseinanderlaufen der Quasi-Ferminiveaus wird verlangsamt.

Das Ferminiveau wird aus der Neutralitätsbedingung bestimmt. Zur Bestimmung der Quasi-Ferminiveaus geht man von den Nichtgleichgewichtswerten der Elektronen- bzw. Löcherkonzentration nach Gl. (3.1) aus.

[3] In allen Gleichungen, die Löchereigenschaften beschreiben, wurde hier die einheitliche Zählrichtung für Elektronenenergien zugrundegelegt. Bei Zählung der Löcherenergien ins Valenzband hinein ändert sich in den Gleichungen (3.4), (3.6) und (3.7) das Vorzeichen der Energie.

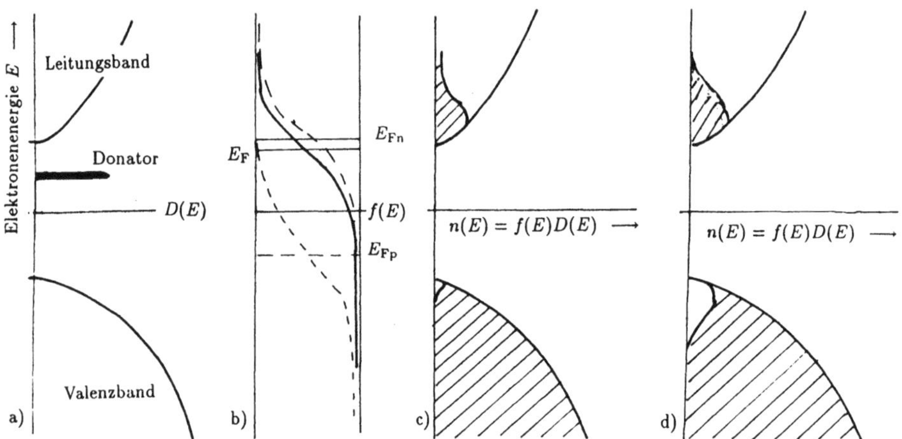

Bild 3.2 Besetzung der Bandzustände im Gleichgewicht bzw. im photoangeregten Zustand: a) energetische Zustandsdichte $D(E)$, b) Fermiverteilung für n-Halbleiter im Gleichgewicht (ausgezogen) bzw. im photoangeregten Zustand (gestrichelt für Elektronen und Löcher), c) Trägerkonzentrationen in den Bändern im Gleichgewicht, d) dasselbe im Nichtgleichgewicht bei bipolarer Anregung (mit Elektronen besetzte Zustände schraffiert)

Konzentrationen im stationären Nichtgleichgewicht Die Überschußkonzentration kann aus der phänomenologischen Bilanzgleichung berechnet werden. Im einfachsten Fall ist dies die Bilanz zwischen Generation (Erzeugung) und Rekombination (Vernichtung) von Trägern. Beide Prozesse werden durch *Raten* beschrieben. Als stationären Fall bezeichnet man den eingeschwungenen Zustand bei fortdauernder konstanter oder periodisch modulierter Generation. Als *Generationsrate* bezeichnet man die Zahl der infolge Photoeffekt pro cm^{-3} und s erzeugten Ladungsträger, diese folgt aus der Energiebilanz bei der Ausbreitung einer Lichtwelle im Photoleiter. Die Lichtausbreitungsrichtung sei die z-Richtung, das Medium habe den Absorptionskoeffizienten α. Dann folgt die Lichtintensität $I(z)$ aus dem Lambertschen Gesetz, und die Generationsrate ergibt sich zu:

$$\left(\frac{\partial n}{\partial t}\right)_{\mathrm{gen}} = g(z) = \eta_{\mathrm{i}} \frac{\alpha I(z)}{\hbar\omega} = \eta_{\mathrm{i}} \frac{I_0}{\hbar\omega}(1-\rho)\alpha \exp(-\alpha z) \tag{3.10}$$

(I_0 – bei $z = 0$ auf die Oberfläche auftreffende Intensität, ρ – Reflexionsgrad der Oberfläche[4]). Die Einfügung der inneren Quantenausbeute $\eta_{\mathrm{i}} \leq 1$ soll wieder die Möglichkeit beschreiben, daß nicht bei jedem Absorptionsprozeß Nichtgleichgewichtsträger entstehen. Als *Rekombinationsrate* bezeichnet man die Zahl der pro cm^{-3} und s durch Rekombination vernichteten Träger. Im einfachsten Fall macht man einen linearen Ansatz

[4] Es wird gewöhnlich der Halbraum-Reflexionsgrad verwendet. Nur im Falle extrem kleiner Absorptionskoeffizienten wie bei der Störstellen-Photoleitfähigkeit oder kleiner Schichtdicken kann Vielfachreflexion eine Rolle spielen.

$$\left(\frac{\partial n}{\partial t}\right)_{\text{rek}} = r = -A\delta n = -\frac{\delta n}{\tau}. \tag{3.11}$$

τ hat die Dimension Sekunde und die Bedeutung einer mittleren Lebensdauer der Nichtgleichgewichtsträger. Wenn Generation und Rekombination allein die Bilanz bestimmen, ergibt sich aus

$$g + r = 0 \tag{3.12}$$

die stationäre Nichtgleichgewichts-Trägerkonzentration

$$\delta n = g\tau. \tag{3.13}$$

Dieses Ergebnis erlaubt eine anschauliche Interpretation: Die stationäre Abweichung vom Gleichgewicht ist um so größer, je stärker die Generation ist und je länger die angeregten Träger leben.

In nahezu jedem realen Fall ist die Situation jedoch komplizierter, weil

- die Generation nach Gl. (3.10) ortsabhängig ist und die Bilanzgleichung eine inhomogene Differentialgleichung wird,
- weil auch die Rekombination inhomogen sein kann, z. B. durch Oberflächen oder Kontakte,
- weil Inhomogenitäten der Ladungsträgerkonzentration zu Diffusionsströmen Anlaß geben und
- weil Diffusionsströme der geladenen Elektronen zu elektrischen Feldern führen.

Daher muß anstelle der vereinfachten Gleichung (3.12) eine vollständige Bilanzgleichung zugrundegelegt werden, die auch die Diffusion einschließt. Diese wird hier unter der Annahme der Raumladungsfreiheit ($\delta n = \delta p$)[5] und für schwache Anregung ($\delta n \ll n_0$ bzw. $\delta p \ll p_0$) für den eindimensionalen Fall aufgeschrieben:

$$\frac{\partial \delta n}{\partial t} = g - \frac{\delta n}{\tau} + D\frac{\partial^2 \delta n}{\partial z^2} + \mu_{\text{F}} F \frac{\partial \delta n}{\partial z} \tag{3.14}$$

(F – elektrische Feldstärke). Wegen der Annahme der Raumladungsfreiheit ist das Verhalten von Elektronen und Löchern gekoppelt, D bzw. μ_{F} sind der ambipolare Diffusionskoeffizient bzw. die ambipolare Driftbeweglichkeit:

$$D = \frac{n_0 + p_0}{\frac{n_0}{D_{\text{p}}} + \frac{p_0}{D_{\text{n}}}} \quad \text{bzw.} \quad \mu_{\text{F}} = \frac{p_0 - n_0}{\frac{n_0}{\mu_{\text{p}}} + \frac{p_0}{\mu_{\text{n}}}}. \tag{3.15}$$

Man erkennt, daß im Störleitungsgebiet die Minoritätsträger die Eigenschaften des Halbleiters bestimmen: Aus Gl. (3.15) folgt

$$\begin{aligned} D &= D_{\text{p}}, \quad \mu_{\text{F}} = -\mu_{\text{p}} \quad \text{im } n\text{-Halbleiter}, \\ D &= D_{\text{n}}, \quad \mu_{\text{F}} = +\mu_{\text{n}} \quad \text{im } p\text{-Halbleiter}. \end{aligned} \tag{3.16}$$

Anhand der Bilanzgleichung (3.14) kann nun analysiert werden, wie örtliche oder zeitliche Störungen der Konzentration von Majoritäts- und Minoritätsträgern abgebaut werden.

[5] Dies gilt nicht beim Vorhandensein von Haftstellen, siehe z. B. den Abschnitt 3.2.1.

Wiedereinstellung des Majoritätsträger-Gleichgewichts Der Photoleiter sei örtlich homogen: $\partial\delta n/\partial x = 0$, d.h. $j = \sigma F$. Der zeitliche Abbau einer Störung des Konzentrationsgleichgewichts der Majoritätsträger (d.h. einer Raumladung) wird durch die Kontinuitätsgleichung und die Poissongleichung bestimmt:

$$\begin{aligned}\frac{\partial\rho}{\partial t} &= -\mathrm{div}j = -\mathrm{div}(\sigma F) = -\sigma\mathrm{div}F, \\ \mathrm{div}F &= \frac{\rho}{\epsilon_0\epsilon_\mathrm{r}}, \\ \frac{\partial\rho}{\partial t} &= -\frac{\rho}{\epsilon_0\epsilon_\mathrm{r}/\sigma}.\end{aligned}$$

Als Lösung ergibt sich

$$\rho(t) = \rho(0)\exp\left(-\frac{t}{\tau_\mathrm{M}}\right) \quad \text{mit} \quad \tau_\mathrm{M} = \epsilon_0\epsilon_\mathrm{r}/\sigma,$$

der Maxwellschen oder dielektrischen Relaxationszeit.

Für die Analyse des örtlichen Abbaus einer Raumladung werde $\partial\rho/\partial t = 0$ angenommen. Daraus folgt $\mathrm{div}j = 0$. Es ergibt sich

$$\begin{aligned}\mathrm{div}j &= \sigma\mathrm{div}F + eD\frac{\partial^2\delta n}{\partial z^2} = 0 \\ &= -\frac{e\delta n}{\tau_\mathrm{M}} + eD\frac{\partial^2\delta n}{\partial z^2} = 0.\end{aligned}$$

Als Lösung findet man

$$\delta n(z) = \delta n(0)\exp\left(-\frac{z}{L_\mathrm{M}}\right) \quad \text{mit} \quad L_\mathrm{M} = \sqrt{D\tau_\mathrm{M}} = \sqrt{\frac{kT}{e^2}\frac{\epsilon_0\epsilon_\mathrm{r}}{n}},$$

der Debyelänge.

Wiedereinstellung des Minoritätsträger-Gleichgewichts Zur Analyse des zeitlichen Verhaltens wird in der Bilanzgleichung (3.14) örtliche Homogenität vorausgesetzt ($\mathrm{grad}\delta n = 0$). Es ergibt sich

$$\frac{\partial\delta n}{\partial t} = g - \frac{\delta n}{\tau}.$$

Als Lösung folgt für das Abklingen nach Abschaltung der Generation g zum Zeitpunkt $t = 0$

$$\delta n(t) = \delta n(0)\exp\left(-\frac{t}{\tau}\right), \tag{3.17}$$

wobei τ die Lebensdauer der Nichgleichgewichtsträger ist.

Zur Analyse des örtlichen Verhaltens wird in der Bilanzgleichung (3.14) die zeitliche Ableitung gleich Null gesetzt und nur der feldfreie Fall betrachtet. Dann ergibt sich bei Aufrechterhaltung einer stationären Überschußkonzentration $\delta n(0)$ für alle $z < 0$

$$0 = g - \frac{\delta n}{\tau} + D\frac{\partial^2 \delta n}{\partial z^2}.$$

Als Lösung erhält man

$$\delta n(z) = \delta n(0) \exp\left(-\frac{z}{L}\right) \quad \text{mit} \quad L = \sqrt{D\tau},$$

der Diffusionslänge der Minoritätsträger.

Vergleich der charakteristischen Längen und Zeiten für Germanium ($\epsilon_r = 16$, $\mu_n = 3800$ cm^2/Vs und damit $D_n = (kT/e)\mu \approx 100$ cm^2/s, es sei $n = 10^{16}$ cm^{-3}).

Majoritätsträger: $\tau_M = 2,5 \cdot 10^{-13}$ s, $L_M = 4,8 \cdot 10^{-6}$ cm,
Minoritätsträger: $\tau = 10^{-9} \ldots 10^{-3}$ s, $L = 10^{-4} \ldots 10^{-1}$ cm.

Majoritätsträger-Nichtgleichgewichtszustände klingen also zeitlich und örtlich viel schneller ab als Minoritätsträger-Nichtgleichgewichtszustände. Dies ist der Grund, warum im folgenden bei der Diskussion der Photoeffekte zwischen solchen der Majoritätsträger und solchen, bei denen auch Minoritätsträger beteiligt sind, unterschieden werden nuß.

Es sind aber auch Situationen möglich, bei denen die Lebensdauer kleiner als die Maxwellsche Relaxationszeit wird. Für solche Situationen hat Van Roosbroeck [165] den Begriff *Relaxations-Halbleiter* geprägt (siehe weiter unten), der bisher behandelte andere Grenzfall wäre dann als *Rekombinations-Halbleiter* zu bezeichnen.

Zeitskalen beim inneren Photoeffekt mit bipolarer Anregung

- Die optische Absorption und die Erzeugung eines Elektron-Loch-Paares beim inneren Photoeffekt sollten wie die Anregung beim äußeren Photoeffekt in $10^{-15} \ldots 10^{-14}$ s ablaufen, man vergleiche die Argumentation im Abschnitt 2.1.5.
- Die Einstellung einer Maxwellverteilung mit einer u. U. gegenüber der Gittertemperatur erhöhten Trägertemperatur der optisch injizierten Träger läuft in 10^{-13} s ab, zur kohärenten Anfangsphase siehe Abschnitt 3.8.
- Die Thermalisierung der Nichtgleichgewichtsträger, d. h. die Abgabe des Energieüberschusses an das Gitter, erfolgt oberhalb der Emissionsschwelle für optische Phononen in einigen 10^{-12} s, darunter kann sie wesentlich langsamer sein, da nur akustische Phononen und die Elektron-Elektron-Wechselwirkung beteiligt sind.
- Die Lebensdauer der Elektron-Loch-Paare ist eine realstrukturabhängige Größe, sie beträgt typischerweise $10^{-9} \ldots 10^{-3}$ s.

Methoden zur Bestimmung der Diffusionslänge Die Minoritätsträger-Diffusionslänge ist eine Schlüsselgröße für das Verständnis der Photoeffekte ebenso wie der bipolaren Bauelemente mit elektrischer Injektion von Minoritätsträgern. Die wichtigsten Meßmethoden für die Diffusionslänge sind:

* die sog. flying-spot-Methode unter Nutzung eines *pn*-Übergangs, siehe Abschnitt 3.2.4,
* spektrale Messungen der Oberflächen-Photospannung oder des Photostroms an Dioden mit schmaler Raumladungszone, siehe Abschnitt 3.2.4, und
* die Methode der lichtinduzierten Gitter, siehe Abschnitt 4.6.

Methoden zur Bestimmung der Lebensdauer

* Photoleitungs-Abklingen: Der zeitliche Verlauf der Nichtgleichgewichts-Konzentration δn nach Abschalten der Belichtung wird gemessen und die Proportionalität der Photoleitfähigkeit zu δn bzw. δn ausgenutzt (Gl. (3.20)). Zur Erfassung kleiner Lebensdauern regt man mit kurzen Laserimpulsen an. Hat man eine Impulsfolge zur Verfügung, kann man ein Sampling-Oszilloskop einsetzen. Man verwendet zweckmäßig einen logarithmischen Verstärker, so daß an der abfallenden Flanke direkt die Lebensdauer ablesbar ist.
* Nach Gl. (3.17) hat $\partial\delta n/\partial t$ den gleichen zeitlichen Verlauf wie δn selbst, bei strahlender Rekombination kann man daher auch das Lumineszenz-Abklingen messen. Als spezielle Methode wird in Abschnitt 6.3 die zeitkorrelierte Einphotonenzählung beschrieben.
* Das Abklingen der Photoabsorption ist vergleichbar, jedoch kontaktfrei. Zu allen Abklingmethoden beachte man die Aussagen in Abschnitt 4.3.
* Aus der Diffusionslänge $L = \sqrt{D\tau}$ erhält man die Lebensdauer bei bekanntem Diffusionskoeffizienten D. Experimentell leichter zugänglich ist die Beweglichkeit, daher rechnet man nach der Einstein-Beziehung
$$D = \frac{kT}{e}\mu \tag{3.18}$$
Beweglichkeiten in Diffusionskoeffizienten um. Bei hohen Beweglichkeiten kann dies vorteilhaft sein, da Diffusionslängen im μm-Bereich leichter zu erfassen sind als kurze Lebensdauern im ns-Bereich. Man achte darauf, die Größen der gleichen Trägersorte und bei der gleichen Trägerkonzentration einzusetzen.
* Wird die Anregungsstrahlung sinusförmig mit der Kreisfrequenz ω moduliert, ergibt sich eine Phasenverschiebung[6] zwischen Anregung und stationärem Photoleitungssignal, aus der im Frequenzbereich $\omega\tau \approx 1$ die Lebensdauer τ bestimmt werden kann. Diese Methode wird im Zusammenhang mit der Lumineszenz als *Phasenfluorimetrie* bezeichnet, siehe Abschnitt 3.8.

[6] Den Ausdruck für die Phasenverschiebung kann man leicht aus Gl. (6.2) herleiten.

Einige Sonderfälle

Amorphe Photoleiter Als amorphe Photoleiter sind *a*-Selen, die Chalkogenidgläser u. a. seit langem bekannt, siehe bei Mort und Pai (1976). Doch erst die Hinwendung zu hydrogeniertem amorphem Silicium (*a*-Si:H) hat die Zusammenhänge mit der Physik kristalliner Photoleiter deutlicher werden lassen, einerseits wegen dessen amphoterer Dotierbarkeit und der damit verbundenen Möglichkeit zur Einstellung des Ferminiveaus, andererseits aufgrund des Vergleichs mit dem kristallinen Silicium. Dabei wurde klar, daß nicht nur der Verlust der Fernordnung, sondern auch die modifizierte Nahordnung verantwortlich ist für die geänderte Elektronenstruktur. Wichtig ist, daß das Konzept der energetischen Zustandsdichte und die Aussagen zur Besetzung der Zustände aus der Fermi-Dirac-Statistik gültig bleiben.

Für amorphe Photoleiter typische Besonderheiten sind

- Ausläufer der Zustandsdichte über die Bandkante hinaus tief in die Energielücke hinein infolge von Fluktuationen der Bindungswinkel und -längen, siehe Bild 3.3a. Im Bändermodell entspricht dies örtlich fluktuierenden Bandkanten. Diese sind eine generelle Eigenschaft fehlgeordneter Systeme, z.B. auch von Mischkristallen oder stark dotierten Halbleitern; Zustandsdichteausläufer resultieren u. a. aus der Faltung von Gl. (3.7) mit einer Wahrscheinlichkeitsverteilung für die Lage der Bandkante),
- eine stärkere Rolle von Störstellenniveaus bis hin zum Auftreten von Störbändern,
- das Auftreten einer Beweglichkeitslücke infolge der Lokalisation der Träger in den von den fluktuierenden Bandkanten gebildeten Potentialmulden (siehe Madan und Show 1988).

Die optische Interbandabsorption zeigt demzufolge neben den eigentlichen Interbandübergängen mit einer direkten Energielücke $E_g = 1,7$ eV (Bereich A in Bild 3.3b) einen ausgeprägten exponentiellen Ausläufer (Bereich B), die sog. Urbach-Kante, die von den Alkalihalogeniden, CdS, den Chalkogenid- und den Silikatgläsern her bekannt ist. Man vergleiche dies mit der Wurzelkante in Bild 2.12b.

Der innere Photoeffekt an *a*-Si:H

- beinhaltet einerseits intrinsische Photoleitfähigkeit und einen *pn*-Photoeffekt, wie auch aus dem Vergleich der rein optisch und der aus dem inneren Photoeffekt bestimmten Absorptionskoeffizienten in Bild 3.3 deutlich wird – dies ist die Grundlage für die Anwendung von *a*-Si:H in Solarzellen,
- ist andererseits in Übereinstimmung mit der starken Rolle von lokalisierten und Störstellenzuständen durch komplizierte nichtlineare Rekombinationsprozesse besonders bei tieferen Temperaturen gekennzeichnet, wo der Ladungstransport überwiegend als Hopping-Leitung abläuft. Die Einfangzeiten in Zentren sind generell kürzer als in schwach fehlgeordneten Photoleitern.

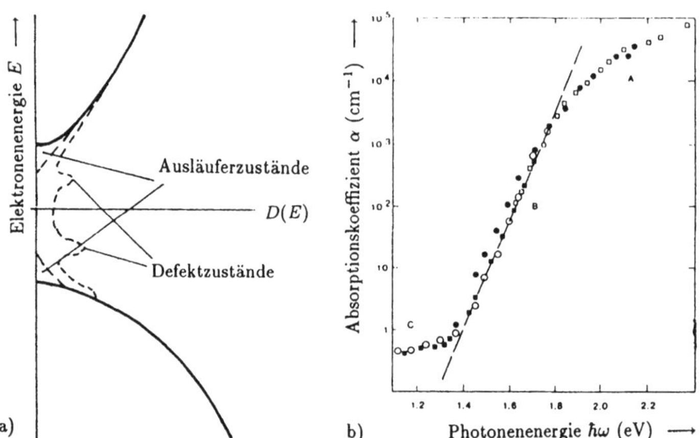

Bild 3.3 Energetische Zustandsdichte (a) und Interband-Absorptionskante von a-Si:H [1] (b): □ direkte Absorptionsmessung, • Sammlungseffizienz einer Solarzelle, ■ Photoleitfähigkeit am Bahnwiderstand einer Solarzelle, o Photoleitfähigkeit einer Schicht

Bezüglich der Photoeffekte in anderen stark fehlgeordneten Festkörpern, in Polymeren, in Molekülkristallen und nichtpolaren Flüssigkeiten wird auf das Buch von Mort und Pai (1976) verwiesen.

Relaxations-Halbleiter Photoleitfähigkeits-Phänomene unter Raumladungsbedingungen spielten in den ursprünglich als Modellsubstanzen untersuchten Alkalihalogeniden und anderen breitlückigen Photoleitern eine große Rolle. Nach Schaffung der bipolaren Bauelemente konzentrierte sich die Halbleiterphysik für eine lange Periode vorzugsweise auf niederohmige Materialien und die Beherrschung von Dotierung und Rekombination in diesen. Relaxations-Halbleiter sind deshalb vergleichsweise wenig untersucht. Zusammenfassungen zur Problematik des Relaxationsfalls findet man u. a. bei Queisser (1973) und bei Haegel (1991). Große Maxwellsche Relaxationszeiten $\tau_M = \epsilon_0\epsilon_r/\sigma$ sind gekoppelt an geringe Ladungsträgerkonzentrationen. Im Zusammenhang mit dem inneren Photoeffekt treten solche bei der Störstellen-Photoleitfähigkeit, bei der Eigen-Photoleitfähigkeit bei tiefen Temperaturen und besonders in breitlückigen Halbleitern auf. Der Relaxationsfall kann auch in amorphen Photoleitern für schnelle optoelektronische Schalter vorliegen.

Die Vernachlässigung von Raumladungen ermöglicht es, bei der Behandlung der Photoleitfähigkeit die Vorgänge an den Kontakten zu ignorieren. Man darf sie nur nicht belichten oder muß sie bei Experimenten mit starker Anregung so gut belichten, daß Raumladungen sicher ausgeschlossen werden! Dies hat jedoch seine Grenzen, wenn am Kontakt Minoritätsträger-Extraktion einsetzt, siehe den folgenden Abschnitt 3.2.1. Ein Beispiel für die bewußte Ausnutzung von Nichtgleichgewichts-Zuständen an den Kontakten eines Photowiderstands wird in Abschnitt 3.4.6 gegeben.

Literaturempfehlungen
Bücher:
Seeger, K.: Halbleiterphysik. Eine Einführung. Braunschweig, Wiesbaden: Vieweg 1992
Enderlein, R., A. Schenk: Grundlagen der Halbleiterphysik. Berlin: Akademie-Verlag 1992
Böer, K. W.: Survey of Semiconductor Physics. New York: Van Nostrand Reinhold 1990
Cohen, M. L., J. R. Chelikowsky: Electronic Structure and Optical Properties of Semiconductors. Berlin: Springer-Verlag 1989 (Springer Series in Solid State Sciences Vol. 75)
Madan, A., M. P. Show: The Physics and Application of Amorphous Semiconductors. Boston u. a.: Academic Press Inc. 1988
Mort, J., D. M. Pai (Hrsg.): Photoconductivity and related phenomena. Amsterdam usw.: Elsevier Scientific Publishing Company 1976
Auth, J., D. Genzow, K. H. Herrmann: Photoelektrische Erscheinungen. Berlin: Akademie-Verlag 1977, Braunschweig: Vieweg 1978
Reviewartikel:
Haegel, N. M.: Relaxation Semiconductors: In Theory and in Practice, Appl. Phys. A 53 (1991) 1 - 7
Hamilton, J. F.: The silver halide photographic process, Advances in Physics 37 (1988) 359 - 441
Queisser, H. J., in: Solid State Devices, Hrsg.: P. N. Robson (Institute of Physics, Bristol 1973), S. 145
Haarer, D.: Photoconductive polymers: A Comparison with Amorphous Inorganic Materials, in: Festkörperprobleme 30 (1990) 157 - 182

3.2 Photoeffekte der Majoritäts- bzw. Minoritätsträger

Die möglichen Photoeffekte infolge optischer Generation zusätzlicher Ladungsträger werden im Modell der thermalisierten Nichtgleichgewichtsträger behandelt, schwerpunktmäßig Photoleitfähigkeit und pn-Photoeffekt. Die Photoeffekte werden unterschieden nach dem Wirken von Majoritäts- bzw. Minoritätsträgern.

3.2.1 Photoleitfähigkeit

Für das Zustandekommen einer Photoleitfähigkeit brauchen nur Majoritätsträger angeregt zu werden. Dies ist unmittelbar evident für Anregung aus Störstellen, siehe Bild 3.1c auf S. 55. Bei der Photoionisation von Donatoren werden Elektronen, bei der Photoionisation von Akzeptoren werden Löcher angeregt, also in jedem Fall Majoritätsträger. Störstellenphotoleitfähigkeit wird beobachtet bei Energien unterhalb der Interbandabsorptionskante, im Ausläufergebiet. Bedeutung haben solche

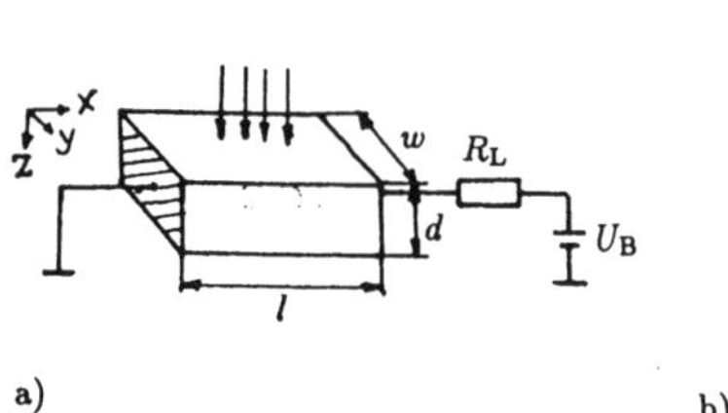

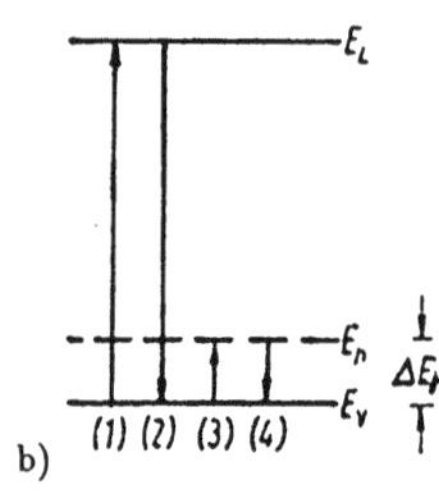

Bild 3.4
a) Probengeometrie zur Messung der Photoleitfähigkeit,
b) Übergänge bei Interbandanregung und Vorliegen von Haftstellen

Prozesse erlangt als hochempfindliche Alternative zu einer rein optischen Bestimmung von Störstellenniveaus und -konzentrationen (siehe dazu Abschnitt 5.2) und für Anwendungen als Infrarotempfänger (siehe dazu Abschnitt 6.5.3).

Aber auch bei Interbandanregung und somit bipolarer Generation mit $g_n = g_p = g$ tragen häufig vor allem die Majoritätsträger zur Photoleitfähigkeit bei. Zur quantitativen Beschreibung wird im folgenden die Geometrie nach Bild 3.4a) zugrundegelegt. Es werde der stationäre Fall mit $\delta n = g\tau_n$ bzw. $\delta p = g\tau_p$ betrachtet, unterschiedliche Lebensdauern $\tau_n \neq \tau_p$ der Elektronen bzw. Löcher sollen zugelassen sein. Das Licht treffe in z-Richtung auf die Probe, der Strom fließe in x-Richtung. Wegen der Inhomogenität der Anregung (vergleiche Gl. (3.10)) muß man den Gesamtstrom wie folgt berechnen:

$$I = \int\int j(y,z)\,dy\,dz = w\int_0^d j(z)\,dz. \tag{3.19}$$

Wenn an der Probe die Spannung U anliegt, gilt

$$j = \sigma F = e(n\mu_n + p\mu_p)U/l.$$

Die Gesamtkonzentration wird gemäß Gl. (3.1) zerlegt. Die auftreffende Strahlung sei moduliert, so daß der Strombeitrag der Nichtgleichgewichtsträger als Wechselstromanteil vom Anteil der Gleichgewichtsträger, dem unmodulierten Dunkelstrom, getrennt werden kann. Bei ortsunabhängigem $\delta p/\delta n$ ist der Photostrom gegeben durch

$$I_\sim = I_{\text{photo}} = \frac{w}{l}e(\mu_p\frac{\delta p}{\delta n} + \mu_n)\,U\int_0^d \delta n(z)\,dz. \tag{3.20}$$

Der Dunkelstrom begrenzt durch sein Rauschen die Empfindlichkeit des Photowiderstands, dies wird wie beim äußeren Photoeffekt in einem besonderen Abschnitt 3.4 behandelt. Das Integral in obiger Gleichung wird mit Δn bezeichnet, es beschreibt die totale Nichtgleichgewichts-Konzentration pro belichteter Fläche und ist offenbar die natürliche Meßgröße bei einem Photoleitungsexperiment. Für das Verhältnis der Nichtgleichgewichts-Konzentrationen gilt im stationären Fall $\delta p/\delta n = \tau_p/\tau_n$. Häufig unterscheiden sich die Lebensdauern von Elektronen und Löchern stark. So ist in dem typischen Photoleiter n-CdS $\tau_n \gg \tau_p$ und folglich $\delta n \gg \delta p$. Dies tritt dann auf, wenn *Minoritätsträger-Haftstellen* existieren, die nur eine Sorte Ladungsträger einfangen können, in diesem Fall nur Löcher (Bild 3.4b). Nach Einfang eines Lochs in die Haftstelle (Prozeß 3) fehlt für ein Photoelektron der Rekombinationspartner, die Lebensdauer und die Konzentration der Elektronen sind erhöht. Das Loch ist an die Störstelle gebunden und nimmt nicht am Stromtransport teil. Erst nach thermischer Wiederanregung ins Band (4) kann es mit einem Elektron rekombinieren (2). In n-CdS hat man durch Dotierung mit Cu $\tau_n = 10^{-2}$ s erreicht.

Für den hier betrachteten Fall läßt sich die Stromempfindlichkeit leicht berechnen. Zunächst ist Δn gegeben durch:

$$\Delta n = \int_0^d \delta n(z)\,dz = \int_0^d g(z)\tau_n\,dz = \frac{I_0}{\hbar\omega}\eta_{\text{eff}}\tau_n \quad \text{mit} \tag{3.21}$$

$$\eta_{\text{eff}} = \eta_i(1-\rho)\int_0^d \alpha\exp(-\alpha z)\,dz = \eta_i(1-\rho)[1-\exp(-\alpha d)]. \tag{3.22}$$

Diese *effektive Quantenausbeute* enthält die mikroskopisch bedingte innere Quantenausbeute η_i und die makroskopisch bedingte Sammlungseffizienz. Als Wahrscheinlichkeit ist sie eine Zahl kleiner als Eins. Die Begriffsbildung ist analog zum äußeren Photoeffekt.

Photostromverstärkung

Aus den Gl. (3.20) und (3.22) läßt sich die Stromempfindlichkeit des Photowiderstands berechnen, wenn man beachtet, daß auf den Photowiderstand die Strahlungsleistung $P_0 = I_0 wl$ auftrifft. Man erhält

$$S_I = \frac{I_{\text{photo}}}{P_0} = \frac{e\mu_n}{l}\frac{\eta_{\text{eff}}\tau_n}{\hbar\omega}\frac{U}{l} = \frac{e\eta_{\text{eff}}}{\hbar\omega}\frac{L_F}{l}. \tag{3.23}$$

Die Stromempfindlichkeit ist der Driftlänge der Elektronen $L_F = \mu F \tau_n$ proportional. Diese Gleichung läßt sich auch in folgender Form schreiben:

$$S_I = \frac{e\eta_{\text{eff}}}{\hbar\omega}\tau_n\frac{\mu_n U}{l^2} = \frac{e\eta_{\text{eff}}}{\hbar\omega}\frac{\tau_n}{t_{tr}}. \tag{3.24}$$

$t_{tr} = l/v_D = l/\mu_n F$ ist die Laufzeit der Elektronen durch den Photoleiter. Den ersten Faktor in Gl. (3.23) bzw. (3.24) kann man als primäre Photostromempfindlichkeit auffassen, der zweite Faktor beschreibt die Tatsache, daß pro primär erzeugtes Photoelektron $g = L_F/l = \tau_n/t_{tr} > 1$ Elektronen durch den Photoleiter fließen. Dies rührt daher, daß das in der Haftstelle gebundene Loch jedesmal ein Elektron über den negativen Kontakt nachsaugt, sobald ein Elektron den Photoleiter über den positiven Kontakt verläßt. Die Tatsache $g > 1$ bezeichnet man als *Photostromverstärkung.*[7] In CdS wurde eine bis zu 500fache Photostromverstärkung gemessen.

Grenzen der Photostromverstärkung Bei Erhöhung der Spannung wird die Laufzeit der Elektronen verrringert und die Photostromverstärkung erhöht. Dafür existieren jedoch physikalische und technologische Grenzen [154]:

- Wenn die Träger die Sättigungsdriftgeschwindigkeit $v_{\text{sätt}}$ erreicht haben, bewirkt eine weitere Erhöhung der Feldstärke keine Absenkung der Laufzeit mehr. Die Sättigungs-Driftgeschwindigkeit der Elektronen beträgt etwa 10^7 cm/s in Silicium und $6{,}5 \cdot 10^6$ cm/s in Galliumarsenid.
- Wird die Laufzeit mit der Maxwellschen Relaxationszeit $\tau_{\text{M}} = \epsilon_{\text{r}}\epsilon_0/\sigma$ vergleichbar, wird die Annahme der Raumladungsneutralität falsch, und man kann das Problem nur durch die gekoppelte Behandlung der Kontinuitätsgleichung im Volumen und in den beiden Kontaktregionen des Photowiderstands beschreiben. Die Grenze liegt bei der Feldstärke $F = 1/\mu_{\text{a}}\tau_{\text{min}}$, das sind für Photowiderstände aus (Hg,Cd)Te mit $E_{\text{g}} = 0,1$ eV bei $T = 77$ K und üblichen Parametern in p-Material $F = 1$ V/cm und in n-Material (das für Photowiderstände verwendet wird) $F = 10^2$ V/cm. Das Verhalten bei Feldstärken über der kritischen wird engl. ‚sweep-out' genannt, dabei verbessert sich das Signal-Rausch-Verhältnis theoretisch um den Faktor $\sqrt{3/2}$. Dies ist dadurch bedingt, daß im Sweep-out-Fall die Bewegung der einzelnen zum sekundären Photostrom beitragenden Träger stärker korreliert ist. Etwa der genannte Wert wurde in Untersuchungen an (Hg,Cd)Te bestätigt [83].
- Eine praktische Grenze für die Feldstärke ist beim Photoleiter ferner durch die Joulesche Wärme gegeben, besonders bei gekühlten Sensoren. Für (Hg,Cd)Te bei $T = 77$ K sind bei einer 1 μm starken Epoxidharz-Klebefuge 10 W/cm^2 für eine Erwärmung um 1 K zulässig. In (Hg,Cd)Te liegt die thermische Belastungsgrenze oberhalb der Sweep-out-Feldstärke.

Photowiderstände Die Signalspannung am Photoleiter ist der Lebensdauer der Majoritätsträger proportional. Bei großen Lebensdauern bieten Photowiderstände als Strahlungsempfänger den Vorteil einer großen Signalempfindlichkeit, dies aber um den Preis einer großen Zeitkonstante. Für schnelle Photowiderstände aus einem Photoleiter mit entsprechend kleiner Lebensdauer muß man die Laufzeit durch geringe Kontaktabstände und hohe Feldstärken klein halten. Die Dicke des Photoleiters in Lichtrichtung soll zur Erzielung einer hohen Sammlungseffizienz einige $1/\alpha$ betragen, aus elektrischen Gründen sollte der Photoleiter so dünn wie möglich sein. Volumenmaterial muß daher abgedünnt werden, Schichttechnologien sind optimierungsgerecht für Photowiderstände mit Interbandanregung.

[7] Eine gewisse Photostromverstärkung ist nach der gegebenen Erklärung auch ohne Haften möglich, wenn die Löcherbeweglichkeit deutlich kleiner als die Elektronenbeweglichkeit ist. Dieser Effekt führt allerdings maximal zu $g = (\mu_{\text{n}}/\mu_{\text{p}} + 1)/2$.

Spektraler Verlauf der Photoleitfähigkeit an der Interbandkante

Im Photoleitungsspektrum bildet das Einsetzen der Interbandabsorption bei E_g einen markanten Punkt, besonders in direkten Halbleitern mit ihren steilen Absorptionskanten. Deshalb soll der spektrale Verlauf der Größen Δn bzw. η_{eff} aus Gl. (3.22) in der Umgebung von E_g genauer betrachtet werden. An der Absorptionskante steigt der Absorptionskoeffizient α in einem kleinen Energiebereich um Größenordnungen an, es erfolgt ein Übergang zwischen den Grenzfällen

$$\alpha d \ll 1 \quad \text{‚Volumenanregung' mit} \quad \eta_{\text{eff}} = \eta_i(1-\rho)\alpha d \quad \text{und} \tag{3.25}$$

$$\alpha d \gg 1 \quad \text{‚Oberflächenanregung' mit} \quad \eta_{\text{eff}} = \eta_i(1-\rho). \tag{3.26}$$

Diese Gleichungen beschreiben eine Kante im Spektrum der Quantenausbeute bzw. eine Sättigung oberhalb E_g. Aus einer Photoleitungsmessung erhält man unmittelbar nur Δn; es empfiehlt sich, $\Delta n/(I_0/\hbar\omega) = \Delta n/Q_0$ aufzutragen, diese Größe hat die Dimension einer Zeit und entspricht im Sättigungsbereich etwa der Lebensdauer.[8]

Ist die Lebensdauer τ_n aus einer Abklingmessung bekannt, kann man nach Gl. (3.22) aus der Photoleitfähigkeit das Absorptionsspektrum $\alpha(\omega)$ berechnen. Sättigung bedeutet, daß die spektroskopische Information über den weiteren Verlauf von $\alpha(\omega)$ verlorengeht. Je steiler die Absorptionskante ist, desto schneller tritt Sättigung ein. Aus der Photoleitfähigkeit erhält man also eine spektroskopische Information nur im Bereich der Störstellenabsorption und für den Fuß der Kante. Andererseits ist häufig die Absorptionskante aus der Photoleitfähigkeit genauer zu bestimmen als aus der Transmission, weil diese bei kleinen αd im wesentlichen durch ρ bestimmt ist. Weiterer ist von Vorteil, daß die unterhalb der Kante häufig als Ausläuferprozeß dominierende Intrabandabsorption nicht zur Photoleitfähigkeit beiträgt. Im Unterschied zur Photoemission aus Metallen ist die Photoleitungskante so scharf wie die Absorptionskante selbst, solange bei den Übergängen bewegliche Träger angeregt werden. Das Einsetzen der Photoemission dagegen ist bei höheren Temperaturen infolge Anregung aus besetzten Zuständen oberhalb des Ferminiveaus unscharf.

Experimentell beobachtet man häufig keine Stufe der Quantenausbeute, sondern ein Maximum nahe E_g und bei weiterer Erhöhung der Photonenenergie eine Wiederabnahme auf einen kleineren Sättigungswert, siehe Bild 3.5a. Dies wird einer beschleunigten Rekombination an der Oberfläche zugeschrieben. Man bezeichnet diesen Sachverhalt als *Oberflächenrekombination* und führt diese mikroskopisch auf die Existenz von Oberflächenzuständen zurück. Oberflächenzustände entstehen durch die hängenden Bindungen. In den tetraedrisch koordinierten Halbleitern mit sp^3-Hybridisierung ergeben sich lokalisierte Lösungen der Schrödingergleichung in der Mitte der verbotenen Zone. Durch Relaxation und Rekonstruktion der Oberfläche ändern sich aber die Bindungswinkel, so daß andere energetische Lagen verständlich werden.

[8] Der Reflexionsgrad ρ von Halbleitern ist im Unterschied zu dem von Metallen im Bereich der Kante wenig energieabhängig.

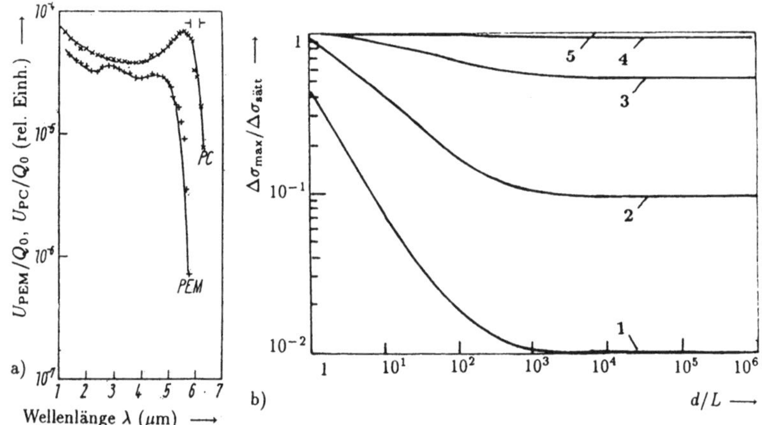

Bild 3.5 a) Spektraler Verlauf von Photoleitfähigkeit (PC) und PEM-Effekt an der Absorptionskante des Halbleiters Tellur [60], b) berechnete Überhöhung des Photoleitungsmaximums in Abhängigkeit von der auf die Diffusionslänge bezogenen Probendicke (Werte des Parameters $S = s\tau/L$: 0,01 (1), 0,1 (2), 1 (3), 10 (4), 100 (5)), nach de Vore [41]

Oberflächenrekombination und Oberflächenanregung

Infolge der an der Oberfläche beschleunigten Rekombination wirkt diese als Senke für Nichtgleichgewichtsträger, welche die stationäre Konzentration an der Oberfläche verringert. Die Nachlieferung von Trägern aus dem Volumen in diese Senke erfolgt durch Diffusion. Selbst bei homogener Anregung wird das Problem durch die Oberflächenrekombination inhomogen. Bei $\alpha d \gg 1$ werden die Elektron-Loch-Paare ohnehin direkt an der Oberfläche angeregt. In beiden Fällen muß in der Bilanzgleichung (3.14) die Trägerdiffusion in der Normalenrichtung berücksichtigt werden.[9]

In Analogie zu Gl. (3.11) für die Rekombinationsrate im Volumen nimmt man die Zahl r_s der pro cm^2 Oberfläche und s rekombinierenden Träger proportional ihrer Konzentration an der Oberfläche an:

$$r_s = s\delta n(0). \tag{3.27}$$

r_s beschreibt eine Teilchenstromdichte zur Oberfläche. Der Proportionalitätsfaktor s hat die Dimension einer Geschwindigkeit und wird *Oberflächen-Rekombinationsgeschwindigkeit* genannt. Da die Träger durch Diffusion zur Rekombinationssenke Oberfläche transportiert werden, interpretiert man diesen Strom als einen durch die Oberflächenrekombination hervorgerufenen Diffusionsstrom zur Oberfläche und schreibt ihn als Randbedingung für die Bilanzgleichung (3.14)

$$j_{n\perp} = -eD \left.\frac{\partial \delta n}{\partial z}\right|_{z=0} = es\delta n(0). \tag{3.28}$$

[9] Bei linearer Rekombination ist nach Gl. (3.11) der Wert des Integrals Δn nicht durch die Diffusion beeinflußt.

Der Fall $1/\alpha \ll d$ wurde bereits als Oberflächenanregung charakterisiert. Wenn zusätzlich $1/\alpha \ll L$ gilt, wird die Verteilung der Träger in die Tiefe nur durch die Diffusion bestimmt; die Eindringtiefe der Strahlung ist klein gegen alle charakteristischen Längen des Problems, und ihr konkreter Wert ist ohne Bedeutung. In diesem Fall wird auch die Generation in die Randbedingung geschrieben:[10]

$$-D \left.\frac{\partial \delta n}{\partial z}\right|_{z=0} = Q_0(1-\rho) - s\delta n(0).$$

Die Teilchenstromdichte infolge Oberflächenrekombination wird unmittelbar von der Stromdichte der optisch injizierten Nichtgleichgewichtsträger subtrahiert. Die Lösung der Bilanzgleichung mit den angegebenen Ansätzen gestattet nun eine Erklärung des in Bild 3.5 dargestellten Maximums: Es sei $L \ll d$ vorausgesetzt, dann werden an der Absorptionskante nacheinander drei Bereiche durchlaufen:

- $\alpha d \ll 1$: Dies ist die eigentliche Kante, $\Delta n(\lambda) \sim \alpha(\lambda)$ kann zur Bestimmung des Absorptionskoeffizienten genutzt werden.

- $\alpha d \gg 1, \alpha L \ll 1$: Die Oberflächenrekombination gewinnt an Bedeutung, es kommt zur Wiederabnahme von Δn.

- $\alpha d \gg 1, \alpha L \gg 1$: Dies ist der Fall der Oberflächenanregung – die Bilanz zwischen Anregung und Oberflächenrekombination wird ohne Einfluß des Volumens entschieden, die Größe Δn erreicht einen Sättigungswert, der jedoch kleiner ist als ohne Oberflächenrekombination. Die Auswertung des Spektrums $\Delta n(\lambda)$ und der Vergleich mit berechneten Kurven erlauben nach de Vore [41] die Bestimmung der Oberflächen-Rekombinationsgeschwindigkeit. Man findet für gut geätzte Oberflächen $s = 10^2$ cm/s, während für eine geläppte Oberfläche $s = 10^6$ cm/s betragen kann. Es kommt allerdings nicht auf die Größe s selbst, sondern auf das dimensionslose Verhältnis $S = s\tau/L = sL/D = s\sqrt{\tau/D}$ an: Große Diffusionskoeffizienten (Beweglichkeiten) und kleine Lebensdauern lassen die Oberflächenrekombination weniger wirksam werden, z. B. in (Hg,Cd)Te.

Im Grenzfall $1/\alpha \ll d \ll L$ und $S \ll 1$ kann man s aus dem Vergleich unterschiedlich dicker Proben bestimmen. Es gilt:

$$\Delta n = \eta_i Q_0(1-\rho)\tau_{eff} \quad \text{mit} \quad \frac{1}{\tau_{\text{eff}}} = \frac{1}{\tau} + \frac{2s}{d}. \tag{3.29}$$

Da Δn unmittelbar in die Empfindlichkeit des Photowiderstands eingeht, ist die Beherrschung der Oberfläche wesentlich. Die dem Oberflächeneinfluß vergleichbare Wirkung innerer Grenzflächen in Doppelheterostrukturen wird mit dem Begriff *Grenzflächen-Rekombinationsgeschwindigkeit* beschrieben. Der Zugang ist analog zu Gl. (3.29).

Anmerkung: Ein Maximum der Photoleitfähigkeit an der Interbandkante kann auch durch excitonische Effekte hervorgerufen werden, siehe Abschnitt 3.3.

[10] Das ist eine dem inneren Photoeffekt eigentümliche Behandlung der Oberfläche. Die Oberflächen-Bandverbiegung (siehe Abschnitt 2.3) ist dabei nicht berücksichtigt.

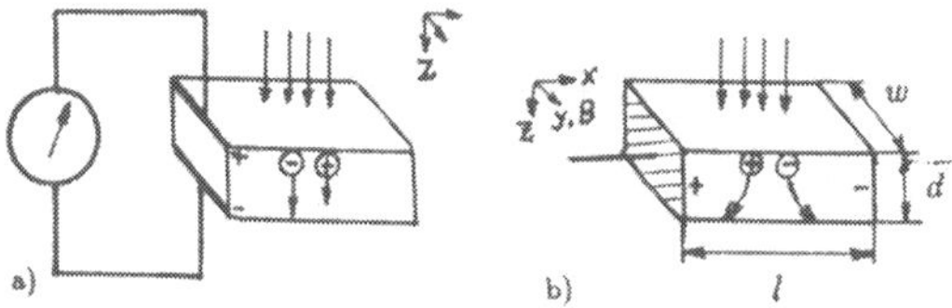

Bild 3.6
a) Probengeometrie zur Messung des Dembereffekts. Die eingetragene Polarität gilt für $D_n > D_p$.
b) Probengeometrie zur Messung des PEM-Effekts

3.2.2 Dembereffekt

Wir betrachten nun die Wirkung der Diffusion auf die Ladungsträgerverteilung bei Oberflächenanregung in der in Bild 3.6a) dargestellten Anordnung. Bei $z = 0$ werden Elektron-Loch-Paare optisch in die Probe injiziert. Diese diffundieren aufgrund des Konzentrationsgradienten in die Tiefe. Im Grenzfall der Raumladungsfreiheit, der oben zu Gl. (3.14) führte, diffundieren die Trägerpaare als neutrale Dichteabweichung, d.h. ambipolar. Es fließt also in z-Richtung kein elektrischer Strom durch die Probe – die von Elektronen und Löchern getragenen Teilströme kompensieren sich exakt. Da sich aber die Diffusionskoeffizienten der Elektronen und Löcher in der Regel unterscheiden, werden die i. a. schnelleren Elektronen ein wenig weiter diffundieren als die Löcher – erst durch das dabei entstehende Feld wird ja die ambipolare Diffusion erzwungen. Das Auftreten dieses Feldes heißt *Dembereffekt*. Der Dembereffekt ist ein photovoltaischer Effekt und setzt bewegliche Minoritätsträger voraus, ist also ein Minoritätsträger-Photoeffekt. Er wurde erstmals 1931 von H. Dember an Kupferoxydul beobachtet.

Für die Größe der Demberspannung findet man unter den Voraussetzungen $d \gg L$ und gleicher Oberflächen-Rekombinationsgeschwindigkeit an Vorder- und Rückseite unter Nutzung der Einsteinbeziehung

$$U_{\text{Dember}} = Q_0(1-\rho)\frac{kT}{e}\frac{\mu_n - \mu_p}{n\mu_n + p\mu_p}\frac{1}{\sqrt{D/\tau} + s}. \tag{3.30}$$

Der Dembereffekt wird durch Oberflächenrekombination vermindert. Einer praktischen Nutzung, z. B. zur experimentellen Bestimmung der Oberflächenrekombination, steht allerdings entgegen, daß i.a. eine Oberflächenbandverbiegung vorliegt und an dieser wie an den Kontakten bei Belichtung weitere Photo-EMKs entstehen.

3.2.3 Photoelektromagnetischer Effekt

Beim photoelektromagnetischen oder PEM-Effekt ist wie beim Dembereffekt der Diffusionsstrom infolge Oberflächenanregung wesentlich, jedoch vermeidet man eine Messung über den belichteten Kontakt durch Ablenkung des Diffusionsstroms in einem äußeren Magnetfeld. Der PEM-Effekt ist damit in gewisser Weise auch ein Analogon des Halleffekts: Beim Halleffekt wirkt die Lorentzkraft auf die Bewegung der Träger infolge eines Leitungsstroms, beim PEM-Effekt wirkt die Lorentzkraft auf die infolge des Photodiffusionsstroms bewegten Träger (Bild 3.6b). Ein PEM-Effekt tritt demzufolge ebenfalls nur bei Anregung beweglicher Minoritätsträger auf, nicht jedoch bei Anregung aus Störstellen.

Auch wenn der Strom in z-Richtung gleich Null ist ($j^z = 0$), sind die Teilstromdichten der Elektronen und der Löcher zu beachten:

$$j_{\mathrm{p}}^z = -j_{\mathrm{n}}^z = -eD_{\mathrm{a}}\frac{\partial \delta n}{\partial z}. \tag{3.31}$$

Das Magnetfeld B_y erzwingt Stromkomponenten in x-Richtung

$$j_{\mathrm{n}}^x = e\mu_{\mathrm{n}} n F^x + \mu_{\mathrm{n}} B j_{\mathrm{n}}^z, \tag{3.32}$$

$$j_{\mathrm{p}}^x = e\mu_{\mathrm{p}} p F^x - \mu_{\mathrm{p}} B j_{\mathrm{p}}^z. \tag{3.33}$$

Im Unterschied zum Halleffekt am Leitungsstrom bewegen sich hier Elektronen und Löcher in die gleiche Richtung, deshalb werden die beiden Trägersorten in unterschiedliche Richtungen abgelenkt. Es sei $F^x = 0$, d.h. an den in x-Richtung angebrachten Kontakten soll der sog. PEM-Kurzschlußstrom gemessen werden. Den Strom I^x erhält man durch Integration über die Kontaktflächen:

$$I_{\mathrm{PEM}}^x = \int_0^d j^x \, dy \, dz = \int_0^d (j_{\mathrm{n}}^x + j_{\mathrm{p}}^x) dy \, dz = weD_{\mathrm{a}}(\mu_{\mathrm{n}} + \mu_{\mathrm{p}})B \int_0^d \frac{\partial \delta n}{\partial z} dz. \tag{3.34}$$

Das Integral hat die Größe $-[\delta n(0) - \delta n(d)]$, ist also bei $\delta n(d) \ll \delta n(0)$ betragsmäßig gleich der Nichtgleichgewichts-Konzentration an der belichteten Oberfläche. Dies unterscheidet den PEM-Effekt von der Photoleitfähigkeit, die nach Gl. (3.22) der über die Probendicke integrierten Nichtgleichgewichts-Konzentration Δn proportional ist. PEM-Effekt und Photoleitfähigkeit ergänzen sich somit gegenseitig. Da der PEM-Kurzschlußstrom dem ambipolaren Diffusionskoeffizienten proportional ist, im Störleitungsgebiet also dem Diffusionskoeffizienten der Minoritätsträger, ist er geeignet zur Bestimmung der Lebensdauer der Minoritätsträger.

Die Oberflächenkonzentration $\delta n(0)$ wird im Unterschied zu Δn durch die Diffusion beeinflußt, der PEM-Effekt klingt demzufolge zeitlich schneller ab als die Photoleitfähigkeit und ist nicht zur Bestimmung von Lebensdauern aus dem Abklingen geeignet. Im Spektrum an der Absorptionskante fällt die Photoleitfähigkeit bei größeren Wellenlängen ab als der PEM-Effekt, da diese proportional zu Δn ist und das Integral schon bei kleinen Absorptionskoeffizienten merklich wird, während der PEM-Effekt proportional zu $\delta n(0) - \delta n(d)$ ist, also inhomogene Generation und dazu ein großes Produkt αd erfordert. Dies belegt der experimentelle Vergleich in Bild 3.5a) auf S. 70.

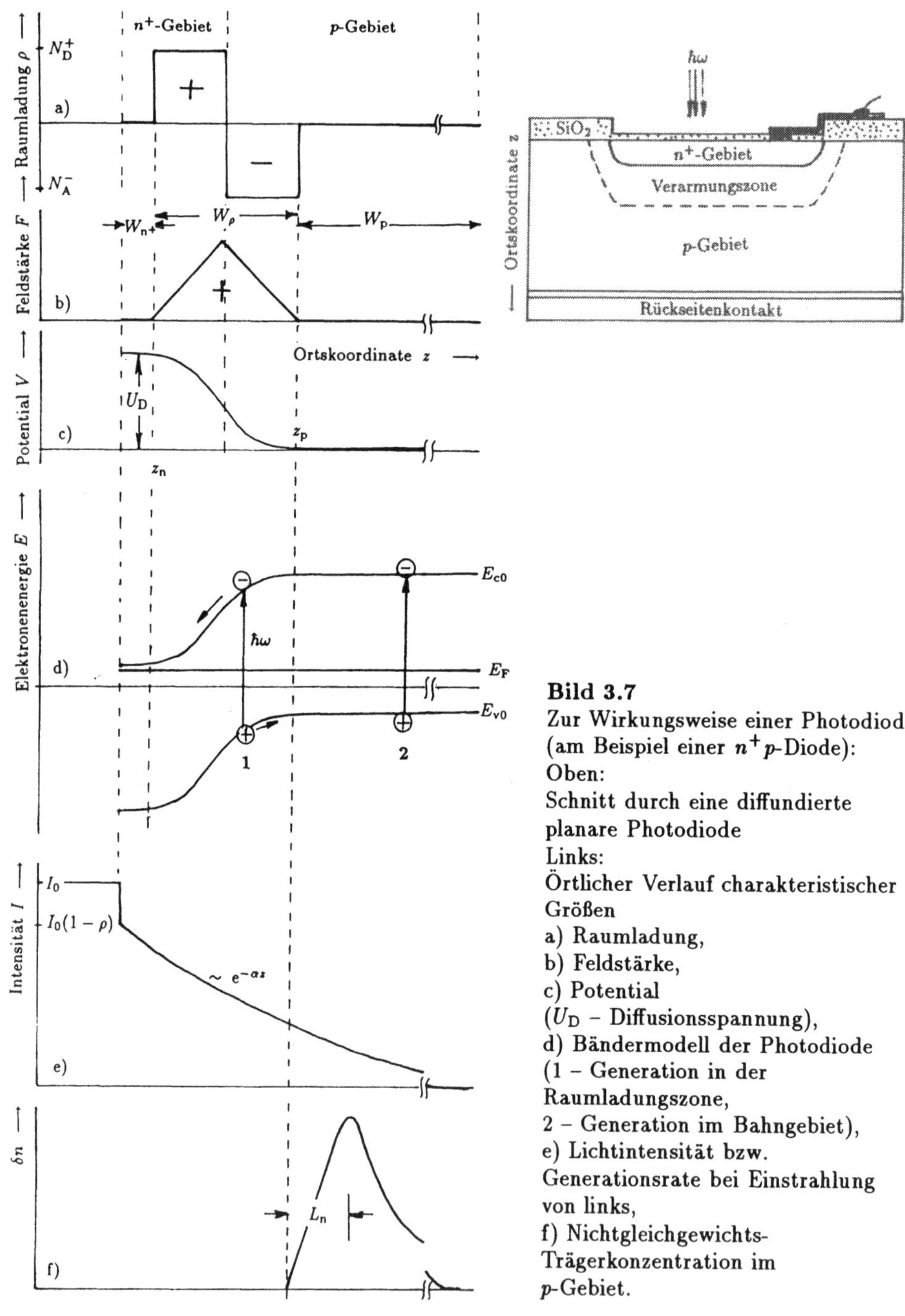

Bild 3.7
Zur Wirkungsweise einer Photodiode (am Beispiel einer n^+p-Diode):
Oben:
Schnitt durch eine diffundierte planare Photodiode
Links:
Örtlicher Verlauf charakteristischer Größen
a) Raumladung,
b) Feldstärke,
c) Potential
(U_D - Diffusionsspannung),
d) Bändermodell der Photodiode
(1 - Generation in der Raumladungszone,
2 - Generation im Bahngebiet),
e) Lichtintensität bzw. Generationsrate bei Einstrahlung von links,
f) Nichtgleichgewichts-Trägerkonzentration im p-Gebiet.

3.2.4 Photoeffekt am *pn*-Übergang (Photodiode)

Zugrundegelegtes Modell In Bild 3.7 ist die Geometrie einer planaren Photodiode zugrundegelegt, dies ermöglicht eine eindimensionale Behandlung der Lichtausbreitung und des Stromflusses. Das Licht treffe senkrecht auf die n^+-Schicht auf, die als so dünn angenommen wird, daß der unverarmte Teil der Weite W_{n^+} keinen Beitrag zum Photostrom leistet. Die lokale Rate der Erzeugung von Nichtgleichgewichtsträgern $g(z)$ ist durch Gl. (3.10) von S. 58 gegeben. **Charakteristische Längen des Problems** sind:

- die Weite der Raumladungszone W_ρ,
- die Diffusionslänge der Minoritätsträger L_n im rückseitigen *p*-Gebiet und
- die Eindringtiefe der Strahlung $1/\alpha$.

Funktionsweise der Photodiode Die Feldverteilung im *pn*-Übergang erhält man aus einer Lösung der Poissongleichung für den unbelichteten *pn*-Übergang. Unter Vernachlässigung der beweglichen Träger (sog. Raumladungsnäherung) geht man für einen abrupten *pn*-Übergang von ortsunabhängigen Raumladungen in den verarmten Gebieten zu beiden Seiten des *pn*-Übergangs (Bild 3.7a) aus. In dieser Raumladungszone besteht daher ein elektrisches Feld, das im Unterschied zu dem konstanten Feld in einer (planaren) Vakuum-Photodiode von beiden Seiten her linear zum metallurgischen *pn*-Übergang hin zunimmt. Nach zweimaliger Integration erhält man eine parabolische Potentialstufe der Höhe U_D, die sich über die gesamte Raumladungszone erstreckt (Teilbild c). U_D wird Diffusionsspannung genannt, eU_D ist kleiner als die Energielücke E_g, wenn sowohl die *p*- als auch die *n*-Seite nicht entartet sind. Dieser Potentialverlauf überlagert sich den Rändern des Valenz- und des Leitungsbandes $E_{\mathrm{v}0}$ bzw. $E_{\mathrm{c}0}$. Die Darstellung im Ortsraum nach Teilbild d nennt man *Bändermodell des pn-Übergangs.*

Im Bild ist Einstrahlung mit Licht $\hbar\omega > E_\mathrm{g}$ und somit Generation von Elektron-Loch-Paaren sowohl in der Raumladungszone (1) als auch im *p*-Gebiet (2) vorausgesetzt. In der Raumladungszone generierte Paare werden durch das dort bestehende elektrische Feld getrennt, jedes hier erzeugte Elektron-Loch-Paar bewirkt den Transport einer Elementarladung e_0 durch den *pn*-Übergang, der Photostrom ist die Überlagerung dieser Stromimpulse. In gut konstruierten Photodioden ist für den in der Raumladungszone generierten Photostrom die innere Quantenausbeute $\eta_\mathrm{i} = 1$, die Sammlungseffizienz beträgt

$$\eta_\rho = \int_{z_\mathrm{n}}^{z_\mathrm{p}} \frac{g(z)\,dz}{I_0/\hbar\omega} = (1-\rho)[1-\exp(-\alpha W_\rho)]. \tag{3.35}$$

Diese Gleichung stimmt bis auf den Faktor $\exp(-\alpha W_{\mathrm{n}^+})$, der die Lichtschwächung im unverarmten n^+-Gebiet beschreibt, mit dem entsprechenden Ausdruck für die

Photoleitfähigkeit in Gl. (3.22) überein. In Photodioden mit weiter Raumladungszone dominiert dieser Beitrag. Bei gegebenem W_ρ wird dieser Fall um so besser angenähert, je besser die Eindringtiefe der Strahlung $1/\alpha$ an W_ρ angepaßt ist. Große Weiten der Raumladungszone werden bei geringer Dotierung und besonders im Grenzfall der Eigenleitung erreicht, deshalb werden Photodioden mit einem i-Gebiet zwischen zwei höher dotieren Gebieten *pin-Dioden* (i von intrinsic – eigenleitend) genannt.

Ist dagegen $\alpha W_\rho < 1$, tritt ein wesentlicher Teil der Strahlung ins p-Gebiet ein und erzeugt dort ebenfalls Elektron-Loch-Paare. Diese müssen als quasineutrale Dichteabweichung zum pn-Übergang diffundieren, ehe sie am Rand der Raumladungszone getrennt werden und zum Photostrom beitragen können. Als treibende Kraft für die ambipolare Diffusion wirkt der Gradient $d\delta n/dz$, der sich vom Rand der Raumladungszone z_p her ins p-Gebiet aufbaut. In der Bilanz von Diffusion, Generation und Absaugung (Randbedingung $\delta n(z_\mathrm{p}) = 0$) stellt sich die in Bild 3.7f gezeichnete Verteilung der Nichtgleichgewichtsträger ein. Der Beitrag des p-Gebiets für den Grenzfall $W_\mathrm{p} \gg L_\mathrm{n}, 1/\alpha$ kann nach Carenkov [30] berechnet werden, indem der durch Generation am Ort z entstehende Beitrag mit dem ohne Rekombination über die Strecke $|z - z_\mathrm{p}|$ diffundierenden Bruchteil der Träger multipliziert wird:

$$\eta_\mathrm{p} = \int\limits_{z_\mathrm{p}}^{d} \frac{g(z)}{I_0/\hbar\omega} \exp\left(-\frac{z - z_\mathrm{p}}{L_\mathrm{n}}\right) dz \approx (1-\rho) \exp\left[-\alpha(W_{\mathrm{n}^+} + W_\rho)\right] \frac{\alpha L_\mathrm{n}}{1 + \alpha L_\mathrm{n}}. \quad (3.36)$$

Die gesamte Quantenausbeute ist dann gegeben durch

$$\eta = \eta_\rho + \eta_\mathrm{p} = (1-\rho)\exp\left(-\alpha W_{\mathrm{n}^+}\right)\left[1 - \frac{\exp\left(-\alpha W_\rho\right)}{1 + \alpha L_\mathrm{n}}\right]. \quad (3.37)$$

Die formulierten Quantenausbeuten sind *effektive Quantenausbeuten*; sie hängen von geometrischen Größen ab, haben also wieder die Bedeutung einer *Sammlungseffizienz*. Bei allgemeineren Voraussetzungen bezüglich des n^+-Frontgebiets wäre noch der Beitrag dieses Gebietes zu addieren.

Aus den angestellten Betrachtungen ist ersichtlich, daß ein pn-Photoeffekt nur bei Anregung von beweglichen Elektronen und Löchern, also nur bei Interbandanregung auftreten kann. Bei der Photoionisierung von Fremdatomen ist der jeweilige Partner mit entgegengesetzter Ladung ortsfest. In unserer Terminologie ist der pn-Photoeffekt also ein Minoritätsträger-Photoeffekt.

Exakte Berechnung der Quantenausbeute Eine Lösung für beliebige Randbedingungen und beliebige Verhältnisse zwischen den charakteristischen Längen des Systems kann nur aus der Bilanzgleichung Gl. (3.14) mit dem Generationsterm Gl. (3.10) erhalten werden. Unter den Voraussetzungen

- Vernachlässigung des elektrischen Feldes in den Bahngebieten,
- Vernachlässigung der Rekombination am rückseitigen p-Kontakt,
- Vernachlässigung der Rekombination in der Raumladungszone ($W_\rho \ll L_\mathrm{n}, L_\mathrm{p}$),

- Shockleysche Randbedingung am pn-Übergang

$$n(0) \approx n(z_\mathrm{p}) = p_\mathrm{n} \exp\left(eU/kT\right)$$

(U – angelegte Spannung) erhält man für die Elektronenkonzentration im p-Gebiet[11]

$$\delta n(z) = \tau_\mathrm{n}\left[\frac{n_\mathrm{p}}{\tau_\mathrm{n}}\left(\exp\frac{eU}{kT}-1\right)+\frac{g(0)}{\alpha^2 L_\mathrm{n}^2-1}\right]\cosh\frac{W_\mathrm{p}-z}{L_\mathrm{n}}\operatorname{sech}\frac{W_\mathrm{p}}{L_\mathrm{n}}$$
$$-\frac{\tau_\mathrm{n} g(0)}{\alpha^2 L_\mathrm{n}^2-1}\left[\alpha L_\mathrm{n}\exp(-\alpha W_\mathrm{p})\sinh\frac{z}{L_\mathrm{n}}\operatorname{sech}\frac{W_\mathrm{p}}{L_\mathrm{n}}+\exp(-\alpha z)\right]. \qquad (3.38)$$

Eine analoge Gleichung muß für die Löcher im n^+-Gebiet gelöst werden, doch deren Beitrag (zum Dunkel- und zum Photostrom) wird entsprechend den gemachten Annahmen hier vernachlässigt.[12] Der Photostrom wird dann als Diffusionsstrom der Minoritätsträger (also der Elektronen) am p-seitigen Rand der Raumladungszone berechnet:

$$j_\mathrm{photo} = (-e)\left(-D_\mathrm{n}\left.\frac{\partial\delta n(z)}{\partial z}\right|_{z_\mathrm{p}}\right). \qquad (3.39)$$

Es ergibt sich

$$j \approx j_\mathrm{n} = \frac{e n_\mathrm{p} L_\mathrm{n}}{\tau_\mathrm{n}}\left[\exp(\frac{eU}{kT})-1\right]\tanh\frac{W_\mathrm{p}}{L_\mathrm{n}}$$
$$-\frac{e g(0) L_\mathrm{n}}{\alpha^2 L_\mathrm{n}^2-1}\left[\alpha L_\mathrm{n}\left(1-\exp(-\alpha W_\mathrm{p})\operatorname{sech}\frac{W_\mathrm{p}}{L_\mathrm{n}}\right)-\tanh\frac{W_\mathrm{p}}{L_\mathrm{n}}\right]. \qquad (3.40)$$

Der erste Term ist der Dunkelstrom, für $W_\mathrm{p} \gg L_\mathrm{n}$ entspricht er dem Shockleyschen Sonderfall für einen unsymmetrischen n^+p-Übergang. Der zweite Term ist der Photostrom, für $W_\mathrm{p} \gg L_\mathrm{n}$ folgt daraus Gl. (3.35), die oben bereits ‚erraten' wurde.

Dieser aufwendige Rechengang hat noch einmal den Wert der schon erwähnten Herangehensweise von Carenkov [30] gezeigt: Statt die Bilanzgleichung, also eine Differentialgleichung 2. Ordnung, zu integrieren und dann den Strom durch Differenzieren der Lösung gemäß Gl. (3.39) zu berechnen, wird der Generationsterm nur einmal über den Ort integriert und dabei die örtliche Abnahme der Überschußträger durch Rekombination während ihrer Diffusion zu der Senke am Rand der Raumladungszone berücksichtigt:

$$\eta = \frac{j_\mathrm{photo}}{eQ_0(1-\rho)} = \eta_\mathrm{i}\int_{z_\mathrm{n}}^{z_\mathrm{p}}\frac{g(z)\,dz}{Q_0(1-\rho)}$$
$$+\ \eta_\mathrm{i}\int_{-\infty}^{z_\mathrm{n}}\left(\exp\frac{z+z_\mathrm{n}}{L_\mathrm{p}}\right)\frac{g(z)\,dz}{Q_0(1-\rho)} + \eta_\mathrm{i}\int_{z_\mathrm{p}}^{\infty}\exp\left(-\frac{z-z_\mathrm{p}}{L_\mathrm{n}}\right)\frac{g(z)\,dz}{Q_0(1-\rho)}. \qquad (3.41)$$

[11] Dem Leser wird empfohlen, sich wenigstens an einem Beispiel mit der Lösung der Bilanzgleichung auseinanderzusetzen. Das Fundamentalsystem der homogenen Gleichung ist $\exp(\pm z/L)$, die evtl. als altmodisch empfundene Schreibweise mit sech usw. verkürzt die Gleichungen.

[12] Die Rekombination am Vorderseitenkontakt kann den Dunkelstrom beträchtlich erhöhen. Abhilfe schafft ein zusätzlicher Heteroübergang.

Der mathematische ,Kunstgriff' besteht darin, nur solche Randbedingungen zuzulassen, bei denen lediglich eine Fundamentallösung der Bilanzgleichung Gl. (3.14) berücksichtigt zu werden braucht. Aus physikalischer Sicht ist das Herangehen analog zur Berechnung der Quantenausbeute beim äußeren Photoeffekt: Unter der Annahme unabhängiger Teilschritte ist die Sammlungswahrscheinlichkeit des *pn*-Übergangs für die am Ort z erzeugten Träger gleich dem Produkt der Wahrscheinlichkeiten für die Generation und für die Diffusion zur Senke.

Interessant ist dabei, daß dieses Konzept auch anwendbar ist, wenn in den quasineutralen Bahngebieten ein schwaches elektrisches Feld F besteht. In diesem Falle ist die Diffusionslänge L durch die kombinierte Diffusions-Driftlänge L^* zu ersetzen:

$$\frac{1}{L^*} = \frac{1}{L}\left(\sqrt{1+\frac{L_\mathrm{F}^2}{4L^2}}+\frac{L_\mathrm{F}}{2L}\right) \quad \text{mit} \quad L_\mathrm{F} = \mu_\mathrm{F} F\tau. \tag{3.42}$$

Für μ_F gilt Gl. (3.16) auf S. 59, und F ist als vorzeichenbehaftete Größe einzusetzen: Die Diffusion kann durch das Feld verstärkt oder abgeschwächt werden. Das elektrische Feld kann dabei auch ein inneres Feld sein, hervorgerufen z. B. durch eine Gradierung, eine Ortsabhängigkeit der Breite der Energielücke infolge ortsabhängiger Mischkristallzusammensetzung. Diese Möglichkeit zur Erhöhung der Sammlungseffizienz eines *pn*-Übergangs oder zum Fernhalten der Träger von Rekombinationssenken wie Kontakten und Oberflächen wird in Photodioden aus Mischkristallen häufig ausgenutzt. Ein Beispiel dazu gibt Bild 3.20 auf S. 107.

Im Zusammenhang mit der Entwicklung von Infrarotdetektoren (siehe Abschnitt 6.5.3) und Solarzellen (siehe Abschnitt 6.7) sind umfangreiche numerische Modellierungen u. a. mit der Finite-Elemente-Methode durchgeführt worden. Es existieren Programme, bei denen außer der Generationsrate auch die Energielücke, die Ladungsträgerkonzentration und damit die Lebensdauer, sowie die Trägerbeweglichkeit und damit der Diffusionskoeffizient ortsabhängig gewählt werden können [58].

Spektrale Empfindlichkeit der Photodiode Bei kleinen Absorptionskoeffizienten $\alpha W_p \ll 1$ bzw. $\alpha W_\mathrm{p} \ll 1$ sind die durch η_n bzw. η_p beschriebenen Photostromanteile dem Absorptionskoeffizienten proportional, zeichnen also den spektralen Fuß der Interbandabsorptionskante nach. Der *pn*-Photoeffekt kann in diesem Bereich zur Ermittlung des relativen Verlaufs des Absorptionskoeffizienten benutzt werden, bei Kenntnis der weiteren in die Gleichungen eingehenden Größen auch des absoluten Verlaufs. Diese Methode ergänzt die optische Bestimmung des Absorptionskoeffizienten aus der Transmission, welche nur bei $\alpha d \approx 1$ genaue Werte liefert und wegen des Einflusses der Reflexion insbesondere in Materialien mit großer Brechzahl bei kleinen Absorptionskoeffizienten beträchtliche Fehler verursacht. Mit steigendem Absorptionskoeffizienten strebt die effektive Quantenausbeute der Photodiode wie die des Photowiderstands gegen einen Sättigungwert, Ursachen für Verluste ($\eta < 1$) sind nach Gl. (3.37) die Reflexion an der Lichteintrittsfläche und die Absorption in der frontseitigen n^+-Schicht.

Zeitverhalten der Photodiode In unterschiedlichen Spektralbereichen tragen die einzelnen Gebiete unterschiedlich zum Photoeffekt bei. Dies ist nicht nur für den Bauelementeentwickler zu beachten, da die unterschiedlichen Beiträge zum Photostrom auch unterschiedliches zeitliches Verhalten zeigen. Die in der Raumladungszone generierten und getrennten Trägerpaare driften durch diese. Wegen der hohen Feldstärke in der Raumladungszone und wegen der hohen Beweglichkeiten der Ladungsträger in Halbleitern bewegen sich die Träger während des größten Teiles ihres Weges mit der konstanten Sättigungsdriftgeschwindigkeit $v_{\mathrm{D\,sätt}}$ von einigen 10^6 cm/s, daher kann man die Laufzeit näherungsweise durch folgende Gleichung beschreiben:

$$t_{\mathrm{transit}} = \frac{W_\rho}{v_{\mathrm{D\,sätt}}}. \tag{3.43}$$

Im Unterschied zur Vakuum-Photodiode bewegen sich die Träger im Festkörper mit nahezu konstanter Geschwindigkeit durch das elektrische Feld. Wenn nur der in der Raumladungszone generierte Photostrom zu berücksichtigen ist (*pin*-Diode mit weiter Raumladungszone), wird die Zeitkonstante der Photodiode durch die Laufzeit und durch die RC-Zeitkonstante bestimmt. Die Laufzeit ist der Raumladungsweite W_ρ direkt, die Kapazität C des *pn*-Übergangs der Raumladungsweite umgekehrt proportional. Da W_ρ durch die Dotierung bestimmt wird, kann man die für die Zeitauflösung optimale Dotierung wählen und erhält für die Zeitkonstante:

$$\tau_{\mathrm{D}} = \frac{W_\rho}{v_{\mathrm{D\,sätt}}} + \frac{\varepsilon_{\mathrm{r}}\varepsilon_0 A}{W_\rho} R_{\mathrm{L}}. \tag{3.44}$$

Man beachte, daß die Zeitkonstante der Photodiode nicht von der Lebensdauer der Träger abhängt! Die unter dem Gesichtpunkt einer hohen Grenzfrequenz optimale Weife der Raumladungszone ist

$$W_{\rho\,\mathrm{min}} = \sqrt{v_{\mathrm{D\,sätt}}\epsilon_0\epsilon_{\mathrm{r}} A R_{\mathrm{L}}}. \tag{3.45}$$

Mit $v_{\mathrm{D\,sätt}} = 10^7$ cm/s, $\epsilon_{\mathrm{r}} = 11{,}7$ für Silicium, einer Fläche $A = 10^{-4}$ cm^2 und einem Lastwiderstand $R_{\mathrm{L}} = 50\ \Omega$ ergibt sich als theoretische untere Grenze für eine *pin*-Diode $\tau_{\mathrm{D\,min}} = 44$ ps. Dies zeigt die überlegene Zeitauflösung der *pin*-Photodiode, insbesondere im Vergleich mit dem Photowiderstand. Dioden mit kleinerer als der optimalen Raumladungsweite sind RC-begrenzt, Dioden mit größerem W_ρ sind laufzeitbegrenzt.

Etwa im *p*-Gebiet generierte Trägerpaare müssen die Raumladungszone durch Diffusion erreichen. Zur Berechnung der Zeitkonstante löst man die Diffusionsgleichung für einen sinusförmig modulierten Generationsterm. Im Grenzfall $1/\alpha \ll L$ ergibt sich:

$$t_{\mathrm{diff}} = \frac{\tau_{\mathrm{n}}}{\alpha L_{\mathrm{n}}}. \tag{3.46}$$

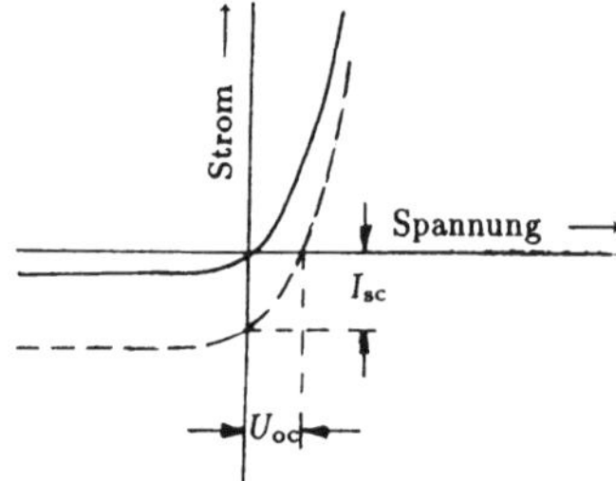

Bild 3.8
$I(U)$-Kennlinie einer Photodiode (ausgezogen: Dunkelzustand; gestrichelt: belichteter Zustand)

Wegen der größeren Diffusionslänge der Elektronen wählt man das p-Gebiet als Absorptionsgebiet, wie es bereits vorausgesetzt wurde. Da i.a. $t_{\mathrm{diff}} > t_{\mathrm{transit}}$, hängt bei Photodioden, in denen man einen Beitrag aus dem Basisgebiet nicht vermeiden kann, die Zeitkonstante von der Wellenlänge der Strahlung ab. Dies gilt bei Photodioden für den Infrarotbereich, weil man in dem entsprechenden schmallückigen Photoleitern nur schwer geringe Ladungsträgerkonzentrationen einstellen kann.

Entstehung einer Photospannung. Linearität der Photodiode Die vorstehende Behandlung der Photodiode orientierte sich an der Berechnung des Photostroms. Der Photostrom hat die Richtung eines Sperrstroms: Die negativen Elektronen werden zum n-Gebiet, die positiven Löcher zum p-Gebiet hin gesaugt, die (technische) Stromrichtung in der Raumladungszone zeigt vom n- zum p-Gebiet. Die Stromempfindlichkeit der Photodiode wird analog zum Photowiderstand (vgl. Gl. (3.23)) als Quotient aus Photostrom und auffallender Strahlungsleistung definiert und durch die (effektive) Quantenausbeute ausgedrückt:

$$S_{\mathrm{I}} = \frac{I_{\mathrm{photo}}}{P_0} = \frac{e\eta_{\mathrm{eff}}}{\hbar\omega} \tag{3.47}$$

mit η_{eff} nach Gl. (3.37). Zur Messung des Photostroms wird die Diode im Kurzschluß betrieben, der bisher betrachtete Photostrom ist der Kurzschlußphotostrom I_{sc}, siehe Bild 3.8. Im Leerlauf entsteht am belichteten pn-Übergang eine Photospannung, deshalb wird der Photoeffekt am pn-Übergang ebenso wie der Dembereffekt und der PEM-Effekt als ***photovoltaischer Effekt*** bezeichnet. Die Leerlaufspannung U_{oc} folgt aus der Kennliniengleichung für den Diffusionsfall:

$$j = j_{\mathrm{s}}\left[\exp\left(\frac{eU}{kT}\right) - 1\right] - j_{\mathrm{photo}} \quad \text{ergibt} \quad U_{\mathrm{oc}} = \frac{kT}{e}\ln\left(\frac{j_{\mathrm{photo}}}{j_{\mathrm{s}}} + 1\right). \tag{3.48}$$

Nur bei schwacher Belichtung $j_{\mathrm{photo}} \ll j_{\mathrm{s}}$ ist der Zusammenhang zwischen Leerlaufspannung und Belichtung linear. Der Photostrom hängt dagegen in einem weiten Bereich linear von der Strahlungsleistung ab. Für Silicium-Photodioden wurde das über bis zu 9 Größenordnungen nachgewiesen, siehe Bild 3.9, für Ga(As,P)-Photodioden sogar über 10 Größenordnungen (Angaben für 1 % Abweichung von der Linearität). Der Linearitätsbereich wird bei hohen Photoströmen durch den Spannungsabfall am Bahnwiderstand begrenzt, bei kleinen Photoströmen durch den Dunkelstrom.

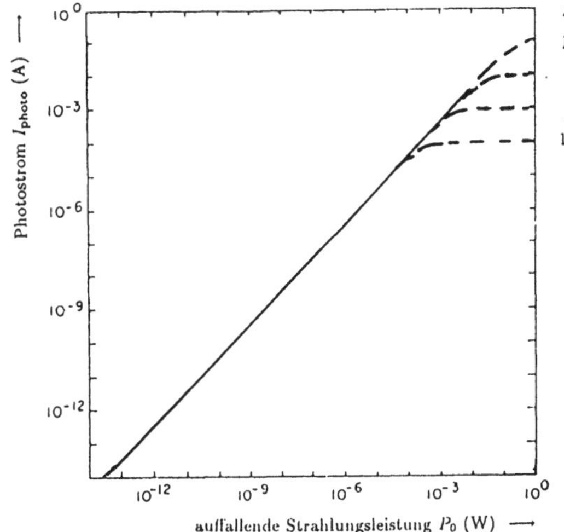

Bild 3.9
Typische Eingangs-Ausgangs-Kennlinie einer Si-Photodiode [25]. Der Sättigungsstrom hängt vom Lastwiderstand R_L ab.

Als Dunkelstromquellen wirken die Diffusion aus den quasineutralen Bahngebieten (Gl. (3.40), die Generation in der Raumladungszone (typisch bei Siliciumdioden) und evtl. bei hohen Sperrspannungen der Tunneleffekt.

Bestimmung der Diffusionslänge aus dem Photoeffekt am *pn*-Übergang
Im Abschnitt 3.1 war die Diffusionslänge als diejenige Strecke charakterisiert worden, nach welcher eine Überschußkonzentration durch Rekombination auf $1/e$ abgeklungen ist. Der örtliche Verlauf der Konzentration bei Aufrechterhaltung einer Überschußkonzentration δn an der Stelle $z = 0$ (z. B. durch Oberflächenanregung) wurde beschrieben durch den Zusammenhang

$$\delta n(z) = \delta n(0) \exp\left(-\frac{z}{L}\right).$$

Diese Überlegung kann wie folgt in eine Meßvorschrift für L umgesetzt werden: Man messe δn in Abhängigkeit vom Abstand zu dem Ort, an dem die Nichtgleichgewichtsträger lokal angeregt werden. Zum Nachweis der Elektron-Loch-Paare eignet sich ein *pn*-Übergang, weil dieser alle den Rand der Raumladungszone erreichenden Trägerpaare trennt. Es gelte die in Bild 3.10 dargestellte Geometrie, d. h. im Unterschied zur bisherigen Behandlung der Photodiode schneidet jetzt die Ebene des *pn*-Übergangs die Probenoberfläche, und das Licht fällt parallel zur Ebene des *pn*-Übergangs ein. Diese Anordnung ist als ‚flying-spot'-Methode in die Literatur eingegangen. Die Anregung erfolgt heute meist mit einem Laserstrahl, der sich auf einen Strahldurchmesser von wenigen Lichtwellenlängen fokussieren läßt. Mit einem He-Ne-Laser und einem speziell für diesen korrigierten Objektiv haben wir den Strahl auf einen Durchmesser von 2,2 μm fokussieren können (Abfall auf $1/e$), nachgewiesen mit der Foucaultschen Schneidenmethode.

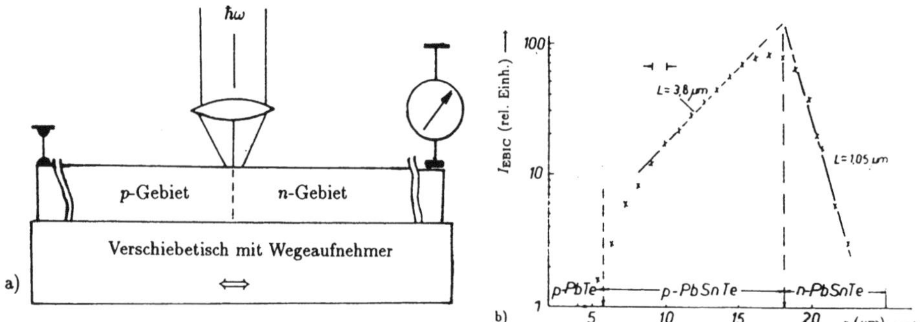

Bild 3.10 a) Lasersonde zur Bestimmung der Diffusionslänge, b) an einer Heterostruktur *p*-PbTe/*p*-(Pb,Sn)Te/*n*-(Pb,Sn)Te gemessenes EBIC-Profil [18]

Die Abhängigkeit des Photostroms vom Abstand zwischen Lichtsonde und *pn*-Übergang ist nicht rein exponentiell, sondern wird durch Besselfunktionen beschrieben, weil das Problem im Unterschied zur obigen vereinfachten Diskussion nicht eindimensional ist. Ferner hat auch die Oberflächenrekombination Einfluß auf den Signalverlauf. Zur Berechnung kann man von der Lösung der Kontinuitätsgleichung für eine Punktquelle ausgehen [164], man vergleicht dann die gemessenen Ortsabhängigkeiten mit berechneten. Die beschriebene Meßanordnung kann bei Montage der Probe auf einem Kreuztisch auch zur Bestimmung der lateralen Gleichförmigkeit der Empfindlichkeit von Photodetektoren genutzt werden (Photostrom-Mapping).

Die lokale Anregung kann außer durch Licht auch durch den fokussierten Elektronenstrahl[13] in einem Raster-Elektronenmikroskop erfolgen. Diese Methode trägt den Namen EBIC (**E**lectron **B**eam **I**nduced **C**urrent). In Bild 3.10b ist ein Beispiel für EBIC dargestellt. Aus der logarithmischen Auftragung des EBIC-Stroms über dem Ort kann man direkt die angegebenen Diffusionslängen entnehmen.

Vorteile von EBIC gegenüber der optischen Sonde sind die bessere laterale Auflösung, da der Elektronenstrahl schärfer fokussiert werden kann als ein Lichtstrahl, der Komfort des Raster-Elektronenmikroskops betr. Probentischsteuerung und Signalauswertung und die Möglichkeit, durch Veränderung der Strahlspannung die Tiefe des Anregungsgebiets zu variieren und auf diese Weise den Einfluß der Oberflächenrekombination zu separieren. Messungen bei tiefen Temperaturen sind im Raster-Elektronenmikroskop aufwendiger, aber durchaus beherrschbar. Unabhängig von der Anregungsart wird die Ortsauflösung erhöht, wenn man die Messungen an einem Schrägschliff durchführt.

Bestimmung der Diffusionslänge unter Variation der Eindringtiefe der Strahlung Die Diffusionslänge kann man weiterhin bestimmen, indem man die Sammlungseffizienz einer Trägersenke in Abhängigkeit von der Eindringtiefe der Strahlung $1/\alpha$ mißt. Bequem variieren kann man z. B. $1/\alpha$ bei einer spektralen

[13] Die Analogie zwischen optischer und Elektronenstrahlanregung wird in Abschnitt 6.1 behandelt, siehe auch Bild 6.2.

Messung an der Interband-Absorptionskante.[14] Nach Gl. (3.36) ist für eine Diode mit schmaler Raumladungszone $W_\rho \ll L_n$ der Photostrom proportional zu $\alpha L_n Q_0/(1+\alpha L_n) \sim Q_0/(1/\alpha + L_n)$. Bei Bestehen einer solchen Abhängigkeit vom Absorptionskoeffizienten α und bei bekanntem Absorptionsspektrum $\alpha(\hbar\omega)$ mißt man zweckmäßig an der Interbandkante das Signal als Funktion der Wellenlänge und hält dieses dabei durch Nachstellen der Quantenflußdichte Q_0 konstant. Wenn man das so gemessene $Q_0(\hbar\omega)$ über $1/\alpha$ aufträgt, erhält man eine Gerade, deren Schnittpunkt mit der negativen Abszissenachse die Diffusionslänge L_n ergibt.

Dieses Verfahren wird überwiegend in der Form angewendet, daß zur Trägersammlung die Raumladungszone infolge der Oberflächen-Bandverbiegung genutzt wird [64]. Als Oberflächen-Photospannung bezeichnet man die Signalspannung V_{OF} bei der Messung des Oberflächen-Photoeffekts. Es gilt:

$$Q_0/V_{OF} \sim (1 + sL/D)(1/\alpha + L) \tag{3.49}$$

(D – Diffusionskoeffizient, s – Oberflächen-Rekombinationsgeschwindigkeit). Das Signal wird kapazitiv gemessen. Die Auswertung erfolgt wie bei der Photodiode, aus dem Anstieg der erhaltenen Geraden kann man zusätzlich die Oberflächen-Rekombinationsgeschwindigkeit bestimmen. Wegen der Bedeutung für die Scheibenkontrolle bei der IC-Herstellung werden kommerzielle Anlagen angeboten, die eine Kartierung mit einer Auflösung von 76 × 76 Punkten bei 6-Zoll-Scheiben gestatten.

Sonderformen der Photodiode: Die dargelegten Grundvorstellungen gelten auch für einige Sonderformen der Photodiode, deren Spezifika an anderer Stelle noch besprochen werden:

Lawinenphotodioden beseitigen den Nachteil, daß die Photodiode im Unterschied zum Photowiderstand keine innere Signalverstärkung zuläßt, durch Lawinenvervielfachung der photogenerierten Träger (siehe Abschnitt 6.3).

Solarzellen sind speziell für maximale Ausgangsleistung bei Bestrahlung mit dem Sonnenspektrum optimiert (siehe Abschnitt 6.7).

3.2.5 Andere Raumladungsstrukturen

Der *pn*-Übergang ist nicht die einzige Struktur, in der bei homogener Anregung eine Photospannung entsteht – die bei Interbandanregung erzeugten Elektron-Loch-Paare können in beliebigen inneren Feldern getrennt werden. Solche Felder entstehen bei örtlicher Änderung der Energielücke (Heteroübergänge), an Dotierungsinhomogenitäten (z. B. an einem nn^+-Dichteübergang), an der Oberfläche des Halbleiters (Oberflächen-Photoeffekt), an Metall-Halbleiter-Übergängen (Schottky-Übergängen), an unspezifizierten Kontakten schlechthin (Kontakt-Photo-EMK) usw.

[14] Bei den Meßverfahren mit Elektronenstrahlanregung im Raster-Elektronenmikroskop kann man die Generationstiefe auch über die Strahlspannung variieren.

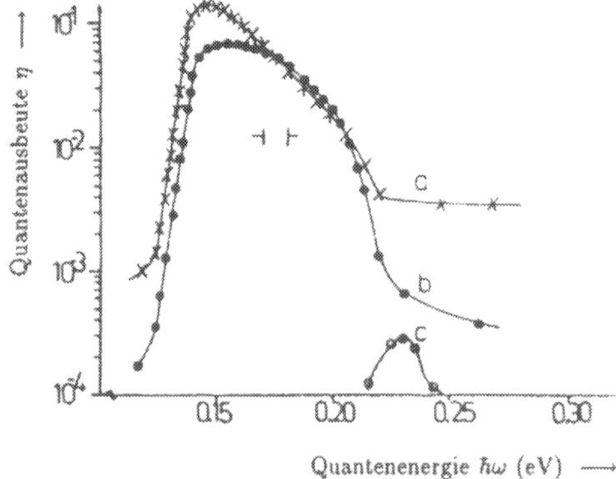

Bild 3.11
Fenstereffekt an einer (Pb,Sn)Te/PbTe-Hetero-Photodiode bei Einstrahlung durch das PbTe-Substrat [18]. $T = 90$ K (a, b), $T = 300$ K (c). Der Photoeffekt für $\hbar\omega > E_g$(PbTe) wird auf den frontseitigen Schottkykontakt auf dem PbTe zurückgeführt.

Heterophotodioden Zunächst werde der Photoeffekt an einem Hetero-*pn*-Übergang (Bild 3.11) betrachtet. Das Bändermodell ergibt sich wieder aus der Forderung nach ortsunabhängigem Verlauf des Ferminiveaus, die Wirkung der entstehenden Diskontinuitäten im Verlauf der Ränder von Leitungs- und Valenzband wird noch genauer im Abschnitt 3.7.2 diskutiert. Unter elektrischen Gesichtspunkten werden Heteroübergänge häufig zur Dunkelstromminimierung angewendet, ein Beispiel dafür gibt Bild 3.20 (Abschnitt 3.4.3). Unter optischen Gesichtspunkten zeigt die Heterophotodiode einen *Fenstereffekt.* Das Licht falle von der Seite des breitlückigen Halbleiters auf den *pn*-Übergang. Der breitlückige Halbleiter ist durchlässig für Licht mit Quantenenergien $\hbar\omega < E_g$. Dies hat zwei Konsequenzen:

- Das breitlückige Material wirkt wie ein Kantenfilter, das die spektrale Empfindlichkeit der Diode auf den Bereich $E_g \leq \hbar\omega \leq E_g$ einengt, ihr also Bandpaßcharakter gibt. Dies kann z. B. im Infraroten zweckmäßig sein, um den kurzwelligen Anteil der Hintergrundstrahlung zu unterdrücken.

- Das breitlückige Material wirkt andererseits wie ein Frontfenster, das die Strahlung, für die der schmallückige Halbleiter empfindlich ist, bis an die Raumladungszone leitet, allerdings muß die Absorption im Frontfenster minimiert werden. Dieser Effekt wird z. B. erreicht, wenn man eine Photodiode in einer schmallückigen (Hg,Cd)Te-Epitaxieschicht auf einem undotierten CdTe-Substrat aufbaut und die Struktur von der Rückseite her durch das Substrat belichtet. Dieses Verhalten ist völlig analog zu dem Fenstereffekt bei NEA-Photokathoden mit Heteroübergang wie z. B. in Bild 2.18 auf S. 44.

Schottkydioden Den Schottkykontakt kann man sich als Heteroübergang vorstellen, bei dem eines der Halbleitergebiete durch eine dünne semitransparente Metallschicht ersetzt ist. Die Lichteinstrahlung erfolgt von der Kontaktseite. Der Bandkantenverlauf folgt aus der im Abschnitt 3.2.4 gegebenen Argumentation – das Ferminiveau im Metall markiert das Ferminiveau der Struktur im Gleichgewicht, siehe Bild 3.12 für einen Schottkykontakt auf einem *n*-Halbleiter. Die Raumladungszone

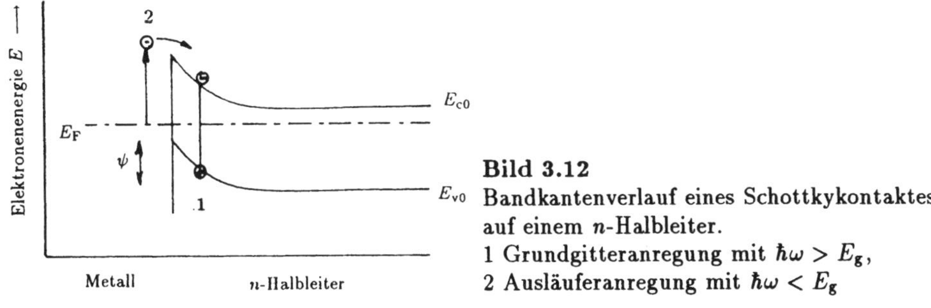

Bild 3.12
Bandkantenverlauf eines Schottkykontaktes auf einem n-Halbleiter.
1 Grundgitteranregung mit $\hbar\omega > E_g$,
2 Ausläuferanregung mit $\hbar\omega < E_g$

erstreckt sich nur in den Halbleiter; in Raumladungsnäherung ergibt sich ein parabolischer Bandverlauf mit einer Weite der Sperrschicht d und einer Bandverbiegung $\psi = e^2Nd^2/2\epsilon_0\epsilon_r$ (N – Dotierung). In der üblichen Betriebsart ist die Schottky-Photodiode wie eine pn-Photodiode im Grundgitter empfindlich (Übergang 1).

Argumente für die Nutzung des Photoeffekts in der Raumladungszone eines Schottkykontakts sind u.a.:

- Einige breitlückige Materialien lassen sich nicht n- *und* p-dotieren, so daß keine pn-Übergänge hergestellt werden können.
- Halbleiter mit direkter Energielücke wie GaAs haben eine sehr steile Interband-Absorptionskante, erreichen daher bereits bei Quantenenergien dicht oberhalb E_g sehr große Absorptionskoeffizienten. Dafür sind die schmalen Raumladungszonen von Schottkykontakten günstig.
- Zur Unterdrückung des Diffusionsanteils zum Photostrom eines pn-Übergangs kann man eines der Halbleitergebiete sehr dünn machen. Die Schottkydiode erreicht denselben Effekt ohne Vergrößerung des Serien-Querwiderstands aufgrund der hohen Leitfähigkeit des Metalls.
- Schottkydioden arbeiten nur mit Majoritätsträgern, erreichen also allgemein höhere Grenzfrequenzen.
- Schottkydioden lassen sich leicht mit Feldeffekt-Transistoren integrieren.

Infrarotempfindliche Schottkybarrieren Nach Bild 3.12 kann die Schottky-Diode auch durch Licht, dessen Quantenenergie zwar kleiner als E_g, aber größer als die Höhe der Schottkybarriere $E_g - \psi$ ist, angeregt werden (Übergang 2). In dieser Betriebsart werden Elektronen aus dem Metall als heiße Elektronen in den Halbleiter angeregt. Diese Anregungsart hat gewisse Verwandschaft mit dem äußeren Photoeffekt, man vergleiche Abschnitt 2.3. Bei günstigen Verhältnissen ist, wie im Bild angenommen, die Höhe der Schottkybarriere kleiner als die Energielücke, die Struktur wird also im Ausläufer photoempfindlich. Auf diese Weise kann man auch

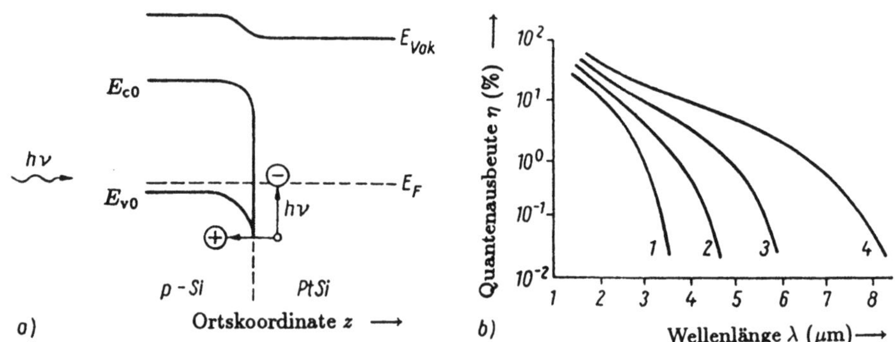

Bild 3.13 Bandkantenverlauf (a) und spektrale Quantenausbeute von Silicid-Schottky-Sensoren (b) 1 Pd_2Si, 2 PtSi, 3 verbessertes PtSi, 4 IrSi [50]

mit Silicium Infrarotempfindlichkeit erzielen, vor allem mit Schottkykontakten aus Siliciden, z. B. PtSi auf *p*-Si. Der Photoeffekt kann hier als Injektion eines heißen Lochs über die Schottkybarriere ins *p*-Silicium beschrieben werden. Die Quantenausbeuten sind allerdings relativ gering, wie Bild 3.13 zeigt.

Spezielle Strukturen und Effekte

MSM-Photodioden nutzen fingerförmig ineinandergreifende Schottkykontakte auf einem schwach dotierten Photoleiter zur Erzielung besonders hoher Grenzfrequenzen, ein Beispiel ist in Abschnitt 6.5.2 enthalten.

MIS-Photoeffekt: MIS-, beim Silicium meist spezieller MOS-Strukturen sind für unipolare integrierte Schaltungen, in der Optoelektronik besonders für CCD-Bauelemente (siehe Abschnitt 6.6), ebenfalls zu hoher Perfektion entwickelt worden. In der oberflächennahen Raumladungszone im Halbleiter angeregte Ladungsträger führen hier zu einem Photoeffekt. Dieser wird entweder als Änderung der $C(U)$-Kennlinie registriert (Photokapazität [144]) oder direkt als Photospannung gemessen. Photo-MOS-Strukturen haben eine große Spannungsempfindlichkeit und geringes Rauschen.

Oberflächen-Photoeffekt: Zum inneren Photoeffekt in der Raumladungszone an der Oberfläche von Halbleitern siehe z. B. Sachenko (1984). Die Oberflächen-Photo-EMK kann zur Charakterisierung der Oberfläche selbst (Bandverbiegung, Oberflächen-Rekombinationsgeschwindigkeit, Oberflächenladungsdichte) ebenso wie des darunterliegenden Halbleitervolumens genutzt werden, siehe das bei der Photodiode beschriebene Verfahren.

Photo-EMK an Inhomogenitäten: Die Untersuchung der Photo-EMK an Dotierungsinhomogenitäten ist eine sehr empfindliche ortsauflösende Methode zur Bestimmung solcher Gradienten.

Literaturempfehlungen

Bücher:

Paul, R.: Optoelektronische Halbleiterbauelemente (Teubner Studienskripten). Stuttgart: B. G. Teubner 1992

Bube, Richard H.: Photoelectronic properties of semiconductors. New York: University of Cambridge 1992

Joshi, N. V.: Photoconductivity: Art, Science and Technology. NewYork: Marcel Dekker, Inc. 1990

Sachenko, A. V., O. V. Snitko: Photoeffekte in oberflächennahen Schichten von Halbleitern. Kiev: Naukova Dumka 1984 (in russischer Sprache)

Sze, S. M.: Physics of Semiconductor Devices, New York: John Wiley & Sons, 2. Aufl. 1980

Auth, J., D. Genzow, K. H. Herrmann: Photoelektrische Erscheinungen. Berlin: Akademie-Verlag, Braunschweig: Vieweg 1977

Rywkin, S. M.: Photoelektrische Erscheinungen in Halbleitern. Berlin: Akademie-Verlag 1965

Reviewartikel:

Marfaing, Y.: Photoconductivity, Photoelectric Effects, in: Handbook of Semiconductors (Hrsg. T. S. Moss), Vol. 2: Optical Properties of Semiconductors, North Holland 1986

Garlick, G. F. J.: Photoconductivity, in: Handbuch der Physik XIX, S. 316 - 395. Berlin: Springer-Verlag 1956

Reprintbände:

Joshi, N. V. (Hrsg.): Selected Papers on Photoconductivity. SPIE Milestone Series MS 56, 1992

3.3 Der innere Photoeffekt und die Physik der Rekombinationsprozesse

Das zeitliche Verhalten der Photoeffekte kann als Anklingen oder als Abklingen untersucht werden, d.h. beim Zuschalten oder Abschalten der Belichtung. Im Modell thermalisierter Nichtgleichgewichtsträger ist die Rekombination der entscheidende Prozeß für die Wiederherstellung des Gleichgewichts nach einer Veränderung der Ladungsträgerkonzentration. Daher gibt das Einschwingverhalten der Photoeffekte Aufschluß über die Rekombinationsprozesse. Die physikalischen Mechanismen der Rekombination von Nichtgleichgewichtsträgern werden diskutiert.

Bei den Prozessen, die zur Wiedereinstellung des Gleichgewichts nach optischer Anregung führen, unterscheidet man gewöhnlich grob zwischen Relaxation und Rekombination. Als Relaxation bezeichnet man die Einstellung einer Gleichgewichts-Energieverteilung, als Rekombination bezeichnet man den Abbau der Überschuß-Ladungsträger. In Grenzfällen (siehe Abschnitt 3.5) kann diese Unterscheidung problematisch werden, sie stellt aber insgesamt einen praktikablen Zugang dar. Bei Annahme thermalisierter Nichtgleichgewichtsträger hat man es automatisch nur mehr mit der Rekombination zu tun.

In der Regel laufen mehrere Rekombinationsprozesse parallel zueinander ab. Bei linearem Response des Systems, d.h. bei schwacher Anregung, ist es meist zulässig, die Rekombinationsraten $(\partial \delta n/\partial t)_{\text{rek}} = \delta n/\tau$ infolge unterschiedlicher Rekombinationskanäle zu addieren. Die resultierende Lebensdauer ergibt sich dann durch reziproke Addition der (Teil-)Lebensdauern für alle gleichzeitig ablaufenden Prozesse. Wegen des unabhängigen experimentellen Zugangs zur Rekombinationsstrahlung ist die Überlagerung von strahlender Rekombination (mit der Lebensdauer τ_{str}) und strahlungsloser Rekombination (mit der Lebensdauer $\tau_{\text{n str}}$) ein wichtiger Spezialfall:

$$\left(\frac{\partial \delta n}{\partial t}\right)_{\text{rek}} = \left(\frac{\partial \delta n}{\partial t}\right)_{\text{str}} + \left(\frac{\partial \delta n}{\partial t}\right)_{\text{n str}} \quad \text{bzw.} \quad \frac{1}{\tau} = \frac{1}{\tau_{\text{str}}} + \frac{1}{\tau_{\text{n str}}}. \tag{3.50}$$

Als ***Quantenausbeute der strahlenden Rekombination*** definiert man den Anteil der strahlenden Übergänge an der gesamten Rekombinationsrate:

$$\eta_{\text{str}} = \frac{\left(\frac{\partial \delta n}{\partial t}\right)_{\text{str}}}{\left(\frac{\partial \delta n}{\partial t}\right)_{\text{str}} + \left(\frac{\partial \delta n}{\partial t}\right)_{\text{n str}}} = \frac{\tau}{\tau_{\text{str}}} = \frac{1}{1 + \tau_{\text{str}}/\tau_{\text{n str}}}. \tag{3.51}$$

η_{str} ist ein Beispiel für eine Quantenausbeute im eigentlichen Sinne des Wortes (die nicht eine Sammlungseffizienz ist).

Im folgenden soll die Physik der Rekombinationsprozesse im Vordergrund stehen. Deshalb kann die Diskussion im wesentlichen auf den Spezialfall beschränkt werden, daß jeweils ein Rekombinationskanal dominiert. Bezüglich komplizierterer Fälle des An- und Abklingens bei nichtlinearer Rekombination sei auf die Literatur verwiesen, z. B. auf die Bücher von Blakemore (1962) und Rywkin (1965). Bei der Behandlung der nichtlinearen Photoeffekte bei starker Anregung im Abschnitt 4.3 wird auf die nichtlineare Rekombination zurückzukommen sein, dabei werden auch Methoden zur Identifizierung unterschiedlicher Rekombinationsprozesse erkennbar werden.

Intrinsische und extrinsische Rekombinationsprozesse

In der Anfangsphase der Halbleiterphysik hat man geprüft, ob die experimentell beobachtete Rekombinationsgeschwindigkeit von Elektron-Loch-Paaren allein durch Effekte des Grundgitters, sogenannte intrinsische Prozesse, erklärt werden kann. Solche sind die strahlende Band-Band-Rekombination und die Augerrekombination. Wie die folgende Diskussion zeigt, erkannte man sehr schnell, daß zum damaligen Zeitpunkt die intrinsische Rekombination von den um Größenordnungen schneller ablaufenden extrinsischen Prozessen, also solchen unter Beteiligung von Störstellen überdeckt war. Erst allmählich konnten experimentelle Bedingungen realisiert werden, unter denen die intrinsischen Prozesse dominierten. Dazu trugen die immer erfolgreichere Hochreinigung der Photoleiterwerkstoffe und die Untersuchung der schmallückigen Halbleiter bei, in denen wegen der kleinen Energielücke von einigen kT bis zu einigen 10 kT die Band-Band-Wechselwirkung hinreichend effektiv ist. So wurde die Augerrekombination von Moss erstmals an PbS nachgewiesen.

3.3.1 Strahlende Band-Band-Rekombination

Die strahlende Rekombination von Elektron-Loch-Paaren unter Emission eines Lichtquants ist die direkte Umkehrung der Interbandabsorption. Die Coulomb-Wechselwirkung von Elektron und Loch wird zunächst wie bei der Berechnung der Absorption vernachlässigt. In der Sprache der chemischen Reaktionskinetik ist die strahlende Rekombination ein bimolekularer Prozeß, die Rekombinationsrate wird dem Produkt aus Elektronen- und Löcherkonzentration proportional angesetzt:

$$r_{\mathrm{n}} = r_{\mathrm{p}} = r = B(np - n_0 p_0) = B(np - n_{\mathrm{i}}^2), \tag{3.52}$$

wobei B ein noch zu bestimmender materialspezifischer Proportionalitätsfaktor ist. Die Rekombinationsrate im Gleichgewicht $r_0 = Bn_{\mathrm{i}}^2$ ist subtrahiert, Gl. (3.52) beschreibt die *Überschuß-Rekombinationsrate.* Im Unterschied zu Gl. (3.11) auf S. 59 ist dies ein quadratischer Ansatz. Allerdings hängt die maßgebliche Potenz von der Nichtgleichgewichts-Trägerkonzentration ab; denn die Gleichung läßt sich mit $n = n_0 + \delta n, p = p_0 + \delta p$ unter der Annahme $\delta n = \delta p$ umschreiben zu

$$r = B(n_0 + p_0)\delta n + B\delta n^2. \tag{3.53}$$

Nur bei hoher Konzentration der Nichtgleichgewichtsträger überwiegt der zweite Term, liegt also quadratische Rekombination vor. Im Fall schwacher Anregung $\delta n \ll n_0 + p_0$ dagegen ist Gl. (3.53) identisch mit dem Ansatz (3.11) für lineare Rekombination. Es folgt für die unterschiedlichen Leitungstypen unter der Annahme $B = \text{const}$ (s. u.):

$$\tau = \frac{\delta n}{r} = \begin{cases} \tau^{\mathrm{n}} = 2\tau^{\mathrm{i}}(n_{\mathrm{i}}/n_0) & \text{im } n\text{-Halbleiter,} \\ \tau^{\mathrm{i}} = 1/(2Bn_{\mathrm{i}}) & \text{im Eigenhalbleiter,} \\ \tau^{\mathrm{p}} = 2\tau^{\mathrm{i}}(n_{\mathrm{i}}/p_0) & \text{im } p\text{-Halbleiter.} \end{cases}$$

Obwohl bei jedem Rekombinationsakt ein Elektron und ein Loch beteiligt sind, hängt im n-Halbleiter die Rekombinationsrate nicht von der Löcherkonzentration und im p-Halbleiter nicht von der Elektronenkonzentration ab. Im Eigenhalbleiter ist die Lebensdauer maximal (in i-Si z. B. bei $T = 300$ K einige Millisekunden), sie nimmt bei n- oder p-Dotierung umgekehrt proportional zur Ladungsträgerkonzentration ab.

Dieser Typ strahlender Rekombination ist einer einfachen mikroskopischen Betrachtung zugänglich [163], die die sog. Einsteinsche Ableitung des Planckschen Strahlungsgesetzes aus dem Jahre 1917 [49] auf den Festkörper überträgt. Es wird angenommen, daß der Photoleiter mit schwarzer Strahlung entsprechend dem Planckschen Strahlungsgesetz im Gleichgewicht steht und daß Paarerzeugung nur unter Absorption, Paarrekombination nur unter Emission von Strahlung stattfindet. Dann müssen in jedem Frequenzintervall $(\nu,\ \nu + d\nu)$ die Generationsrate und die Rekombinationsrate gleich sein:

$$P(\nu)\rho(\nu)d\nu = r(\nu)d\nu \tag{3.54}$$

($\rho(\nu)$ – Photonendichte nach dem Planckschen Strahlungsgesetz, $r(\nu)$ – spektrale Rate der strahlenden Rekombination). $P(\nu)$ beschreibt die Zahl der Generationsakte pro s und pro Lichtquant der Frequenz ν und läßt sich über die Gruppengeschwindigkeit durch den Absorptionskoeffizienten $\alpha(\nu)$ ausdrücken:

$$P(\nu) = \alpha(\nu) v_g(\nu) \quad \text{mit} \quad v_g(\nu) = d\nu / d(1/\lambda). \tag{3.55}$$

Die totale Rekombinationsrate Bn_0p_0 nach Gl. (3.52) ergibt sich durch Integration über alle Frequenzen. Somit kann der Koeffizient der strahlenden Rekombination B entweder aus dem experimentell bestimmten Absorptionsspektrum $\alpha(\nu)$ oder aus einem mikroskopischen Ansatz für $\alpha(\nu)$ berechnet werden. Bei der Integration wirkt es sich erleichternd aus, daß $\alpha(\nu)$ wegen des schnellen Abfalls der Planck-Verteilung bei Frequenzen oberhalb des Maximums nur in einem relativ schmalen Energiebereich an der Grundgitter-Absorptionskante bekannt zu sein braucht. Auf diese Weise fanden VanRoosbroeck und Shockley [163] z. B. für Germanium bei $T = 300$ K den Koeffizienten $B = 2,5 \times 10^{-14}$ cm^3· s^{-1}. Damit wäre im indirekten Halbleiter Germanium bei Eigenleitung eine Lebensdauer der Träger von 0,75 s zu erwarten, wenn strahlende Rekombination der lebensdauerbestimmende Prozeß wäre. In Wirklichkeit ist die Lebensdauer jedoch um Größenordnungen geringer und außerdem realstrukturabhängig (von der Perfektion und Reinheit des speziellen Kristalls abhängig).

Diese Überlegung war der historische Ausgangspunkt für die Einführung von *Rekombinationszentren*, die strahlungslose Rekombination ermöglichen und die Lebensdauer herabsetzen. Darüber hinaus besteht ihr Wert vor allem darin, daß man bei bekannter Bandstruktur und bekanntem Matrixelement für die Strahlungswechselwirkung das Absorptionsspektrum und damit den Koeffizienten der strahlenden Rekombination bzw. die Lebensdauer berechnen kann. Die Behandlung bleibt auch noch durchsichtig, wenn man zur Beschreibung dotierter Halbleiter Besetzungszahlen in den Ausdruck für den Absorptionskoeffizienten einbeziehen muß. Die Burstein-Moss-Verschiebung der Absorptionskante im stark dotierten Halbleiter führt nach Gl. (3.54) zu einer Verringerung der Rekombinationsrate durch das Ausfallen von Übergängen direkt an der Kante. In diesem Grenzfall wird der Koeffizient B dotierungsabhängig, und die phänomenologische Abhängigkeit der Lebensdauer von der Dotierung nach Gl. (3.3.1) wird modifiziert, vgl. [175]. Zur Veranschaulichung sind in Bild 3.14 die Lebensdauern bezüglich strahlender und Augerrekombination (s. u.) für einige schmallückige Halbleiter dargestellt, in denen diese Prozesse wesentlich sind.

3.3.2 Dynamisches Gleichgewicht und Generations-Rekombinations-Rauschen

Gl. (3.52) und Gl. (3.54) muß man offenbar so auffassen, daß im Gleichgewicht Bn_i^2 Elektron-Loch-Paare pro cm^3 und s erzeugt werden und auch wieder miteinander rekombinieren. Diese Auffassung von der Trägerkonzentration als Ergebnis der Balance zwischen Generation und Rekombination bedeutet im Sinne der Statistik ein

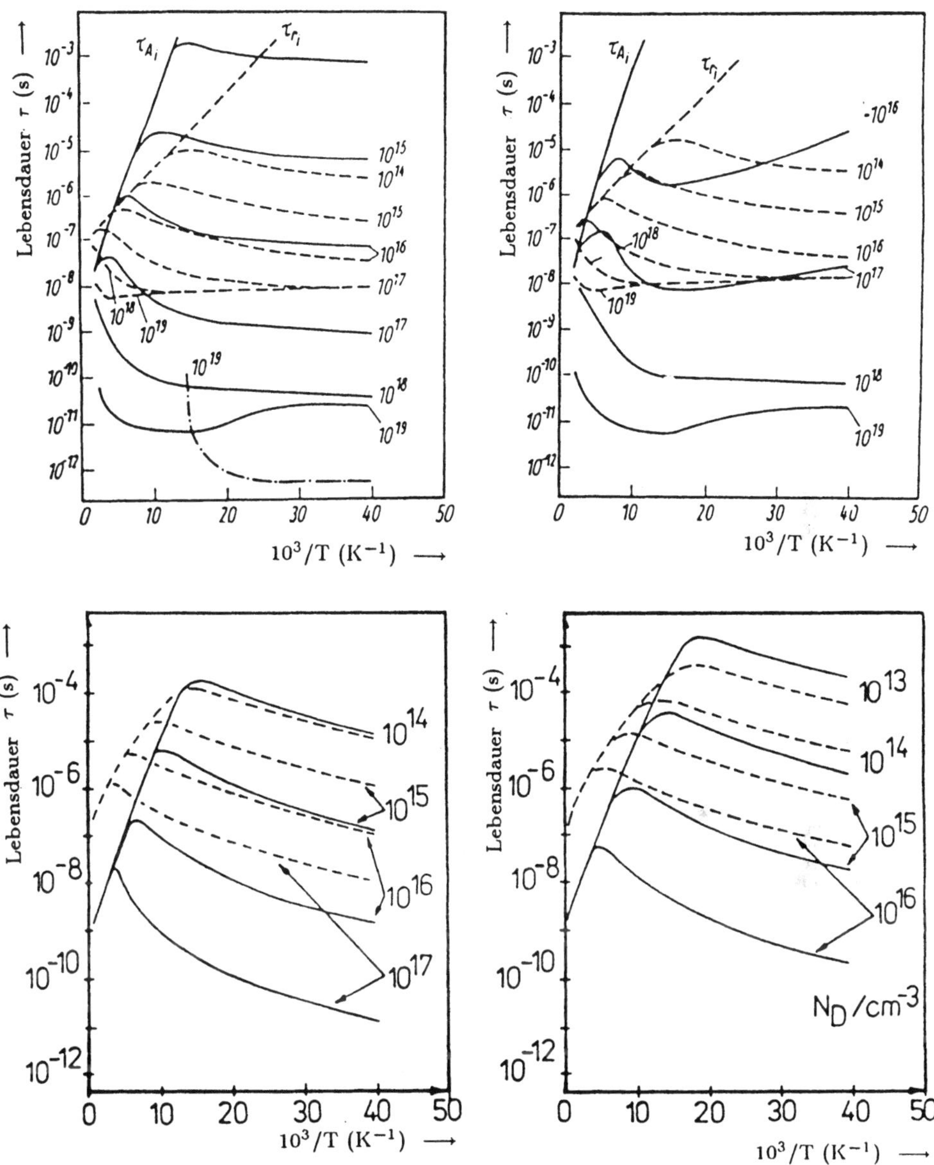

Bild 3.14 Temperaturabhängigkeit der Lebensdauern bezüglich strahlender (gestrichelt) und Augerrekombination (ausgezogen) für einige schmallückige Halbleiter: a) (Pb,Sn)Te, b) (Pb,Sn)Se nach [175], c) p-(Hg,Cd)Te, d) n-(Hg,Cd)Te [137]. Die Mischkristall-Zusammensetzung wurde so gewählt, daß in allen Fällen $E_g(100\ K) = 0{,}1$ eV. Der Scharparameter ist die Dotierung in $1/cm^3$.

dynamisches Gleichgewicht. Wurde das Gleichgewicht z. B. durch Lichteinstrahlung gestört, wurde also die Konzentration erhöht, wird die Rekombination verstärkt, bis das Gleichgewicht wieder hergestellt ist. Daher ist es zweckmäßig, die Raten der im Hintergrund ablaufenden Rekombinations- und Generationsprozesse gesondert auszuweisen, um das Spezifische der Rekombination der Überschußträger besser sichtbar werden zu lassen. Wurde umgekehrt das Produkt np unter den Gleichgewichtswert abgesenkt, setzt zusätzliche Generation von Träger ein. Dies ist ein wichtiger Dunkelstrommechanismus in Photodioden und CCD-Strukturen.

Die Fluktuationen der Ladungsträgerkonzentration infolge kurzzeitiger Abweichungen vom Gleichgewichtswert bewirken einen Beitrag zum Rauschen. Dieses Generations-Rekombinations-Rauschen ist wie das Schrotrauschen nach Gl. (2.44) eine Form des *Stromrauschens*, weil Schwankungen der Ladungsträgerkonzentration n elektrisch nur nachweisbar sind, wenn ein Strom $I = jA = envA$ durch die Probe fließt. Für die Spektraldichte des Rauschens gilt nach Van der Ziel (1986):

$$\Delta S_{\mathrm{N\,gr}}(\omega) = \overline{4\,\Delta n^2}\frac{\tau}{1+\omega^2\tau^2}. \tag{3.56}$$

Dabei ist $Austritts\Delta n^2$ die Schwankung der Ladungsträgerkonzentration, τ die Lebensdauer. Im betrachteten Beispiel der strahlenden Band-Band-Rekombination ist τ die Paarlebensdauer, und $\overline{\Delta n^2} = g_0\tau$ mit dem oben angegebenen $g_0 = r_0$. Im fast eigenleitenden n-Halbleiter ist $\overline{\Delta n^2} = \overline{\Delta p^2} = n_0p_0/(n_0 + p_0)$, $\tau^{\mathrm{i}} = 1/(2Bn_{\mathrm{i}})$, s. o. Das Generations-Rekombinations-Rauschen ist im Unterschied zum Schrotrauschen aber nur für $\omega\tau \ll 1$ ‚weiß', bei Frequenzen $f > 1/2\pi\tau$ nimmt die spektrale Rauschdichte ab, weil der Auf- und Abbau von Abweichungen vom Generations-Rekombinations-Gleichgewicht eine endliche Zeit erfordert. Man erwartet demnach einen meßbaren Beitrag dieses Rauschmechanismus bei Frequenzen $f < 1/2\pi\tau$. Die Messung des Rauschspektrums kann zur Analyse der Rekombinationsprozesse beitragen.

3.3.3 Augerrekombination

Der Begriff ‚Augerrekombination' lehnt sich an den Augereffekt der Atomphysik an, s. Abschnitt 2.1. Seit den Arbeiten von Beattie und Landsberg [11] ist die Bedeutung des Augereffekts für die Rekombination anerkannt. Man spricht von Augerrekombination, wenn z. B. ein Überschußelektron im Leitungsband seine Anregungsenergie – das ist die Größe der Energielücke evtl. zuzüglich kinetischer Energie – in einem Stoß auf ein zweites Elektron überträgt und dabei selbst ins Valenzband übergeht, d. h. mit einem Loch rekombiniert. Insofern im Elektronen+Löcher-Bild drei Teilchen beteiligt sind, nennt man dies auch *Dreierstoß-Rekombination*. Auch die Bezeichnung dieses Prozesses als eeh-Prozeß ist derjenigen der Atomphysik nachgebildet. Das gestoßene Teilchen erlangt eine hohe kinetische Energie von der Größenordnung der Energielücke, bleibt aber im Kristall. Bild 3.15 zeigt im Teilbild a) die Übergänge bei der Rekombination eines Elektron-Loch-Paares (Übergang 2 ⟶ 2') und die Übertragung von Energie und Impuls auf ein weiteres Elektron (Übergang 1 ⟶ 1')

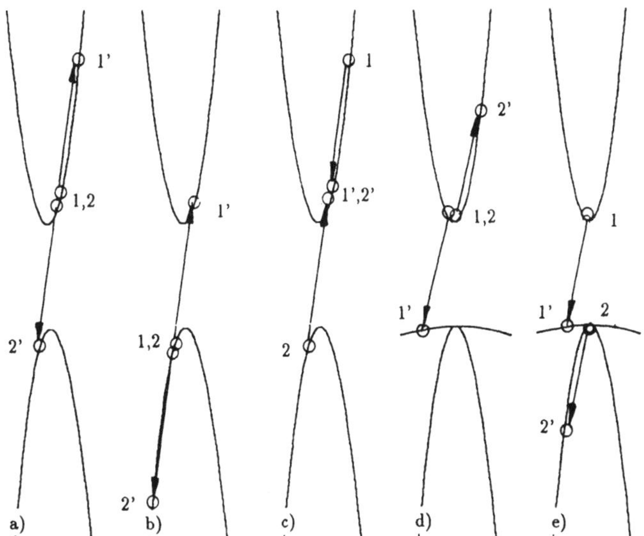

Bild 3.15 Augerrekombination im n-Halbleiter im Elektronenbild (a) bzw. im p-Halbleiter im Löcherbild (b) sowie Stoßionisation durch ein Elektron im Elektronenbild als Umkehrprozeß zu a (c). 1, 2 Zustände der beteiligten Elektronen bzw. Löcher vor dem Stoß, 1', 2' dto. nach dem Stoß. In d) und e) sind die wahrscheinlichsten Augerprozesse Auger-1 bzw. Auger-7 in den direkten Halbleitern mit Zinkblendestruktur dargestellt.

in einem Halbleiter mit parabolischen Bändern und gleichen Massen der Elektronen und Löcher. Teilbild b) zeigt den dazu spiegelsymmetrischen Prozeß im Löcherbild. Deutlich ist die Existenz einer Schwelle zu erkennen; bei $m_n = m_p$ müssen das rekombinierende Elektron und das rekombinierende Loch mindestens die Energie $(1/6)E_g$ haben, damit Energie- und Impulssatz gleichzeitig erfüllt sind. Wegen der Konzentrationsabhängigkeit ist Prozeß a) im n-Halbleiter, Prozeß b) im p-Halbleiter wahrscheinlicher.

Teilbild c) versinnbildlicht den Umkehrprozeß, die Stoßgeneration: Ein energiereiches Elektron 1 erzeugt ein Elektron-Loch-Paar (Elektronen-Übergang 2 $\longrightarrow$ 2') und gelangt selbst in den Endzustand 1'. Dies wird in Anlehnung an die Atomphysik üblicherweise als *Stoßionisation* bezeichnet, damit meint man die Ionisation des ‚Grundgitters' unter Generation eines zusätzlichen Elektron-Loch-Paares. Die Band-Band-Augerrekombination ist wie die strahlende Rekombination ein intrinsischer Rekombinationsprozeß. Anders als bei der strahlenden bleibt aber bei der Augerrekombination die Anregungsenergie im Trägerensemble. Die Stoßionisation wird in den Lawinenphotodioden zur inneren Verstärkung ausgenutzt, siehe Abschnitt 6.3.

Augerrekombination in direkten Halbleitern mit Zinkblendestruktur

Die meisten III-V- und II-VI-Halbleiter haben eine direkte Energielücke in Γ und ein in diesem Punkt entartetes Valenzband, das bei $k \neq 0$ in ein Band leichter Löcher und ein Band schwerer Löcher mit $m_{hh} \gg m_{lh} \approx m_n$ aufspaltet (vgl. Bild 2.20a in Abschnitt 2.4). Diese Asymmetrie der Bandstruktur erleichtert die Augerrekombination wesentlich, wie man anhand der in (Bild 3.15d) eingetragenen Pfeile für die möglichen Übergange erkennt. Im Unterschied zum Prozeß in Teilbild a) erfordert der Prozeß in Teilbild d) nahezu keine Aktivierungsenergie, gezeichnet sind die Übergänge mit der geringsten Energie. Nach Beattie und Landsberg [11] bezeichnet man die dargestellten wahrscheinlichsten Übergänge als Auger-1 (dominierend im n- Halbleiter) bzw. Auger-7 (dominierend im p-Halbleiter). Die Diskussion erfolgte hier der Einfachheit halber für parabolische Bänder. Da bei der Augerrekombination Ladungsträger sehr tief in den Bändern enstehen, ist das parabolische Modell nur begrenzt anwendbar, und der konkrete Bandverlauf $E(\boldsymbol{k})$ beeinflußt die Rekombinationsrate wesentlich.

Phänomenologische Konzentrationsabhängigkeit Entsprechend der Interpretation der Augerprozesse als Rekombination im Dreierstoß wird die Rekombinationsrate der dritten Potenz der Trägerkonzentration proportional angesetzt. Dabei sind der eeh-Prozeß und der ehh-Prozeß zu berücksichtigen, die i. a. durch unterschiedliche Augerkoeffizienten C_n bzw. C_p gekennzeichnet sein werden:

$$r_n = r_p = C_n(n^2p - n_0^2p_0) + C_p(p^2n - p_0^2n_0). \tag{3.57}$$

Entsprechend der Vorstellung von einem dynamischen Generations-Rekombinations-Gleichgewicht ist wieder die Rekombinationsrate im Gleichgewicht, ausgedrückt durch die Trägerkonzentration im Gleichgewicht, abgezogen. Mit $n = n_0+\delta n$, $p = p_0 + \delta p$ kann man dies für den Fall $\delta n = \delta p$ wie im Falle der strahlenden Rekombination nach Potenzen von δn ordnen und findet

$$\begin{aligned} r_n = r_p = {} & [C_n(n_0^2 + 2n_0p_0) + C_p(p_0^2 + 2n_0p_0)]\delta n \\ & +[C_n(p_0 + 2n_0) + C_p(n_0 + 2p_0)]\delta n^2 + (C_n + C_p)\delta n^3. \end{aligned} \tag{3.58}$$

Nur bei hohen Nichtgleichgewichtsträger-Konzentrationen ist die Augerrekombination tatsächlich kubisch. Bei schwacher Anregung wird die Rekombinationsrate wieder linear in δn, und es ergibt sich bei Annahme dotierungsunabhängiger Koeffizienten C_n und C_p:

$$\tau = \frac{\delta n}{r} = \begin{cases} \tau^n = 1/(C_n n_0^2) & \text{im } n\text{-Halbleiter,} \\ \tau^i = 1/[3n_i^2(C_n + C_p)] & \text{im Eigenhalbleiter,} \\ \tau^p = 1/(C_p p_0^2) & \text{im } p\text{-Halbleiter.} \end{cases}$$

Die Abhängigkeit der Lebensdauer von der Dotierung oder der Nichtgleichgewichts-Trägerkonzentration ist folglich bei dominierender Augerrekombination stärker als bei dominierender strahlender Band-Band-Rekombination. Im stark entarteten Halbleiter werden die Abhängigkeiten wie bei der strahlenden Rekombination schwächer (vgl. Conradt 1972).

In Tabelle 3.1 [8] sind die Kontanten B und C der strahlenden bzw. Augerrekombination für einige Halbleiter angegeben, die aus Experimenten bei starker Anregung

Halbleiter	$B \cdot 10^{13}/\mathrm{cm}^3\mathrm{s}^{-1}$		$C \cdot 10^{32}/\mathrm{cm}^6\mathrm{s}^{-1}$	
	theor.	exper.	theor.	exper.
GaAs	3200	7200[1]	10	
InAs	850	160...300	$2 \cdot 10^5$	$1{,}6 \cdot 10^5$
InSb	1200	460[1]		$C_n = C_p = 10^5$
Si	0,09	0,018[1]	2	20...500
Ge	0,52	0,53	8...11	1...10
Te	85		$2 \cdot 10^4$	$1{,}5 \cdot 10^4$
$Hg_{0,805}Cd_{0,195}Te$ (T =77 K)	85		10^8	10^8

Tabelle 3.1 Konstanten der strahlenden Band-Band-Rekombination (B) und der Band-Band-Augerrekombination (C) aus Messungen bei starker optischer Anregung, [1] ergänzt nach Landsberg (1991). $T = 300$ K

gewonnen wurden. Besonders die Augerkoeffizienten streuen bei Bestimmung aus unterschiedlichen Experimenten stark. Eine umfangreiche Zusammenstellung gibt Landsberg (1991) in Tabelle 3.8.1.

Nachweis der Augerelektronen Auch bei der Augerrekombination werden die entstehenden heißen Elektronen (oder Löcher) als ‚Augerelektronen' bezeichnet, obwohl diese anders als beim atomaren Augereffekt keine scharfen Energien besitzen. Augerelektronen sind mit verschiedenen Methoden direkt nachgewiesen worden, u. a. in Photoemission als heiße Elektronen aus einem eeh-Prozeß, wozu an der Oberfläche des GaAs die Elektronenaffinität durch Aktivierung mit Cs entsprechend dem Vorgehen bei NEA-Photokathoden (siehe Abschnitt 2.3) auf einen Wert nahe Null eingestellt wurde [124].

3.3.4 Rekombination über Zentren

Die Annahme von Rekombinationszentren war eine direkte Konsequenz der erwähnten Diskrepanz zwischen der gemessenen und der nach dem detaillierten Gleichgewicht berechneten strahlenden Lebensdauer in Germanium – das Modell der Augerrekombination wurde historisch später entwickelt, und Augerrekombination kann auch nur bei hohen Trägerkonzentrationen einen merklichen Beitrag zur Rekombination liefern. Im folgenden wird ein sehr erfolgreiches phänomenologisches Modell zur Beschreibung der Rekombination über Zentren, das Shockley-Read-Hall-Modell, betrachtet.

Das phänomenologische Shockley-Read-Hall-Modell

Dieses Modell [145] enthält einen Typ von Rekombinationszentren und daneben nur Donatoren und Akzeptoren, die zwar die Lage des Ferminiveaus bestimmen, aber

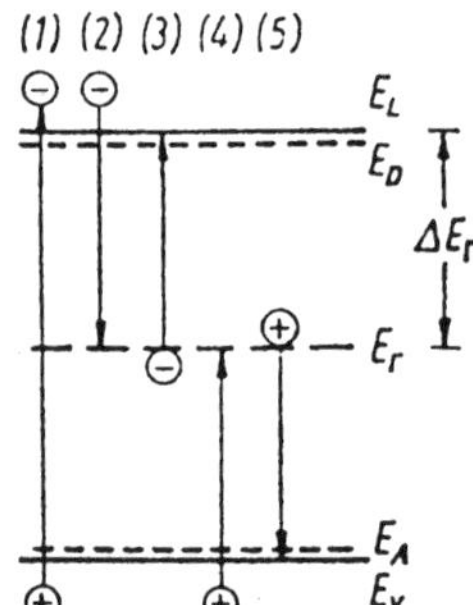

Bild 3.16
Shockley-Read-Hall-Modell zur Beschreibung der Rekombination über Zentren

keinen Einfluß auf die Rekombination haben sollen. Die Konzentration des Zentrums sei N_r, es soll nur im neutralen bzw. einfach geladenen Zustand vorkommen. Das Zentrum habe ein einfaches Energieniveau im Abstand ΔE_r unterhalb des Leitungsbandes, siehe Bild 3.16. In diesem werden die durch Pfeile charakterisierten Übergänge betrachtet:

1. beschreibt die optische Interbandanregung mit der Generationsrate g. Optische Anregung von Elektronen aus dem Zentrum wird nicht betrachtet, weil diese wesentlich schwächer ist als die Interbandanregung.

2. beschreibt den Einfang von Elektronen aus dem Leitungsband in unbesetzte Rekombinationszentren. Die Zahl der Übergänge pro cm^3 und s wird angesetzt als
$$c_\mathrm{n}(N_\mathrm{r} - n_\mathrm{r})n. \tag{3.59}$$
Dabei ist n_r die Konzentration der mit Elektronen besetzten Zentren, $N_\mathrm{r} - n_\mathrm{r}$ also die Konzentration der freien Zentren. c_n wird als Einfangkoeffizient bezeichnet. In Anlehnung an die kinetische Gastheorie werden weiterhin vermittels
$$c_\mathrm{n} = S_\mathrm{n} v_\mathrm{eff} \text{ bzw. } c_\mathrm{p} = S_\mathrm{p} v_\mathrm{eff} \tag{3.60}$$
Einfangquerschnitte des Zentrums für Elektronen S_n bzw. für Löcher S_p definiert, wobei v_eff die mittlere thermische Geschwindigkeit der quasifreien Träger ist. Damit kann man die mittlere Lebensdauer eines Elektrons im Leitungsband gegenüber Einfang in das Zentrum wie folgt schreiben:
$$\tilde{\tau} = \frac{1}{c_\mathrm{n}(N_\mathrm{r} - n_\mathrm{r})} = \frac{1}{S_\mathrm{n} v_\mathrm{eff}(N_\mathrm{r} - n_\mathrm{r})}. \tag{3.61}$$
Die Begriffe Einfangquerschnitt und Einfangkoeffizient sollen zur Veranschaulichung der Einfangprozesse in atomare Störstellen beitragen. Beim Einfang eines Elektrons in ein anziehendes Coulombzentrum werden Einfangquerschnitte bis zu 10^{-12} cm^2, für neutrale Zentren um 10^{-16} cm^2 und für bei größerem Abstand zunächst abstoßende Zentren bei $10^{-18} \ldots 10^{-21}$ cm^2 gefunden. Man vergleiche dies mit πr_B^2. Die Einfangquerschnitte sind in der Regel selbst temperaturabhängig.

3. beschreibt die thermische Wiederanregung eines Elektrons aus dem Zentrum in das Leitungsband. Für die Übergangsrate ist der Ansatz $\gamma_n n_r$ zweckmäßig. Den Koeffizienten γ_n erhält man aus der Bedingung für das Gleichgewicht

$$\frac{dn_0}{dt} = \gamma_n n_{r0} - c_n(N_r - n_{r0})n_0 = 0. \tag{3.62}$$

Daraus kann man die Elektronenkonzentration in den Zentren im Gleichgewicht n_{r0} bestimmen. Diese ergibt sich andererseits aus der Zentrenkonzentration N_r mit Hilfe der Fermiverteilung

$$n_{r0} = \frac{N_r}{1 + \frac{\gamma_n}{c_n n_0}} = \frac{N_r}{1 + \exp\left(\frac{\Delta E_r - E_F}{kT}\right)}. \tag{3.63}$$

Daraus folgt

$$\gamma_n = c_n n_1 \text{ mit } n_1 = N_L \exp\left(-\frac{\Delta E_r}{kT}\right). \tag{3.64}$$

n_1 wäre die Elektronenkonzentration im Leitungsband für den Fall, daß das Ferminiveau mit E_r zusammenfällt. Thermische Wiederanregung der Elektronen aus den Rekombinationszentren verlangsamt die Rekombination. Die Übergangsrate für den Prozeß 3 ist somit $c_n N_r n_1$.

4. beschreibt den Einfang eines Lochs aus dem Valenzband in ein mit einem Elektron besetztes Zentrum. Die Einfangrate ist gegeben durch $c_p n_r p$. $\tilde{\tau} = 1/c_p n_r$ ist die mittlere Lebensdauer eines Lochs im Valenzband bezüglich Einfang in ein mit einem Elektron besetztes Zentrum.

5. beschreibt die thermische Anregung eines Lochs aus dem Zentrum in das Valenzband, die Übergangsrate wird mit der gleichen Argumentation wie unter 3. als $c_p(N_r - n_r)p_1$ angesetzt, wobei

$$p_1 = N_v \exp\left(-\frac{E_g - \Delta E_r}{kT}\right). \tag{3.65}$$

Somit lauten die Bilanzgleichungen für die Elektronen und Löcher in den Bändern

$$\frac{\partial \delta n}{\partial t} = g - c_n n(N_r - n_r) + c_n n_r n_1, \tag{3.66}$$

$$\frac{\partial \delta p}{\partial t} = g - c_p n_r p + c_p(N_r - n_r)p_1. \tag{3.67}$$

Falls die Umbesetzung des Zentrums vernachlässigbar ist, gilt die vereinfachte Neutralitätsbedingung $\delta n = \delta p$, dann folgt für die stationäre Lebensdauer

$$\tau_n = \tau_p = \tau = \tau_{p0}\frac{n_0 + \delta n + n_1}{n_0 + p_0 + \delta n} + \tau_{n0}\frac{p_0 + \delta n + p_1}{n_0 + p_0 + \delta n}. \tag{3.68}$$

Dabei ist $\tau_{p0} = 1/c_p N_r$ die Lebensdauer der Löcher bezüglich Einfang in das mit einem Elektron besetzte Zentrum und identisch mit der stationären Lebensdauer der Löcher in hochdotiertem n-Material ($n_0 \gg p_0, n_1, \delta n$) und $\tau_{n0} = 1/c_n N_r$ die Lebensdauer der Elektronen bezüglich Einfang in ein mit einem Loch besetztes Zentrum, diese ist identisch mit der stationären Lebensdauer in hochdotiertem p-Material ($p_0 \gg n_0, n_1, \delta n$). Diese Gleichungen beschreiben die Anregungs-, Dotierungs- und Temperaturabhängigkeit der Lebensdauer bei Rekombination über Zentren durch Größen, die einerseits das Zentrum, andererseits den Halbleiter charakterisieren. Ein wichtiges Ergebnis besteht in der Aussage, daß die Rekombination in zwei Grenzfällen **linear** ist:

- bei schwacher Anregung $\delta n \ll n_0 + p_0, \delta n \ll 1/a$, wobei

  $$a = (\tau_{n0} + \tau_{p0})/[\tau_{p0}(n_0 + n_1) + \tau_{n0}(p_0 + p_1)]$$

  (was nicht überraschend ist), aber auch
- bei starker Anregung $\delta n \gg n_0 + p_0, \delta n \gg 1/a$.

Gezielte Einstellung der Lebensdauer bei Zentrenrekombination Wie man die Leitfähigkeit eines Halbleiters durch Dotieren mit Donator- bzw. Akzeptoratomen erhöhen kann, so kann man auch die Rekombinationsgeschwindigkeit durch Einbau von Rekombinationszentren erhöhen, d. h. die Lebensdauer senken. Allerdings sind die Kenntnisse darüber weniger entwickelt als die Kenntnisse über leitfähigkeitserhöhende Fremdatome. Eine Sammlung von Einfangquerschnitten usw. für eine große Anzahl von Störstellen findet man bei Bonch-Bruevich und Landsberg (1960). In Si sind besonders Au und Pt als *Lebensdauer-Killer* geeignet.

Im Zusammenhang mit der Entwicklung von Pikosekunden-Photoleitungsschaltern (siehe Abschnitt 6.4) hat diese Frage neue Aktualität gewonnen. Bei einem Einfangquerschnitt des Zentrums von 10^{-13} bis 10^{-15} cm^2 benötigt man offenbar Zentrenkonzentrationen von 10^{18} bis 10^{20} cm^{-3}, um eine Einfangzeit von 1 ps zu erreichen. Daher greift man verstärkt auf die Möglichkeit zurück, die Lebensdauer durch den Strahlenschaden infolge Ionenimplantation zu senken. Mit einer Dosis von 10^{14} pro cm^2 nahe der Amorphisierungsgrenze wurden z. B. in Silicium 0,6 ps Lebensdauer erreicht. Ein Nachteil dieser Methode besteht in der durch den Strahlenschaden außerdem verursachten Senkung der Beweglichkeit.

Mikroskopische Modelle

Die Beschreibung des Rekombinationsverhaltens im Shockley-Read-Hall-Modell erfolgt durch Parameter, die aus dem Experiment bestimmt werden müssen. Zu ihrer Berechnung wird eine mikroskopische Theorie benötigt, die u.a. die Frage nach dem Potential der Störstelle und nach dem Kopplungsmechanismus beantworten muß (siehe Abakumov, Perel', Yassievich 1992).

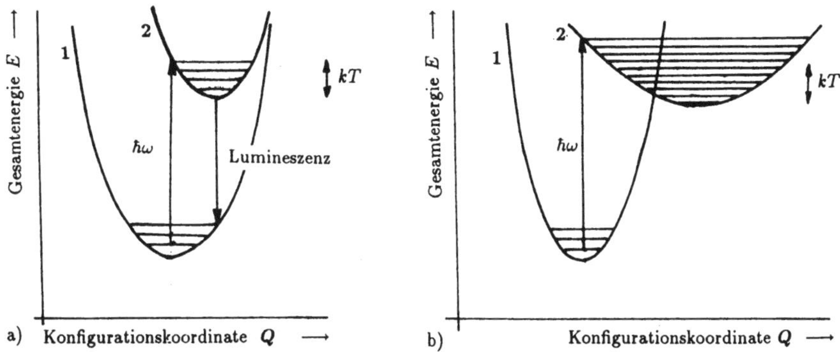

Bild 3.17 Konfigurations-Koordinatenmodell: a) Fall schwacher Abhängigkeit von der Besetzung des Zustands, b) Fall starker Abhängigkeit von der Besetzung des Zustands

Bei der Rekombination über Zentren entsteht die grundsätzliche physikalische Frage, wie denn beim strahlungslosen Einfang in ein Zentrum ein Ladungsträger eine Energie von einigen Zehntel eV bis zu einem eV abgeben kann, da die energiereichsten Phononen Energien von einigen zehn meV haben und *a priori* für Mehrphononenprozesse keine hohe Wahrscheinlichkeit zu erwarten ist. Auf jeden Fall sollten sogenannte *tiefe Zentren* wesentlich sein, da nur diese einen hinreichenden Einfangschnitt für *beide* Trägersorten erwarten lassen. Die wasserstoffähnlichen Störstellen scheiden dagegen als Rekombinationszentren aus. Damit ist leider auch die Vorstellung der portionsweisen Energieabgabe über eine Folge angeregter Zustände (‚Kaskadeneinfang') als Lösung des Problems nur beschränkt brauchbar, da solche im Festkörper zwar für H-ähnliche Störstellen nachgewiesen wurden (vgl. Bild 5.11 auf S. 183), aber nicht generell für tiefe Störstellen.

Tiefe Zentren (siehe z. B. Jaros 1982) wurden historisch zuerst in Ionenkristallen untersucht, in denen das Coulombpotential geladener Zentren hinreichend stark ist, um Elektronen in Zuständen tief in der Energielücke zu binden. In kovalenten Kristallen werden tiefe Zentren z. B. durch das kurzreichweitige (δ-artige) Potential von Leerstellen gebildet. Diese bieten die Möglichkeit der Multiphonon-Rekombination, weil wegen der hohen lokalen Ladungsdichte infolge der Ausdehnung der Wellenfunktionen über nur wenige Gitterkonstanten die Defektumgebung von der Besetzung des Zustands abhängt. Dies ist in Bild 3.17, einem sogenannten Konfigurations-Koordinatenmodell, veranschaulicht. Als Konfigurationskoordinate Q wird z.B. eine die Schwingungen des Zentrums charakterisierende räumliche Koordinate verwendet. Die Kurven beschreiben die Gesamtenergie des Systems aus Störstelle und Elektron. Der Einfang eines Elektrons in das Zentrum ändert dessen Ladungszustand und dessen Schwingungseigenschaften, deshalb sind die Potentialkurven für die beiden Ladungszustände nicht nur verschoben, sondern unterschiedlich gekrümmt. In Bild 3.17 ist dies für zwei unterschiedlich starke Kopplungen gezeichnet. Die schwingungsangeregten Zustände sind der Einfachheit halber als Niveauleitern eingetragen.

Dieses Vorgehen ist formal der Beschreibung von Molekülen ähnlich, und eine wesentliche Argumentation folgt aus dem Franck-Condon-Prinzip. Mott und Gurney haben bereits 1938 das folgende Modell zur Erklärung der thermischen Löschung der Lumineszenz vorgeschlagen [120]: Im Teilbild 3.17a wird das System nach optischer Anregung mit der Energie $\hbar\omega$ im oberen elektronischen Zustand unter Emission eines oder mehrerer Schwingungsquanten in den Schwingungs-Grundzustand relaxieren und dann beim Übergang in den elektronischen Grundzustand eine Stokes-verschobene Lumineszenz abstrahlen.

In der Situation nach Bild 3.17b dagegen überschneiden sich die beiden Kurven in einem Punkt, der im Maßstab der thermischen Energie kT nicht zu weit vom Boden der Potentialkurve des angeregten Zustandes entfernt ist. Die dort liegenden schwingungsangeregten Zustände sind also thermisch besetzt, und aus ihnen kann ein strahlungsloser Übergang in den elektronischen Grundzustand mit nachfolgender Schwingungsrelaxation in diesem erfolgen. In die Sprache der Festkörperphysik zurückübersetzt, bedeutet dies die Abgabe einer großen elektronischen Anregungsenergie unter Emission einer Vielzahl von Phononen.

3.3.5 Strahlende Rekombination unter Beteiligung von Störstellen und von Excitonen

Über die strahlende Rekombination erfährt man naturgemäß mehr aus der Lumineszenzstrahlung selbst als aus den Photoeffekten. Der Vollständigkeit halber sollen die wesentlichen Probleme hier trotzdem angesprochen werden. Die strahlende Rekombination von Elektron-Loch-Paaren über Störstellen hat geringe Relevanz für den Photoeffekt, daher muß auf die zitierte Literatur zur Photolumineszenz verwiesen werden. Bei der Beteiligung von Zentren ergeben sich nicht solche Einschränkungen für die strahlende Rekombination aus der Erhaltung des Quasiimpulses.

Excitonen Das freie Exciton ist ein gebundener Zustand aus einem Elektron und einem Loch. Für die optische Interbandwechselwirkung bedeutet die Betrachtung excitonischer Effekte die Berücksichtigung der bisher vernachlässigten Coulomb-Wechselwirkung vonElektron und Loch bei der Lichtabsorption und bei der strahlenden Rekombination von Elektron-Loch-Paaren. In breitlückigen Halbleitern ist die Berücksichtigung excitonischer Effekte an der Absorptionskante substantiell, in extrem schmallückigen Materialien mit $E_g = 0{,}1$ eV kann man excitonische Effekte wegen deren kleiner effektiver Massen und großen Dielektrizitätskonstante vernachlässigen.

Als einfachste Beschreibung des Energiespektrums wird das Wasserstoffmodell verwendet. Die Parameter der Relativbewegung Bindungsenergie und Bohrscher Radius sind wegen der geänderten Massen und wegen der Abschirmung der Coulomb-Wechselwirkung durch das einbettende Medium mit der relativen Dielektrizitätskonstante ϵ_r gegenüber dem H-Atom skaliert:

$$E_{ex} = -\frac{1}{2} m_{np} c^2 \alpha^2 \frac{1}{n^2 \epsilon_r^2}, \quad r_{ex} = r_B \frac{m_0}{m_{np}} n^2 \epsilon_r. \tag{3.69}$$

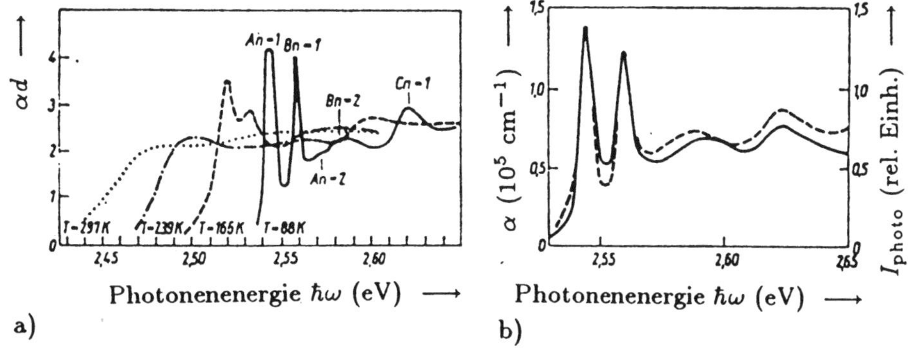

Bild 3.18 Zum Einfluß der Excitonen auf die Photoleitfähigkeit von CdS. a) Absorptionsspektrum bei Temperaturen $88 \leq T \leq 297$ K, b) Vergleich des Absorptionsspektrums (gestrichelt) und des Photoleitfähigkeitsspektrums (ausgezogen) von extrem dünnen CdS-Einkristallen bei $T = 77$ K und $\mathbf{e} \perp c$ [67]

n ist hier und in Bild 3.18 – wie in der Atomphysik üblich – die Hauptquantenzahl, m_{np} die reduzierte effektive Masse wie in Gl. (2.35) auf S. 36. Die Bindung zum Exciton führt zu einem Energiegewinn von einigen bis einigen zehn meV gegenüber dem Zustand mit einem freien Elektron und einem freien Loch. Dieser Zustand kann nicht im Bändermodell dargestellt werden, das nur Ein-Elektronen-Zustände beschreibt. Die kinetische Energie von Elektron und Loch transformiert sich in die Translationsenergie des Excitons.

Bei der Untersuchung von Photoeffekten, d. h. bei optischer Anregung des Festkörpers, ändert sich i. a. auch die Besetzung der excitonischen Zustände. Das raum-zeitliche Verhalten von Populationen des Quasiteilchens Exciton kann durch Bilanzgleichungen beschrieben werden, die denen für Elektronen und Löcher weitgehend analog sind. Da Excitonen elektrisch neutral sind, können sie u. U. makroskopisch weit diffundieren. Diese vom CdS bekannte Tatsache wurde 1991 an natürlichen Cu_2O-Kristallen anhand der Lumineszenz als örtliche Verbreiterung einer lokal angeregten Excitonenpopulation nachgewiesen. Dabei beobachteten die Autoren bei $T = 2$ K eine Diffusion über ca. 0,3 mm, das entspricht einem Diffusionskoeffizienten von 1000 cm^2/s [169]. Bei den lichtinduzierten Gittern findet man dies als moderne Methode zur Bestimmung von Excitonenparametern wieder, siehe Kapitel 4. Freie Excitonen können mit Störstellen Komplexe bilden und zu gebundenen Excitonen reagieren.

Die Berücksichtigung der Coulombwechselwirkung modifiziert die Interband-Absorptionskante wesentlich: Bei der Energie $E_{\text{g}} + E_{\text{ex}}$, also *unterhalb* E_{g}, erscheint eine Absorptionsspitze mit einer hohen Oszillatorstärke infolge Bildung freier Excitonen. Bei tiefen Temperaturen bestimmt diese die Kante, bei höheren Temperaturen $kT \approx E_{\text{ex}}$ wird sie zunehmend verbreitert und verschmilzt mit dieser. In CdS kann man im Absorptionsspektrum sogar eine wasserstoffähnliche Serie beobachten, siehe Bild 3.18a. Da das Valenzband hier mehrere Zweige hat, beobachtet man gleichzeitig Excitonen aus jeweils einem Elektron und einem Loch in jedem der Zweige, diese sind mit A, B, C bezeichnet. Im Absorptionsspektrum des zweidimensionalen Elektronengases in (Ga,Al)As/GaAs-MQW-Strukturen erscheint eine excitonische Spitze nicht nur am Übergang $E_{c1} \rightarrow E_{v1}$, sondern auch an den höheren Subbandkanten (siehe Abschnitt 3.7).

Die Existenz des freien Excitons wirkt sich auch auf das Photoleitungsspektrum aus. Zwar trägt das Exciton selbst als elektrisch neutrales Teilchen nicht zum Ladungstransport bei, jedoch wirken dissoziierende Excitonen als sekundäre Quellen von Elektronen und Löchern. Bei tiefen Temperaturen überwiegt die strahlende Rekombination des Excitons aus dem Grundzustand oder aus angeregten Zuständen, die konkurrierende thermische Dissoziation der Excitonen macht das Spektrum, mit dem die Excitonen *angeregt* werden, auch in der Photoleitung sichtbar.

Falls nur ein excitonisches Maximum im Spektrum beobachtet wird, ähnelt dieses dem durch Oberflächenrekombination hervorgerufenen (siehe Abschnitt 3.2.1), eine einfache Entscheidung zwischen beiden Mechanismen ist durch zusätzliche Untersuchung des Emissionsspektrums möglich.

Literaturempfehlungen

Bücher:

Abakumov, V. N., V. I. Perel', I. N. Yassievich: Nonradiative recombination in semiconductors (Modern Problems in Condensed Matter Science, Vol. 33). Amsterdam: North Holland 1992

Landsberg, P. T.: Recombination in Semiconductors. Cambridge: University Press 1991

Van der Ziel, A.: Noise in Solid State Devices and Circuits. New York: Wiley-Interscience 1986

Jaros, M.: Deep Levels in Semiconductors. Bristol: Adam Hilger 1982

Rywkin, S. M.: Photoelektrische Erscheinungen in Halbleitern. Berlin: Akademie-Verlag 1965

Blakemore, J. S.: Semiconductor Statistics. Oxford: Pergamon Press 1962

Reviewartikel:

Ahrenkiel, R. K.: Minority carrier lifetime in III-V semiconductors, in: Semiconductors and semimetals, Vol. 39 (1993), S. 40 - 150

Conradt, R.: Augerrekombination in Halbleitern, in: Festkörperprobleme XII (1972) 449 - 464

Haug, A.: Strahlungslose Rekombination in Halbleitern (Theorie), in: Festkörperprobleme XII (1972) 411 - 447

Bonch-Bruevich, V. L., E. G. Landsberg: Recombination Mechanisms, phys. stat. sol. 29 (1960) 9 - 43

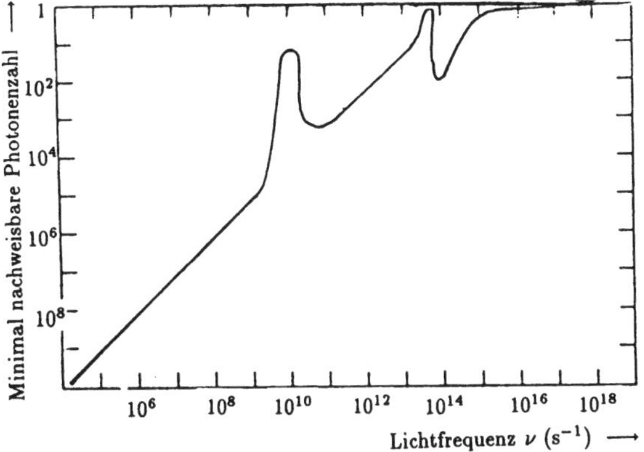

Bild 3.19
Minimal nachweisbare Photonenzahl in unterschiedlichen Spektralbereichen, schematisch nach C. H. Townes (zitiert nach Semiconductors and Semimetals 5 (1970), modifiziert nach [88])

3.4 Der Grenzfall kleiner Quantenenergien

Bei kleinen Photonenenergien kann der Strahlungsnachweis mit dem inneren Photoeffekt nicht unabhängig vom Rauschen behandelt werden. Dies führt zur Einführung der Detektorkenngröße *Detektivität*. Der ideale Detektor ist nur durch das Rauschen des durch die thermische Hintergrundstrahlung erzeugten Photostroms begrenzt. Bei reduzierter Hintergrundstrahlung werden spezifische Photoeffekte beobachtbar, dafür geeignete Meßanordnungen werden diskutiert.

Bei großen Wellenlängen, d.h. bei kleinen Photonenenergien, versagt der äußere Photoeffekt beim Strahlungsnachweis. Strahlungsnachweis im infraroten Spektralbereich bei Wellenlängen oberhalb von etwa 1,2 μm ist nur mit dem inneren Photoeffekt (und mit den sogenannten thermischen Strahlungsempfängern, siehe Abschnitt 6.5.3) möglich. Der Photoeffekt kann nur zuverlässig zum Nachweis von Lichtquanten genutzt werden, wenn der photoangeregte Zustand sicher vom unbelichteten Zustand unterschieden werden kann. Welche minimale Zahl von Lichtquanten kann man in unterschiedlichen Spektralbereichen nachweisen? Diese Frage ist eigentlich die Grundfrage der gesamten Strahlungsmessung, sie muß auch beantwortet werden, wenn man z. B. Strategien für die Suche nach außerirdischer Intelligenz festlegen will [88]. Bild 3.19 macht dazu eine Aussage für Grenzfälle und einige besondere Frequenzbereiche.

- Im sichtbaren und ultravioletten Spektralbereich sowie im Röntgen- und γ-Bereich sind die Lichtquanten energiereich, und es können einzelne Photonen mittels der von den Photonen ausgelösten Photoelektronen nachgewiesen werden (Zur Photonenzählung siehe Abschnitt 6.3).

- Im fernen Infrarot und im Radiowellenbereich werden die Quanten mit abnehmender Frequenz immer energieärmer, und es macht schließlich nur noch einen Sinn, die Strahlungsleistung zu betrachten und diese mit der Rauschleistung zu vergleichen.

- Im Mikrowellenbereich, mit dem CO_2- und einigen anderen Lasern erreicht man durch Heterodynempfang eine verbesserte Empfindlichkeit.

Das Übergangsgebiet zwischen den Grenzfällen großer und kleiner Photonenenergien wirft eine Reihe interessanter Fragestellungen auf. Die Beantwortung dieser Fragen wurde durch die Anwendungen in der Lichtwellenleitertechnik (LWL) und bei der Infrarot-Temperaturmessung gefördert. Grob betrachtet, sind damit zwei Richtungen der weiteren Diskussion umrissen:

- Bei den Wellenlängen der LWL-Systeme im nahen Infrarot (NIR) bei 0,9, 1,3 und 1,55 μm begrenzt das Detektorrauschen die Empfindlichkeit und damit die Reichweite der Systeme. Man versucht, den Detektor konstruktiv auszuschöpfen, aber bei Zimmertemperatur zu betreiben, obwohl dies bereits Abstriche bezüglich der Nachweisempfindlichkeit bedeutet.
- Im mittleren und fernen Infrarot (MIR, FIR) ist die Absenkung der Betriebstemperatur nahezu unumgänglich, und es muß untersucht werden, wie tief die Temperatur des Empfängers für den Nachweis von Strahlung einer gegebenen Photonenenergie abgesenkt werden muß. Diese Frage kann im MIR nicht mehr losgelöst von den Eigenschaften der Hintergrundstrahlung behandelt werden.

3.4.1 Signalempfindlichkeit und rauschbezogene Empfindlichkeit

Aus physikalischer Sicht wird die Empfindlichkeit durch die Quantenausbeute beschrieben. Den Anwender eines Photoempfängers interessieren aber primär die bei einer auftreffenden Strahlungsleistung P_0 meßbaren Größen Photostrom I_{photo} oder Photospannung U_{photo}. Dementsprechend definiert man die Größen Spannungsempfindlichkeit

$$S_{\text{U}} = \frac{U_{\text{photo}}}{P_0} \tag{3.70}$$

und Stromempfindlichkeit

$$S_{\text{I}} = \frac{I_{\text{photo}}}{P_0}. \tag{3.71}$$

Diese Beschreibung ist immer dann ausreichend, wenn Linearität besteht und wenn die Signalgröße das Rauschen hinreichend übertrifft. Muß man elektrische Signale nachweisen, die mit der Rauschspannung U_{N} bzw. mit dem Rauschstrom I_{N} vergleichbar sind, so definiert man zunächst die Rauschäquivalentleistung NEP (engl. **N**oise **E**quivalent **P**ower)

$$\text{NEP} = \frac{U_{\text{N}}}{S_{\text{U}}} = \frac{I_{\text{N}}}{S_{\text{I}}}. \tag{3.72}$$

Die Rauschäquivalentleistung (in W) ist diejenige Signalleistung, die am Detektor ein Signal-Rausch-Verhältnis 1:1 hervorruft. Dieses ermöglicht kaum einen fehlerfreien Empfang, und man strebt meist ein viel höheres Signal-Rausch-Verhältnis an. Um z. B. die in den digitalen Lichtwellenleiter-Strecken geforderte Bitfehlerrate 10^{-9} zu erreichen, muß das Signal-Rausch-Verhältnis mindestens 144:1 betragen (21,6 dB).

Aufgrund der gegebenen Definition wird ein ‚guter' Detektor mit geringem Rauschen durch eine kleine Maßzahl NEP beschrieben, deshalb wurde von Jones [85] der Kehrwert der NEP als zusätzliche Kennzahl eingeführt und als *Detektivität D* bezeichnet. Die Detektivität ist im Gegensatz zur Signalempfindlichkeit (S_U bzw. S_I) eine rauschbezogene Empfindlichkeit (Nachweisempfindlichkeit). Für viele Photodetektoren gilt

$$U_N \sim A^{1/2} \Delta f^{1/2} \tag{3.73}$$

mit A – Empfängerfläche, Δf – elektrische Bandbreite. Die Proportionalität $U_N \sim \Delta f^{1/2}$ charakterisiert das weiße Rauschen, Beispiele dafür liefern sowohl die Formel für das Schrotrauschen (2.44) auf S. 52 als auch die Nyquistformel Gl. (3.75). Daher führt man noch die *spezifische Detektivität D^** ein:

$$D^* = \frac{S_U}{U_N} A^{1/2} \Delta f^{1/2} = \frac{S_I}{I_N} A^{1/2} \Delta f^{1/2}. \tag{3.74}$$

Die Dimension der (spezifischen) Detektivität ist cm·Hz$^{1/2}$/W und wird auch als ‚Jones' bezeichnet. Als Beispiel diene im folgenden die Detektivität einer Photodiode. Der Einfachheit wird halber der (Signal-) Photostrom gegenüber dem Dunkelstrom vernachlässigt und nur die nicht vorgespannte Diode betrachtet, was bei größeren Arbeitswellenlängen im Infraroten eine typische Betriebsweise ist.[15] Die nicht vorgespannte Diode wird durch das Produkt aus differentiellem Nullpunktwiderstand und Fläche $r_0 A = \partial U / \partial j \,|_{U=0}$ beschrieben, dann gilt $S_U = S_I r_0$. Um Gl. (3.74) auszuwerten, kann man den Rauschstrom oder die Rauschspannung am Photodetektor berechnen. Ohne Stromfluß rauscht die Diode aus thermodynamischen Gründen wie ein Widerstand der Größe r_0, deshalb kann die Nyquistformel für das Widerstandsrauschen verwendet werden:

$$U_N = \sqrt{4kTr_0 \Delta f}. \tag{3.75}$$

Das Widerstandsrauschen entsteht durch in $\boldsymbol{v}$ antisymmetrische stochastische Abweichungen der Geschwindigkeitsverteilung von der Gleichgewichtsverteilung (der Maxwellverteilung). Aus den Gl. (3.74), (3.70), (3.47) und (3.75) folgt

$$D^* = \frac{e\eta_{\text{eff}}}{2\hbar\omega} \sqrt{\frac{r_0 A}{kT}}. \tag{3.76}$$

Das Produkt $r_0 A$ erweist sich als der die Detektivität der Photodiode bestimmende Parameter.

[15] Falls die Diode mit Vorspannung betrieben wird, muß man die Formeln so schreiben, daß sie die Dunkelstromdichte enthalten. Es handelt sich aber in jedem Falle um *Stromrauschen*.

3.4.2 Das Rauschen von Photodioden unterschiedlicher Energielücke

Nun soll die Größe r_0A, insbesondere deren Abhängigkeit von der Energielücke und von der Temperatur, untersucht werden. Diese wird durch den Mechanismus bestimmt, der den Dunkelstrom bewirkt. Die wichtigsten Grenzfälle sind Diffusion von Minoritätsträgern zur Raumladungszone (sog. Shockley-Fall, siehe die Diskussion der Kennlinie der Photodiode im Abschnitt 3.2.4) und Einstellung des Generations-Rekombinations-Gleichgewichts in der Raumladungszone (siehe Abschnitt 3.3). Für diese beiden Grenzfälle gilt[16] [84]:

$$r_0A \sim 1/n_i^2 \quad \text{für den Diffusionsfall und} \tag{3.77}$$

$$r_0A \sim 1/n_i \quad \text{für Generation in der Raumladungszone.} \tag{3.78}$$

n_i ist die Eigenleitungskonzentration des betreffenden Halbleiters

$$n_i = \sqrt{N_c N_v} \exp(-E_g/2kT) \tag{3.79}$$

(N_c, N_v effektive Zustandsdichten im Leitungs- bzw. Valenzband). Da die Eigenleitungskonzentration n_i mit fallender Temperatur sinkt, verringert sich bei Temperaturabsenkung der Dunkelstrom, d. h. r_0A und die Detektivität der Photodiode steigen. (Die Verringerung der Dunkelstromdichte von NEA-Photokathoden bei Temperaturerniedrigung ist bereits in Bild 2.21 dargestellt worden.)

Die aufgrund der Hintergrundstrahlung maximal erreichbare Detektivität ist durch Gl. (3.83) gegeben, s. u. n_i nimmt außerdem bei abnehmender Energielücke exponentiell zu, die Energielücke ist aber bei vorgegebener Grenzwellenlänge festgelegt. Außerdem spielt die Lebensdauer eine Rolle, siehe Bild 3.14 und die Diskussion in Abschnitt 3.3. (Die höchste Detektivität wird bei dominierender strahlender Rekombination erreicht, wobei die Betrachtung nach dem detaillierten Gleichgewicht [163] noch bezüglich Reabsorption präzisiert werden muß [80].)

Das erhaltene empirische Ergebnis ist plausibel, da die thermische Energie der Ladungsträger kT (gegeben durch die Betriebstemperatur T des Photoempfängers) umso kleiner gehalten werden muß, je kleiner die Photonenenergie der nachzuweisenden Strahlung ist. Trotzdem war eine präzisere Aussage erwünscht. Bekannt ist in diesem Zusammenhang z.B., daß der Dunkelstrom von Photodioden aus Germanium oder $In_{0,53}Ga_{0,47}As$ deutlich größer als derjenige von Siliciumdioden ist.

Eine allgemeine Überlegung zu Photodioden Gleichung (3.79) zeigt, daß der Dunkelstrom einer Photodiode aus einem breitlückigen Halbleiter geringer ist. Dies war ja auch bei der Photoemission ins Vakuum so. Im Zusammenhang mit der Entwicklung der Modellvorstellungen zu Heteroübergängen hat Böer [20] darauf aufbauend die Idee entwickelt, die beiden funktionsbestimmenden Teile einer Photodiode zu trennen. Er unterscheidet:

[16] Die vollständige Formel für den Diffusionsfall erhält man durch Differenzieren des Dunkelstromanteils in Gl. (3.40) nach U unter Beachtung von $n_p = n_i^2/N_A$.

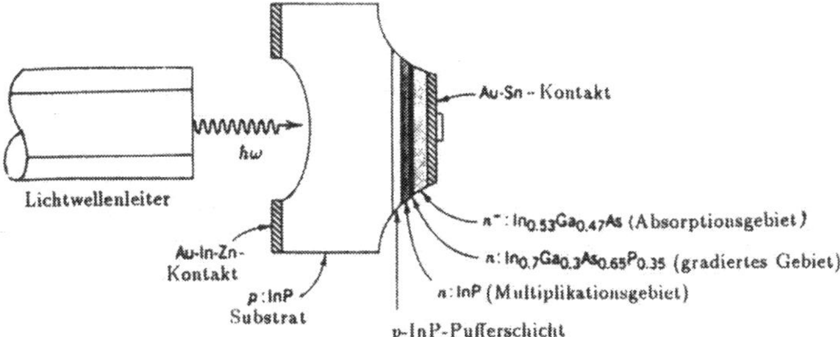

Bild 3.20 Struktur einer Lawinenphotodiode mit getrenntem Absorptions- bzw. Multiplikationsgebiet [28], zitiert nach Saleh u. Teich (1991)

- den *Emitter*: Dieser absorbiert die Strahlung und bestimmt damit die spektrale Empfindlichkeit, er generiert Minoritätsträger und erlaubt deren Diffusion;
- und die *Junction*: Dies ist das Hochfeldgebiet, in dem die Trägerpaare getrennt werden und das daher den Dunkelstrom bestimmt.

Diese Idee wurde in der Folge u. a. in dem vierkomponentigen Mischkristallsystem (Ga,In)(As,P) verwirklicht (siehe das Beispiel einer Lawinenphotodiode in Bild 3.20), wobei die $Ga_{0,47}In_{0,53}As$-Schicht als ‚Emitter' dient und der Transport der Trägerpaare vom Emitter zur Junction noch durch das innere elektrische Feld in einer gradierten Zwischenschicht mit ortsabhängiger Energielücke unterstützt wird. Dadurch wird zusätzlich noch die Ansprechgeschwindigkeit der Diode erhöht. Die Trägermultiplikation erfolgt in dem breitlückigen InP.

3.4.3 Einfluß des thermischen Strahlungshintergrunds und BLIP-Bedingung

Für den mittleren infraroten Spektralbereich ist typisch, daß ein Photostrom nicht nur durch den eigentlich nachzuweisenden Signal-Strahlungsfluß hervorgerufen wird, sondern auch durch den Strahlungsfluß aus der Umgebung, die Strahlung mit einem kontinuierlichen Spektrum entsprechend dem Planckschen Strahlungsgesetz emittiert. Zum Photoeffekt tragen alle diejenigen Photonen der Hintergrundstrahlung bei, deren Photonenenergie größer als die Schwellenergie ist. Bei der Photodiode ist dies die Energielücke des Halbleiters, für den Photoeffekt ist wirksam

$$\Phi_{\mathrm{HG}} = \sin^2(\theta/2) \int\limits_{E_g/h}^{\infty} \frac{2\pi\nu^2 d\nu}{c^2[\exp(h\nu/kT) - 1]}. \tag{3.80}$$

Dabei ist θ der Gesichtsfeldwinkel, unter dem die Photodiode den Hintergrund ‚sieht'. Die Gleichung hat folgende Näherungslösung:

$$\Phi_{\text{HG}} \approx 1,71 \cdot 10^{18} \left(\frac{T}{300}\right)^3 (x_0^2 + 2x_0 + 2)\exp(-x_0)\sin^2(\theta/2) \tag{3.81}$$

$$\text{mit } x_0 = 47,97(T/300)/\lambda_{\text{co}}$$

(Φ_{HG} in 1/cm^2·s, T in K, $\lambda_{\text{co}} = hc/E_{\text{g}}$ in μm; λ_{co} von engl. cut off). Wenn der Hintergrund die Temperatur $T_{\text{HG}} = 300$ K und der Detektor selbst eine tiefere Temperatur hat, kann Φ_{HG} entsprechend dem Stefan-Boltzmann-Gesetz durch eine gekühlte Blende mit $T < T_{\text{HG}}$ gegenüber dem Fall $\theta = 180^o$ (Empfang aus dem Halbraum) herabgesetzt werden. Das einfachste Modell für die spektrale Quantenausbeute der Photodiode ist eine Stufenfunktion: $\eta(\hbar\omega) = 0$ für $\hbar\omega < E_{\text{g}}$, $\eta(\hbar\omega) = \eta_{\text{eff}}$ für $\hbar\omega \geq E_{\text{g}}$. Der Einfachheit halber sei ferner angenommen, daß die Photostromdichte infolge der Hintergrundstrahlung groß gegenüber der Dichte des Signalphotostromes und groß gegenüber der Dunkelstromdichte ist:

$$j \approx j_{\text{photo HG}} = e\eta_{\text{eff}}\Phi_{\text{HG}}. \tag{3.82}$$

Mit der Schrotrausch-Formel (2.44), mit Gl. (3.71) und Gl. (3.74) ergibt sich die Detektivität dieser sog. hintergrundbegrenzten Photodiode (engl. BLIP = **B**ackground **L**imited **I**nfrared **P**hotodetector) zu

$$D^*_{\text{BLIP}} = \frac{e\eta_{\text{eff}}}{\hbar\omega} \frac{1}{\sqrt{2e^2\eta_{\text{eff}}\Phi_{\text{HG}}}}. \tag{3.83}$$

D^*_{BLIP} ist die maximale Detektivität, die ein Infrarotdetektor bei gegebener Grenzwellenlänge und gegebener Hintergrundtemperatur überhaupt haben kann. Wegen der Abhängigkeiten $\Phi_{\text{HG}} = f(E_{\text{g}}, T_{\text{HG}}, \theta)$ hängt D^*_{BLIP} bei fester Hintergrundtemperatur T_{HG} vor allem von der Energielücke des Diodenwerkstoffs ab, daneben auch von den konstruktiven Parametern Gesichtfeldwinkel und Quantenausbeute. Die spektrale Detektivität eines BLIP-Detektors mit gegebener Grenzwellenlänge hat bei der angenommenen Stufenfunktion für die Quantenausbeute ihr Maximum bei $\hbar\omega = E_g$. Die Grenzkurve $D^*_{\text{BLIP}}(\lambda_{\text{co}})$ ist nach Gl. (3.83) eine gestauchte Planck-Verteilung, die an der Wellenlängen- (bzw. Energie-) -achse gespiegelt ist, siehe Bild 6.11 auf S. 209. Die Detektivität eines umgebungsstrahlungsbegrenzten Photowiderstands ist um den Faktor $\sqrt{2}$ schlechter als diejenige der Photodiode. Bei der Photodiode ist zwar die Generation eines Trägerpaares in der Raumladungszone ein stochastischer Prozeß, das Verschwinden dieser Träger ist aber über die Laufzeit deterministisch mit ihrer Erzeugung verknüpft. Beim Photowiderstand ist die Zahl der statistisch voneinander unabhängigen Ereignisse (Generations- und Rekombinationsakte) doppelt so groß wie bei der Photodiode, bezüglich des Rauschens ergibt dies den Faktor $\sqrt{2}$.

Die Gleichung für das Schrotrauschen (2.44) konnte aus dem Kapitel über den äußeren Photoeffekt übernommen werden, weil der Entstehungsmechanismus des Schrotrauschens unabhängig von der Signalwandlung ist. Ein Beispiel für eine direkte experimentelle Nachprüfung der Proportionalität zwischen Rauschstromquadrat und Photostrom an (Hg,Cd)Te-Photodioden zeigt Bild 3.21. Bei einer realen Photodiode muß das halbleiterspezifische Rauschen berücksichtigt werden, dies erfolgte in

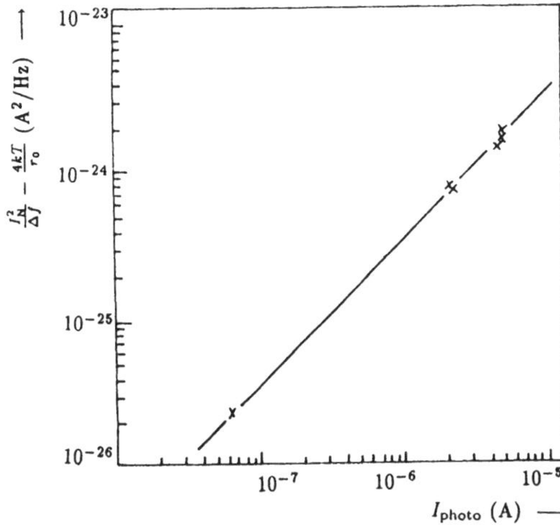

Bild 3.21
Experimentelle Überprüfung der Formel für das Schrotrauschen an einer Photodiode aus $Hg_{0,772}Cd_{0,228}Te$ bei $T = 80$ K [117]

dem gezeigten Beispiel durch Subtraktion des für den gemessenen Nullpunktwiderstand der Diode r_0 berechneten Widerstandsrauschens. Wenn sowohl das Rauschen des durch den Hintergrund bedingten Photostromes als auch das Rauschen des Dunkelstromes zu beachten sind, müssen die Rauschstromquadrate addiert werden, und man erhält aus Gl. (3.83) und Gl. (3.76)

$$D^* = \frac{e\eta_{\text{eff}}}{\hbar\omega} \frac{1}{\sqrt{\frac{4kT}{r_0 A} + 2e^2\eta_{\text{eff}}\Phi_{\text{HG}}}}. \tag{3.84}$$

Die Frage nach der erforderlichen Betriebstemperatur in Abhängigkeit von der Grenzwellenlänge wird jetzt am Beispiel Photodiode diskutiert. Der angestrebte Vergleich ist physikalisch nur aussagekräftig, wenn man Halbleiter mit ähnlicher Bandstruktur zugrundelegt. Dies trifft zu bei Mischkristallen, deren Energielücke durch die Zusammensetzung eingestellt werden kann, ohne daß sich dabei der Charakter der Bandstruktur ändert. Beispiele dafür sind (Hg,Cd)Te oder (Pb,Sn)Te. Die binären Randkomponenten (HgTe und CdTe im Falle des (Hg,Cd)Te) sind lückenlos miteinander mischbar. (Hg,Cd)Te steht dabei für $Hg_{1-x}Cd_xTe$. Die Grenzwellenlänge des Photoeffekts bei Interbandanregung $\lambda_{co} = hc/E_g$ kann durch Wahl des CdTe-Molenbruchs auf jeden gewünschten Wert im mittleren Infrarot eingestellt werden, da die Energielücke zwischen Null beim Halbmetall HgTe und 1,51 eV im CdTe ($T = 300$ K) variiert, man vergleiche die Skalen für λ_{co} und x in Bild 3.22.

In Bild 3.22 ist zur Illustration der Abhängigkeit des Rauschens von der Grenzwellenlänge die Abhängigkeit $r_0A(\lambda_{co})$ dargestellt, zur Verdeutlichung ist neben der Grenzwellenlänge auch die Mischkristall-Zusammensetzung x eingetragen. Die Abbildung zeigt experimentelle Ergebnisse verschiedener Autoren an Photodioden aus (Hg,Cd)Te unterschiedlicher Grenzwellenlänge zusammen mit theoretischen Berechnungen. Die Rechnungen zeigen, daß man die Verringerung der Detektivität D^* mit zunehmender Grenzwellenlänge durch die Verschlechterung der Eigenschaften

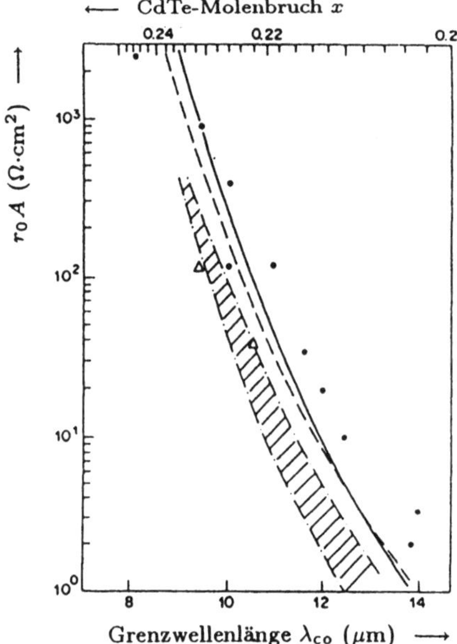

Bild 3.22
r_0A als Funktion der Grenzwellenlänge für (Hg,Cd)Te-Photodioden bei $T = 77$ K. • *pn*-Dioden und △ *np*-Dioden von Fermionics [57], schraffierter Bereich: Meßwerte von Ameurlaine [6], gestrichelte Kurve nach Rogalski [133], ausgezogene Kurve berechnet [14]

des *pn*-Übergangs mit abnehmender Energielücke erklären kann. Dazu tragen zwei Faktoren bei – die Zunahme der Eigenleitungskonzentration n_i und die Abnahme der Lebensdauer für die intrinsischen Rekombinationsprozesse. Da die Verschlechterung von D^* mit λ_{co} infolge des Eigenrauschens, d.h. die Abnahme von r_0A, schneller verläuft als die Verschlechterung infolge des zunehmenden Hintergrund-Photostromes (Zunahme von Φ_{HG}), wird verständlich, daß man Detektoren für größere Grenzwellenlängen tiefer kühlen muß, um den BLIP-Fall einzustellen. Zusammengefaßt lautet die Antwort auf die Frage nach der notwendigen Temperaturabsenkung zum Erreichen des BLIP-Falls:

- Im sichtbaren Spektralbereich und bei den Wellenlängen der Lichtwellenleitertechnik 1,3 und 1,55 μm ist Betrieb bei Zimmertemperatur noch möglich,
- im nahen Infrarotbereich ($\lambda = 3 \ldots 5$ μm) ist thermoelektrische Kühlung ausreichend,
- für Grenzwellenlängen bis etwa 16 μm ist Kühlung auf $T = 77$ K notwendig, darüber hinaus auf noch tiefere Temperaturen.
- Für Meßaufgaben, bei denen der BLIP-Betrieb wesentlich und der Aufwand für die Temperaturabsenkung nicht entscheidend ist (oder einfach möglich wie bei Messungen an Bord von kosmischen Stationen), stehen Detektoren für Wellenlängen von $1 \ldots 1000$ μm zur Verfügung.

3.4.4 Detektivität eines Störstellen-Photoleiters

Für den Fall kleiner Absorptionskoeffizienten $\alpha d \ll 1$ kann in Gl. (3.22) aus Abschnitt 3.2.1 die Exponentialfunktion genähert werden:

$$\eta_{\text{eff}} \approx \eta_{\text{i}}(1-\rho)\alpha d \tag{3.85}$$

(d – Probendicke). Geht man mittels $S_{\text{U}} = RS_{\text{I}}$ von der Stromempfindlichkeit zur Spannungsempfindlichkeit über, erhält man für einen p-Halbleiter aus Gl. (3.23) auf S. 67

$$S_{\text{U}} = \frac{\eta_{\text{i}}(1-\rho)}{\hbar\omega}\frac{\alpha\tau}{Ap_0}\frac{U_{\text{B}}}{4}. \tag{3.86}$$

Dabei ist A die Empfängerfläche und p_0 die thermisch angeregte Löcherkonzentration. U_{B} ist die Spannung im äußeren Kreis, und es wurde Leistungsanpassung des Photowiderstands an den Lastwiderstand vorausgesetzt. Bei Annahme überwiegenden Generations-Rekombinations-Rauschens berechnet man daraus die Detektivität

$$D^*(\lambda) = \frac{\alpha}{2\hbar\omega}\sqrt{\frac{\tau d}{p_0}}. \tag{3.87}$$

Der Absorptionskoeffizient muß also möglichst groß und die Löcherkonzentration p_0 möglichst klein sein. Die Absorption durch Störstellen kann durch einen Absorptionsquerschnitt S beschrieben werden; für dessen Energieabhängigkeit $S(\hbar\omega)$ gilt bei einer stark lokalisierten (tiefen) Störstelle mit der Bindungsenergie E_{B} [103]:

$$\frac{\alpha(\hbar\omega)}{N_{\text{A}}} = S(\hbar\omega) = \frac{1}{n}\left(\frac{\epsilon_{\text{eff}}}{\epsilon_0}\right)^2 \frac{16\pi e^2 h}{3m^* c}\frac{E_{\text{B}}^{1/2}(\hbar\omega - E_{\text{B}})^{3/2}}{\hbar\omega^3}. \tag{3.88}$$

N_{A} ist die Zahl der nicht ionisierten Störstellen; n ist hier die Brechzahl und $\epsilon_{\text{eff}}/\epsilon_0$ ist eine Korrektur für das effektive Feld, die durch $(n^2+2)/3$ approximiert werden kann. Diese Gleichung ist die Grundlage für die Bestimmung von Störstellenenergien aus dem Photoleitungsspektrum: Die Photoleitfähigkeit setzt bei $\hbar\omega = E_{\text{B}}$ ein, sie nimmt nach einem Maximum leicht ab, bei $\hbar\omega = E_{\text{g}}$ setzt die Grundgitter-Photoleitfähigkeit ein.

Die Forderung nach geringer Löcherkonzentration ist eine Forderung an die Arbeitstemperatur. Im einfachsten Falle werden die Löcher aus der photoelektrisch wirksamen Störstelle selbst angeregt. Damit ist hier ein ähnlicher Zusammenhang ablesbar wie bei der Photodiode: Zur Vergrößerung der Grenzwellenlänge müssen Störstellen mit kleinerer Ionisierungsenergie verwendet werden; diese werden bereits bei tieferen Temperaturen thermisch ionisiert und erfordern daher eine tiefere Betriebstemperatur. Dies sieht man deutlich an den drei für Störstellenphotoleiter mit Wirtsgitter Germanium ursprünglich ausgenutzten Störstellen: Die optimalen Arbeitstemperaturen liegen bei 60 K für Ge:Au (Niveau bei E_{v0}+ 0,15 eV), bei 30...40 K für Ge:Hg (Niveau bei E_{v0}+ 0,083 eV) und bei 15 K bei Ge:Cu (Niveau bei E_{v0}+ 0,04 eV). Weitere Angaben zu photoelektrisch wirksamen Störstellen werden im Abschnitt 6.5.3 gemacht.

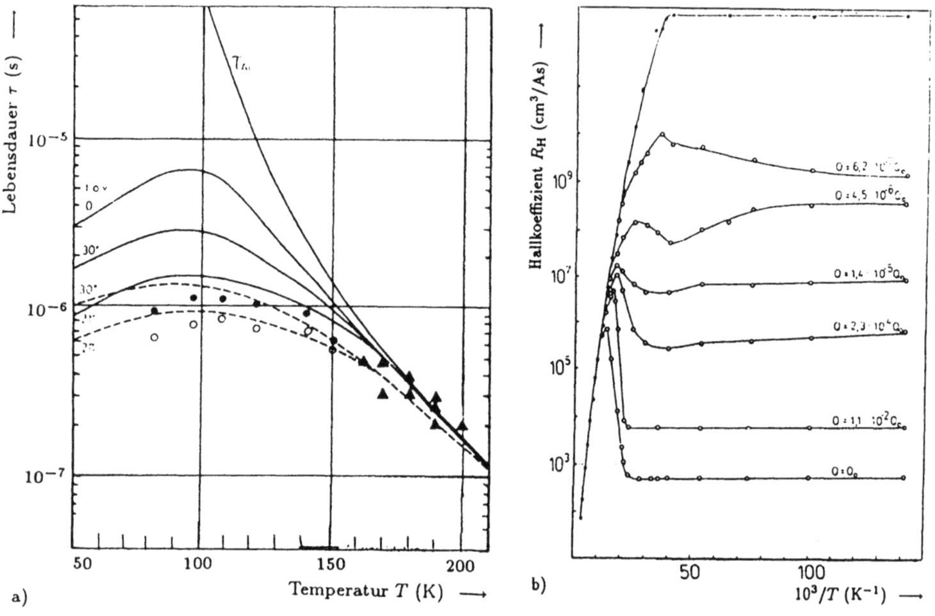

Bild 3.23 a) Lebensdauern in n-$Hg_{0,79}Cd_{0,21}Te$ bei unterschiedlichem thermischem Hintergrund, Vergleich mit berechneten Auger-Lebensdauern: • 30° FOV, ∘ 2π FOV, △ Messung mit erhöhtem Strom, --- korrigiert für Oberflächenrekombination [9]. b) Temperaturabhängigkeit des Photohalleffekts von (Pb,Sn)Te:In bei Anregung mit unterschiedlichen Quantenflußdichten ($\hbar\omega = 1,15$ eV, $Q_0 = 2 \cdot 10^{17}$ $s^{-1} \cdot cm^{-2}$) [117]

3.4.5 Extremfälle des Hintergrundeinflusses

Die Notwendigkeit, die thermische Hintergrundstrahlung zu beachten, ergab sich aus der Frage nach der kleinsten nachweisbaren Strahlungsleistung im infraroten Spektralbereich. Dies ist nicht nur ein Problem der Strahlungsmessung; denn der thermische Hintergrund beeinflußt direkt die Ladungsträgerkonzentration, und viele physikalische Eigenschaften eines Halbleiters hängen von der Ladungsträgerkonzentration ab. Nach Gl. (3.80) kann ein wesentlicher Hintergrundeinfluß vor allem bei kleiner Energielücke erwartet werden.

Bei Experimenten zur Rekombination in (Hg,Cd)Te wurde der Einfluß der Hintergrundstrahlung auf die Lebensdauer zum erstenmal beobachtet [9]. Die Lebensdauer steigt, wenn der Gesichtsfeldwinkel verkleinert wird, siehe Bild 3.23a). Dies ist dadurch bedingt, daß hier Augerrekombination der dominierende Mechanismus ist. Nach Gl. (3.58) hängt dabei τ von der Trägerkonzentration ab. Wesentlich stärker ausgeprägt sind derartige Effekte in speziell dotierten Bleichalkogeniden, vor allem in PbTe:Ga und in $Pb_{1-x}Sn_xTe$:In ($x \approx 0,22$), siehe z. B. Akimov u.Mitarb. (1993). Durch die genannte Dotierung bildet sich eine Störstellenkonfiguration heraus, bei der die Ladungsträger bis zu sehr tiefen Temperaturen ausfrieren, so daß

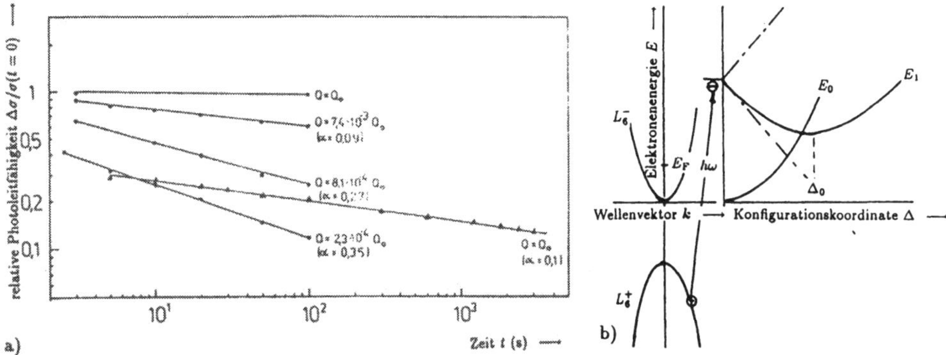

Bild 3.24 Ein Beispiel für ‚eingefrorene' Photoleitfähigkeit: a) Abklingen der Photoleitfähigkeit in PbTe:Ga (•, $Q_0 = 2 \cdot 10^{17}$ $s^{-1} \cdot cm^{-2}$) und (Pb,Sn)Te:In (Δ, $Q_0 = 6 \cdot 10^{14}$ $s^{-1} \cdot cm^{-2}$), $\hbar\omega = 1{,}06$ eV, $T = 4{,}2$ K [117]. b) Konfigurations-Koordinatenmodell für das Jahn-Teller-Zentrum in (Pb,Sn)Te:In [172]

das Material dann sehr hochohmig und extrem photoempfindlich, u. a. auch für die thermische Hintergrundstrahlung wird. Bild 3.23b) zeigt ein Meßbeispiel. Derartige Experimente können nur mit reduziertem Hintergrund durchgeführt werden (s. u.), da die 300-K-Hintergrundstrahlung im Verbindung mit der großen Grenzwellenlänge von ca. 22 μm für $Pb_{0,77}Sn_{0,23}Te$ und den großen Lebensdauern die Ladungsträgerkonzentration bereits um viele Größenordnungen erhöhen würde. So betrachtet, sind derartige schmallückige Materialien Halbleiter *par excellence*, weil sie diese extreme Abhängigkeit ihrer Eigenschaften von äußeren Parametern zeigen.

Persistente Photoleitung

Der photoangeregte Zustand erreicht extrem große Relaxationszeiten, mit wachsender Anregungsintensität wird er im Unterschied zum Regelfall der Rekombinationsbeschleunigung mit wachsender Anregung sogar stabiler, siehe Bild 3.24a). Das zeitliche Abklingen verläuft hyperbolisch:

$$\Delta\sigma(t) = \frac{\Delta\sigma_0}{(1+at)^\alpha}, \qquad (3.89)$$

experimentell bestimmte α-Werte sind in Bild 3.24a eingetragen. Diese Erscheinung ist ebenso bei breitlückigen Halbleitern, die tiefe Zentren enthalten, als persistente Photoleitung bekannt.[17] Die Entstehung eines metastabilen Zustands wird durch Gitterrelaxation (Jahn-Teller-Effekt) erklärt. Die hier wirksame Störstelle bildet ein zweifach entartetes Niveau oberhalb des Randes des Leitungsbandes L_6^- und oberhalb des Ferminiveaus E_F (Bild 3.24b). Bei optischer Anregung eines Elektrons

[17] Eine spezielle Variante der persistenten Photoleitfähigkeit in räumlich inhomogenen Systemen, bei denen der persistente Anteil von der Wellenlänge der anregenden Strahlung abhängt (‚spektrales Gedächtnis') wurde von Korsunskij [90] als ‚anomale Photoleitfähigkeit' bezeichnet.

(z. B. unter gleichzeitiger Bildung eines Loches im Valenzband L_6^+) in diese Resonanzstörstelle erfolgt ein Umbau des Zentrums unter Bildung einer Potentialbarriere gegenüber den Bandzuständen.

Die Erklärung ist im Konfigurations-Koordinatenmodell (vergleiche auch Abschnitt 3.3.4) möglich, als Koordinationskoordinate ist in Bild 3.24b die Deformationsenergie Δ verwendet. Es bedeuten: $E_0(\Delta) = \Delta^2/(2\Delta_0)$ den Gitteranteil der Energie des unbesetzten Zentrums – es wird nur das quadratische Glied berücksichtigt, da $\Delta = 0$ ein Gleichgewichtszustand ist; $\epsilon(\Delta) = \epsilon_0 \pm \Delta$ ist die Änderung der elektronischen Energie mit der Deformation, nur das herablaufende Niveau ist interessant. $E_1(\Delta) = E_0(\Delta) + \epsilon(\Delta) = \Delta^2/(2\Delta_0) + \epsilon_0 - \Delta$ ist die Gesamtenergie des Zentrums mit einem eingefangenen Elektron. Das Minimum von E_1 bei Δ_0 entspricht dem metastabilen Zustand, gegenüber den Bandzuständen ist eine Barriere entstanden. Diese bewirkt eine besonders kleine Rekombinationswahrscheinlichkeit bei tiefen Temperaturen.

Negative Photoleitfähigkeit

Dieses Modell erklärt auch die Beobachtung einer negativen Photoleitfähigkeit. Es sei Interbandanregung mit bipolarer Generation realisiert: In $Pb_{0,75}Sn_{0,25}Te{:}In$ ist für $T \to 0$ K $E_g = 0{,}055$ eV, d.h. $\lambda_{co} = 22\ \mu$m. Wenn die Elektronen unter Umbau des Zentrums in dieses eingefangen werden, vergrößert sich die Löcherlebensdauer, da die Nichtgleichgewichts-Löcher keinen Rekombinationspartner finden. Phänomenologisch betrachtet, ähnelt dies einem Haftprozeß.

Negative Photoleitfähigkeit wird bei schwacher modulierter Einstrahlung tief im Grundgitter beobachtet [172]. Dabei fällt außer der modulierten Strahlung die unmodulierte Strahlung aus dem Hintergrund auf die Probe. Bei $T_{HG} = 300$ K, $\lambda_{co} = 22\ \mu$m und $\theta/2 = 30^o$ ist $\Phi_{HG} = 4 \cdot 10^{17}$ Quanten pro cm^2 und s, und das übersteigt wesentlich den modulierten (Meß-) Quantenfluß. Die Photoleitfähigkeit setzt sich aus zwei Anteilen zusammen:

$$\Delta\sigma = \Delta\sigma_1 + \Delta\sigma_2 \quad \text{mit} \qquad (3.90)$$
$$\Delta\sigma_1 \sim \Phi_{HG}, \quad \Delta\sigma_2 = \Delta\sigma(\lambda)$$

$\Delta\sigma_1$ wird durch den Hintergrund hervorgerufen, $\Delta\sigma_2$ durch die modulierte monochromatische Strahlung. Wenn $\hbar\omega$ so groß ist, daß das entstehende Photoelektron in das Zentrum angeregt wird, wird es an diesem lokalisiert. Das Loch rekombiniert mit einem der durch die Hintergrundstrahlung angeregten Elektronen, auf diese Weise wird $\Delta\sigma_2$ negativ. Bei phasenempfindlichem Nachweis der modulierten Photoleitfähigkeitskomponente beobachtet man eine Phasenverschiebung von 180° zwischen Signal und Anregung.

Negative Photoleitfähigkeit wird auch an breitlückigen Photoleitern (z. B. CdS) beobachtet [153], wenn bei Belichtung des vorher in einen Nichtgleichgewichtszustand gebrachten Photoleiters Minoritätsträger aus Störstellen ins Band freigesetzt werden und mit vorhandenen Majoritätsträgern rekombinieren. Gleichung (3.91) zeigt, daß man alle diese Prozesse einheitlich interpretieren kann: Eine negative Photoleitfähigkeit tritt auf, wenn man bei Vorliegen eines durch vorherige oder gleichzeitige Gleichlichtanregung (bei (Pb,Sn)Te durch die Hintergrundstrahlung) erzeugten Nichtgleichgewichts zusätzlich mit modulierter Strahlung anregt. Dies wird auch als *Tilgung der Photoleitfähigkeit* (engl. quenching) bezeichnet. Tilgung kann man z. B. beim Ausleuchten von Haftstellen durch Zusatzeinstrahlung im Ausläufer beobachten, siehe das Modell nach Bild 3.4b) auf S. 66. Bei dem hier beschriebenen Prozeß wird die durch die Hintergrundstrahlung hervorgerufene positive Photoleitfähigkeit durch das modulierte Zusatzlicht getilgt. Der Begriff Tilgung wird ebenso auf analoge Erscheinungen bei Lumineszenzexperimenten angewendet (siehe Vanir 1984).

Meßtechniken mit reduziertem Hintergrund

Die beschriebenen Experimente zu den Photo- (und Transport-)-Effekten in (Pb,Sn)Te:In erforderten Meßanordnungen, die eine Unterdrückung der thermischen Hintergrundstrahlung ermöglichen. Da im Kosmos ebenfalls Experimente mit reduziertem thermischem Hintergrund möglich sind, haben Untersuchungen zu Infrarotempfängern bei reduziertem thermischem Hintergrund eine eminente wissenschaftliche Bedeutung, z. B. für die Infrarot-Astrophysik. Drei einfache Meßanordnungen seien vorgestellt:

Anregung mit schwarzem Strahler Die einfachste Methode zur Abschirmung der Hintergrundstrahlung besteht darin, die Meßprobe mit einer auf Probentemperatur gekühlten lichtundurchlässigen kalten Wand zu umgeben. Experimente zur Photoleitfähigkeit sind mit einem Miniatur-Temperaturstrahler möglich, der sich innerhalb der Probenkammer befindet und durch Joulesche Erwärmung auf unterschiedliche Temperaturen gebracht werden kann [2]. Dieser hat das kontinuierliche Spektrum eines schwarzen Strahlers.

Anregung mit Infrarot-Diodenlasern Auch bei einem Probenraum mit allseitig kalter Wand kann man spektral selektiv anregen, wenn ein Satz von Infrarot-Diodenlasern innerhalb des von der kalten Wand umgebenen Raumes angeordnet wird [173]. In der beschriebenen Anordnung wurden Diodenlaser mit ca. 20 verschiedenen Emissions-Wellenlängen zwischen 0,84 und 22 μm Wellenlänge verwendet. Damit wurden hintergrundstrahlungsfreie Absorptionsmessungen an $Pb_{0,77}Sn_{0,23}Te$:In durchgeführt.

Anregung durch Glasfaserkabel In der Arbeit [116] wurde an dem Prinzip der kalten Wand festgehalten, jedoch über ein Glasfaserbündel Strahlung in die Probenkammer eingekoppelt. Das Faserbündel ist im unteren Teil thermisch mit dem Probenraum verbunden, hat daher selbst die Temperatur der kalten Probenkammer und strahlt nur entsprechend dieser tiefen Temperatur. Die Wärmestrahlung des warmen Faserendes hingegen wird nicht durchgelassen, da Glas Strahlung mit

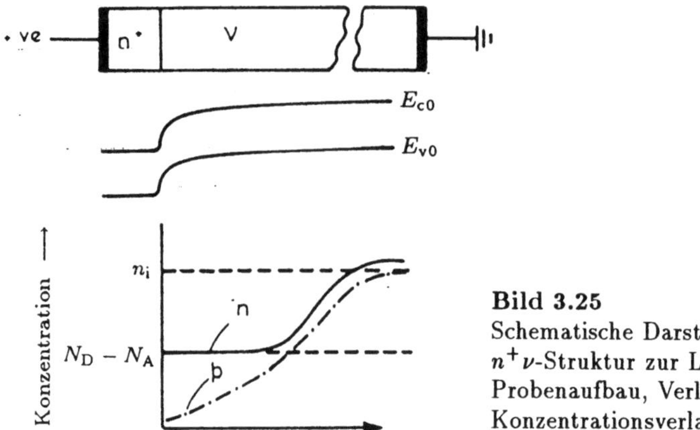

Bild 3.25
Schematische Darstellung einer $n^+\nu$-Struktur zur Ladungsträgerexclusion: Probenaufbau, Verlauf der Bandränder und Konzentrationsverlauf mit Vorspannung [7]

Wellenlängen über 1,6 μm hinreichend stark absorbiert. Auf diese Weise wurden die in Bild 3.23b) dargestellten Meßergebnisse gewonnen.

3.4.6 Herabsetzung der Augerrekombination

In Abschnitt 3.2.1 wurde abgeleitet, daß das Photoleitfähigkeitssignal der Lebensdauer proportional ist. Wenn nun in einem schmallückigen Halbleiter die Lebensdauer durch Augerrekombination begrenzt ist, liegt es nahe, die Konzentration der Ladungsträger unter den Gleichgewichtswert zu senken, um die thermische Generationsrate zu verringern und damit die Detektivität des Detektors zu erhöhen [52]. Die Generationsrate infolge Shockley-Read-Rekombination muß merklich unter der Generationsrate durch Stoßionisation liegen. Dies ist in gewisser Weise die Umkehrung der in Abschnitt 3.4.5 beschriebenen Verringerung der augerbegrenzten Lebensdauer durch den thermischen Hintergrund. Die Senkung der Ladungsträgerkonzentration ist möglich durch:

- Exklusion von Minoritätsträgern in Photoleiterstrukturen,
- Extraktion von Minoritätsträgern in Photodioden oder mittels
- Magnetokonzentrationseffekt.

Eine diesbezügliche Anwendung von Nichtgleichgewichtszuständen ist besonders sinnvoll, wenn die Parameter von Infrarotdetektoren für Betrieb bei Zimmertemperatur verbessert werden sollen, siehe auch Piotrowski (1991).

Bild 3.25 zeigt eine Struktur zur Ladungsträgerexklusion. Der n^+-Kontakt auf einem schwach n-dotierten Halbleiter (ν-Gebiet) behindert den Majoritätsträgerfluß nicht, injiziert aber keine Minoritätsträger. Ohne angelegte Spannung sind die Elektronen- und die Löcherkonzentration im ν-Gebiet nahe bei n_i, bei angelegter positiver Spannung am n^+-Kontakt werden keine Löcher zur Aufrechterhaltung des Stromes nachgeliefert, so daß das kontaktnahe Gebiet an Löchern verarmt. Zur Erhaltung der Ladungsneutralität muß auch die Elektronenkonzentration fallen, und damit sinkt die Generationsrate. Das angelegte Feld darf dabei nicht so hoch sein, daß die Träger aufgeheizt werden. Typische Werte liegen daher bei 300 V/cm. Die theoretische Behandlung erfolgt im Rahmen der Bilanzgleichungen, jedoch darf man nicht vom Kleinsignalfall ausgehen. Elliott [52] konstatiert, daß Verbesserungen des Signal-Rausch-Verhältnisses erreicht werden, die bei hohen Frequenzen den Erwartungen entsprechen.

Literaturempfehlungen

Bücher:

Saleh, B. E. A., M. C. Teich: Fundamentals of Photonics. John Wiley & Sons, New York 1991

Keyes, R. J. (Hrsg): Optical and infrared detectors. Topics in Applied Physics 19. Berlin: Springer-Verlag, 2. Aufl. 1980

K. H. Herrmann, L. Walther (Hrsg.): Wissensspeicher Infrarottechnik. Leipzig: Fachbuchverlag 1990

Kingston, R. H.: Detection of Optical and Infrared Radiation. Berlin: Springer-Verlag 1978

Reviewartikel:

Vanir, P. E.: IR-induced Quenching and Enhancement of Photoconductivity and Photoluminescence, in: Semiconductors and Semimetals 21 B (1984), S. 329 - 357

Akimov, B. A., A. V. Dmitriev, D. R. Khokhlov, L. I. Ryabova: Carrier transport and non-equilibrium phenomena in doped PbTe and related materials, phys. stat. sol. (a) 137 (1993) 9 - 55

Sammel- und Konferenzbände:

Semiconductors and Semimetals (Hrsg. R. K. Willardson, A. C. Beer). New York und London: Academic Press Vol. 5: Infrared Detectors, 1970; Vol. 12: Infrared Detectors II, 1977; Vol. 18: Mercury Cadmium Telluride, 1981

Piotrowski, J.: Principles for Near Room-Temperature BLIP IR Detectors, SPIE Short Course Notes SC 51 (1991)

div. thematische SPIE-Konferenzbände

3.5 Nichtgleichgewichtsverteilungen beim inneren Photoeffekt

Schwächere Photoeffekte sind auch beobachtbar, wenn durch Strahlung nicht die Trägerkonzentration erhöht, sondern die Energieverteilung der freien Ladungsträger verändert wird. Diese sog. *Photoeffekte heißer Elektronen* geben Aufschluß über die Energierelaxationsprozesse.

Beim inneren Photoeffekt sind Effekte heißer Elektronen im Gegensatz zum äußeren Photoeffekt eher eine exotische Ausnahme. Wie im Abschnitt 3.1 gezeigt wurde, liegt dies an der Schnelligkeit der Energierelaxation gegenüber der Rekombination und an der daraus resultierenden Kleinheit der stationären Abweichungen vom Gleichgewicht. Die **Chancen für den Nachweis photoangeregter heißer Elektronen** steigen

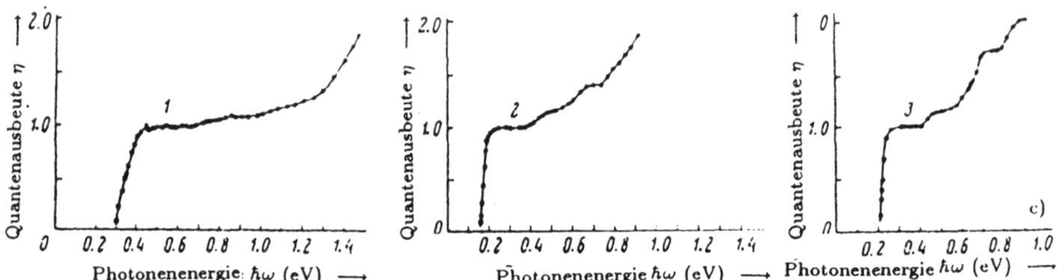

Bild 3.26 Abhängigkeit der Quantenausbeute von der Photonenenergie in PbS (1), PbSe (2) und PbTe (3) [10]. $T = 77$ K

- bei hoher Zeitauflösung der Messung – dies ist vorzugsweise mit optischen Methoden wie Photolumineszenz und Photoabsorption (siehe Abschnitt 3.8) möglich,
- bei starker Anregung, wenn der Energieeintrag ins Plasma wesentlich wird,
- bei tiefen Temperaturen, wenn die kinetische Energie der Gleichgewichtsträger gering ist.

Aufheizungseffekte können überhaupt mit photoelektrischen Methoden nachgewiesen werden, weil die Photoeffekte durch Größen mitbestimmt werden, die vom Energieinhalt des Ensembles abhängen: durch die Beweglichkeit der Träger $\mu = (e/m)\langle\tau_p\rangle$ bei energieabhängiger Impulsrelaxationszeit $\tau_p(E)$ oder energieabhängiger effektiver Masse $m_{\text{eff}}(E)$ infolge Nichtparabolizität (Dieser Haupteffekt führte zu der Bezeichnung *μ-Photoleitfähigkeit*.) und durch die Paarlebensdauer $\tau_r(E)$ bei energieabhängiger Rekombination. Die Experimente mit Interbandanregung, bei denen die Trägeraufheizung auf dem Hintergrund der Photoeffekte infolge Konzentrationserhöhung nachweisbar ist, sollen hier zusammen mit den Experimenten zur Intrabandanregung, bei denen ohnehin keine freien Träger entstehen, behandelt werden.

Effekte nichtrelaxierter heißer Photoelektronen

Quantenausbeuten über Eins Die Beobachtung von $\eta > 1$ ist ein typischer Effekt *nichtrelaxierter* heißer Photoelektronen: Wenn die kinetische Energie des generierten Photoelektrons ausreicht, um durch Stoßionisation ein weiteres Elektron-Loch-Paar zu erzeugen, so äußert sich dies in einer Zunahme der inneren Quantenausbeute des Photoeffekts mit wachsender Photonenenergie. Eine solche wird in vielen Photoleitern beobachtet, wenn $\hbar\omega$ ein Vielfaches der Energielücke wird. Bei kleiner Energielücke wird eine solche Zunahme naturgemäß schon im sichtbaren oder gar im infraroten Spektralbereich beobachtet, wie die Ergebnisse zu einigen Bleichalkogeniden in Bild 3.26 zeigen.

Zur phänomenologischen Beschreibung betrachtet man in einer Bilanzgleichung die Raten für die konkurrierenden Prozesse Energierelaxation und Stoßionisation. Bei Photonenenergien im Röntgenbereich kann man davon ausgehen, daß etwa pro 2,5 E_g Photonenenergie ein Elektron-Loch-Paar generiert wird, siehe Bild 6.2 auf S. 191. Auch dabei umgeht man die Betrachtung der Energieverlust- und -übertragungsprozesse. Für eine quantitative Theorie benötigt man eine mikroskopische Behandlung des Ladungstransports, z. B. im Rahmen der Boltzmannschen Transportgleichung, vgl. Conwell (1967). Insgesamt bildet diese Fragestellung eine interessante Verknüpfung des inneren Photoeffekts mit der Physik heißer Elektronen.

Oberflächen-Photostrom ballistischer Elektronen In Abschnitt 2.4 war als eine Möglichkeit zur Erzeugung polarisierter Photoelektronen die ‚optische Orientierung' der Elektronen und deren nachfolgende ballistische Emission erörtert worden. Ein ähnlicher Anisotropieeffekt ist beim inneren Photoeffekt möglich, wenn durch Absorption von polarisiertem Licht eine anisotrope Impulsverteilung der Elektronen entsteht und diese richtungsabhängig relaxiert, z. B. in Oberflächennähe. Die Impulsverteilung der bei kantennahen Übergängen in GaAs photoangeregten Träger ist durch

$$W_{\boldsymbol{k}} \sim 1 - \frac{3(\boldsymbol{ke})^2 - k^2}{2k^2} \quad \text{für Übergänge } \Gamma_{8h}^{v} \to \Gamma_6^{c},$$
$$W_{\boldsymbol{k}} \sim 1 + \frac{3(\boldsymbol{ke})^2 - k^2}{2k^2} \quad \text{für Übergänge } \Gamma_{8l}^{v} \to \Gamma_6^{c} \tag{3.91}$$

gegeben ($\boldsymbol{k}$ – Wellenvektor der Elektronen, $\boldsymbol{e}$ – Polarisationsvektor des Lichtes) [44], zur Bandstruktur von GaAs siehe Bild 2.20a. Die angeregten Elektronen haben Vorzugsimpulse in der Ebene senkrecht zum Polarisationsvektor bei Anregung aus dem Band der schweren Löcher Γ_{8h}^{v} bzw. bei Anregung aus dem Band der leichten Löcher Γ_{8l}^{v} in der Ebene, die den Polarisationsvektor enthält. Strahlt man schräg auf eine GaAs-Oberfläche ein, liegen die durch Gl. (3.91) beschriebenen Verteilungen der Photoelektronen schräg zur Oberfläche. Die die Oberfläche stoßfrei erreichenden Elektronen erfahren zusätzlich zu den üblichen Streuprozessen eine Streuung an der Oberfläche. Wenn diese Streuung diffus ist, werden die die Oberfläche erreichenden Elektronen mit Impulskomponenten in Strahlrichtung schneller gebremst als die entgegengesetzt laufenden, und es entsteht eine resultierende entgegengesetzte Elektronenbewegung. Diese kann als Photostrom parallel zur Oberfläche nachgewiesen werden [4]. Die Abhängigkeit dieses Photostromes von der Photonenenergie oszilliert näherungsweise mit der Energie der optischen Phononen, weil an der Emissionsschwelle die Streuzeit im Volumen drastisch sinkt. Die Oszillationen sind aber komplizierter, weil die Übergänge aus den Bändern der schweren bzw. leichten Löcher entgegengesetzte Anisotropie haben, weil die bei diesen Übergängen erzeugten Elektronen unterschiedlich heiß injiziert werden und daher die Emissionsschwelle für optische Phononen bei unterschiedlichen Photonenenergien erreichen.

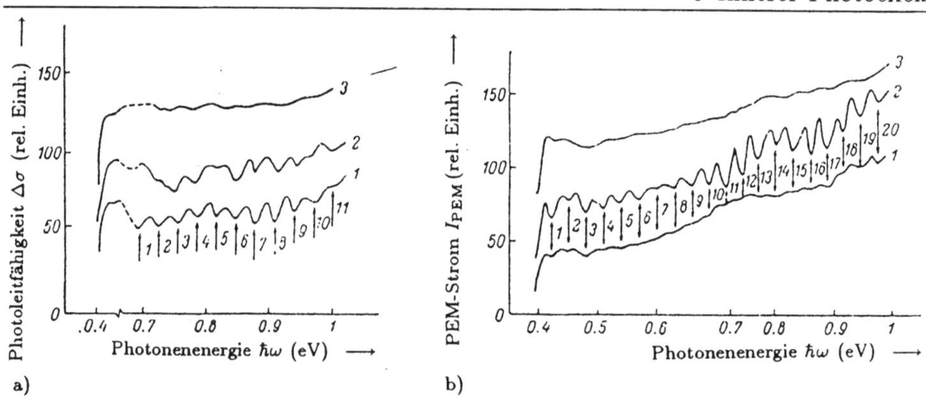

Bild 3.27 Oszillationen der spektralen Photoleitfähigkeit (a) und des PEM-Effekts (b) in InAs bei $T = 5$ K [113]. $B = 0,05$ T (1), 0,1 T (2), 0,4 T (3). Die Ziffern 1...20 geben die Anzahl der bei der jeweiligen Photonenenerige emittierten optischen Phononen an.

Photoeffekte relaxierter Elektronen bei Injektion oberhalb $\hbar\omega_{LO}$

Spektrale Oszillationen der Photoleitfähigkeit In Photoleitern mit Zinkblendestruktur (wegen $m_n \ll m_{hh}$) wie InSb, GaSb, InAs beobachtet man bei tiefen Temperaturen oberhalb der Interband-Absorptionskante spektrale Oszillationen der Photoleitfähigkeit und des PEM-Effekts mit einer Periode, die gleich der Energie der optischen Phononen bei $\boldsymbol{q} = 0$ ist (in InAs 29 meV), siehe Bild 3.27. Zur Deutung geht man davon aus, daß die Elektronen bei der Energie E_{in} ins Leitungsband injiziert werden. Die mittlere Energie der Elektronen ist durch die Bilanz zwischen mitgebrachter Energie E_{in} und Energieverlustprozessen bestimmt. Der schnellste Energieverlustprozeß ist die Emission eines longitudinalen optischen Phonons in ca. einer Pikosekunde. Man kann annehmen, daß jedes generierte Elektron so viele optische Phononen emittiert wie möglich, so daß es unabhängig von der anregenden Photonenenergie nach einigen Pikosekunden immer in das Energieintervall zwischen dem Rand des Leitungsbandes und $\hbar\omega_{LO}$ gelangt (als Grundgebiet bezeichnet). Als effektive Überschußenergie bleibt dann $E_{in} - n \cdot \hbar\omega_{LO}$, wobei n eine kleine natürliche Zahl ist. Wenn $\hbar\omega_{LO} \gg kT$ ist, wird nur diese effektive Energie in die stationäre Energiebilanz eingehen, die nun allein durch die langsameren Energieabgabeprozesse wie Wechselwirkung mit akustischen Phononen und Elektron-Elektron-Wechselwirkung bestimmt wird. Bei Aufnahme des Spektrums unter Variation der Photonenenergie oszilliert die Größe $E_{in} - n \cdot \hbar\omega_{LO}$ und damit die mittlere Energie des Ensembles mit der Periode $\hbar\omega_{LO}$. Diese Periodizität der mittleren Energie überträgt sich wegen der oben genannten Abhängigkeiten $\tau_p(E)$, $m_{eff}(E)$, $\tau_r(E)$ auf die Photoeffekte. Form und ,Phase' der Oszillationen sind durch die genannten Abhängigkeiten im Grundgebiet bestimmt.

μ-Photoleitfähigkeit bei Subbandübergängen Wenn $\delta n = \delta p = 0$ ist, bleibt als Mechanismus für eine Photoleitfähigkeit die Änderung der Beweglichkeit infolge des erhöhten Energieinhalts, die μ-Photoleitfähigkeit. Bei Anregung zwischen

Subbändern liegt eine Situation ähnlich dem optischen Pumpen in der Atomphysik vor. Für die Behandlung am einfachsten erweist sich in der Atomphysik immer ein 2- oder 3-Niveau-System, bei den kontinuierlichen Zustandsdichten im Festkörper entspricht dies einer Bandstruktur mit Subbändern. Als Beispiel denke man an die Satellitenminima in den [100]-Richtungen in n-GaAs und die durch Spin-Bahn-Wechselwirkung abgesenkten Valenzbänder in den Halbleitern mit Diamant- oder Zinkblendestruktur, aber auch im Tellur. Weiter gibt es $\boldsymbol{k}$-erhaltende optische Übergänge zwischen den Bändern der leichten und schweren Löcher, die bei $k = 0$ miteinander entartet sind. Werden die Trägersorten mit den Indizes 1 bzw. 2 bezeichnet, so ergibt ein von Moss für p-Germanium vorgeschlagenes Modell [119]

$$\frac{\Delta\sigma}{\sigma_0} = \frac{g}{p_0}\tau_{2\to1}\left(\frac{\mu_2}{\mu_1} - 1\right), \tag{3.92}$$

wobei g die Rate der optisch angeregten Übergänge von 1 nach 2 ist, p_0 die Löcherkonzentration und $\tau_{2\to1}$ die ,Aufenthaltsdauer' der Träger im Subband 2. Diese Art von Photoleitfähigkeit kann naturgemäß dann leicht beobachtet werden, wenn in dem Wellenlängenbereich, in dem durch Subbandübergänge ein hoher Absorptionsquerschnitt garantiert wird, ein leistungsstarker Laser zur Verfügung steht. Im Tellur entspricht der Abstand zwischen den beiden Valenzbändern etwa der Quantenenergie des CO_2-Lasers, eine vergleichbar günstige Situation besteht in p-Germanium. Da die Träger aus dem energetisch höheren Subband durch Elektron-Phonon-Wechselwirkung in das energetisch tiefere Subband zurückkehren, ist das 2-Niveau-Modell nur eine grobe Näherung. $\tau_{2\to1}$ ist wegen $E_{v2} - E_{v1} > \hbar\omega_{LO}$ von der Größenordnung einer Pikosekunde, es handelt sich also auch hier um einen sehr schnellen Photoeffekt.

Laserkühlung von Elektronen im Festkörper Auf den ersten Blick verblüffend ist die Möglichkeit, Atome mit Licht zu kühlen – verblüffend deshalb, weil Atome scharfe Energieniveaus haben und weil sie absorbierte Lichtquanten sehr schnell wieder als Fluoreszenzstrahlung emittieren, außerdem sollten sie durch Energiezufuhr nur wärmer werden.[18] Es funktioniert dies auch nur als Ensembleeffekt unter *Ausnutzung der inhomogenen Verbreiterung* atomarer Absorptionslinien. Darunter versteht man die Tatsache, daß infolge des Zusammenwirkens von Maxwellscher Geschwindigkeitsverteilung der Atome und Dopplerverschiebung der Emission oder Absorption eines individuellen Atoms entsprechend seiner Geschwindigkeitskomponente in Richtung auf den Beobachter die Spektrallinie des Atomensembles dopplerverbreitert ist. Strahlt man mit einer scharfen Laserlinie der Frequenz ω oberhalb der Mittenfrequenz ω_0 des Dopplerprofils ein, so kann dieses Licht nur von Atomen absorbiert werden, die entgegen dem Laserstrahl die Geschwindigkeitskomponente $c(\omega - \omega_0)/\omega_0$haben. Nach der Absorption eines Lichtquants kann das Atom durch stimulierte oder durch spontane Emission in den Grundzustand zurückkehren. Bei stimulierter Emission hat das emittierte Photon den gleichen Impuls wie das

[18] Die Definition der Atomtemperatur bedarf natürlich einer sorgfältigeren Diskussion.

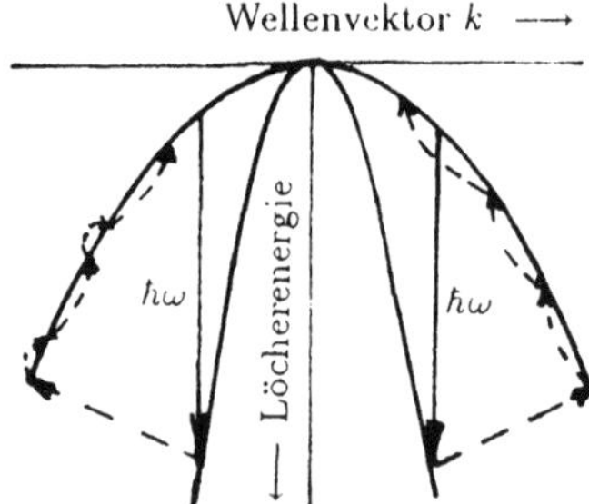

Bild 3.28
Laserkühlung von Löchern bei Subvalenzband-Übergängen in p-Germanium [162].
Links: Fall hoher Löcherkonzentration
Rechts: Fall geringer Löcherkonzentration
— optische Übergänge - - - Phononenemission
. . . Loch-Loch-Stöße

absorbierte, ein Nettoeffekt existiert weder bezüglich der Energie noch bezüglich des Impulses. Bei spontaner Emission dagegen sind alle Emissionsrichtungen des Photons gleich wahrscheinlich, und *im Mittel über viele Absorptions-/Emissionsakte* verliert das Atom bei jedem den Impuls $\hbar\kappa$, die Translationsenergie der Atome nimmt ab, diese kühlen sich also ab.

Ähnlich verläuft die bei Subbandübergängen in p-Germanium beobachtete Laserkühlung von Löchern, siehe Bild 3.28. Bei Intrabandübergängen werden Elektronen oder Löcher immer aufgeheizt – eine Abkühlung ist dagegen bei Interbandübergängen zwischen dem Band der schweren Löcher und dem Band der leichten Löcher möglich. Nachgewiesen wurde die Abkühlung durch das positive Vorzeichen der μ-Photoleitfähigkeit bei dominierender Gitterstreuung ($\beta < 0$, vergleiche Gl. 3.94). Der Effekt wird hier im Löcherbild diskutiert: Bei Einstrahlung mit der CO_2-Laserlinie $\hbar\omega = 130$ meV, wie im rechten Teilbild dargestellt, wird ein schweres Loch ins Band der leichten Löcher angehoben, es wird ins Band der schweren Löcher zurückgestreut und kann durch Emission von drei optischen Phononen mit $\hbar\omega_{LO} = 37$ meV seine Energie ans Gitter abgeben. Dabei gelangt es in einen Zustand *geringerer Energie*, als es vor dem Pumpzyklus hatte, und das führt zu einer Temperaturerniedrigung des Ensembles. Bei einer höheren Löcherkonzentration unterliegt das Loch außerdem der Elektron-Elektron-Wechselwirkung, diese führt zu zusätzlichen Energieverlusten (gestrichelt im linken Teilbild), so daß nur die Energie von zwei optischen Phononen ans Gitter abgegeben werden kann. Das Loch gelangt in einen Zustand höherer Energie als vor dem Pumpzyklus – dadurch und durch den Energieeintrag infolge Loch-Loch-Streuung steigt die Temperatur des Löcherensembles, und es wird eine negative μ-Photoleitfähigkeit beobachtet.

Photoeffekte relaxierter Elektronen bei Injektion unterhalb $\hbar\omega_{LO}$

Eine μ-Photoleitfähigkeit wird bei $E_{in} \ll \hbar\omega_{LO}$ in drei Situationen beobachtbar:
- bei Übergängen zwischen Landauniveaus,
- bei der Leitungsabsorption und
- bei Übergängen zwischen Subbändern in Quantengräben, siehe Abschnitt 3.7.

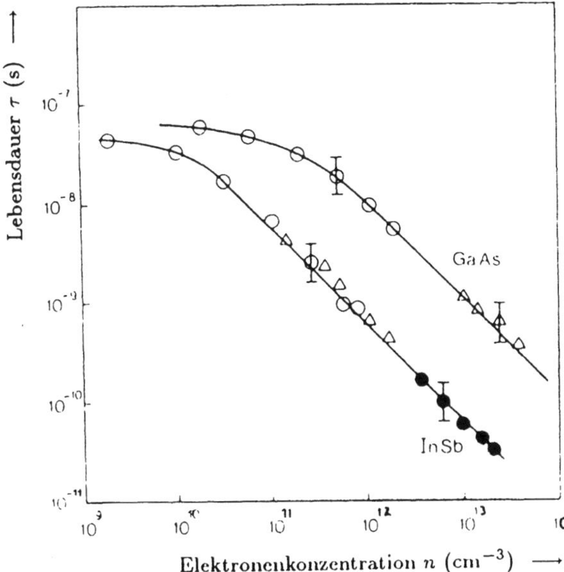

Bild 3.29
Zeitkonstante der Relaxation aus dem ersten angeregten Landauniveau in den Grundzustand ($\hbar\omega_c = 10,4$ meV) in GaAs und InSb in Abhängigkeit von der Elektronenkonzentration bei $T = 4{,}2$ K [3]. △, • aus der Sättigung der Zyklotronabsorption, o aus der Zyklotronemission

μ-Photoleitfähigkeit bei Übergängen zwischen Landauniveaus Subbänder mit unterschiedlicher Trägerbeweglichkeit, zwischen denen Elektronen oder Löcher angeregt werden, können auch durch ein äußeres Magnetfeld aus dem Kontinuum eines Leitungs- oder Valenzbandes erzeugt werden, die Subbandkanten ensprechen dabei den Landauniveaus. Die Bewegung der Ladungsträger im Magnetfeld entspricht der Zyklotronbewegung. Als harmonische Bewegung wird diese auch quantenmechanisch durch einen harmonischen Oszillator beschrieben (siehe die Literaturhinweise zu Abschnitt 3.1), dessen Eigenwerte im parabolischen Fall durch

$$E_{\mathrm{n}} = \left(n + \frac{1}{2}\right)\hbar\omega_{\mathrm{c}} \quad \text{mit} \quad \omega_{\mathrm{c}} = \frac{e}{m_{\mathrm{eff}}}B \tag{3.93}$$

gegeben sind. Entsprechend der Landauquantisierung ist die Absorption maximal bei $\hbar\omega = \hbar\omega_c$, eine μ-Photoleitfähigkeit entsteht wieder durch die Energieabhängigkeit der Relaxationszeit oder durch die Energieabhängigkeit der effektiven Masse. Diese Art von Photoleitfähigkeit wird auch als Nachweismethode für die Zyklotronresonanz verwendet, da eine Leitfähigkeitsänderung u. U. leichter gemessen werden kann als eine Mikrowellenabsorption (siehe Bild 5.12 in Abschnitt 5.2). Der darauf beruhende Infrarotdetektor heißt *Zyklotronresonanz-Detektor*.

Die mit der Landauquantisierung verbundene Diskretisierung des Zustandsdichtekontinuums im Magnetfeld bietet eine Möglichkeit, die Energierelaxation bei Intrabandanregung zu untersuchen. In nicht zu starken Magnetfeldern liegt der Fall $\hbar\omega_c < \hbar\omega_{\mathrm{LO}}$ vor, d. h. die Relaxation der optisch in ein höheres Landauniveau angeregten Träger erfolgt durch Wechselwirkung mit akustischen Phononen und durch Elektron-Elektron-Wechselwirkung. Die charakteristische Zeitkonstante, die auch hier häufig als ,Lebensdauer' bezeichnet wird, kann u.a. durch Messung der

Sättigung der Zyklotronabsorption bestimmt werden. In die Bilanzgleichungen muß man die Störstelle, aus der die freien Ladungsträger stammen, das erste und das zweite Landauband einbeziehen (3-Niveau-System). Für solche Experimente sind FIR-Molekülgaslaser geeignet. An GaAs und InSb konnte man auf diese Weise die im Bild 3.29 dargestellten Relaxationszeiten bestimmen. Die Zeitkonstante nimmt wegen der zunehmenden Elektron-Elektron-Wechselwirkung mit steigender Ladungsträgerkonzentration ab. Die für einen Intrabandeffekt doch erstaunlich großen Zeitkonstanten sind nur durch die relative Schwäche der akustischen Phononenstreuung und die Modifizierung der Zustandsdichte infolge der Landauquantisierung zu erklären, siehe dazu auch den Abschnitt 3.7.

μ-Photoleitfähigkeit bei Intrabandübergängen Während die Subbandabsorption und die Zyklotronabsorption Resonanzcharakter haben, ist die Leitungsabsorption (siehe Abschnitt 2.2) ein kontinuierlicher Absorptionsprozeß, der sich bis zu beliebig großen Wellenlängen erstreckt. Im Grenzfall $\hbar\omega \ll \langle E \rangle$, $\omega\tau \ll 1$ kann man den Effekt klassisch behandeln. Die Energiedissipation im Feld der Lichtwelle entspricht dann der Energiedissipation beim elektrischen Stromtransport. Die Energieaufnahme führt zu einer geringfügigen Erhöhung der Elektronentemperatur T_e, und diese ist wieder als μ-Photoleitfähigkeit meßbar, wenn entweder m_{eff} oder τ_p von der Energie abhängen. Da die Erhöhung der Elektronentemperatur auch die in der Feldstärke quadratischen Abweichungen vom Ohmschen Gesetz

$$j = \sigma_0(1 + \beta F^2)F \tag{3.94}$$

im Bereich schwach aufgeheizter (warmer) Elektronen beschreibt, besteht ein direkter Zusammenhang zwischen der Größe β einerseits und der Spannungsempfindlichkeit und Zeitkonstante bei μ-Photoleitfähigkeit andererseits:

$$S_U = \frac{\beta U_B}{V\sigma_0}[1 - \exp(-\alpha d)] \quad \text{bzw.} \quad \tau = \frac{3}{2}\beta\frac{k}{e}\frac{dT_e}{d\mu}. \tag{3.95}$$

(U_B – Betriebsspannung, V – Volumen, d – Dicke der Probe). Als Detektorprinzip wurde dies von Putley vorgeschlagen (siehe Abschnitt 6.5). Der Parameter β hängt von den wirksamen Streuprozessen und damit von der Temperatur ab, er ist negativ bei dominierender Gitterstreuung und positiv bei Streuung an ionisierten Störstellen, siehe bei Conwell (1967). Die Zeitkonstante τ beträgt z. B. in InSb bei $T = 4,2$ K ca. 200 ns.

Literaturempfehlungen

Bücher:

Conwell, E., High Field Transport in Semiconductors. New York und London: Academic Press 1967

Reviewartikel:

Esipov, S. E., Y. B. Levinson: The temperature and energy distribution of photoexcited hot electrons, Advances in Physics 36 (1987) 331 - 383

Konferenzbände:

Proceedings der Konferenzreihe International Conference on Hot Carriers in Semiconductors

3.6 Der innere Photoeffekt und der Impuls der Lichtquanten

Durch Übertragung des Impulses der Lichtquanten auf die Leitungselektronen in Halbleitern entsteht ein Photostrom bzw. bei Leerlauf eine Photo-EMK, dafür wurde die Bezeichnung Photon-Drag geprägt. Die größten Effekte werden bei Subbandübergängen beobachtet.

Auf welche Weise führt der Impuls der Lichtquanten zu einem Photoeffekt? In der klassischen Physik spricht man vom Lichtdruck, wenn man die Entstehung einer mechanischen Kraft auf das absorbierende Medium meint. In der Elektronentheorie von Plasmen wird der Lichtdruck als die Wirkung des Magnetfeldes der Lichtwelle auf den durch das elektrische Feld der Welle hervorgerufenen Strom interpretiert. Diese Argumentation mittels der Lorentzkraft sollte auf den durch *Intrabandabsorption* hervorgerufenen Effekt anwendbar sein. Dieser wurde auch als radioelektrischer Effekt oder als hochfrequentes Analogon des Halleffekts bezeichnet. Dementsprechend ist der Photoeffekt infolge Lichtdruck auf die Festkörperelektronen als nichtlinearer optischer Effekt der quasifreien Elektronen behandelt worden, wobei der Begriff ‚nichtlinear' wegen der nichtlinearen Abhängigkeit von der Feldstärke verwendet wird – die Signalgröße hängt linear von der Lichtintensität I ab. Zur Beschreibung der Anisotropie des Effekts in Kristallen hat sich ein Ansatz für den Photon-Drag-Strom in der Form

$$j_{\mathrm{drag}\,i} = \sum_{klm} \sigma_{iklm} I \kappa_k e_l e_m \tag{3.96}$$

bewährt (σ_{iklm} – Photon-drag-Tensor, $\boldsymbol{\kappa}$ – Wellenvektor, $\boldsymbol{e}_{l,m}$ – Einheitsvektoren in Richtung der Feldvektoren der Lichtwelle $\boldsymbol{F}^{\omega}_{l,m}$). In Halbleitern wie p-Germanium und p-Tellur kann man den Effekt an den Löchern beobachten, man nennt ihn *Photon-Drag-Effekt*, das heißt Mitführung der Elektronen durch die Photonen in Analogie zum ‚Phonon-Drag-Effekt' (Mitführung der Elektronen durch einen gerichteten Strom von Phononen, ein bekannter Beitrag zur Thermokraft). Bild 3.30 zeigt die dazu gewählte Probenform, die Meßanordnung und die Umkehrung des Signals bei Änderung der Einfallsrichtung der Strahlung eines CO_2-Impulslasers auf die p-Germanium-Probe.

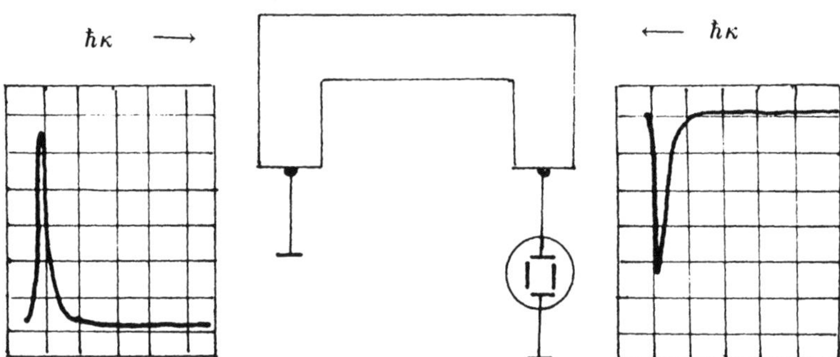

Bild 3.30 Probenform zur Untersuchung des Photon-Drag-Effekts und Umkehrung des Signals bei Umkehrung der Lichtrichtung. Impulsbreite etwa 200 ns.

In der in Abschnitt 2.1 eingeführten quantenmechanischen Beschreibung der Wechselwirkung des Festkörpers mit Licht spielen die $\boldsymbol{k}$-erhaltenden Übergänge eine zentrale Rolle. Bei diesen wurde offensichtlich bisher der Impuls der Lichtquanten ignoriert. Man kann nämlich leicht abschätzen, daß bei Lichtwellenlängen im sichtbaren oder im nahen infraroten Spektralbereich der Impuls des Photons $\hbar\boldsymbol{\kappa}$ bei allen vorkommenden Temperaturen klein gegen die mittleren Quasiimpulse der beteiligten Elektronen $\hbar\boldsymbol{k}$ ist. Wenn man den Impulssatz bei der Wechselwirkung von Licht mit den Festkörperelektronen betrachtet, ignoriert man demzufolge i.a. den Photonenimpuls; und wenn man von $\boldsymbol{k}$-erhaltenden Übergängen spricht, setzt man $\Delta\boldsymbol{k} = 0$ und meint mit $\boldsymbol{k}$-Erhaltung, daß die Quasiimpulse der beteiligten Elektronen (und Löcher) gleich sind. Die Übergangswahrscheinlichkeit für direkte Band-Band-Übergänge wird proportional $\delta_{\boldsymbol{k}\boldsymbol{k}'}$ angesetzt.

Die Meßergebnisse zum Photon-Drag-Effekt haben gezeigt, daß die größten Signale in Halbleitern gefunden werden, in denen $\boldsymbol{k}$-erhaltende Interbandübergänge freier Ladungsträger zwischen Subbändern möglich sind. Bei solchen werden bekanntlich besonders große Absorptionskoeffizienten im Ausläuferbereich beobachtet. Die Analyse führte gleichzeitig zu einem neuen Verständnis des Effekts: Bei Berücksichtigung des Photonenimpulses $\hbar\boldsymbol{\kappa}$ verlaufen die Übergänge im $E(\boldsymbol{k})$-Bild 3.31 nicht vertikal, sondern schräg. Dies bedeutet, daß die Übergänge für $\boldsymbol{k} \uparrow\uparrow \boldsymbol{\kappa}$ von Zuständen mit einer anderen Energie und bei einem anderen Wellenvektor aus erfolgen als für $\boldsymbol{k} \uparrow\downarrow \boldsymbol{\kappa}$. Bei Lichtabsorption entstehen in beiden Bändern entgegengesetzt antisymmetrische Ladungsträgerverteilungen im $\boldsymbol{k}$-Raum. Eine antisymmetrische Verteilungsfunktion ist einem Strom äquivalent, und dieser Photostrom wird ebenfalls als Photon-Drag bezeichnet. Das Vorzeichen hängt dabei außer vom Ladungsträgertyp auch von den relativen Beiträgen der beiden Bänder ab, und deren Vorzeichen wiederum wird durch die Energieabhängigkeit der Impulsrelaxationszeit bestimmt. Ist der Subbandabstand größer als die Energie der optischen Phononen, wird i. a. die Impulsrelaxationszeit im angeregten Zustand kleiner sein.

Photon-Drag-Signale liegen in der Größenordnung anderer Photoeffekte ohne Konzentrationserhöhung, die Spannungsempfindlichkeit erreicht etwa 1 mV/kW.

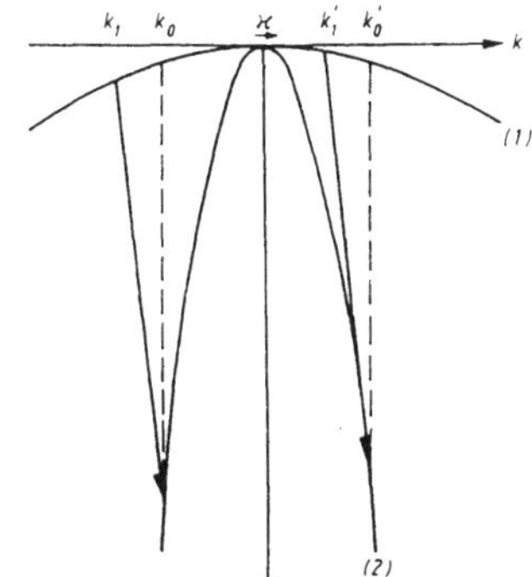

Bild 3.31
Optische Intervalenzbandübergänge in p-Germanium zur Erklärung des Photon-Drag-Effekts [74]. Die Pfeile beschreiben Löcherübergänge aus dem Band der schweren Löcher (1) ins Band der leichten Löcher (2).

Die Zeitauflösung ist theoretisch begrenzt durch die Lichtlaufzeit durch die Probe, bei 1 cm Probenlänge also etwa 100 ps. Praktische Anwendung finden Photon-Drag-Detektoren als Strahlmonitor bei Experimenten mit CO_2-Impulslasern.

Subbandübergänge treten auch zwischen Landauniveaus und im zweidimensionalen Elektronengas in Quantengrabenstrukturen (siehe Abschnitt 3.7) auf. In beiden Fällen ist es gelungen, einen Photon-Drag-Effekt nachzuweisen: für Übergänge zwischen Landau-Subbändern in n-InSb mit einem FIR-Laser ($\lambda = 119\ \mu$m) [91], für Übergänge zwischen den Subbändern infolge Maßstabsquantisierung in GaAs-Quantengräben mit einem CO_2-Laser [167].

Auch bei der *lichtinduzierten Drift* von Atomen [166] in einem Puffergas werden entgegengesetzte Teilströme im angeregten und im Grundzustand in Bewegung gesetzt, wenn die Stoßzeiten in beiden Zuständen unterschiedlich sind. Der Effekt ist aber kein Lichtdruck und viel größer als dieser (‚Laserkanone'). Die Analogie der Beschreibung ergibt sich aus der Selektivität bezüglich $\boldsymbol{k}$ bei $\boldsymbol{k}$-erhaltenden Band-Band-Übergängen einerseits und der Selektivität bezüglich der Geschwindigkeit bei einer inhomogen verbreiterten Absorptionslinie andererseits.

3.7 Photoeffekte in dimensionsreduzierten Systemen

In mikrostrukturierten Photoleitern ist das Energiespektrum durch die zusätzliche Quantisierung gegenüber dem Volumenmaterial modifiziert und die Vielfalt der Photoeffekte vergrößert. Die Aufprägung eines periodischen Potentials in Übergittern und Vielfach-Quantengräben ergibt zusätzliche Effekte.

Mit den dimensionsreduzierten Systemen hat die Mikroelektronik den nach neuen Meßobjekten suchenden Festkörperphysikern ein weites Betätigungsfeld geschenkt. Nachdem man gelernt hatte, Einkristalle atomarer und mehrkomponentiger Festkörper mit hoher Perfektion einerseits und mit vorgegebener Dotierung und Lebensdauer andererseits zu züchten, erreichte man in den 80er Jahren für wichtige Festkörper eine ähnliche Perfektion bei epitaktisch abgeschiedenen einkristallinen Schichten mit Dicken im Submikrometerbereich. Nach Einführung der Molekularstrahlepitaxie kann man dies nun auf einer Dickenskala von einer bis wenigen Atomlagen, dazu mit vorgebbarer, meist periodischer, Schichtfolge und atomar glatten Grenzflächen. So war das Wort ‚Mikrostrukturen' schnell moralisch verschlissen, ‚Nanostrukturen' wurden Standard. Schichtfolgen mit Überstruktur – Übergitter oder Vielfach-Quantengrabenstrukturen – haben modifizierte elektronische Eigenschaften, so daß man etwas euphorisch von *Bandstruktur-Engineering* oder gar *Wellenfunktions-Engineering* spricht. Durch weitere laterale Strukturierung entstehen Quantendrähte und Quantenpunkte. Diese Entwicklung brachte für die Photoeffekte viele neue interessante Facetten.

3.7.1 Energiespektrum und Zustandsdichte des niederdimensionalen Elektronengases

Zur Feststellung der **Dimensionalität** ist die Anzahl der Koordinatenrichtungen zu zählen, in denen sich die Elektronen quasifrei bewegen können:[19]

3-dimensional verhält sich das Elektronengas im unendlich ausgedehnten Festkörper. Diese Idealisierung ist für jeden realen makroskopisch ausgedehnten Festkörper erfüllt. Zur Vereinfachung der Theorie werden periodische Randbedingungen eingeführt.

2-dimensional ist das Elektronengas in einer dünnen Schicht, die in ein Material mit kleinerer Elektronenaffinität eingebettet ist (*Quantengraben*),

1-dimensional ist das Elektronengas in einem streifenförmigen Gebiet, das in ein Material mit kleinerer Elektronenaffinität eingebettet ist (*Quantendraht*),

0-dimensional ist das Elektronengas in einem in allen drei Koordinatenrichtungen begrenzten Gebiet, das in ein Material mit kleinerer Elektronenaffinität eingebettet ist (*Quantenpunkt*).

Quantendimensionseffekte Die zusätzliche Quantisierung des vordem (quasi-)kontinuierlichen Energiespektrums der Elektronen durch ein aufgeprägtes Potential ist eine Folge der Welleneigenschaften, sie wird beobachtbar, wenn die de-Broglie-Wellenlänge des Elektrons $\lambda = h/p$ vergleichbar mit den geometrischen Abmessungen des Systems wird. Es sei angenommen, daß die Potentialwand an der Grenze zum Nachbarmedium unendlich hoch sei. Anschaulich beschrieben, findet dann eine räumliche Konzentration der Wellenfunktion bzw. der Aufenthaltswahrscheinlichkeit des Elektrons statt. Diese Erscheinung bei den Elektronenwellen heißt *elektronisches Confinement*, die analoge Erscheinung bei Lichtwellen in einem optischen Wellenleiter heißt *optisches Confinement*.

[19] Die folgenden Betrachtungen knüpfen an den einführenden Abschnitt zum äußeren Photoeffekt an. Der an einer vertieften Darstellung interessierte Leser sei auf die angegebene Literatur verwiesen.

Durch konstruktive Interferenz der Elektronenwellen bildet sich ein Schwingungsmuster mit einer bestimmten Anzahl von Schwingungsmaxima heraus. Die Anzahl der Halbwellen kennzeichnet man als eine neue Quantenzahl j des Systems. Bei jeder Reduzierung der Dimensionalität ist eine zusätzliche Interferenzbedingung zu beachten, erscheint also eine neue solche Quantenzahl, bei der quasifreien Bewegung ist eine Komponente des Wellenvektors $\boldsymbol{k}$ weniger zu berücksichtigen. Die Energieeigenwerte für ein **2D**imensionales quasifreies **E**lektronen**G**as (2DEG) sollen ausführlicher betrachtet werden. Sei d die Linearabmessung des Quantengrabens, also im einfachsten Fall die Schichtdicke. Dann folgt aus Gl. (2.10) auf S. 23 zusammen mit der Interferenzbedingung $d = j(\lambda_j/2)$ die zusätzliche Eigenwertgleichung

$$E_j = \frac{\hbar^2}{2m_{\text{eff}}} \left(\frac{\pi}{d}\right)^2 j^2 \tag{3.97}$$

($j = 1, 2, \ldots$). Bei makroskopischen Abmessungen des Potentialtopfes liegen die Zustände sehr dicht, erst bei Strukturabmessungen um $d = 10$ nm erhält man für $m_{\text{eff}} = m_0$ eine Anhebung des untersten Niveaus um 3,7 meV. Kleinere effektive Massen vergrößern den Effekt. Besonders kleine Massen werden in GaAs ($m_{\text{n}} = 0{,}065\ m_0$), PbSe ($m_{\text{n}} = m_{\text{p}} = 0{,}03\ m_0$) und ähnlichen Halbleitern beobachtet. Es ist wichtig zu verstehen, daß Gl. (3.97) den Energie-Impuls-Zusammenhang für das vordem quasifreie Teilchen in derjenigen Richtung ersetzt, in der die Bewegung quantisiert wird. Wenn also die Schichtnormale im Ortsraum die Richtung der z-Achse hat, lautet die vollständige Beschreibung des Energiespektrums statt Gl. (3.97)

$$E_j = E_{\text{c}0} + \frac{\hbar^2}{2m_{\text{eff}}} \left[\left(\frac{\pi}{d}\right)^2 j^2 + k_x^2 + k_y^2 \right], \tag{3.98}$$

wobei k_x und k_y die nach wie vor (quasi-)kontinuierlichen Komponenten des Wellenvektors in der Schichtebene sind und der Energienullpunkt am Rand des Leitungsbandes explizit hingeschrieben wurde. Die Menge der Zustände bei festem j nennt man ein *Subband*. Der rechteckige Potentialtopf mit senkrechten Wänden ist der einfachste Modellfall, er läßt sich leicht als abrupte Doppelheterostruktur realisieren (siehe Bild 3.33); dieses Modell gilt aber nur bei Vernachlässigung von Raumladungen. Daneben lassen sich experimentell auch parabolische oder dreieckförmige Potentialverläufe erzeugen, letztere als asymmetrische Potentialgräben an der Oberfläche oder an Heteroübergängen unter Berücksichtigung der Raumladungen oder als symmetrische Potentialgräben mittels δ-Dotierung oder an Versetzungen.

Zustandsdichte des *i*dimensionalen Elektronengases Die energetische Zustandsdichte im 3D-Fall ist bereits im Abschnitt 2.1 angegeben worden, siehe Gl. (2.13) auf S. 24. Hier soll nochmals der Gedankengang skizziert werden, um auf die gewünschten Ausdrücke für die anderen Dimensionen zu kommen: Ausgangspunkt ist die Phasenraumquantisierung nach Sommerfeld, wonach im 6dimensionalen Orts-Impuls-Raum jedes Volumenelement der Größe $h^3 = (2\pi\hbar)^3$ mit einem

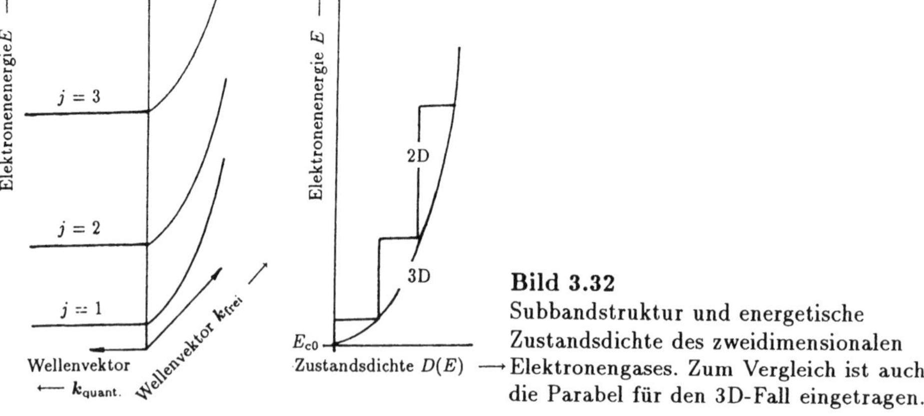

Bild 3.32
Subbandstruktur und energetische Zustandsdichte des zweidimensionalen Elektronengases. Zum Vergleich ist auch die Parabel für den 3D-Fall eingetragen.

Dimension i	Topologie des Volumenelements	Vol.element im i-dim. k-Raum	$D(E)$	Einheit von $D(E)$
3	Kugelschale	$4\pi k^2 dk$	$\frac{1}{2\pi^2}\left(\frac{2m^*}{\hbar^2}\right)^{3/2}\sqrt{E-E_{c0}}$	$1/\mathrm{eV{\cdot}cm^3}$
2	Kreisring	$2\pi k dk$	$\frac{1}{2\pi}\left(\frac{2m^*}{\hbar^2}\right)$	$1/\mathrm{eV{\cdot}cm^2}$
1	Achsenabschnitte	$2dk$	$\frac{1}{\pi}\left(\frac{2m^*}{\hbar^2}\right)^{1/2}\frac{1}{\sqrt{E-E_j}}$	$1/\mathrm{eV{\cdot}cm}$

Tabelle 3.2 Energetische Zustandsdichten für das i-dimensionale Elektronengas. Bei $i = 3$ gilt das angegebene $D(E)$ für $E > E_{c0}$, bei $i < 3$ *pro Subband* und für $E > E_j$.

Elektron jeder Spinrichtung besetzt werden kann. Im $\boldsymbol{k}$-Raum hat das entsprechende Volumenelement wegen $\boldsymbol{k} = \boldsymbol{p}/\hbar$ die Größe $(2\pi)^i$. Im i-dimensionalen $\boldsymbol{k}$-Raum kann die Zahl der Zustände zwischen k und $k+dk$ berechnet werden, indem das entsprechende Volumenelement durch $(2\pi)^i$ dividiert und wegen der beiden möglichen Spineinstellungen noch mit 2 multipliziert wird. Die Umrechnung vom $\boldsymbol{k}$-Raum auf die Energieachse erfolgt mittels

$$E(\boldsymbol{k}) = \frac{\hbar^2 \boldsymbol{k}^2}{2m^*} \quad \text{bzw.} \quad dE = \frac{\hbar^2}{2m^*} 2k dk. \tag{3.99}$$

Auf diese Weise ergeben sich die in Tabelle 3.2 angegebenen Ausdrücke.[20] Für den 2D-Fall sind in Bild 3.32 die Subbandstruktur und die energetische Zustandsdichte aufgetragen, zum Vergleich ist auch die 3D-Zustandsdichte dargestellt.

[20] Der Fall $i = 0$ wurde weggelassen, da photoelektrische Messungen an Quantenpunkten wegen der Notwendigkeit von Kontakten schwer vorstellbar sind. Man kann allerdings nach der Strukturierung die Zwischenräume mit Polyimid verfüllen und darauf einen Kontakt aufdampfen.

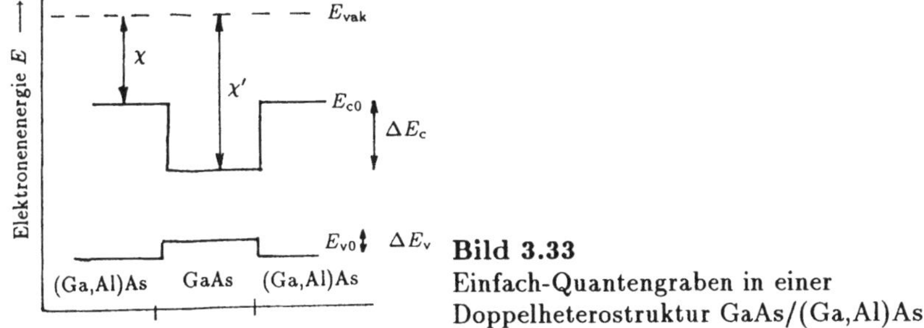

Bild 3.33
Einfach-Quantengraben in einer Doppelheterostruktur GaAs/(Ga,Al)As

Bandstruktur-Engineering Mit diesem Begriff wird die Möglichkeit charakterisiert, in meist periodischen Heterostrukturen dem Verlauf der Bandkanten gewünschte Potentialreliefs zu überlagern, insbesondere die Bandkanten-Diskontinuitäten für elektronische Effekte auszunutzen.[21]

Als Untersuchungsobjekte dienen Einfach- und Vielfach-Quantengräben (SQW- bzw. MWQ-Strukturen). Bezüglich der Photoeffekte wird vor allem in Vielfach-Quantengräben eine für Anwendungen akzeptable Absorption und damit Photoempfindlichkeit erreicht.

Eine Einfach-Quantengrabenstruktur (SQW - Single Quantum Well) kann als dünne GaAs-Schicht zwischen zwei (Ga,Al)As-Schichten verwirklicht werden, weil die Elektronenaffinität des (Ga,Al)As kleiner ist als die des GaAs. Eine solche Struktur ist von den GaAs/(Ga,Al)As-Doppelheterolasern bekannt. In diesem Zusammenhang wurde auch das im Bild 3.33 dargestellte Modell einer Heterostruktur nach Anderson entwickelt. Als Bezugspunkt für Energien wird das Vakuumpotential verwendet. Durch die experimentell bestimmbaren Elektronenaffinitäten, Energielücken und die Dotierung der beiden Materialien ist der Verlauf der Bandränder festgelegt, insbesondere die Aufteilung der Sprünge auf Leitungsband- und Valenzbandrand, die sog. Banddiskontinuitäten. (Zum Bändermodell von Heteroübergängen, SQW- und MQW-Strukturen siehe auch Margaritondo (1988).) Für das System AlAs/GaAs gilt z. B. $\Delta E_c : \Delta E_g = 0,65$.[22]

Offensichtlich ist die Tiefe eines solchen Potentialgrabens begrenzt und Gl. (3.97) kann nur eine Näherung sein. Genaue Werte kann man aber durch numerische Lösung der Schrödingergleichung in Effektivmassennäherung erhalten. Gravierender ist die Wirkung der Entartung des Valenzbandes in GaAs bei $k = 0$. Diese hat zur Folge, daß in dem im Valenzband gebildeten Potentialtopf zwei Serien von Subbändern entsprechend den unterschiedlichen Massen von leichten und schweren Löchern entstehen. Baut man z. B. mittels MBE eine Folge solcher Potentialgräben mit dazwischenliegenden Barrieren aufeinander auf, so spricht man von

[21] Da als Bandstruktur die Gesamtheit der Zustände $E(k)$ bezeichnet wird, wäre als deutsche Übersetzung evtl. *Bändermodell*-Manipulation o. ä. angemessener.

[22] Bei periodischer Fortsetzung ergibt sich ein *Typ-I-Übergitter*, diese stehen hier im Vordergrund des Interesses. In einem Typ-II-Übergitter sind die Bandkanten E_{c0} und E_{v0} räumlich gleichphasig moduliert.

einer Vielfach-Quantengrabenstruktur (MQW - **M**ultiple **Q**uantum **W**ell), wenn die Barrieren so breit sind, daß die Elektronen diese nicht durchtunneln können, bei Kopplung zwischen den Gräben spricht man eher von einem Übergitter. Die Kompositions-Übergitter wurden 1970 von Esaki und Tsu [55] vorgeschlagen.

Die Kenntnis der Bandkantensprünge an Heteroübergängen (Bandoffsets) ist wichtig zum Verständnis sowohl der Heteroübergänge selbst, als auch der SQW- und MQW-Strukturen und der an diesen beobachteten Effekte niederdimensionaler Trägerensembles. Prinzipiell müßte die bei der Behandlung der Photoemission der Halbleiter angegebene Tabelle 2.3 (S. 38) das Bild vollständig beschreiben: Die Summe aus Energielücke und Elektronenaffinität sollte für den einzelnen Halbleiter den oberen Rand des Valenzbandes und damit die Diskontinuität im Valenzband ergeben. Dabei hat man es aber einerseits mit der kleinen Differenz zweier großer Zahlen zu tun, andererseits ergaben sich nach langer kontroverser Diskussion auch Ansatzpunkte für eine Verbesserung des Modells, siehe z. B. bei Tersoff [158]. Eine **experimentelle Bestimmung der Bandkantensprünge** ist möglich mittels

- $C(V)$-Messungen,
- DLTS-Messungen,
- optischer Messungen und mittels
- Photoemission, dazu siehe Abschnitt 5.1.3.

Innere Photoemission Der Begriff *innere Photoemission* für den Transport optisch angeregter Träger über Potentialbarrieren innerhalb eines heterogenen Festkörpers wurde bereits im Abschnitt 3.2.5 bei der Besprechung der infrarotempfindlichen Schottkydioden verwendet. Im Zusammenhang mit Bandoffsets in Heterostrukturen verdient die innere Photoemission zweierlei Beachtung: Einerseits dient sie als Methode zur Bestimmung der Bandoffsets, andererseits sind einstellbare Bandoffsets evtl. für Infrarotdetektoren nutzbar.

Die Bestimmung von Bandoffsets mittels innerer Photoemission kann man als die Idee interpretieren, beim inneren Photoeffekt die ‚klassischen' Methoden zur Bestimmung der Austrittsarbeit nachzuvollziehen. In der Arbeit [38], in der die innere Photoemission über ni-Dichteübergänge in Si untersucht wird, ist gar von der *Interface-Austrittsarbeit* die Rede. Diese Methode (siehe die bei Margaritondo 1988 abgedruckten Arbeiten) ist besonders für kleine Sprünge geeignet. Sie nutzt die Photoanregung von Trägern nahe dem Interface und den nachfolgenden Transport in den breitlückigen Halbleiter oder Isolator über die Barriere hinweg. Dazu bestimmt man im Prinzip die Einsatzpunkte in der spektralen Photostromempfindlichkeit bei unterschiedlichen angelegten Spannungen. Für die Anwendung als Infrarotdetektor ist es besonders aussichtsreich, daß man in Heteroübergängen aus quasibinären Mischkristallen den Bandoffset durch die Komposition einstellen kann.

Neue Fragestellungen bezüglich der Photoeffekte ergeben sich in dimensionsreduzierten Systemen

- aufgrund des geänderten Energiespektrums und der daraus folgenden geänderten Zustandsdichte,
- durch die Aufprägung maßgeschneiderter Potentialreliefs an Heterogrenzen oder in periodisch dotierten Strukturen auf die Lage der Bandkanten im Ortsraum.

Dies ist zugleich eine Gliederung nach wachsender Originalität der beobachteten Photoeffekte.

3.7.2 Photoeffekte im Zusammenhang mit dem geänderten Energiespektrum

Einfluß der modifizierten Zustandsdichte bei Interbandanregung

Die stufenförmige Zustandsdichte im Leitungs- bzw. Valenzband überträgt sich bei $\boldsymbol{k}$-Erhaltung auf die für die Absorptionskante maßgebliche Interbandzustandsdichte. Daher erwartet man an der Interband-Absorptionskante einen steileren Anstieg des Absorptionsspektrums wie auch des Spektrums der spontanen Emission als im 3D-Fall mit Wurzelkante und weiterhin Stufen infolge einsetzender Übergänge zwischen höheren Subbändern. Ein steiles Einsetzen des Photoeffekts an der langwelligen Empfindlichkeitsgrenze ist bei Infrarotempfängern erwünscht, wo die Empfindlichkeit sich mit wachsender Grenzwellenlänge stark verringert. Der Effekt ist in verschiedenen Photoleitern beobachtet worden. Zur Untersuchung des *pn*-Photoeffekts bettet man die MQW-Struktur in das *i*-Gebiet einer *pin*-Struktur ein.

Der entscheidende Effekt zeigt sich allerdings im Lumineszenzspektrum: Der steilere Einsatz der Emission bewirkt eine Konzentration der injizierten Träger auf ein kleineres Energieintervall (*energetisches Confinement*) und damit eine Senkung der Schwellstomdichte von Injektionslasern. Aus diesem Grunde sind derartige Effekte vorwiegend mit rein optischen Verfahren untersucht worden.

Einfluß der modifizierten Zustandsdichte auf die äußere Photoemission

Die Stufen in der Zustandsdichte des 2-dimensionalen Elektronengases in einer $Al_{0,27}Ga_{0,63}As$/GaAs-MQW-Struktur mit einer 53 nm dicken GaAs-Deckschicht sind auch in der spektralen Quantenausbeute der Photoemission sichtbar gemacht worden [34]. Der Trick besteht darin, auf der GaAs-Oberfläche die NEA-Bedingung einzustellen, so daß die in Grabenzustände angeregten Elektronen das GaAs als thermische Ladungsträger verlassen können. Bei T = 120 K wurden zwischen der Energielücke des GaAs und der des (Ga,Al)As-Substrats die Kanten der Übergänge $hh1 \rightarrow e1, lh1 \rightarrow e1$ nachgewiesen.

Photoeffekte zwischen Subbändern bei vertikalem Transport

Die auffallendste Veränderung im Energiespektrum des niederdimensionalen Elektronengases ist das Auftreten von Subbändern. Photoeffekte bei Anregung zwischen Subbändern (μ-Photoleitfähigkeit) sind in Abschnitt 3.5 als Effekte heißer Elektronen behandelt worden. Zusätzliche freie Ladungsträger entstehen dabei nicht; wegen der hohen und kontinuierlichen Zustandsdichte im Band erfolgt die Energierelaxation in Zeiten von der Größenordnung einer Pikosekunde, so daß die meßbaren Photoleitfähigkeitssignale extrem klein sind.

Die im gleichen Abschnitt 3.5 bereits diskutierte Landauquantisierung kann als Effekt der Dimensionsreduzierung infolge der Zyklotronbewegung in der Ebene senkrecht zum Magnetfeld aufgefaßt werden. Die Bewegung ist in zwei Dimensionen harmonisch: Als Eigenwerte ergeben sich die des harmonischen Oszillators, die Zustandsdichte im Magnetfeld ist die eines eindimensionalen Elektronengases, siehe Tabelle 3.2 für $i = 1$.

Andererseits wird durch Dimensionsreduzierung die vordem kontinuierliche energetische Zustandsdichte strukturiert, und man schließt aus der Beobachtung stärkerer Aufheizung der Träger im Lumineszenzspektrum für den 2D- bzw. 1D-Fall gegenüber dem unstrukturierten Ausgangsmaterial (3D-Fall) auf eine Verlangsamung der Energierelaxation. Dies würde Intraband-Photoeffekte für die Anwendungen attraktiver machen, zumal infolge des Confinements auch bei geringen Schichtdicken hohe Absorptionskoeffizienten erreicht werden.

Die Photoleitfähigkeit infolge Anregung zwischen Subbändern bei *parallelem Transport* bietet gegenüber dem 3D-Fall wenig Neues. Da der Photoeffekt über die Absorption freier Träger angeregt wird, müssen die Quantengräben dotiert sein, damit der Grundzustand besetzt ist und ein hinreichender Absorptionskoeffizient erreicht wird. Im folgenden sollen in der Reihenfolge abnehmender Behinderung des *vertikalen Transports* durch die Barrieren Möglichkeiten für neuartige Photoeffekte beschrieben werden.

Elektronische Polarisation in den Gräben bei undurchdringlichen Barrieren In einer asymmetrischen Quantengrabenstruktur aus schwach gekoppelten Gräben (Bild 3.34a) wurde eine Photo-EMK beobachtet [134], die wie folgt gedeutet wird: Elektronen werden optisch aus dem Grundzustand 1 im 7 nm breiten Graben in den beiden Gräben gemeinsamen angeregten Zustand 2 angehoben, sie relaxieren teilweise in den Grundzustand 3 des schmaleren Grabens (5 nm). Die Andeutung der Aufenthaltswahrscheinlichkeiten im Bild gibt eine Vorstellung von der Lokalisierung der Zustände. In den rechten Graben relaxierte Elektronen und die zurückgebliebenen positiven Donatorrümpfe im linken Graben bauen eine makroskopische Polarisation auf. Wegen der schwachen Kopplung zwischen den Gräben hat dieser Zustand eine hohe ‚Lebensdauer' von ca. 6 ps. Die Polarisation wurde als Photo-EMK von 10 μV bei Anregung mit einem CO_2-Laser (Intensität 6 W/cm^2) nachgewiesen. Bei Beschreibung des Effektes als ‚optische Gleichrichtung' – ein nichtlinearer optischer Effekt, der auch im 3D-Fall in Kristallen ohne Inversionszentrum beobachtet wird

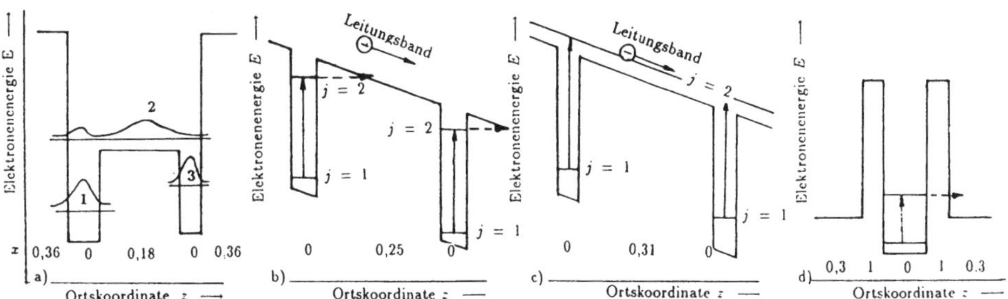

Bild 3.34 Photoeffekte infolge von Subbandübergängen in MQW-Strukturen (GaAs-Gräben zwischen (Ga,Al)As-Barrieren): a) Optische Gleichrichtung in einer asymmetrischen Doppelgrabenstruktur, b) zweistufiger Prozeß aus Subbandübergang und Tunnelemission ins Leitungsband, c) Übergänge aus dem gebundenen Grundzustand in den mit dem Kontinuum entarteten ersten angeregten Zustand, d) Struktur mit AlAs-Tunnelbarrieren. Die Ziffern in der untersten Zeile geben die Mischkristall-Zusammensetzung des $Ga_{1-x}Al_xAs$ an, Graben- bzw. Barrierenbreiten sind nicht maßstäblich dargestellt.

– finden die Autoren, daß der nichtlineare Koeffizient um sechs Größenordnungen gegenüber dem 3D-Fall erhöht ist.

Photoleitfähigkeit bei Subbandanregung mit anschließendem Tunneln Bei Subbandübergängen in Quantengräben angeregte Ladungsträger können für den vertikalen Transport beweglich gemacht werden, wenn durch Tunneleffekt eine Anhebung aus dem angeregten Zustand ins Leitungsband der Barrieren erfolgt. Dies ist in einer MQW-Struktur in einem genügend starken elektrischen Feld möglich, wenn die Grabenbreite so eingestellt wird, daß der erste angeregte Zustand $j = 2$ gerade noch als gebundener Zustand im Graben liegt, s. Bild 3.34b. Ohnehin ist wie bei der Glüh- oder Photoemission der Schottkyeffekt zu berücksichtigen – man vergleiche Bild 3.34b mit Bild 2.5 auf S. 19.

Beim Subbandübergang $j = 1 \rightarrow j = 2$ entsteht eine relativ schmale Absorptionsbande, deren Lage mittels der Grabenbreite und der Mischkristallzusammensetzung des Barrierenmaterials (Ga,Al)As eingestellt werden kann und deren relative Breite $\Delta\lambda/\lambda$ etwa 10 % beträgt. Bei einer Wellenlänge von 10 μm wurde mit 50 Perioden ein Absorptionskoeffizient von 1000 cm^{-1} erreicht. Immerhin hat eine solche Struktur eine Stromempfindlichkeit von 1,2 A/W. Das ist einigermaßen sensationell, können doch mit diesem Prinzip Infrarotdetektoren aus GaAs/(Ga,Al)As hergestellt werden und möglicherweise eines Tages den schwerer zu beherrschenden Werkstoff (Hg,Cd)Te ersetzen.

Photoleitfähigkeit bei Anregung aus gebundenen in freie Zustände Wird die Grabenbreite so eingestellt, daß nur der Grundzustand $j = 1$ als gebundener Zustand im Graben liegt, der nächsthöhere Zustand $j = 2$ aber mit dem Kontinuum des Leitungsbandes in den Barrieren entartet ist, so ergibt sich bei Anlegen eines äußeren elektrischen Feldes die im Teilbild 3.34c dargestellte Situation. Dieser Fall ähnelt der Photoionisation von Lokalzuständen bei der Störstellen-Photoleitfähigkeit; der Potentialgraben enthält aber einige 10^{11} Elektronen pro cm^2, was die viel größeren Absorptionskoeffizienten bei dem hier betrachteten Prozeß erklärt. Erwartungsgemäß ist die spektrale Breite der Absorption größer als bei Übergängen zwischen zwei gebundenen Zuständen. Die erzielten Detektorparameter sind besser als im vorhergehenden Fall, weil dort der Teilschritt Tunnelemission einen zu großen Dunkelstrom bewirkt. Die Autoren [100] haben den auf der letztgenannten Struktur beruhenden Infrarotdetektor ‚BEST' genannt (von engl. **B**ound to **E**xtended **S**uperlattice **T**ransition).

Auf den ersten Blick besteht ein Nachteil beider Strukturen darin, daß aufgrund der für optische Übergänge in MQW-Strukturen gültigen speziellen Auswahlregeln das in Normalenrichtung auf die Schichten auftreffende Licht nicht absorbiert wird. Im Laborversuch hilft man sich – insbesondere für Absorptionsmessungen – durch Anschrägen des Substrats und Einstrahlung unter einem geeigneten Winkel wie beim Prismenkoppler, so daß eine Strahlungskomponente mit einem elektrischen Feldvektor senkrecht zu den Schichten entsteht. Eleganter und für die Anwendungen allein sinnvoll ist die Anbringung eines geätzten Gitterkopplers auf der Oberfläche. Durch Kombination mit einem oberflächennahen Wellenleiter erreicht man Kopplungswirkungsgrade nahe 100 % für senkrecht einfallende Strahlung. Mit dieser Technologie sind bereits infrarotempfindliche Matrixsensoren mit 128 × 128 Pixeln hergestellt worden [100].

Vergrößerung der Tiefe der Potentialgräben Tiefere Potentialgräben lassen sich erzielen, wenn Tunnelbarrieren aus AlAs verwendet werden [140] - die Leitungsband-Diskontinuität zum GaAs beträgt etwa 1,05 eV. In diesem Potential können Elektronen stärker gebunden werden, so daß man den Subbandübergang $j = 1 \rightarrow j = 2$ bis zu einer Energie von 295 meV schieben konnte. Der Absorptionskoeffizient einer MQW-Struktur mit 50 Perioden betrug $6 \cdot 10^4$ cm^{-1}. Die beobachtete Halbwertsbreite der Bande von 34 meV wurde auf Dickenfluktuationen der individuellen Quantengräben von nur ±1 Monolagen zurückgeführt. Macht man die AlAs-Barrieren hinreichend dünn (2 nm in Bild 3.34d), können die angeregten Elektronen sie durchtunneln und am vertikalen Transport teilnehmen. Bei leichter Asymmetrie der AlAs-Tunnelbarrieren wurde außer Photoleitfähigkeit auch eine Photo-EMK beobachtet. Die gemessene Temperaturabhängigkeit des Dunkelstroms läßt günstige Detektivitäten solcher photovoltaischer Subbanddetektoren erwarten.

Photoleitfähigkeit in $Si/Si_{1-x}Ge_x$-MQW-Strukturen (siehe Manasreh 1993) In $Si/Si_{1-x}Ge_x$-MQW-Strukturen, die auf Siliciumsubstrat gezüchtet werden, sind die $Si_{1-x}Ge_x$-Schichten aufgrund von Gitterfehlpassung elastisch verspannt; derartige Schichtfolgen nennt man auch Übergitter mit verspannten Schichten (SLSL, engl. **S**trained **L**ayer **S**uper**L**attice). In solchen hat die Gitterkonstante der verspannten Schicht näherungsweise den Wert des Substrats bzw. der Barrieren;

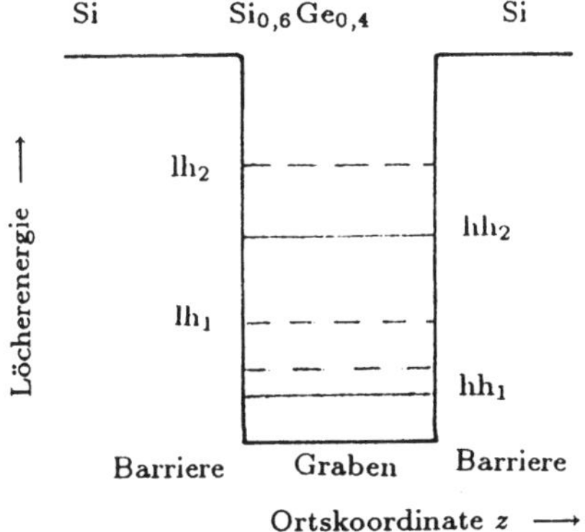

Bild 3.35
Lage der Subbandkanten im Γ-Punkt in einer p-Si/p-$Si_{0,6}Ge_{0,4}$-MQW-Struktur (ein Quantengraben dargestellt). Die Bandkanten der schweren Löcher (hh) sind ausgezogen, die der leichten Löcher (lh) gestrichelt. Löcherenergien sind positiv nach oben gezählt.

wegen der kleinen Schichtdicke werden aber die Spannungen nicht durch Versetzungsbildung abgebaut. Die Valenzbandstruktur der Halbleiter mit Diamantstruktur ist äquivalent derjenigen der Halbleiter mit Zinkblendestruktur, d. h. im Γ-Punkt sind im unverspannten Zustand die Bänder der leichten und der schweren Löcher miteinander entartet, nur das durch Spin-Bahn-Wechselwirkung abgespaltene dritte Band liegt bei höherer Löcherenergie. Bei Verspannung wird diese Entartung aufgehoben, der Boden des Potentialtopfes für die leichten Löcher (gestrichelt) ist gegenüber demjenigen für die schweren Löcher (durchgezogen) um 69 meV angehoben (Zahlenwert für $Si_{0,6}Ge_{0,4}$/Si, siehe Manasreh 1993). Außerdem besteht zwischen Si und $Si_{1-x}Ge_x$ eine große Valenzbanddiskontinuität, so daß die Mischkristallschicht einen Potentialgraben für die Löcher bildet. Im angenommenen Beispiel beträgt die Valenzbanddiskontinuität und damit die Tiefe des Potentialtopfes über 300 meV.

Bild 3.35 zeigt den Kantenverlauf in einer solchen p-Quantengrabenstruktur. Wegen der unterschiedlichen effektiven Massen existieren zwei getrennte Leitern der Subbandkanten für leichte und schwere Löcher, die mit lh_j bzw. hh_j bezeichnet sind. In den unverspannten Silicium-Barrieren bleiben auch in Γ beide Bänder miteinander entartet. Zur Erzielung eines ausreichenden Absorptionskoeffizienten infolge von Subbandübergängen der Löcher müssen die Gräben wie bei der GaAs/(Ga,Al)As-Struktur dotiert sein, hier natürlich mit Akzeptoren.

Zur Erzeugung in Normalenrichtung der Schichten beweglicher Löcher bei einem Subbandübergang wird der erste angeregte Zustand so eingestellt, daß er mit dem Kontinuum in den Silicium-Barrieren entartet ist. In p-Si/p-$Si_{0,85}Ge_{0,15}$-MQW-Strukturen erreicht man dies z. B. für 10-μm-Anwendungen mit 3 nm Grabenbreite bei 50 nm Barrierenbreite. Die spektrale Breite der Absorptionsbande ist in diesen verspannten Strukturen generell größer als in den GaAs/(Ga,Al)As-MQWs, vermutlich infolge der Nichtparabolizität. Die Gräben werden mit $p \approx 10^{19}$ cm^{-3} p-dotiert, das Schichtpaket mit typisch 50 Perioden wird zwischen hochdotierte Kontaktschichten eingebettet, an die eine Spannung angelegt werden kann.

Bei $T = 77$ K wurden an einer Mesastruktur mit 200 μm Durchmesser eine maximale Empfindlichkeit $S_I = 0,6$ A/W bei $\lambda = 8,6$ μm und ein r_0A-Produkt von

9,4 $\Omega \cdot cm^2$ gemessen, der Dunkelstrom ist größer als in vergleichbaren GaAs-MQW-Strukturen. Die Absorption ist wie bei (Ga,Al)As-MQWs polarisationsabhängig, offenbar spielt hier auch die Absorption durch freie Ladungsträger mit nachfolgender innerer Photoemission eine Rolle. Die Anwendung von Si/(Si,Ge) würde gegenüber GaAs/(Ga,Al)As eine monolithische Integration mit Si-ICs ermöglichen.

Zur quantitativen Beschreibung des Photostroms bei gegebener Feldstärke F wird in [87] die Zahl der in den einzelnen Quantengräben (Index n, Gesamtzahl N) durch Absorption ins Leitungsband der Barrieren angehobenen Elektronen mit der Wahrscheinlichkeit multipliziert, daß diese Träger den Kontakt durch Drift erreichen:

$$I_{\text{photo}}(F) = \frac{eP_0(1-\rho)}{\hbar\omega} \sum_{n=1}^{N} \left(e^{-\alpha n l} + e^{-\alpha(2N-n)l}\right) \alpha l e^{-nL/v(F)\tau} \qquad (3.100)$$

(P_0 – einfallende Strahlungsleistung, l – Grabenweite, L – Übergitterperiode, α – Absorptionskoeffizient, $v(F)$ – Driftgeschwindigkeit, τ – Lebendauer der Elektronen im Leitungsband, $v(F)\tau$ – Driftlänge). Mit den Annahmen $\alpha l N \ll 1$, $L/v(F)\tau \ll 1$ und $v(F) = \mu F/(1+\mu F/v_{\text{D sätt}})$ (μ Beweglicheit im schwachen Feld, $v_{\text{D sätt}}$ Sättigungsdriftgeschwindigkeit) folgt daraus die Stromempfindlicheit $S_{\text{I}} = I_{\text{photo}}/P_0$

$$S_{\text{I}}(F) \approx \frac{2e\alpha\tau(1-\rho)}{\hbar\omega} \frac{l}{L} \frac{\mu F}{1+\mu F/v_{\text{D sätt}}}. \qquad (3.101)$$

Mit dem gemessenen $\alpha(9,5\ \mu\text{m}) = 2800\ \text{cm}^{-1}$ und $v_{\text{D sätt}} = 10^7$ cm/s konnten die Autoren von [87] die gemessene Abhängigkeit der Empfindlichkeit von der Feldstärke am besten mit $\mu = 10^3\ \text{cm}^2/\text{Vs}$ und einer Lebensdauer $\tau = 15$ ps anpassen. Die als ‚Lebensdauer' bezeichnete Größe wäre allerdings auch hier besser als Energierelaxationszeit zu bezeichnen. Dieses Ergebnis ist insofern interessant, als es die oben erwähnte Vorstellung von einer verringerten Elektron-Phonon-Wechselwirkung infolge der modifizierten energetischen Zustandsdichte stützt – bei der Bewertung der Zeitkonstante bedenke man $E_2 - E_1 \gg \hbar\omega_{\text{LO}}$.

3.7.3 Vertikaler Transport über maßgeschneiderte Potentialreliefs

Die Übergitter-Lawinenphotodiode

Von vertikalem Transport spricht man bei Bewegung der Ladungsträger in Richtung des Schichtwachstums, also in der Richtung des in den Zeichnungen dargestellten Potentialreliefs. Dabei wirken sich Banddiskontinuitäten an Heterogrenzen und innere Felder infolge Gradierung auf die Energie der Träger aus.

Im Abschnitt 6.3 wird folgendes Problem umrissen: Eine Lawinenphotodiode (APD) arbeitet dann besonders rauscharm, wenn entweder die Elektronen *oder* die Löcher einen hohen Stoßionisationskoeffizienten α_{n} bzw. α_{p} haben. Sind beide vergleichbar, entsteht durch die Ausbreitung einer Elektronen- und einer Löcherlawine unnötig viel Stochastik. In dieser Hinsicht bestehen zwar in Silicium günstige

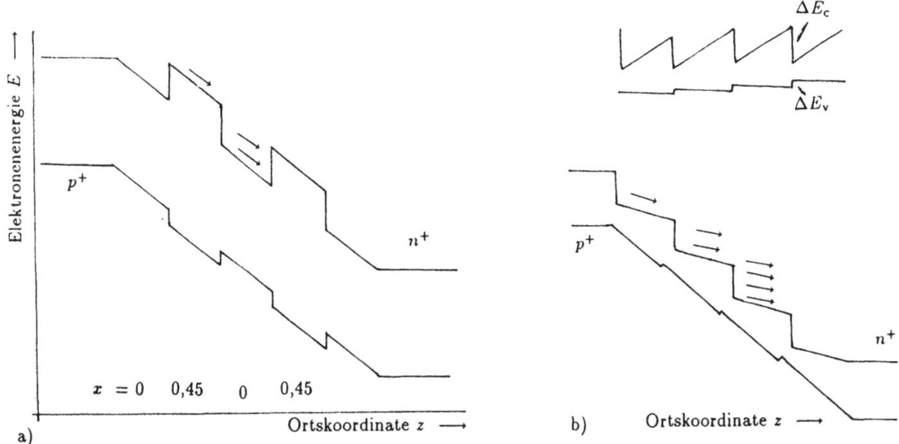

Bild 3.36 a) GaAs/GaAlAs-MQW-Struktur als Lawinen-Photodiode, b) GaAs/GaAlAs-Sägezahn-Übergitter-APD nach Capasso: oben ohne Feld, unten mit angelegtem elektrischem Feld. Die Pfeile symbolisieren bewegte Elektronen.

Verhältnisse, nicht jedoch in GaAs ($\alpha_n/\alpha_p \approx 2$) oder in den für die Lichtwellenleitertechnik bei 1,3 und 1,55 μm wichtigen Halbleitern (Ga,In)As, bei denen nahezu $\alpha_n = \alpha_p$ gilt. Zur Lösung dieses Problems gibt es verschiedene Ansätze unter Nutzung von MQW-Strukturen oder Übergittern, die bisher nur z. T. realisiert worden sind.

In der MQW-Lawinenphotodiode wurde eine MQW-Struktur aus 25 Perioden von je 45 nm GaAs und 55 nm $Ga_{0,55}Al_{0,45}As$ als 2,5 μm dicke Verarmungsschicht in eine Photodiode eingebaut. Die Feldstärke wird oberhalb von 10^5 V/cm eingestellt. Die im (Ga,Al)As beschleunigten Elektronen gewinnen beim Eintritt in das schmallückige GaAs abrupt eine Energie, die der Banddiskontinuität ΔE_c = 0,38 eV entspricht. Dadurch werden sie stärker zur Stoßionisation befähigt als die Löcher, deren Energiegewinn nur ΔE_v = 0,23 eV beträgt. Aus makroskopischer Sicht ist in einer solchen Struktur das Verhältnis der Stoßionisationskoeffizienten vergrößert. Für GaAs/(Ga,Al)As wurde mit einer solchen Struktur bei einem Multiplikationsfaktor $M = 10$ ein erhöhtes Verhältnis der Stoßionisationskoeffizienten $\alpha_n/\alpha_p = 8$ gemessen. Die auf diese Weise für $Ga_{0,6}Al_{0,4}As$/GaAs-Übergitter bestimmten Stoßionisationskoeffizienten α_n und α_p sind in Bild 3.37 dargestellt.

Als praktisches Problem tritt bei dieser Struktur ein Haften der Elektronen in den Quantengräben auf. Zur Verbesserung hat Capasso 1983 die Zwischenschaltung gradierter Gebiete vorgeschlagen. Eine spezielle Variante stellt die Sägezahn-Lawinenphotodiode in Bild 3.36 (rechtes Teilbild) dar. Diese Struktur nutzt das Potentialrelief in einem Übergitter mit sich wiederholenden gradierten $Ga_{1-x}Al_xAs$-Schichten, um den Elektronen in der vorgespannten Struktur eine hohe und den Löchern eine geringe Fähigkeit zur Stoßionisation zu geben. Entscheidend dafür sind auch hier die sich herausbildenden Diskontinuitäten im Leitungsbandrand an

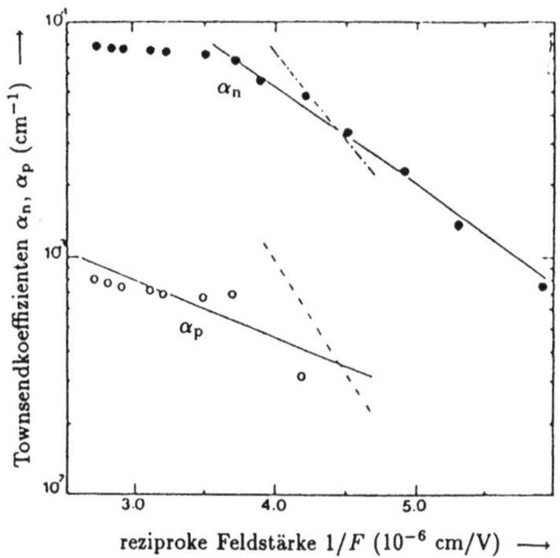

Bild 3.37
Effektive Stoßionisationskoeffizienten für Elektronen (α_n) bzw. Löcher (α_p) in einer Lawinenphotodiode mit einem $Ga_{0,6}Al_{0,4}As$/GaAs-Übergitter (57 nm Barrieren/42,4 nm Gräben) als Funktion der reziproken Feldstärke [174]

den Übergangsstellen zwischen breitlückigem (Ga,Al)As und schmallückigem GaAs. Elektronen können, wenn sie eine genügend große Driftlänge haben, die Struktur von links nach rechts quasi-ballistisch durchlaufen. In den gradierten Gebieten werden sie durch das elektrische Feld beschleunigt, jeweils am (Ga,Al)As/GaAs-Interface erlangen sie infolge der Banddiskontinuität so viel kinetische Energie, daß sie durch Stoßionisation ein zusätzliches Elektron-Loch-Paar erzeugen können. Das erzeugte Elektron nimmt weiter am Lawinenprozeß teil, das erzeugte Loch jedoch nicht, da die Valenzband-Diskontinuität seine Bewegung in rückläufiger Richtung behindert. Aus mikroskopischer Sicht wirkt die Struktur wie ein Multiplier, siehe Abschnitt 6.3. Durchläuft ein Elektron n gradierte Gebiete, wird der Multiplikationsfaktor 2^n.

Trennung von Elektronen und Löchern durch aufgeprägte Potentialreliefs

Optisch angeregte Elektronen und Löcher werden in Strukturen mit Raumladungen getrennt. Dies führt ja nachgerade zu den interessantesten Photoeffekten in Halbleitern. Als neue Möglichkeit werden jetzt Übergitter mit periodischen Raumladungszonen zur Ladungstrennung behandelt.

Dotierungsübergitter: Die *nipi*-Struktur Bei den MQW-Strukturen bzw. Dotierungsübergittern entsteht das periodische Potential durch die unterschiedliche Energielücke und Elektronenaffinität der kombinierten Festkörper. Bei der *nipi*-Struktur dagegen entsteht das Potentialrelief wie im *pn*-Übergang durch die Raumladung ionisierter Fremdatome. Bei periodischer *n*- und *p*-Dotierung und somit periodischer Raumladung nennt man dies ein *Dotierungs-Übergitter* und benutzt *nipi* häufig als Synonym, auch wenn nicht die vollständige Schichtenfolge *nipi* realisiert ist.[23] Die *nipi*-Struktur wurde von Döhler angegeben (siehe Döhler 1987, 1990).

[23] Mittels δ-Dotierung können auch Übergitter mit anderem als dem parabolischen Potentialverlauf hergestellt werden.

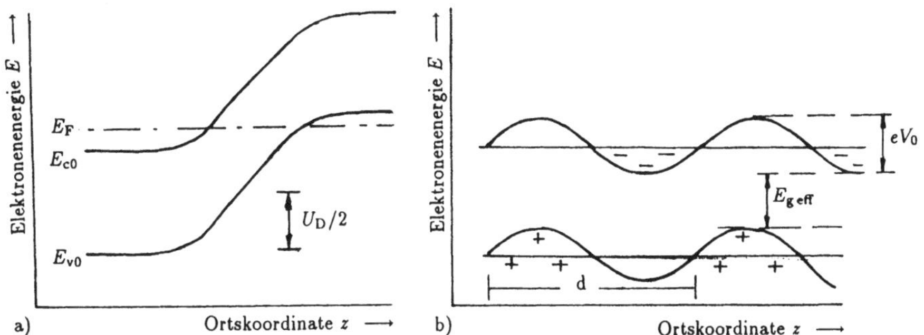

Bild 3.38 Analogie zwischen dem Bändermodell eines *pn*-Übergangs (a) und eines *nipi*-Übergitters (b)

In Bild 3.38 wird das Bändermodell eines *nipi* mit dem des *pn*-Übergangs nach Bild 3.7 auf S. 74 verglichen. Bei der Behandlung der Photodiode wurde gezeigt, daß im *pn*-Übergang eine Potentialstufe entsteht, die sich bei symmetrischer Dotierung je zur Hälfte im *n*- und im *p*-seitigen Teil der Raumladungszone ausbildet. Aus dieser Interpretation des *nipi* als Folge von *pn*- und *np*-Übergängen folgt unmittelbar das periodische Potential

$$2V_0 = \frac{2\pi e^2}{\epsilon_0 \epsilon_r} \left[N_D \left(\frac{d_n}{2} \right)^2 + N_A \left(\frac{d_p}{2} \right)^2 \right], \tag{3.102}$$

wobei $N_d d_n = N_A d_p$ vorausgesetzt wurde. $d = d_n + d_p$ ist die halbe Übergitterperiode. Dieses periodische Potential moduliert die Bandränder, wie in der Abbildung dargestellt. Man nennt es *nipi*-Potential. Das *nipi*-Potential verkleinert die Bandlücke auf einen effektiven Wert

$$E^0_{g\,eff} = E_g - 2eV_0. \tag{3.103}$$

Der Gleichgewichtswert $E^0_{g\,eff}$ kann Null werden wie in einem Halbmetall oder sogar negativ. $E_{g\,eff}$ kann aber auch durch optisch oder über selektive Kontakte injizierte Ladungsträger dynamisch verändert werden, da zusätzliche freie Ladungsträger die Raumladungen und damit das periodische Potential teilweise kompensieren. Diese Abstimmbarkeit der Energielücke zieht eine Abstimmbarkeit der Absorptionskante und der Interband-Lumineszenz nach sich.

Paarrekombination im *nipi*-Übergitter Optisch angeregte Elektron-Loch-Paare werden in einer *nipi*-Struktur wie im *pn*-Übergang räumlich getrennt. Manchmal wird diese Situation in Abgrenzung zur indirekten Energielücke im $\boldsymbol{k}$-Raum als *indirekte Energielücke im realen Raum* bezeichnet. Bei selektiver Kontaktierung der *n*- und *p*-Schichten kann man die Trennung optisch injizierter Elektron-Loch-Paare als Photospannung in Analogie zur Photospannung am *pn*-Übergang beobachten, siehe das Beispiel für GaAs in Bild 3.39a. Dieses Experiment beweist anhand der

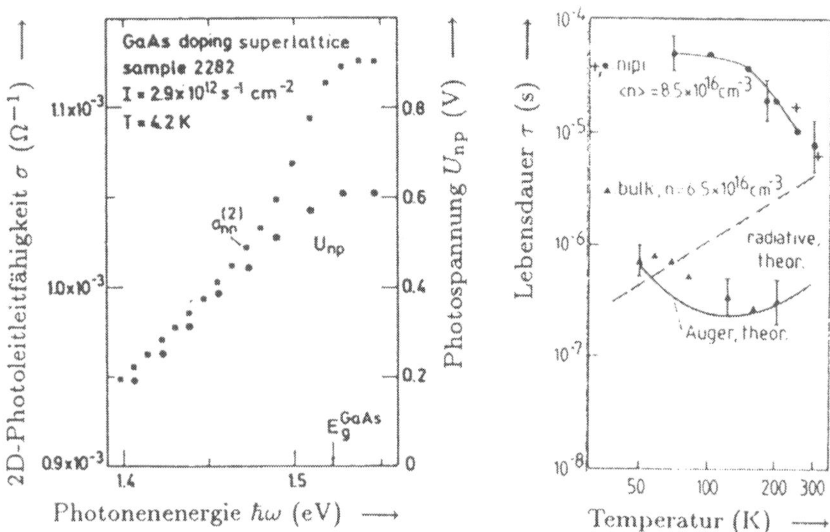

Bild 3.39 Photoeffekte an *nipi*-Übergittern. a) Photo-EMK an GaAs [95], b) Beispiel für die Lebensdauererhöhung in PbTe: •*nipi*-Messung; △ Volumenmaterial mit $n = 6,5 \cdot 10^{16}$ cm^{-3}; ausgezogene Kurve: Augerrekombination berechnet, gestrichelte Kurve: strahlende Rekombination berechnet [82]

Anregungmöglichkeit mit Lichtquanten $\hbar\omega \ll E_g$ zugleich die durch Gl. (3.103) beschriebene Verringerung der effektiven Energielücke gegenüber dem Volumenmaterial. Diese wirkt sich zusammen mit dem inneren elektrischen Feld in der Weise auf die Absorptionskante aus, daß ein exponentieller Kantenausläufer entsteht. Der Feldeinfluß kann als Franz-Keldysh-Effekt auf die Kante beschrieben werden. Da es sich um kleine Absorptionskoeffizienten handelt, ist dieser Effekt erfolgreich mittels Photostromspektroskopie untersucht worden.

Als wichtige Konsequenz ist die Band-Band-Rekombination von Elektronen und Löchern erschwert, weil die Überlappung der Wellenfunktionen verringert ist. Mittels Abklingen der Photoleitfähigkeit wurden an GaAs-*nipis* Paarlebendauern bis zu 1000 s beobachtet. Bild 3.39b zeigt am Beispiel PbTe einen Vergleich mit den für Volumenmaterial gemessenen bzw. theoretisch berechneten Lebensdauern. Die Erhöhung der Paarlebensdauer führt zu einer Erhöhung der Photostromverstärkung in entsprechenden Photowiderständen. Zur Anwendung siehe [131].

Paralleler Transport

Die Kanal-Lawinenphotodiode Kombiniert man Dotierungs- und Kompositionsübergitter zu einem *Hetero-nipi*, so entsteht ein besonders starkes aufgeprägtes Potentialrelief, in dem Elektronen und Löcher effektiv getrennt werden und sich in ihren Eigenschaften noch stärker unterscheiden können als beim *nipi*. Bei der Kanal-Lawinenphotodiode wird der longitudinale Transport in einer periodischen Struktur aus breitlückigen p-Gebieten und schmalerlückigen n-Gebieten ausgenutzt. Das von außen angelegte Längsfeld sei so hoch, daß Stoßionisation möglich ist. Durch einfallendes Licht geeigneter Quantenenergie sollen nur im schmallückigen Halbleiter Elektron-Loch-Paare erzeugt werden. Die Elektronen bleiben in den schmalerlückigen Schichten und können dort stoßionisieren, die Löcher werden in die breitlückigen Schichten abgesaugt, bevor sie die zur Stoßionisation nötige Energie erlangen, wenn die Schichtdicke kleiner als $1/\alpha_\mathrm{p}$ ist. Im breitlückigen Halbleiter ist aber die Stoßionisation schwächer. Auch auf diese Weise kann man eine Vergrößerung des Verhältnisses der Townsend-Koeffizienten $\alpha_\mathrm{n}/\alpha_\mathrm{p}$ erwarten.

μ-Photoleitfähigkeit im Ortsraum In einer Heterostruktur GaAs/(Ga,Al)As können durch Licht mit einer Quantenenergie, die die Höhe der Potentialbarriere überschreitet, Ladungsträger über die Barriere hinweg angeregt werden. Dies wurde schon mehrfach als innere Photoemission über Heterogrenzen erwähnt. Regt man Elektronen aus dem schmallückigen GaAs in das breitlückige (Ga,Al)As an, so kann man bei einer Leitfähigkeitsmessung *parallel* zur Heterogrenze eine negative Photoleitfähigkeit beobachten, weil die Beweglichkeit der Elektronen im (Ga,Al)As geringer als im GaAs ist. Dies entspricht der Leitfähigkeitsänderung bei Anregung zwischen Subbändern im $\boldsymbol{k}$-Raum und kann daher *cum grano salis* als μ-Photoleitfähigkeit im Ortsraum bezeichnet werden. Aus dem spektralen Einsatzpunkt kann die Höhe der Potentialbarriere bestimmt werden und daraus bei bekannter Lage des Ferminiveaus der Bandoffset im Leitungsband [66].

Resonantes Tunneln und Effektivmassenfilter

Sequentielles resonantes Tunneln Mittels Tunnelspektroskopie kann man das Energiespektrum der Medien zu beiden Seiten der Tunnelbarriere bestimmen, in periodischen Tunnelstrukturen ist wiederholtes Tunneln durch identische Barrieren zu beobachten. Bild 3.40 zeigt ein Beispiel für Photostrom-Tunnelspektroskopie an einer GaAs/(Ga,Al)As-MQW-Struktur: In den n-Potentialgräben existieren die Subbänder E_1, E_2, E_3. Durch ein äußeres elektrisches Feld werden die Subbandkanten in benachbarten Potentialgräben gegeneinander verschoben. In der Tunnelstrom-Kennlinie sieht man die Übergänge $E_1^n \rightarrow E_2^{n+1}$ und $E_1^n \rightarrow E_3^{n+1}$. Dies spricht für die erreichte Qualität der MQW-Strukturen.

Effektivmassenfilter Nach Abschnitt 3.2 erzielt man in einem intrinsischen Photowiderstand man eine innere Photostromverstärkung, wenn die Paarrekombination

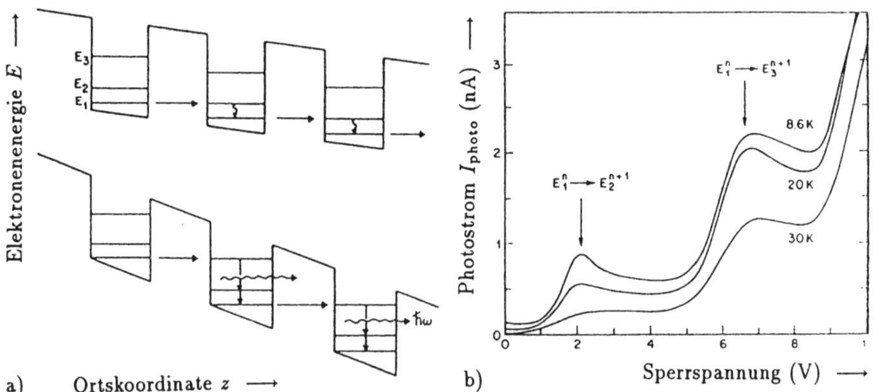

Bild 3.40 Resonantes Tunneln in einer GaAs/(Ga,Al)As-MQW-Struktur mit $L_{\text{Graben}} = L_{\text{Barriere}} = 13,9$ nm. linkes Teilbild: Kantenverlauf im Ortsraum, rechtes Teilbild: Photostrom als Funktion der Spannung bei T = 8,6, 20 und 30 K, (nach Capasso 1987)

durch Haften einer Ladungsträgerart verzögert wird. Eine originelle neue Lösung dieses alten Problems ergibt sich in einer MQW-Struktur mit Potentialgräben im Leitungs- *und* Valenzband durch sequentielles Tunneln beider Trägersorten. Den gewünschten Effekt erreicht man in diesem Fall durch Ausnutzung der unterschiedlichen Tunnelwahrscheinlichkeiten für Elektronen und Löcher. Die Tunnelwahrscheinlichkeit wird beschrieben durch

$$W_{\text{tu}} \sim \exp\left[-\left(\frac{8m^*}{\hbar^2}(V_0 - E_1)\right)^{1/2} W_{\text{B}}\right], \tag{3.104}$$

wobei $V_0 - E_1$ die Barrierenhöhe und W_{B} die Weite der zu durchtunnelnden Barriere ist. Die Tunnelwahrscheinlichkeit der durch Paargeneration erzeugten Elektronen ist wegen deren kleinerer effektiver Masse wesentlich größer als die der Löcher; diese bleiben in dem Potentialgraben, in dem sie angeregt wurden, und können nur dort mit einem Elektron rekombinieren.

In einem Übergitter mit 100 Perioden $Al_{0,48}In_{0,52}As/Ga_{0,47}In_{0,53}As$ und je 3,5 nm Graben- und Barrierenbreite, das sich zwischen zwei n^+-dotierten $Ga_{0,47}In_{0,53}As$-Kontaktschichten[24] befand, wurde bei einer Spannung von 1,4 V eine Photostromverstärkung $g = 2 \cdot 10^4$ gemessen [29]. Die Empfindlichkeit nimmt zwischen 77 K und 300 K exponentiell mit der Temperatur ab, und für dickere Barrieren als 10 nm wurde keinerlei Stromfluß beobachtet. Beide Beobachtungen stützen die angegebene Interpretation.

[24] Der angegebene Ga/In-Molenbruch wird zur Gitteranpassung an das InP-Substrat gewählt.

Literaturempfehlungen

Bücher:

Manasreh, M. O. (Hrsg.): Semiconductor Quantum Wells and Superlattices for Long-Wavelength Infrared Detectors. Boston, London: Artech House 1993

Weisbuch, C., B. Vinter: Quantum Semiconductor Structures. Boston: Academic Press 1991

Jaros, M: Physics and Applications of Semiconductor Microstructures, Oxford: Clarendon Press 1989

Margaritondo, G.: Electronic Structure of Semiconductor Heterojunctions, Kluwer Academic Publishers 1988 (Perspectives in Condensed Matter Physics. A Critical Reprint Series. Vol. 1)

Herman, M. A.: Semiconductor Superlattices. Berlin: Akademie-Verlag 1986

Reviewartikel:

Döhler, G. H.: Electro-optical and opto-optical devices based on nipi doping superlattices, in: Superlattices and Microstructures 8 (1990) 49 - 58; Optoelectronic Device Applications of Doping Superlattices, in: Proc. SPIE 861 (1987) 21 - 26

Weisbuch, C.: Fundamental Properties of III-V semiconductor 2-dimensional quantized structures: The basis for optical and electronic applications, in: Semiconductors and Semimetals 24 (1987) 1 - 133

Capasso, F.: Graded-Gap and superlattice devices by bandgap engineering, in: Semiconductors and Semimetals 24 (1987) 319 - 395

Sammelbände, Konferenzbände und Zeitschriften:

Beenakker, C. W. J., H. van Houten: Quantum Transport in Semiconductor Nanostructures (S. 1 - 228); G. Bastard, J. A. Brum, R. Ferreira: Electronic states in semiconductor heterostructures (S. 229 - 415) in: Solid State Physics 44 (1991)

SPIE-Konferenzserie ‚Quantum Well and Superlattice Physics': I (1987) Proc. SPIE 792, II (1988) Proc. SPIE 943, III (1990) Proc. SPIE 1283, IV (1992) Proc. SPIE 1675

Zeitschrift ‚Superlattices and Microstructures', London: Academic Press, seit 1985

Thematische Satellitenkonferenzen der Internationalen Halbleiterkonferenzen: 1984 Notre-Dame, 1986 Göteborg, 1987 Chicago, 1988 Trieste, 1990 Berlin und Heraklion, 1992 Xian, 1994 Banff, Alberta

3.8 Optische Untersuchung photoangeregter Zustände

Der durch optische Anregung erzeugte Nichtgleichgewichtszustand kann außer durch Untersuchung der Transporteffekte (eigentlicher photoelektrischer Effekt) auch mit optischen Methoden nachgewiesen werden, z. B. durch Messung der Absorption oder Reflexion der Nichtgleichgewichtsträger (Photoabsorption, Photoreflexion), durch Messung der Rekombinationsstrahlung (Photolumineszenz) oder durch direkten Nachweis der Brechzahländerung durch Beugung an einem lichtinduzierten Gitter [25]).

Nur mit optischen Methoden ist eine Zeitauflösung bis herunter in den Femtosekundenbereich möglich. Die Femtosekunden-Spektroskopie führte Ende der 80er Jahre zu einer Ergänzung der im Abschnitt 3.1 diskutierten Zeitskalen bei der optischen Anregung von Festkörpern um eine kohärente Anfangsphase, siehe bei Göbel (1990), Shank und Becker (1992). Diese besteht etwa 10 fs bei heiß injizierten Elektronen und bis zu 300 fs bei Injektion an der Bandkante, für Excitonen wurden in GaAs/(Ga,Al)As-Quantengrabenstrukturen sogar einige ps gemessen.

Daneben haben die optischen Methoden den generellen Vorteil der Kontaktfreiheit. Zur Abrundung soll hier eine Auswahl optischer Methoden beschrieben bzw. der Zugang zu diesen durch Literaturhinweise erleichtert werden. Typisch sind Zweistrahlmethoden[26]: Ein Pumpstrahl regt Elektron-Loch-Paare an, mit einem schwächeren Teststrahl wird die Modulation einer optischen Eigenschaft der Probe detektiert, dies wird als Pump-and-probe-Experiment bezeichnet.

Energierelaxation und Verteilungsfunktion heißer Photoelektronen aus der Photolumineszenz

Elektronentemperatur bei optischer Anregung Bezüglich der Energie-Verteilungsfunktion der Ladungsträger bei Belichtung wurde bisher eine Fermi- bzw. Maxwellverteilung vorausgesetzt, dem Nichtgleichgewicht wurde durch Annahme von Quasi-Fermienergien $E_{\mathrm{Fn}} \neq E_{\mathrm{F}}, E_{\mathrm{Fp}} \neq E_{\mathrm{F}}$ Rechnung getragen. Als Temperatur geht in die Quasifermiverteilung eine Elektronentemperatur ein, die gegenüber der Gittertemperatur drastisch erhöht sein kann. Das weiter unten in diesem Abschnitt geschilderte optische Experiment zeigt, daß dieser Zustand sich innerhalb von ca. einer Pikosekunde einstellt. Bei Zeitmaßstäben oberhalb einer Pikosekunde ist die Verwendung einer Elektronentemperatur gerechtfertigt.

Elektronentemperaturen bestimmt man in der Plasmaphysik aus temperaturabhängigen Linienverbreiterungen, auch bei Interbandanregung direkter Photoleiter kann man die Elektronentemperatur T_{e} aus dem Abfall des Lumineszenzspektrums zu hohen Energien E hin erhalten, der proportional zu $\exp(-E/kT_{\mathrm{e}})$ erfolgt. Die Elektronentemperatur der photoangeregten Träger nimmt mit der Pumpintensität [143] und mit der Photonenenergie der Anregungsstrahlung [63] zu, siehe auch Shah

[25] siehe Abschnitt 4.6

[26] Damit werden die hier beschriebenen Effekte von den im Abschnitt 4 behandelten abgegrenzt. Zweistrahlverfahren sind wegen der Möglichkeit zur Variation der Photonenenergie beider Strahlen aussagekräftiger als Einstrahlverfahren.

(1992), Esipov und Levinson (1987). Mittels Photolumineszenz können Aufheizungseffekte auch bei nicht zeitaufgelöster Messung nachgewiesen werden, weil das Spektrum die bestehende Energieverteilung im Zeitmaßstab der strahlenden Rekombination widerspiegelt.

Phasenfluorimetrie nennt man die Messung der Phasenverschiebung zwischen Lumineszenz- und Anregungslicht zur Bestimmung von Lebensdauern. Diese stationäre Methode kann auf beliebige lumineszierende Substanzen angewendet werden und ist daher allgemeiner als die Messung der Phasenverschiebung bei der Photoleitfähigkeit. Bei entsprechend hochfrequenter Modulation erzielt man eine Zeitauflösung von einigen Pikosekunden. Bei genügend großem Lumineszenzsignal kann man die Phasenlage zum Anregungslicht oszillographisch messen. Da eine Phasenverschiebung einer Laufzeitdifferenz des Lichts äquivalent ist, läßt sich eine Phasendifferenz rein optisch durch einen zusätzlichen Lichtweg (oder durch Änderung der Modulationsfrequenz) kompensieren, eine bei den NLO-Korrelationsverfahren übliche Methode. In kommerziellen Phasenfluorimetern wird das Lumineszenzlicht meist mit einem schnellen Photodetektor in ein elektrisches Signal umgewandelt und die Phasenmessung mit einem Homodyngleichrichter (siehe Abschnitt 6.3) auf eine Amplitudenmessung zurückgeführt.

Pump-and-probe-Experimente

Stationäre Photoabsorption Die Absorption optisch angeregter Nichtgleichgewichtsträger wird gemessen und zur Bestimmung der Lebensdauer der Nichtgleichgewichtsträger genutzt, indem der Pumpstrahl im Grundgitter und der Teststrahl im Ausläufer in einem Bereich intensiver Absorption der freien Ladungsträger gewählt wird. An p-$Hg_{0,785}Cd_{0,215}Te$ wurde dies wie folgt als stationäres Experiment durchgeführt [128]: Die Probenoberfläche wurde mit ZnSe oder ZnS für die Wellenlänge des Teststrahls reflexionsgemindert. Als Pumpstrahl diente ein He-Ne-Laser mit $\lambda = 3,39$ μm, als Teststrahl ein (Pb,Sn)Te-Diodenlaser mit $\lambda = 15,5$ μm. Diese Wellenlänge wurde wegen der Intervalenzbandabsorption gewählt, die eine intensive Absorption der Löcher und damit eine hohe Empfindlichkeit sichert. Das Experiment liefert als Meßgröße die Änderung von αd (d – Probendicke). Die Absorption freier Träger ist den Trägerkonzentrationen n bzw.p proportional und kann daher durch Absorptionsquerschnitte $S_{\mathrm{n,p}}$ für die Intrabandabsorption und S_{v1v2} für die Intervalenzbandabsorption beschrieben werden:

$$\alpha_{\mathrm{fr\,Tr}} = (S_{\mathrm{v1v2}} + S_{\mathrm{p}})\,p + S_{\mathrm{n}}n. \tag{3.105}$$

Wenn die Subbandabsorption dominiert, ergibt sich mit Gl. (3.22)

$$\Delta(\alpha d) = S_{\mathrm{v1v2}} \int_0^d \delta p(z)\,dz = S_{\mathrm{v1v2}}\Delta p = S_{\mathrm{v1v2}}(1 - \rho_{\mathrm{pump}})Q_{\mathrm{pump}}\tau, \tag{3.106}$$

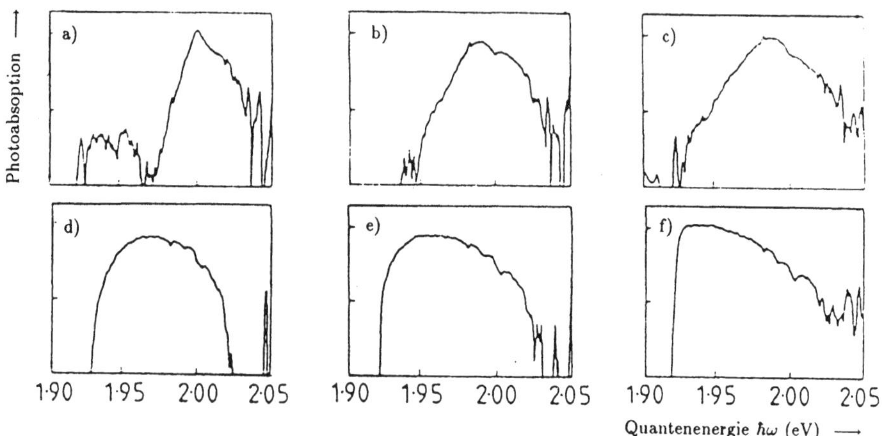

Bild 3.41 Direkter Nachweis der Relaxation einer heißen Verteilung der photogenerierten Elektronen in $Ga_{0,7}Al_{0,3}As$. Zeitverzögerung gegenüber dem Maximum des Anregungsimpulses: 126 fs (a), 252 fs (b), 336 fs (c), 462 fs (d), 546 fs (e), 672 fs (f) [135]

wobei Q_{pump} die Quantenflußdichte des Pumpstrahls und τ die Lebensdauer sind. Zur Kontrolle wurden in [128] die so bestimmten Lebensdauern mit den aus dem Photoleitungs-Abklingen bestimmten verglichen. Wenn statt der stationären Absorptionsänderung deren Abklingen nach Impulsanregung gemessen wird, braucht der Absorptionsquerschnitt nicht bekannt zu sein.

Optischer Nachweis einer geänderten Verteilungsfunktion Die Selektivität der photoelektrischen Effekte für Aufheizungserscheinungen hat sich im Abschnitt 3.5 vor allem wegen der eingeschränkten Zeitauflösung als begrenzt erwiesen. Man muß möglichst im Zeitmaßstab der Energierelaxationsprozesse messen, und dies ist leichter mit optischen Methoden möglich. Mit einem zeitaufgelösten Pump-and-probe-Experiment wurde der zeitliche Energieverlust heiß injizierter Träger am unmittelbarsten nachgewiesen (Bild 3.41): Die Elektronen wurden dazu mit einem Laser der Photonenenergie 1,998 eV und der Impulslänge 120 fs in eine (Ga,Al)As-MQW-Struktur injiziert. Als Sonde für die Verteilungsfunktion wurde zeitaufgelöst die Absorption gemessen. Dieses Experiment zeigt die Existenz einer deltaartigen Verteilung der optisch injizierten Träger unmittelbar nach dem Anregungsimpuls, die Verschiebung dieser Verteilung längs der Energieachse im Anfangsstadium der Energierelaxation, es beweist die Herausbildung von Maxwellverteilungen der Elektronen und Löcher unterschiedlicher Temperatur $T_e > T_h$ nach etwa 600 fs und bestätigt früher entwickelte Vorstellungen über die Angleichung der Temperaturen infolge Elektron-Loch-Wechselwirkung (Abkühlung der Elektronen, Erwärmung der Löcher) innerhalb von etwa 10 ps und danach die weitere gemeinsame Abkühlung von Elektronen und Löchern.

Photoreflexion Die Methode der Photoreflexion ist im Zusammenhang mit der Entwicklung der Modulationsspektroskopie (siehe Cardona 1969, 1970) an Halbleitern ausgearbeitet worden. Als Pumpstrahl dient typisch ein modulierter He-Ne-Laser mit $P = 1$ mW. Die mit der Anregung synchrone Reflexionsantwort der Probe wird detektiert. Zum Signal tragen folgende Effekte bei:

- Änderung der Oberflächen-Bandverbiegung durch die an der Oberfläche angeregten Nichtgleichgewichtsträger. Dies ist der gleiche Mechanismus wie bei der Elektroreflexion (siehe bei Cardona 1969), die Photoabsorption hat jedoch den Vorteil, daß die Probenpräparation einfacher ist. Diese Oberflächenphotospannung bei Anregung mit fs-Impulsen führt in GaAs zur Anregung kohärenter optischer Phononen, die im Zeitbereich nachgewiesen werden konnten [33].
- dynamischer Burstein-Moss-Effekt (Modifizierung der Interband-Absorptionskante durch Bandfüllung), siehe dazu Abschnitt 4.2.
- Verringerung der Brechzahl durch den (negativen) Beitrag der freien Ladungsträger, siehe ebenfalls Abschnitt 4.3.
- Abschirmung der Elektron-Elektron-Wechselwirkung, vor allem ein Aufbrechen der Excitonenbindung.

Pseudosignale entstehen durch Photolumineszenz der Probe und durch direkt zum Detektor gelangende modulierte Anregungsstrahlung. Die mit der Absorption verknüpfte Temperaturmodulation bewirkt einen Signalbeitrag durch Thermoreflexion, der durch Erhöhung der Modulationsfrequenz verringert werden kann.

Literaturempfehlungen

Bücher:

Cardona, M.: Modulation Spectroscopy. New York, London: Academic Press 1969 (Solid State Physics, Suppl. 11)

Reviewartikel:

Shank, C. V., Ph. Becker: Femtosecond Processes in Semiconductors, in: C. V. Shank, B. P. Zakharchenya (Hrsg.): Spectroscopy of Nonequilibrium Electrons and Phonons. Amsterdam: North Holland 1992 (Modern Problems in Condensed Matter Sciences Vol. 35), S. 215 - 268

Shah, J.: Ultrafast Luminescence Spectroscopy of Semiconductors: Carrier Relaxation, Transport and Tunneling, in: C. V. Shank, B. P. Zakharchenya (Hrsg.): Spectroscopy of Nonequilibrium Electrons and Phonons. Amsterdam: North Holland 1992 (Modern Problems in Condensed Matter Sciences Vol. 35), S. 57 - 112

Göbel, E. O.: Ultrafast Spectroscopy of Semiconductors, Festkörperprobleme 30 (1990) 269 - 294

Esipov, S. E., Y. B. Levinson: The temperature and energy distribution of photoexcited hot electrons, Advances in Physics 36 (1987) 331 - 383

Cardona, M.: Modulation Spectroscopy of Semiconductors, Festkörperprobleme 10 (1970) 125 - 173

4 Nichtlinearitäten beim Photoeffekt

Eine Nichtlinearität des Photoeffekts kann von einer Nichtlinearität der Anregung oder von einer Nichtlinearität der Transportvorgänge, beim inneren Photoeffekt insbesondere von der Rekombination herrühren. Letzteres ist gewöhnlich zu berücksichtigen, wenn die Bedingung schwacher Anregung verletzt ist. Die Anregung kann nichtlinear werden durch die Rückwirkung der geänderten Besetzungszahlen auf die Absorption, sie ist grundsätzlich nichtlinear bei allen Mehrquanten-Photoeffekten. Bei der Mischung zweier optischer Signale in einem linearen Photodetektor wird der quadratische Zusammenhang zwischen Intensität und Feldstärke ausgenutzt.

Die Natur ist hochgradig nichtlinear. Unnötig zu betonen, daß dies an einer so komplexen Erscheinung wie dem Photoeffekt immer wieder zu beobachten ist. Daß trotzdem für dieses Buch eine konventionelle Gliederung gewählt wurde und auf nichtlineare Prozesse erst eingegangen wird, nachdem die Möglichkeiten linearer Näherungen erschöpfend behandelt sind, hat methodische Gründe und ist dem Anwendungspotential der Photoeffekte geschuldet.

4.1 Nichtlineare Generation durch Mehrquanten-Absorption

Mehrquanten-Absorption beim inneren Photoeffekt Gleichungen wie (1.7) für den äußeren oder (3.23) für den inneren Photoeffekt oder Darstellungen wie Bild 3.9 lassen den Eindruck entstehen, als wäre der Photostrom immer der Lichtintensität proportional, als würde pro absorbiertes Lichtquant immer genau ein Elektron oder Elektron-Loch-Paar angeregt. Bei genauerem Hinsehen ist dies aber eine Konsequenz aus der Annahme linearer Lichtschwächung in Gl. (2.2), welche der 1. Ordnung der Störungstheorie bei der Berechnung des Absorptionskoeffizienten entspricht. Ein solches Herangehen ist immer dann gerechtfertigt, wenn die Absorption des Lichtes mit ‚normaler' Wahrscheinlichkeit stattfindet. Es ist insofern das historisch ursprüngliche, weil die für die Beobachtung nichtlinearer Effekte notwendigen hohen Intensitäten im wesentlichen erst nach der Erfindung des Lasers verfügbar waren.

Es gibt jedoch auch Situationen, bei denen Band-Band-Übergänge z. B. jenseits der langwelligen Grenze des Photoeffekts unmöglich sind und zugleich die Lichtintensität sehr hoch ist. Dann muß man, wie die ersten Experimenten zu Photoeffekten mit Lasern gelehrt haben, vorsichtig sein, weil Mehrquanten-Prozesse möglich sind. Mehrquanten-Übergänge bei der Generation führen wegen des superlinear von der Intensität abhängigen Generationsterms zu einer superlinearen Photostrom-Intensitäts-Kennlinie ($g \sim Q^2$ bei 2-Quanten-Absorption und linearer Rekombination usw.). Untersuchungen dieser Problematik werden vor allem mit der Zielstellung durchgeführt, durch die Messung der Photoleitfähigkeit eine gegenüber direk-

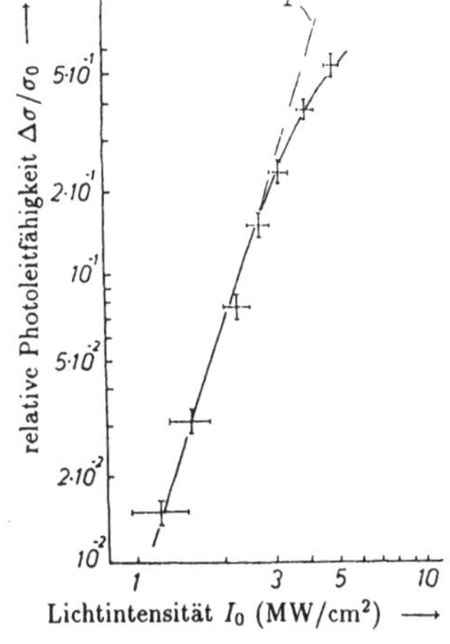

Bild 4.1
Abhängigkeit der relativen Leitfähigkeitsänderung von der auffallenden Intensität für 3-Quanten-Photoleitfähigkeit von *p*-Tellur. Anregung mit einem gütegeschalteten CO_2-Laser [73]. Halbwertsdauer der Impulse 200 ns, $T = 80$ K

Laser	$h\nu$ eV	2-Quanten-Photoleitfähigkeit	3-Quanten-Photoleitfähigkeit
CO_2	0,117	InSb, PbTe	Te
Neodym-YAG	1,17	GaAs, InP, GaSe, CdP_2, $CdSnP_2$	
Rubin	1,79	Anthrazen, ZnS, CdS, Cd(S,Se),GaP, ZnTe, CdP_2	
Ar^+	2,55	ZnS	

Tabelle 4.1 Beobachtung von Mehrquanten-Photoeffekten an Halbleitern

ten Absorptionsmessungen erhöhte Empfindlichkeit beim Nachweis der schwachen Mehrquanten-Absorption zu erreichen. Generell liefern die Mehrquanten-Prozesse zusätzliche Aussagen über das Medium, weil andere Auswahlregeln als bei linearer Absorption gelten. Daneben bietet die Mehrquanten-Anregung die Möglichkeit der *homogenen bipolaren Generation.*

In Photoleitern wurden Mehrquanten-Übergange z. B. bei Anregung mit einem gütegeschalteten CO_2-Impulslaser beobachtet. In den Halbleitern InSb und Tellur liegt dieser Laser mit der Quantenenergie 0,117 eV im Ausläuferbereich, da $\hbar\omega < E_g$ gilt. In Bild 4.1 ist als Beispiel die am Halbleiter Tellur beobachtete Photoleitfähigkeit dargestellt. Aus der beobachteten Abhängigkeit $\Delta\sigma \sim I^3$ schließt man auf Drei-Quanten-Anregung in Übereinstimmung mit der Energielücke des Tellurs $E_g = 0{,}32$ eV. Tabelle 4.1 gibt eine Übersicht der Beobachtungen von Photoeffekten mit Mehrquanten-Anregung.

Das Bild wird weiterhin kompliziert dadurch, daß neben der direkten Mehrquanten-Absorption (beschrieben durch einen quadratisch usw. von der Intensität abhängigen Imaginärteil der Dielektrizitätsfunktion des Mediums) auch primär eine Umwandlung der Strahlung in Harmonische (beschrieben durch einen quadra-

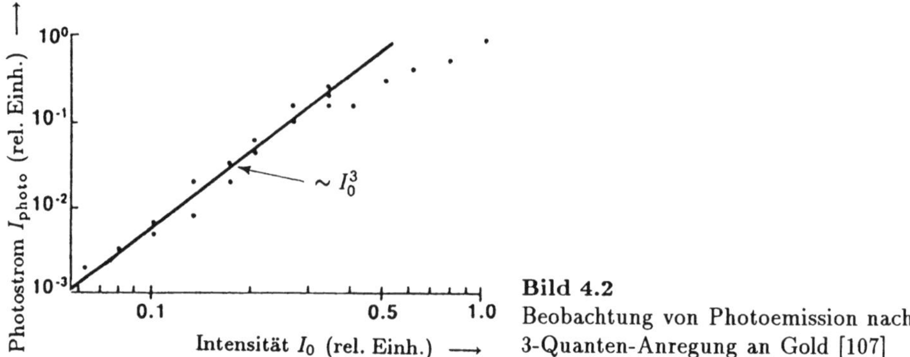

Bild 4.2
Beobachtung von Photoemission nach 3-Quanten-Anregung an Gold [107]

tisch usw. von der Intensität abhängigen Realteil der Dielektrizitätsfunktion) erfolgen kann, die dann über einen 'gewöhnlichen' Ein-Quanten-Absorptionsprozeß eine Photoleitfähigkeit hervorrufen. Dies wird z.B. in dem optisch einachsigen Halbleiter Tellur beobachtet.

Bei hohen Intensitäten kann die Intrabandabsorption der erzeugten Nichtgleichgewichtsträger mit der primären Interbandanregung konkurrieren, die Intensitätsabhängigkeit wird dann schwächer. Dies wird vor allem bei großen Wellenlängen (CO_2-Laser) beobachtet, da die Absorptionsquerschnitte der freien Ladungsträger mit der Wellenlänge ansteigen, sowie bei schwacher primärer Absorption (indirekte Interbandübergänge, Interbandübergänge infolge Mehrquanten-Absorption). Das Abknicken der kubischen Abhängigkeit in Bild 4.1 wurde auf diesen Einfluß zurückgeführt.

Mehrquanten-Absorption beim äußeren Photoeffekt Bei hohen Lichtintensitäten können Elektronen auch durch Mehrquanten-Absorption in Zustände angeregt werden, aus denen sie ins Vakuum emittiert werden. Bedingung für die Beobachtbarkeit ist wieder das Fehlen von 1-Quanten-Photoemission bei der Beobachtungs-Wellenlänge wegen $\hbar\omega < W$. Nachgewiesen werden solche Übergänge anhand der entsprechenden Potenz in der Photostrom-Intensitäts-Abhängigkeit. So wurde in Gold Photoemission mit 2-, 3-, 4- und 5-Quanten-Absorption demonstriert. Bild 4.2 gibt ein Beispiel für einen 3-Quanten-Prozeß, angeregt mit 80-fs-Farbstofflaserimpulsen ($\hbar\omega = 2$ eV). Auch an anderen Metallen sowie an den Halbleitern GaAs und Cs_3Sb wurde Photoemission mit Mehrquantenanregung beobachtet.

4.2 Nichtlineare Generation durch Rückwirkung der Nichtgleichgewichtsträger auf den Absorptionskoeffizienten

Das Abknicken der Kurve in Bild 4.1 war auf die Konkurrenz zwischen zwei Absorptionsprozessen zurückgeführt worden, wobei einer von der Ladungsträgerkonzentration und damit von der anregenden Lichtintensität abhing. Im folgenden werden zwei Beispiele behandelt, bei denen die durch inneren Photoeffekt geänderten Konzentrationen direkt auf den Absorptionskoeffizienten desjenigen Mechanismus zurückwirken, der für den Photoeffekt verantwortlich ist.

Sättigung der Zentrenabsorption Als erster Modellfall diene der Photoeffekt bei Anregung von Elektronen aus einer einfachen tiefen Störstelle ins Leitungsband. Die Temperatur sei so tief gewählt, daß die tiefe Störstelle noch nicht thermisch ionisiert wird, wohl aber seien n_0 Elektronen aus flachen Störstellen angeregt. Die Konzentration der tiefen Störstellen sei N_D, die Konzentration der mit einem Elektron besetzten, d. h. nicht ionisierten Störstellen n_D. Die Absorption wird nach Gl. (3.88) durch einen Absorptionsquerschnitt S beschrieben. Bei unvollständiger Ionisierung der Störstelle ist der Absorptionskoeffizient von deren Besetzung mit Elektronen abhängig. Dieses Herangehen entspricht dem für den Grundzustand im 2-Niveau-System der Atomphysik, nur ist im hier betrachteten Fall der angeregte Zustand das Leitungsband mit einer ungleich größeren Zustandsdichte, so daß dort immer $n \ll N_c$ bleibt. Wie im 2-Niveau-System gilt $\delta n = -\delta n_D$. Wir beschränken uns auf homogene Generation und auf den stationären Fall. Dann lautet die Bilanzgleichung für die durch Licht der Intensität I_0 ins Leitungsband angeregten Elektronen

$$0 = \frac{\partial \delta n}{\partial t} = \eta_i \frac{S I_0 (1-\rho) n_{D0}}{\hbar\omega} - \gamma \delta n \left(\frac{\eta_i S I_0 (1-\rho)}{\gamma \hbar\omega} + n_0 + \delta n + n_1 + N_D - n_{D0} \right), \tag{4.1}$$

wobei γ, n_{D0} und n_1 dieselbe Bedeutung wie im Shockley-Read-Modell (siehe Abschnitt 3.3.4, Gl. (3.64)) haben. Die stationäre Überschußkonzentration ergibt sich zu

$$\delta n_{stat} = C\left(\sqrt{1 + \frac{n_{D0}\eta_i S I_0(1-\rho)}{\gamma C^2 \hbar\omega}} - 1\right)$$
$$\text{mit } C = \frac{1}{2}\left(n_1 + N_D - n_{D0} + n_0 + \frac{\eta_i S I_0(1-\rho)}{\gamma\hbar\omega}\right). \tag{4.2}$$

Das Problem ist hochgradig nichtlinear, weil beim Photoeffekt die Nichtlinearität infolge Absorptionsverringerung und die Nichtlinearität infolge Änderung der Lebensdauer miteinander verknüpft sind. Für Anwendungen als Photoleitungsdetektor ist nur der lineare Grenzfall interessant, in dem $\delta n_{stat} \ll n_{D0}$ ist. Dann gilt

$$\delta n_{stat} = \eta_i \frac{n_{D0} S I_0 (1-\rho)\tau_0}{\hbar\omega},$$

Absorption und Rekombination sind linear. Im Grenzfall hoher Intensitäten erreicht die stationäre Überschußkonzentration den Sättigungswert $\delta n_{\text{stat}} = n_{\text{D0}}$: Alle Elektronen werden ins Leitungsband angeregt, der Absorptionskoeffizient wird gleich Null (sog. Ausbleichen der Störstellenabsorption).

Der Vergleich mit dem 2-Niveau-System der Atomphysik ist wieder lehrreich: Dort geht zwar auch der Absorptionskoeffizient gegen Null, es wird aber bei der üblichen Annahme gleicher Entartungsgrade nur die Hälfte der Elektronen ins obere Niveau angeregt. Läßt man dagegen unterschiedliche Entartungsgrade der beiden Niveaus zu, steigt die stationäre Umbesetzung mit dem Verhältnis der Entartungsgrade.[1]

Dynamischer Burstein-Moss-Effekt Eine Absorptionsverringerung bzw. -sättigung kann nicht nur bei Anregung aus Zentren infolge von deren Entleerung auftreten, sondern bei hohen Intensitäten auch in der Interbandabsorption. In Absorption ist dies als sog. dynamischer Burstein-Moss-Effekt bekannt. Wir setzen wie in Bild 2.12 wieder $\boldsymbol{k}$-erhaltende direkte Interbandübergänge voraus. Zur Beschreibung müssen wir von einem Ausdruck für den Absorptionskoeffizienten ausgehen, der die Besetzungswahrscheinlichkeit des Anfangszustandes im Valenzband $f(E_{\text{in V}})$ und des Endzustandes im Leitungsband $f(E_{\text{in L}})$ enthält:

$$\alpha = \frac{\hbar\omega}{I}\frac{2}{(2\pi)^3}\int\frac{2\pi}{\hbar}\left|\boldsymbol{H}_{\boldsymbol{k}\boldsymbol{k}'}\right|^2\delta(E_{\text{L}}(\boldsymbol{k}') - E_{\text{V}}(\boldsymbol{k}) - \hbar\omega)\times$$
$$\times[f(E_{\text{in V}}(\boldsymbol{k})) - f(E_{\text{in L}}(\boldsymbol{k}'))]\delta_{\boldsymbol{k}\boldsymbol{k}'}\,d^3\boldsymbol{k}\,d^3\boldsymbol{k}' \tag{4.3}$$

($\boldsymbol{H}_{\boldsymbol{k}\boldsymbol{k}'}$ – Impulsmatrixelement). Der Absorptionskoeffizient nimmt ab, wenn die Besetzungswahrscheinlichkeiten des Anfangs- oder des Endzustandes bei den jeweiligen Injektionsenergien E_{in} nach Gl. (2.37) auf S. 37 sich merklich von den Gleichgewichtswerten $f(E_{\text{in}}(\boldsymbol{k})) = f_{\text{v}}(E_{\text{in}}(\boldsymbol{k}))\approx 1$ bzw. $f(E_{\text{in}}(\boldsymbol{k}')) = f_{\text{L}}(E_{\text{in}}(\boldsymbol{k}'))\approx 0$ unterscheiden. Dies ist gleichbedeutend damit, daß die Quasiferminiveaus der Elektronen beziehungsweise Löcher sich bis auf einige kT der jeweiligen Energie E_{in} annähern. Bezüglich des Photoeffekts bedeutet dies gleichzeitig Entartung der Nichtgleichgewichtsträger. Ein solcher Effekt tritt um so eher in Erscheinung, je dichter die Quantenenergie $\hbar\omega$ oberhalb der Energielücke E_{g} gewählt wird, also z. B. bei Anregung von Si mit dem Neodym-YAG-Laser schon bei moderaten Intensitäten. Im Grenzfall hoher Intensitäten geht der Absorptionskoeffizient gegen Null. Bei symmetrischer Bandstruktur und im schwach dotierten Halbleiter nehmen dann beide Besetzungsfaktoren (bei der Injektionsenergie E_{in}) wie im atomaren 2-Niveau-System den Wert 1/2 an. Im Elektronen+Löcher-Bild gilt für die Konzentrationen $\delta n = \delta p$.

4.3 Nichtlinearitäten bei intrinsischer Rekombination

Die intrinsischen Prozesse strahlende Rekombination und Augerrekombination sind *a priori* nichtlinear, siehe die Gl. (3.53) bzw. (3.58) in Abschnitt 3.3. Im Grenzfall

[1] A. Einstein hat übrigens in seiner Arbeit von 1916 [49] die Entartungsgrade mit hingeschrieben, er bezeichnete sie als 'statistische Gewichte' der Zustände.

starker Anregung muß die dort vorgenommene Linearisierung fallengelassen werden. Bei den Photoeffekten mit Interbandanregung wird man Nichtlinearität zu berücksichtigen haben, wenn mit gütegeschalteten und modensynchronisierten Impulslasern angeregt wird.

Im folgenden werden die aus Experimenten mit ns-Impulsen[2] gewonnenen Ergebnisse zur nichtlinearen Rekombination diskutiert. Typische Anregungsbedingungen sind dann: Halbwertsbreite der Impulse $t_{\text{puls}} = 20 \ldots 40$ ns, maximale Quantenflußdichte im Impulsmaximum $Q = 10^{25}$ cm^{-2}·s^{-1}. Damit kann zum Beispiel in Germanium eine Ladungsträgerkonzentration an der Oberfläche $\delta n(0) = 10^{18}$ cm^{-3} reversibel eingestellt werden. Man erreicht hier also $\delta n = \delta p \gg n_0$, was bereits gelegentlich im Kapitel 3 als Fall starker Anregung bezeichnet worden ist.

Die Untersuchung von Halbleitern unter Bedingungen mit hoher Konzentration der Nichtgleichgewichtsträger ist einerseits von großem praktischem Interesse für die Optimierung von Halbleiterbauelementen, andererseits hat sie viele neue physikalische Erkenntnisse geliefert. In Halbleitern sind hohe Anregungsdichten in optisch oder durch Elektronenstrahl gepumpten Lasern, darüber hinaus in jedem pn-Übergang bei starker Flußvorspannung (z. B. Leistungsgleichrichter, -transistoren, -thyristoren, Injektionslaser) anzutreffen; derartige Untersuchungen an Photoempfängern sind wichtig, um den Linearitätsbereich beziehungsweise die maximale Strahlungsbelastung zu ermitteln. Grundlagenuntersuchungen betreffen

- die Generationsprozesse bei starker optischer Anregung,
- das Verhalten von Excitonen bei hohen Anregungsdichten (Excitonenmoleküle, Excitonenkondensation) und
- die Rekombination bei hohen Konzentrationen der Nichtgleichgewichtsträger.

Experimente mit starker Anregung ergänzen die Untersuchungen bei schwacher Anregung. Bei hohen Konzentrationen der Nichtgleichgewichtsträger überwiegen die direkte Band-Band-Rekombination durch strahlende und Augerprozesse, so daß die natürliche Grenze der Lebensdauer im betreffenden Halbleiter bei der jeweiligen Dotierung erreicht wird. Dies kann wichtig sein für die Untersuchung solcher Halbleiter, die bei schwacher Anregung Rekombination über Zentren zeigen, weil deren Konzentration nicht so weit gesenkt werden kann, daß die Eigenrekombination dominiert.

Die im Experiment erreichten hohen Trägerkonzentrationen begünstigen die Einstellung einer Quasi-Fermi-Verteilung durch verstärkte Elektron-Elektron-Wechselwirkung. Die Impulsfolgefrequenz muß so niedrig gewählt werden, daß eine Aufheizung des Gitters vernachlässigt werden kann. Die Beweglichkeit der Ladungsträger kann der am unbelichteten Halbleiter bestimmten gleichgesetzt werden, sofern nicht durch Sekundäreffekte der hohen Ladungsträgerkonzentration wie Elektron-Loch-Wechselwirkung oder Abschirmung die Beweglichkeit geändert wird.

[2] Aussagen zum Photoeffekt aus optischen Untersuchungen mit ps- und fs-Laserimpulsen sind in Abschnitt 3.8 dargestellt.

Experimentelle Methoden und Ergebnisse

Der Photoleitwert wird im Regime mit konstanter Spannung gemessen. Im Gegensatz zu Untersuchungen bei schwacher Anregung muß hier die gesamte Probe möglichst homogen beleuchtet werden. Das stellt besondere Anforderungen an die Kontakte. Die Messung des Photoleitwerts liefert nur das Integral $\Delta n = \int_0^d \delta n(z)\, dz$, und die Auswertung ist insbesondere bei Oberflächenanregung und nichtlinearer Rekombination nicht eindeutig. Die **Ergänzung durch Messung anderer Größen** ist empfehlenswert:

- Der Photo-Hall-Effekt liefert direkt $\Delta\mu$.
- Der PEM-Kurzschlußstrom liefert $\delta n(0)$.
- Untersuchungen der Kinetik und der spektralen Verteilung der Rekombinationsstrahlung (Photolumineszenz) gestatten die Abtrennung der strahlenden Rekombination.
- Optische Zweistrahlmethoden liefern generell eindeutigere Aussagen als die Messung einer nichtlinearen Charakteristik, siehe Abschnitt 3.8.
  - Die Infrarotabsorption der Nichtgleichgewichtsträger (Photoabsorption) ergibt ebenfalls Δn, bei gleichzeitiger Messung der Photoleitfähigkeit sind Aussagen über Änderungen der Beweglichkeit möglich.
  - Die Plasmakante der freien Ladungsträger kann bei hohen Konzentrationen der Nichtgleichgewichtsträger auch in Halbleitern mit relativ großen effektiven Massen wie Silicium und Germanium bis zu Wellenlängen um 10 μm geschoben und dort untersucht werden (Photoreflexion).

Quasistationarität Eine charakteristische Besonderheit der Photoeffekte bei starker Anregung ist der *Übergang zu quasistationärem Verhalten* während der Dauer des Anregungsimpulses t_{puls} oberhalb einer bestimmten Intensität, siehe Bild 4.3. Damit ist gemeint, daß der zeitliche Verlauf des Photostromimpulses oberhalb einer bestimmten Intensität – zumindest im Impulsmaximum – genau dem anregenden Laserimpuls folgt. Im üblicherweise bei geringen Lichtintensitäten realisierten instationären Fall ($\tau \gg t_{\text{puls}}$) kann während des Laserimpulses die Rekombination gegenüber der Generation vernachlässigt werden. Dann gilt für die Konzentrationen nach Beendigung des Anregungsimpulses

$$\Delta n|_{t_{\text{puls}}} = Q_0(1-\rho)\eta t_{\text{puls}}, \tag{4.4}$$

$$\delta n(0)|_{t_{\text{puls}}} = \frac{\Delta n}{\sqrt{D t_{\text{puls}}}}. \tag{4.5}$$

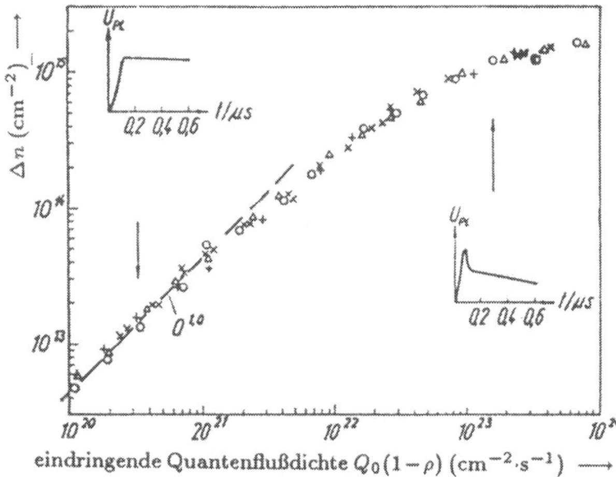

Bild 4.3
Abhängigkeit der Photoleitfähigkeit von p-Tellur von der eindringenden Quantenflußdichte bei Anregung mit Rubinlaserimpulsen der Halbwertsbreite $t_{\text{puls}} = 40$ ns [60]. Bei zwei Intensitäten sind auch die zeitlichen Impulsverläufe dargestellt.

Aus einer linearen Abhängigkeit $\Delta n|_{t_{\text{puls}}}(Q)$ kann bei $\tau \gg t_{\text{puls}}$ nicht auf lineare Rekombination geschlossen werden! Bei nicht vernachlässigbarer Oberflächenrekombination sind die Konzentrationen entsprechend verringert. Aus dem Abklingen kann bei instationären Verhältnissen wie üblich die Lebensdauer ermittelt werden.

Dagegen beweist das Auftreten quasistationärer Impulse, daß die momentane Lebensdauer geringer als die Impulsdauer ist. Dann kann wie im stationären Fall in der Bilanzgleichung die explizite Zeitabhängigkeit gestrichen werden, zur Auswertung kann nur mehr die Form der Photostrom-Intensitäts-Kennlinie $\Delta n = \Delta n(Q)$ bzw. $\delta n(0) = \delta n(0, Q)$ herangezogen werden. Eine lineare Abhängigkeit ist im (quasi-) stationären Fall nur bei linearer Generation und linearer Rekombination möglich. Eine sublineare Abhängigkeit $\Delta n(Q)$ deutet in der Regel auf nichtlineare Rekombination. Falls jeweils ein Term in den am Beispiel der Band-Band-Rekombination diskutierten Reihenentwicklungen Gl. (3.53) bzw. (3.58) überwiegt, kann man die Bilanzgleichungen integrieren und erhält für die Intensitätsabhängigkeiten die in Tabelle 4.2 angegebenen Potenzgesetze.

Die Zuordnung einer beobachten Intensitätsabhängigkeit zu einem bestimmten Rekombinationsgesetz ist danach nicht immer eindeutig. Es empfiehlt sich, auf unabhängigem Wege zu prüfen, ob Volumen- oder Oberflächenanregung vorliegt. Die Bedingungen für Oberflächenanregung lauten vollständig:

$$\begin{aligned} 1/\alpha &\ll L = \sqrt{D\tau} \ll d \quad \text{im stationären Fall,} \\ 1/\alpha &\ll \sqrt{Dt_{\text{puls}}} \ll d \quad \text{im instationären Fall.} \end{aligned} \tag{4.6}$$

Falls die quasistationäre Lebensdauer gegenüber der Lebensdauer bei schwacher Anregung stark verringert ist, kann bei starker Anregung Volumenanregung vorliegen, obwohl bei geringen Intensitäten Oberflächenanregung realisiert ist. Falls es Hinweise auf quadratische Rekombination gibt, ist die Messung der Intensitätsabhängigkeit der Rekombinationsstrahlung nützlich. Das bereits im Abschnitt 3.2.3 diskutierte schnellere Abklingen des PEM-Effekts im Vergleich zur Photoleitfähigkeit wurde bei

Rekombinationsgesetz	Anregungsart	$\Delta n \sim$		$\delta n(0) \sim$
quadratische	Oberfl.anregung $s \ll s_0$	$Q^{1/3}$		$Q^{2/3}$
Rekombination	Oberfl.anregung $s \gg s_0$	$Q^{1/2}$		Q
	Volumenanregung	$Q^{1/2}$		$Q^{1/2}$
kubische	Oberfl.anregung $s = 0$	$Q^{1/2}$	$\ln(Q/Q_0)$	$Q^{1/2}$
Rekombination		$Q \ll Q_0$	$Q \gg Q_0$	
	Volumenanregung	$Q^{1/3}$		$Q^{1/3}$

B, C – Konstanten der quadratischen bzw. kubischen Rekombination, D – Diffusionskoeffizient, $d - -Probendicke, s_0 = \sqrt[3]{(2/3)BQD}, Q_0 = \sqrt{2D^3/Cd^4}$

Tabelle 4.2 Abhängigkeit der Photoleitfähigkeit und des PEM-Kurzschlußstromes von der Quantenflußdiche Q bei Überwiegen jeweils eines nichtlinearen Rekombinationsgesetzes und linearer Generation im quasistationären Grenzfall. Die Oberflächenrekombination ist als linear angenommen.

Experimenten mit starker Anregung ebenfalls beobachtet (Beispiele: Germanium, Tellur). Untersuchungen der Photoeffekte bei starker Anregung haben zur Kenntnis der Konstanten der quadratischen und kubischen Rekombination beigetragen (siehe Tabelle 3.1).

Photonen-Recycling Der direkte Halbleiter Galliumarsenid zeigt eine hohe Quantenausbeute der strahlenden Band-Band-Rekombination. Es ist bekannt, daß bei der Interpretation von Lumineszenzspektren die Reabsorption dieser Lumineszenzstrahlung im Innern des Halbleiters selbst berücksichtigt werden muß. Der Einfluß auf die Photoleitfähigkeit kann aber bei schwacher Anregung vernachlässigt werden. Anders bei starker Anregung: Strahlende Rekombination und die Reabsorption der von der hochangeregten Probenoberfläche bei $z = 0$ ausgehenden Rekombinationsstrahlung koppeln den Photonen- und den Minoritätsträgerfluß, insbesondere bei Oberflächenanregung. **Konsequenzen dieses Photonen-Recycling** sind:

- Die Lebensdauer infolge strahlender Rekombination wird um den Faktor $\Phi = 1/(1 - F)$ erhöht, wenn $0 \leq F \leq 1$ die Wahrscheinlichkeit für die Reabsorption des emittierten Photons in der Probe selbst ist. In 8 μm dicken GaAs-Schichten, die als Doppelheterostruktur zwischen $Al_{0,3}Ga_{0,7}As$-Schichten eingebettet waren, wurde bereits $\Phi = 14$ gefunden. Im Grenzfall vollständigen Recyclings wird der Einfluß der strahlenden Rekombination auf die Minoritätsträger-Lebensdauer überhaupt eliminiert, und statt Gl. (3.50) (S. 88) wird $\tau = \tau_{\mathrm{n\,str}}$.
- Die Strahlung verstärkt den Minoritätsträger-Diffusionsstrom. Es entsteht ein zusätzlicher Diffusionsstrom der Träger in die Tiefe

$$j_{\mathrm{phot}} = -\frac{2}{3}B\langle\frac{1}{\alpha^2}\rangle n\frac{dn}{dz} \tag{4.7}$$

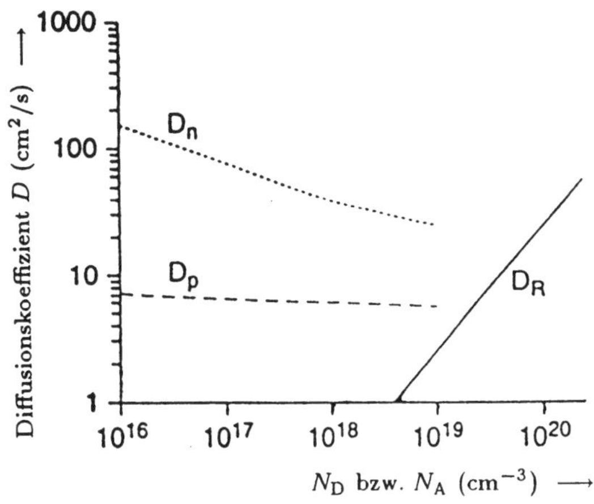

Bild 4.4
Vergleich der Minoritätsträger-Diffusionskoeffizienten D_n und D_p in GaAs mit dem durch Strahlungstransport bedingten D_R (Lundstrom 1993)

mit einem ,Diffusionskoeffizienten' D_r, der dem Koeffizienten der strahlenden Rekombination B proportional ist und der mit wachsender Elektronenkonzentration n zunimmt, $\langle 1/\alpha^2 \rangle$ bedeutet dabei eine Wichtung des Absorptionsspektrum mit der Spektralfunktion der Rekombinationsstrahlung.

Lundstrom (1993) ersetzt für eine grobe Abschätzung das Absorptionsspektrum an der Kante durch eine Stufenfunktion und findet, daß in p-GaAs bereits bei $p > 10^{19}$ cm^{-3} und in n-GaAs bei $n > 10^{18}$ cm^{-3} diese Art des Transports die eigentliche Diffusion der Minoritätsträger übersteigt, siehe Bild 4.4. Außer an GaAs wurde der Effekt auch an CdS, PbTe u.a. beobachtet.

Für die Lumineszenz bedeutet die mehrfache Reabsorption eine zeitliche Verzögerung des Strahlungsaustritts. Diese Erscheinung ist bei anderen dichten Plasmen ebenfalls bekannt: In einer Hg-Ar-Niederdruck-Gasentladung wird ein auf der Achse der Entladung emittiertes Photon der Hg-Resonanzlinie 100...1000mal reabsorbiert und reemittiert, bevor es in den Außenraum tritt. Ein im Innern der Sonne entstehendes Lichtquant benötigt gar Jahre, um die Sonnenoberfläche zu erreichen. Man nennt diese Erscheinung generell *Strahlungsdiffusion*.

4.4 Anwendungen in der Photonik

Nichtlineare Photoeffekte und nichtlineare Optik Gegenstand der klassischen nichtlinearen Optik waren urprünglich Effekte, die durch einen nichtlinearen Zusammenhang zwischen der dielektrischen Verschiebung und der Feldstärke der Lichtwelle beschrieben werden, z. B. Harmonischengeneration. Später wurden auch Nichtlinearitäten bei der Absorption interessant. Die Photoeffekte bei hohen Intensitäten müssen mindestens in den Fällen zu den nichtlinearen optischen Effekten gerechnet werden, in denen nichtlineare Absorption eine Rolle spielt. Als **typische Fragestellungen** sind bereits diskutiert worden:

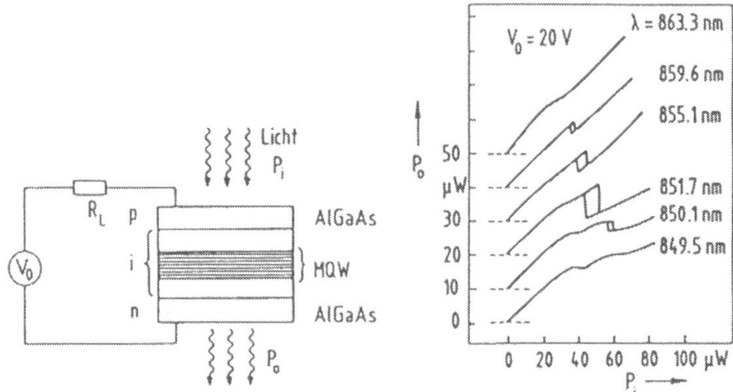

Bild 4.5 Zum Funktionsprinzip eines SEED mit (Ga,Al)As/GaAs-MQW-Struktur [114]. Links: Beschaltung, rechts: Abhängigkeit der optischen Ausgangsleistung P_o von der Eingangsleistung P_i bei verschiedenen Wellenlängen. Bei vier Wellenlängen wird optische Bistabilität beobachtet.

- Mehrquanten-Absorption,
- Verringerung der Absorption infolge Änderung der Besetzungszahlen und
- Verringerung der Interbandabsorption durch konkurrierende Intrabandabsorption der Nichtgleichgewichtsträger.

Im Experiment sind beide Typen von Effekten häufig miteinander verknüpft, z. B. können nichtlineare optische Effekte eine nichtlineare Rekombination vortäuschen, sofern sie zu einer sublinearen Abhängigkeit des Photostroms von der Intensität führen. Nichtlinearitäten und optische Bistabilität infolge Sättigung der kantennahen Interbandübergänge wurden zuerst an InSb untersucht. Es erwies sich aber, daß an anderen Halbleitern im Bereich der Excitonenresonanzen, die bei tiefen Temperaturen sehr schmal sind und sich durch eine hohe Oszillatorstärke auszeichnen, optische Bistabilität bei geringeren Schaltleistungen beobachtbar ist.

SEED SEED steht für ‚**S**elf **E**lectro-optic **E**ffect **D**evice' (Bild 4.5). Ein SEED ist ein schnelles optoelektronisches Schaltelement, das bistabiles Verhalten zeigt. Darin wird die Beeinflussung der Absorption im Bereich excitonischer Übergänge durch das in einem *pn*-Übergang mit MQW-Struktur (siehe Abschnitt 3.7) bestehende hohe elektrische Feld ausgenutzt. Die MQW-Struktur (typisch GaAs/(Ga,Al)As) bewirkt die Stabilisierung der Excitonen im GaAs noch bei Zimmertemperatur und verstärkt den Feldeinfluß (sog. quantenunterstützter Stark-Effekt). Durch das elektrische Feld im *pn*-Übergang werden die excitonischen Absorptionsmaxima verschoben. Eingestrahltes Licht wird teilweise absorbiert und ruft einen Photostrom hervor. Dieser verursacht einen Spannungsabfall an dem Widerstand R_L und damit eine Veränderung der an der MQW-Struktur anliegenden Spannung. Bei vier Wellenlängen tritt infolge dieses Rückkopplungseffekts optische Bistabilität auf. Im

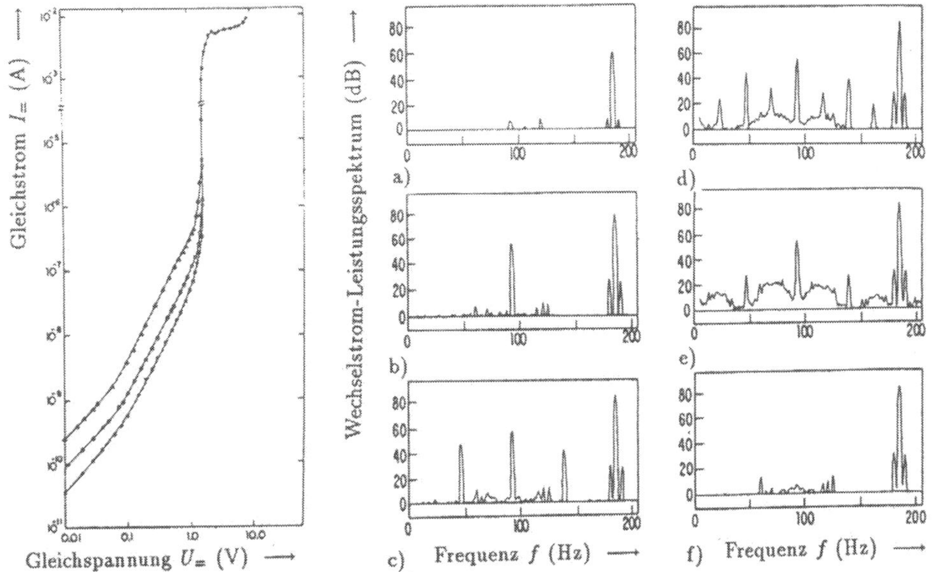

Bild 4.6 Der Weg zum Chaos in einem p-Ge-Photoleiter bei $T_G = 4,2$ K [157]. Links Gleichstrom-$I(U)$-Kennlinie bei drei verschiedenen Temperaturen des schwarzen Strahlers, rechts Frequenzspektren des Probenstroms bei Beauflagung mit Wechselspannungen von 185 Hz und unterschiedlicher Amplitude $U_\sim$: 47 mV (a), 478 mV (b), 587 mV (c), 601 mV (d), 611 mV (e), 764 mV (f)

Jahre 1989 wurden bei AT&T SEED-Arrays mit 32×64 Elementen auf einem Chip integriert. Mit einer Schaltzeit von 1 ns und einer Schaltleistung von 200 nW pro Element sind SEEDs vielversprechende Elemente für künftige optische Computer.

4.5 Chaos in Photoleitern

Das Generations-Rekombinations-Gleichgewicht in einem Störstellen-Photoleiter erwies sich als hochgradig nichtlinear schon bei Berücksichtigung nur der optischen Anregung. Darüber hinaus kann auch das an den Photoleiter angelegte elektrische Feld das Gleichgewicht zwischen Störstelle und Band verändern, und zwar infolge Stoßionisation der Störstelle durch die freien Ladungsträger. Durchbruch tritt ein, wenn mit wachsendem Feld genügend Träger zur Stoßionisation der Störstelle befähigt werden. Der Ionisierungsquerschnitt der Störstelle nimmt mit wachsender Energie desstoßenden Elektrons ab, so daß man oberhalb des Durchbruchs in einem kleinen Bereich eine fallende Strom-Spannungs-Kennlinie mit $\mathcal{N}$-förmiger negativer differentieller Leitfähigkeit beobachtet.

Heute schon als klassisch zu bezeichnende Untersuchungen haben erwiesen, daß bei Vorliegen einer negativen differentiellen Leitfähigkeit $\sigma_{\text{diff}} = \partial j/\partial F < 0$ die homogene Strom- und Feldverteilung im Festkörper instabil ist, siehe Shaw et al. (1992). Bei der hier vorliegenden sogenannten spannungskontrollierten negativen differentiellen Leitfähigkeit bilden sich i. a. bewegte Hochfelddomänen und damit verbunden spontane Stromoszillationen im Meßkreis heraus (dagegen Stromfäden bei stromkontrollierter negativer differentieller Leitfähigkeit). Solche *Rekombinations-Instabilitäten* sind ein Beispiel für dissipative Strukturen in dem nichtlinearen dynamischen System Photoleiter. Wegen der vergleichsweise niedrigen Frequenzen haben sie nicht so große praktische Bedeutung wie der Gunn-Hilsum-Mechanismus erreicht.

Extrinsische Photoleiter mit negativer differentieller Leitfähigkeit sind als Objekt der Chaosforschung interessant: In hochreinem p-Germanium mit ca. 10^{10} cm^{-3} Akzeptoren wurde der Feigenbaum-Weg zum Chaos über eine Folge von Bifurkationen beobachtet. In Bild 4.6a ist die $I(U)$-Kennlinie des Photoleiters mit spannungskontrollierter negativer differentieller Leitfähigkeit bei $U_{dc} \approx 2,5$ V wiedergegeben. Die hintergrundstrahlungsfreie Photoleitfähigkeit wird, wie im Abschnitt 3.4 beschrieben, in einer Probenkammer mit kalter Wand durch einen schwarzen Strahler angeregt. Bei Spannungen unterhalb des Störstellen-Durchbruchs findet man im Frequenzspektrum (Bild 4.6b-g) bei Anlegen einer kleinen Wechselspannung chaotisches Verhalten: Bei Erhöhung der Wechselspannung beobachtet man zunächst mehrfach Periodenverdopplung und schließlich starkes Rauschen, das einer Rauschtemperatur von $2 \cdot 10^8$ K entspricht – man beachte den Dynamikbereich von 80 dB. Bei weiterer Erhöhung der treibenden Spannung tritt dann wieder Beruhigung ein, dies wird von den Autoren als Modelocken gedeutet.

Auch beim intrinsischen Generations-Rekombinations-Gleichgewicht sollte nach Computersimulationen [142] chaotisches Verhalten beobachtbar sein. Photoanregung dient wieder dem besseren Verständnis durch gezielte Einstellung der Trägerkonzentration.

4.6 Konsequenzen der quadratischen Abhängigkeit des Photoeffekts von der Lichtfeldstärke

Als linear wird der Photoeffekt bezeichnet, wenn das Signal proportional der Lichtintensität ist. Die Lichtintensität ist aber dem über die Periode der Lichtschwingung gemittelten *Quadrat* der Feldstärke der Lichtwelle proportional. Dies ist letzten Endes Ausdruck der Quantennatur der Wechselwirkung mit Licht, und in den meisten Zusammenhängen braucht man darüber nicht weiter nachzudenken. Unter ‚Nichtlinearitäten' wurde dieser Effekt im Sinne der Elektronik eingeordnet: Wenn zwei kohärente Lichtwellen gleichzeitig auf einen Photoleiter auftreffen, ist deren Interferenz zu beachten, und die wirksame Intensität hängt von den Feldstärken beider Lichtfelder und vom Phasenwinkel zwischen diesen ab. Dies bewirkt in den Grenzfällen der Interferenz von Wellen gleicher bzw. unterschiedlicher Frequenz räumliche Interferenzmuster bzw. Schwebungen.

Schwebungen Eine optische Welle, die aus zwei monochromatischen Wellen mit den Kreisfrequenzen ω_1 bzw. ω_2 und den Intensitäten I_1 bzw. I_2 überlagert wird, kann nach dem Superpositionsprinzip durch eine Amplitude

$$A(t) = \sqrt{I_1}\exp(j\omega_1 t) + \sqrt{I_2}\exp(j\omega_2 t) \tag{4.8}$$

beschrieben werden, wenn wir der Kürze halber die Phasen gleich Null setzen und die Ortsabhängigkeit weglassen. Die Intensität ist dann gegeben durch

$$I(t) = I_1 + I_2 + 2\sqrt{I_1 I_2}\cos[(\omega_1 - \omega_2)t]. \tag{4.9}$$

Gl. (4.9) beschreibt eine Lichtschwebung bzw. Lichtmischung. Im Zusammenhang mit dem Photoeffekt wird dies am einfachsten als sog. Modenbeating beobachtet, wenn die Strahlung eines Lasers, der gleichzeitig in mehreren Axialmoden schwingt, mit einem Photodetektor nachgewiesen wird. Der Axialmodenabstand eines Lasers mit Fabry-Perot-Resonator beträgt

$$\Delta\nu = \frac{c}{2nL}, \tag{4.10}$$

wobei n die Brechzahl des Lasermediums und L dessen Dicke ist. Für einen Gaslaser mit $n \approx 1$ und $L = 50$ cm ist die Schwebungsfrequenz $\Delta\nu = 300$ MHz, also meßtechnisch bequem nachweisbar. Die relative Phase zwischen der zu empfangenden Welle und der Lokalwelle muß über die ganze Dicke des Photodetektors d_{Empf} konstant sein. Dies stellt eine Bedingung für den zulässigen Winkel zwischen beiden Wellennormalen dar:

$$\alpha \ll (\lambda/2)/d_{\mathrm{Empf}}.$$

Die Möglichkeit der Abwärtsmischung eines zu detektierenden Signals mit einem ‚Lokaloszillator' wird beim optischen Heterodynempfang in der Lichtwellenleitertechnik zur Verbesserung des Signal-Rausch-Verhältnisses genutzt. Dabei wird nur das Glied mit der Differenzfrequenz in Gl. (4.9) ausgenutzt. Derartige kohärente Übertragungssysteme sind zugleich für den Wellenlängenmultiplex sehr perspektivreich.

Lichtinduzierte Gitter Wenn zwei ebene Wellen gleicher Wellenlänge λ, die sich unter einem Winkel ϑ schneiden, miteinander interferieren, entsteht eine sinusförmige Intensitätsmodulation der Periode $\Lambda = \lambda/\sin\vartheta$. Historisch wurde zuerst die photochemische Wirkung dieses Interferenzmusters beobachtet: Interferieren zwei kohärente Teilstrahlen in einer Photoplatte, so kann das örtliche Interferenzmuster als Schwärzungsbild fixiert werden. Diese Tatsache wird zur photographischen Herstellung holographischer Gitter und zur Aufzeichnung von Hologrammen überhaupt ausgenutzt. Mittels sog. holographischer (Photo-)Lithographie werden Laser mit verteilter Rückkopplung (DFB-Laser) und die im Abschnitt 3.7 beschriebenen Quantendrähte und Quantenpunkte hergestellt.

Im Zusammenhang mit dem Photoeffekt ist die Untersuchung *dynamischer* lichtinduzierter Gitter (s. Eichler, Günter u.Pohl 1986) besonders interessant. Darunter versteht man die Möglichkeit, durch Interferenz zweier Teilstrahlen in einem Photoleiter eine örtlich periodische Generationsrate und somit eine örtlich periodische Verteilung von Nichtgleichgewichtsträgern zu erzeugen. Diese wird als lichtinduziertes Gitter bezeichnet, weil die periodische Trägerverteilung eine periodische Brechzahl nach sich zieht und diese Anordnung wie ein optisches Gitter wirkt. Das Gitter ist dynamisch, da es nur so lange lebt wie die Nichtgleichgewichtsträger. Der Nachweis eines solchen Gitters erfolgt vorzugsweise optisch mittels der Beugungswirkung, ist aber auch mit photoelektrischen Methoden möglich.

Bestimmung von Diffusionslängen aus dem Zerfall lichtinduzierter Gitter
Eine wichtige wissenschaftliche Anwendung finden lichtinduzierte Gitter zur Bestimmung kleiner Diffusionslängen. Dabei nutzt man als Generationsmechanismus meist 2-Photonen-Anregung, um eine homogene Anregung in die Tiefe zu gewährleisten. In üblichen Halbleitern sind dafür Intensitäten der Größenordnung MW/cm^2 erforderlich. Der Zerfall des lichtinduzierten Gitters nach Abschalten der Anregung erfolgt durch Diffusion der Nichgleichgewichtsträger aus den Konzentrationsmaxima in die Konzentrationsminima und durch Rekombination. Die Gitterlöschzeit τ_g ist gegeben durch

$$\frac{1}{\tau_g} = \frac{1}{\tau_R} + \frac{1}{\tau_D} \quad \text{mit} \quad \tau_D = \frac{\Lambda^2}{4\pi^2 D}. \tag{4.11}$$

Mißt man τ_g in Abhängigkeit von der Gitterperiode Λ (die man über den Winkel ϑ variiert), so kann man sowohl die Rekombinationslebensdauer τ_R als auch den Diffusionskoeffizienten D (und damit die Diffusionslänge L) bestimmen. Für eine Zeitauflösung im Sub-ns-Bereich sind ps-Impulse zur Anregung des Gitters erforderlich.

Der Vorteil dieser Methode besteht u. a. darin, daß man nicht nur Elektron-Loch-Paare untersuchen kann (D ist dann der ambipolare Diffusionskoeffizient, τ_R die Paarlebensdauer; Beispiele: Si, GaAs), sondern – bei entsprechend tiefen Temperaturen – auch andere Elementaranregungen wie Excitonen (Beispiele: CdS oder CuCl) oder Excitonenmoleküle (Beispiel: CuCl).

Eine photoelektrische Methode zur Diffusionslängenbestimmung wurde in [132] beschrieben: Dazu wird senkrecht zum Gitter der stationäre Photostrom gemessen, der in Phase mit dem sinusförmig modulierten einen das Gitter anregenden Teilstrahl ist. Die Diffusionslänge kann man bestimmen, indem man diese Messung einmal mit kohärentem zweitem Teilstrahl und einmal mit inkohärentem zweitem Strahl durchführt. Die Autoren schätzen ab, daß man Diffusionslängen bis herab zu einem Zwanzigstel der verwendeten Lichtwellenlänge bestimmen kann. Diese Methode hat gegenüber den optischen noch den Vorzug, daß thermisch bedingte Gitteranteile sich nicht auf das Ergebnis auswirken.

Literaturempfehlungen

Bücher:

Shaw, M. P., V. V. Mitin, E. Schöll, H. L. Grubin: The Physics of Instabilities in Solid State Electron Devices. New York and London: Plenum Press 1992

Saleh, B. E. A., M. C. Teich: Fundamentals of Photonics. New York: John Wiley & Sons 1991

Schöll, E.: Nonequilibrium Phase Transitions in Semiconductors. (Springer Series in Synergetics, Vol. 35). Berlin: Springer-Verlag 1987

Eichler, J. H., P. Günter, D. W. Pohl: Laser-induced dynamical gratings. Springer-Verlag 1986

Reviewartikel:

Lundstrom, M. S.: Minority-Carrier Transport in III-V Semiconductors, in: Semiconductors and Semimetals, Vol. 39 (1993), S. 193 - 258

5 Wissenschaftliche Anwendungen

5.1 Photoelektronen-Spektroskopie

Photoelektronen-Spektroskopie (PES) ist eine leistungsfähige Methode zur Aufklärung der elektronischen Struktur von Festkörpern und Festkörper-Oberflächen, weil sie die absoluten Energien von Anfangs- und Endzustand liefert. Die Anregung mit monochromatisierter Synchrotronstrahlung aus Speicherringen bietet die umfassendsten Meßmöglichkeiten.

Zur Zielstellung, die elektronische Struktur eines Festkörpers aufzuklären, trägt die spektrale Quantenausbeute des Photoeffekts Informationen über die optischen Konstanten bei, insbesondere über den Absorptionskoeffizienten und damit $\epsilon_2(\omega)$. Mit der Quantenausbeute werden alle emittierten oder angeregten Elektronen unabhängig von ihrer Austrittsenergie erfaßt. Speziell der äußere Photoeffekt bietet darüber hinaus die Möglichkeit, durch Messung der Energieverteilung der Photoelektronen bei festgehaltener Energie der anregenden Lichtquanten zu weiteren Aussagen über die elektronische Struktur eines Festkörpers zu gelangen. Die Ursache dafür kann man wie folgt beschreiben:

Sei $P(\hbar\omega, E)$ die Wahrscheinlichkeit, daß ein Photon der Energie $\hbar\omega$ ein Elektron mit der Energie E im Endzustand anregt. Dann enthält $\epsilon_2(\omega) \approx \int P(\hbar\omega)\, dE$ die Information über die Übergangswahrscheinlichkeit in *alle* Endzustände, das Photoelektronenspektrum dagegen die Information über die Übergangswahrscheinlichkeit in einen *gegebenen* Zustand. Man kann dann zusätzlich $\hbar\omega$ variieren und beobachten, wie sich eine beobachtete Struktur im Spektrum verschiebt. Das Energiespektrum liefert die absolute Energie des Endzustandes und bei Ein-Elektronen-Anregung auch die absolute Energie des Anfangszustandes. Daher ermöglicht häufig erst eine Verknüpfung der Kenntnis von $\epsilon_2(\omega)$ mit dem Photoelektronenspektrum ein Verständnis der Strukturen in den optischen Spektren.

5.1.1 Energieverteilungskurven

Die Messung der Energieverteilung der Photoelektronen (EDC) bei festgehaltener Photonenenergie $\hbar\omega$ stellte ursprünglich das qualitativ neue Moment der Photoelektronen-Spektroskopie gegenüber der im Kapitel 2 zum äußeren Photoeffekt behandelten spektralen Quantenausbeute dar. Inzwischen ist eine große Vielfalt weiterer Methoden entwickelt worden, ein Überblick wird im Abschnitt 5.1.2 gegeben.

An der atomphysikalisch geprägten Interpretation der Energieverteilung mittels Energiesatz hatten wir bereits drei Korrekturen anbringen müssen:

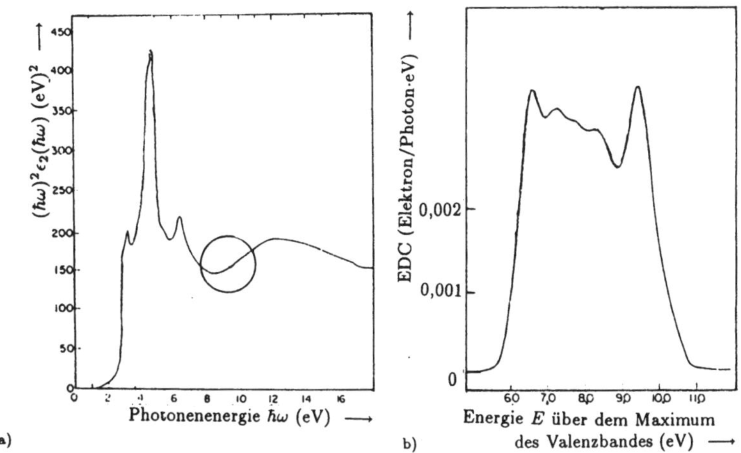

Bild 5.1 Vergleich der Strukturen im Imaginärteil der Dielektrizitätsfunktion (Teilbild a, dargestellt ist $(\hbar\omega)^2\epsilon_2(\hbar\omega)$) und in der Energieverteilungskurve (b, dargestellt ist ein Ausschnitt des Spektrums bei Anregung mit $\hbar\omega = 10,4$ eV) für GaAs (Spicer 1972)

- Außer den durch Photoeffekt freigesetzten Elektronen werden auch Augerelektronen registriert.
- Außer den primären Photoelektronen, die ohne Energieverlust zur Oberfläche gelangen, werden auch Sekundärelektronen registriert, die bei inelastischen Stößen einen Teil ihrer Energie verloren haben. Im Rahmen des Drei-Schritt-Modells der Photoemission war dies auf S. 27 durch Gl. (2.22) beschrieben worden.
- Im Bereich der Valenzband-Leitungsband-Übergänge ist die Übergangswahrscheinlichkeit bei $\boldsymbol{k}$-erhaltenden Übergängen nicht der Dichte der Zustände proportional, aus denen die Elektronen angeregt werden, sondern der Interband-Zustandsdichte. (Man beachte aber weiter unten die Aussagen zur XPS.)

Der Informationsreichtum der Energieverteilungskurven soll hier am Beispiel des GaAs, also eines direkten Halbleiters mit $\boldsymbol{k}$-erhaltenden Interbandübergängen illustriert werden. Bild 5.1a zeigt das Spektrum von $(\hbar\omega)^2\epsilon_2(\hbar\omega)$ als Maß für die Stärke der Interbandabsorption, die Strukturen entsprechen direkten Übergängen. Bild 5.1b belegt, daß das Photoelektronenspektrum bei Anregung mit der Photonenenergie 10,4 eV zusätzliche Informationen (über indirekte Übergänge) enthält, während die Dielektrizitätsfunktion bei $\hbar\omega = 10,4$ eV überhaupt keine Struktur aufweist.

Eine PES-typische weitergehende Informationsmöglichkeit bietet die Aufnahme einer EDC-Schar mit variierter Quantenenergie der anregenden Strahlung. Eine neue Qualität entsteht hier durch die Unterscheidung von Strukturen in den Spektren, die sich bei Veränderung von $\hbar\omega$ verschieben (‚dispergierende Strukturen')

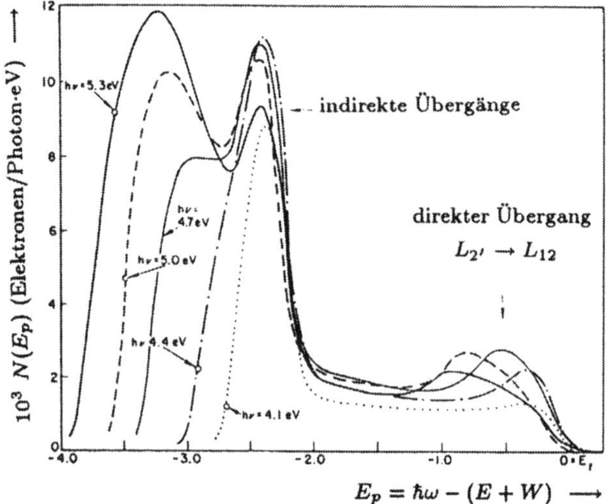

Bild 5.2
EDCs von Cu:Cs bei Photonenenergien zwischen 4,4 und 5,3 eV nach Spicer (1972). Bezugsenergie ist die Fermienergie E_F.

und solchen, deren Lage sich nicht verändert. Dafür siehe weiter unten Bild 5.7 zu winkelaufgelösten Spektren von GaAs, die einen weiteren Durchbruch bei den Bemühungen um Bandstrukturaufklärung mittels Photoemission brachten.

Diese Unterscheidungsmöglichkeit demonstrieren auch die EDCs von Kupfer in Bild 5.2 bei Auftragung über der Energie des Anfangszustandes $E - \hbar\omega$. Während die Struktur zwischen 0 und 1 eV sich mit der Anregungsenergie verschiebt (,dispergiert'), bleibt die Struktur bei $E_F - 2,3$ eV bei Variation der Photonenenergie stehen. Dementsprechend wird die rechte Linie als direkter $\boldsymbol{k}$-erhaltenderÜbergang gedeutet, die linke Linie dagegen als indirekter, nicht $\boldsymbol{k}$-erhaltender Übergang aus einem von den $3d$-Elektronen herrührenden Maximum der Zustandsdichte.

Energieverteilungskurven spinpolarisierter Elektronen Im Abschnitt 2.4 wurde die Emission spinpolarisierter Photoelektronen diskutiert und in Bild 2.20 auf S. 48 durch den spektralen Polarisationsgrad der Photoemission aus GaAs-NEA-Kathoden charakterisiert. Die Analyse der Energieverteilungskurven der polarisierten Elektronen (PEDCs, Bild 5.3) bestätigt die im Abschnitt 2.4 geführte Diskussion, liefert aber weitergehende Aussagen: Die gezeigten PEDCs wurden mit Photonenenergien unterhalb des E_{L_1}–Übergangs angeregt (siehe die Tabelle in Abschnitt 2.4), d.h. sie entstehen durch optische Übergänge in der Umgebung von Γ. Die energiereichsten Elektronen sind am stärksten polarisiert, sie werden ohne Energieverlust emittiert. Unterhalb der Γ-Position im Volumen zeigen die PEDCs eine Abnahme des Polarisationsgrades. Diese wird auf eine zusätzliche Depolarisation in der oberflächennahen Raumladungszone zurückgeführt. In den PEDCs für größere Photonenenergien zeigt sich, von hohen Energien her kommend, bereits eine Abnahme an der Leitungsbandkante in L bzw. X. Offenbar findet eine sehr effektive Depolarisation in den Satellitentälern statt, sobald die Elektronen in diese gestreut werden.

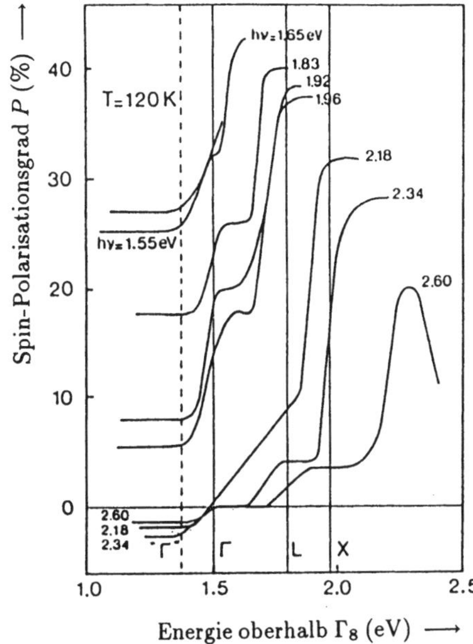

Bild 5.3
PEDCs von (100)-p-GaAs bei $T = 120$ K und Anregung mit He-Ne- und Kr^+-Laserlinien [42]. Die Positionen der Leitungsbänder in Γ, L und X im Volumen sind durch vertikale Linien dargestellt.

5.1.2 Methodenübersicht zur Photoelektronen-Spektroskopie

Photoelektronen-Spektroskopie bedeutet experimentell im allgemeinsten Fall:

Photonen der Photonenenergie $\hbar\omega$ und der Polarisation $\mathbf{p}$ fallen unter dem Polar- bzw. Azimutwinkel $\theta_p bzw. \varphi_p$ auf den Festkörper; die Zahl der Elektronen mit der kinetischen Energie E und der Polarisation σ, die unter dem Polar- bzw. Azimutwinkel θ_e *bzw.* φ_e den Festkörper verlassen, wird gemessen. Experimentell am einfachsten sind die zuerst entwickelten winkelintegrierenden Meßverfahren.

Experimentelle Ursprünge der Photoelektronen-Spektroskopie sind:

- XPS (**X**-Ray **P**hotoelectron **S**pectroscopy), typischerweise mit Mg-K_α- oder Al-L_α-Strahlung, ausgehend von den Arbeiten von K. Siegbahn,
- UPS (**U**ltraviolett-**P**hotoelektronen-**S**pektroskopie), gefördert durch meßtechnische Fortschritte bei der Entwicklung fensterloser UV-Lichtquellen (He-I-, He-II-Linienstrahler),[1] hochauflösender empfindlicher Energieanalysatoren und die Nutzung von Synchrotronstrahlung aus Speicherringen.

Beiträge zu den Photoelektronenspektren im UPS-Bereich leisten:

- vor allem Übergänge aus Valenzband- in Leitungsbandzustände,
- evtl. Emission aus d-Zuständen,
- die Sekundärelektronen.

[1] Die He-II-Linie mit $\hbar\omega = 40,8$ eV wird mitunter als Grenze des UPS-Gebiets bezeichnet.

Wegen der Energieabhängigkeit der Photoelektronen-Austrittstiefe ist die UPS besonders oberflächensensitiv, siehe Bild 2.3 auf S. 17. Das UPS-Signal ist wegen der Auswahlregel $\Delta k = 0$ der kombinierten Zustandsdichte der beteiligten Bänder proportional, UPS kann deshalb zur Aufklärung der Zustandsdichte in der Umgebung der Energielücke beitragen. Die Strukturen im Spektrum liegen bei kritischen Punkten der Interbandzustandsdichte. Bei den relevanten Energien $E_{\text{max}} = \hbar\omega \approx 10$ eV entspricht der Betrag des Wellenvektors k des freien Elektrons denjenigen der Kristallelektronen in der 1. Brillouinzone: Mit $m = m_0$ erhalten wir aus Gl. (2.10) von S. 23 $k = 1,6 \cdot 10^8$ cm^{-1} etwa in Übereinstimmung mit dem aus den Gitterkonstanten ($a = 0{,}543$ nm für Si, $a = 0{,}565$ nm für GaAs) folgenden Rand der Brillouinzone bei $\pi/a = 5,79 \cdot 10^7$ bzw. $5,56 \cdot 10^7$ cm^{-1}. Insofern spricht man vom *Bandstrukturregime* der PES.

Beiträge zu den Photoelektronenspektren im XPS-Bereich leisten:

- Anregung aus (besetzten) Rumpfzuständen in unbesetzte Leitungsbandzustände oder in die Kontinuumszustände oberhalb des Vakuumniveaus,
- Anregung von Valenzelektronen,
- Augerprozesse,
- die Sekundärelektronen wie bei der UPS.

Mit wachsender Photonenenergie verliert die $\boldsymbol{k}$-Auswahlregel ihre Bedeutung, weil viele Endzustände möglich und Übergänge in einige von ihnen immer mit gewisser Wahrscheinlichkeit erlaubt sind. Dann werden die Energieverteilungskurven einfach dem Produkt der Zustandsdichten der beteiligten Bänder proportional. Da bei großen Energien die Näherung des freien Elektrons mit $D_c(E) \sim \sqrt{E - E_0})$ immer besser erfüllt wird, ist die Dichte der Endzustände wenig strukturiert, und die EDC wird der Zustandsdichte im Valenzband bzw. der Dichte der Rumpfzustände proportional (ähnlich wie bei Atomen). Dies wird u. a. zur Bestimmung der Zustandsdichte im Valenzband genutzt.

Die *Valenzband-Photoemission* kann zur Bestimmung der Austrittsarbeit nach der *Sekundärelektronenmethode* dienen: In Bild 5.4 sind im Unterschied zu Bild 2.1b in Abschnitt 2.1 auch die durch Streuung entstandenen Sekundärelektronen eingezeichnet, Augerelektronen und Rumpfniveauanregungen sind weggelassen. Die Sekundärelektronen erhöhen das Signal auf der niederenergetischen Seite des Spektrums; ihr Beitrag wird merklich, wenn die Photonenenergie mehr als einige eV oberhalb der Austrittsarbeit liegt. Bei völliger Thermalisierung wäre das Spektrum der Sekundärelektronen eine Maxwellverteilung, es können aber auch verschobene und verbreiterte Strukturen aus dem primären Spektrum auftreten. Zur Bestimmung der Austrittsarbeit mißt man im XPS-Bereich die Energieverteilungskurve und nutzt aus, daß das Spektrum der Sekundärelektronen beim Vakuumpotential abgeschnitten wird. Die Breite des gesamten Photoemissionsspektrums ist $\hbar\omega - W$.

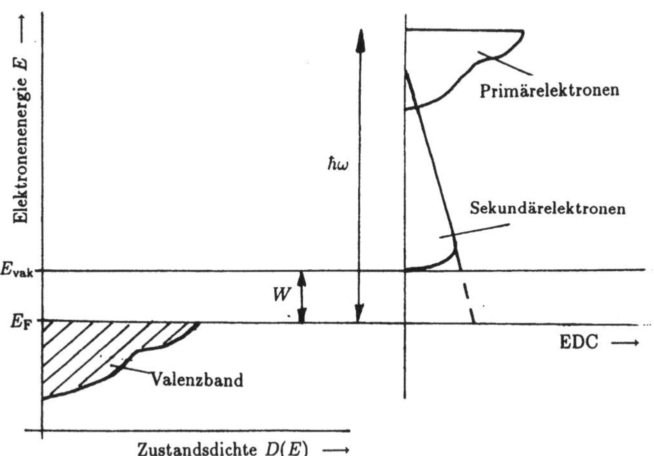

Bild 5.4 Schematische Darstellung der Valenzband-Photoemission zur Veranschaulichung der Sekundärelektronenmethode zur Bestimmung der Austrittsarbeit

In Halbleitern ist nach Abschnitt 2.3 die photoelektrische Austrittsarbeit dotierungsabhängig und wird darüber hinaus durch die Oberflächen-Bandverbiegung beeinflußt. Im bis zur Entartungsgrenze dotierten n-Halbleiter ist $W_{\text{ph el}} = \chi$. Man betrachte dazu Bild 5.10 im Abschnitt 5.1.3. Das Photoelektronenspektrum endet bei $E_{\text{kin}} = 56,7$ eV, d.h. bei $\hbar\omega - 4,5$ eV. Daraus ergibt sich $\chi = 4,5$ eV in immerhin grober Übereinstimmung mit dem Wert in Tabelle 2.3.

Synchrotronstrahlung Synchrotronstrahlung wurde erstmals 1956 auf Fragestellungen der Festkörperphysik angewendet [161]. Synchrotronstrahlung aus Elektronen-Speicherringen (siehe Winick u. Doniach 1980) bietet den Vorteil eines breiten kontinuierlichen Spektrums, so daß in der Photoelektronen- Spektroskopie die Abgrenzung zwischen UPS und XPS zunehmend an Bedeutung verliert. Für Bandstrukturuntersuchungen ist dies von grundsätzlicher Bedeutung, aber auch bei vielen anderen Aufgaben ist es von Vorteil, wenn man gleichzeitig z. B. die Rumpfniveauemission und die Emission in der Umgebung des Ferminiveaus erfassen kann, siehe die Diskussion zu Bild 5.10.

Die großen Elektronen-Speicherringe bieten vom nahen Infrarot bis zum weichen Röntgengebiet eine hohe spektrale Energiedichte, die allen anderen kontinuierlichen Strahlungsquellen überlegen ist. Hohlraumstrahler sind z. B. nur bis etwa 3000 K technisch beherrschbar. Beim Berliner Elektronen-Synchrotron BESSY z.B. kann bei einem Strahlstrom von 300 mA die Elektronenenergie zwischen 340 und 850 MeV variiert werden. Dies garantiert Experimentiermöglichkeiten im Bereich zwischen etwa 3 eV und 15 keV Photonenenergie.

Synchrotronstrahlung aus Speicherringen ist wie schwarze Strahlung ein primäres Strahlungsnormal, die Strahldichte kann aus den Daten des gespeicherten Elektronenstroms berechnet werden. Besonders günstig ist, daß man bereits die Strahlung von 1...10 gespeicherten Elektronen messen kann, die man bei der Entfernung aus dem Speicherring einfach zählt [94]. Synchrotronstrahlung erweitert generell den spektralen Meßbereich für photoelektrische Untersuchungen zu kurzen Wellenlängen.

Anregungsspektroskopie Bei der Anregungsspektroskopie wird die Photonenenergie der anregenden Strahlung variiert. Anregungsspektroskopie wird daher vorteilhaft mit Synchrotronstrahlung ausgeführt. Bei integralem Nachweis nennt man dies *Ausbeutespektroskopie*, PEYS (von **P**hoto**E**lectric **Y**ield **S**pektroscopy). Diese entspricht der Messung der spektralen Quantenausbeute des äußeren Photoeffekts, das Signal ist – wie in Abschnitt 2.1 gezeigt wurde – dem Absorptionskoeffizienten proportional. Bei energieaufgelöstem Nachweis (Messung der EDCs) kann man in zwei Meßregimes arbeiten:

Mit $E_{\text{kin}} = const.$ betreibt man CFS (**C**onstant **F**inal State **S**pectroscopy). Da $D_{\text{f}} = const.$, ist das Signal proportional der Zustandsdichte im Anfangszustand $D_{\text{i}}(E)$.
Mit $E_{\text{kin}} - \hbar\omega = const.$ betreibt man CIS (**C**onstant **I**nitial State **S**pectroscopy). Man mißt also mit synchroner Variation von E_{kin} und $\hbar\omega$, als Ergebnis erhält man die Zustandsdichte der Endzustände $D_{\text{f}}(E)$.

ESCA bedeutet die Ausnutzung der Elementspezifik der chemischen Verschiebung der Rumpfzustände für die chemische Analyse (engl. **E**lectron **S**pectroscopy for **C**hemical **A**nalysis). Die Rumpfzustände der Festkörperatome sind stark lokalisiert, daher sind die Ionisierungsquerschnitte matrixunabhängig. (Eine Zusammenstellung findet man bei Cardona und Ley 1978.) Rumpfniveaus können zur Orientierung in den PES-Spektren dienen, u. U. zur Festlegung des Energienullpunkts.

Andererseits können die Absolutenergien in Abhängigkeit von der Ladungsverteilung in der Umgebung des Atoms eine sog. *chemische Verschiebung* erfahren. ESCA wird demzufolge zum Studium der chemischen Bindung angewendet und bietet dabei Ansatzspunkte für viele subtile festkörpertechnologische Untersuchungen, insbesondere zur Metallisierung, Oxidation, Passivierung, Epitaxie usw. (Chiang 1988). Da die PES ebenso wie die meisten Festkörpertechnologien (Ultra-)Hochvakuum erfordert, sind *in-situ*-Messungen naheliegend, zumindest wird die Probe nach dem technologischen Prozeß ohne Zwischenbelüftung in die PES-Analysekammer geschleust.

Ähnlich wie in der Infrarot-Schwingungsspektroskopie die Bindungsspezifik der Schwingungsfrequenzen organischer Moleküle kann man auch die chemische Verschiebung der Rumpfniveaus zur Strukturaufklärung verwenden. Bild 5.5 zeigt ein Beispiel aus der Festkörperphysik: Mittels Analyse der vom Oxidationszustand abhängigen Niveauverschiebungen der $2p_{3/2}$-Rumpfzustände des Siliciums wurde die Vernetzung des SiO_2 am Interface SiO_2/Si untersucht. Zur Anregung diente Synchrotronstrahlung ($\hbar\omega = 120$ eV), die Energien sind als Verschiebung gegenüber dem Rumpfniveau des Si-Atoms im Diamantgitter angegeben. Man beachte die starke Spreizung der Energieachse.

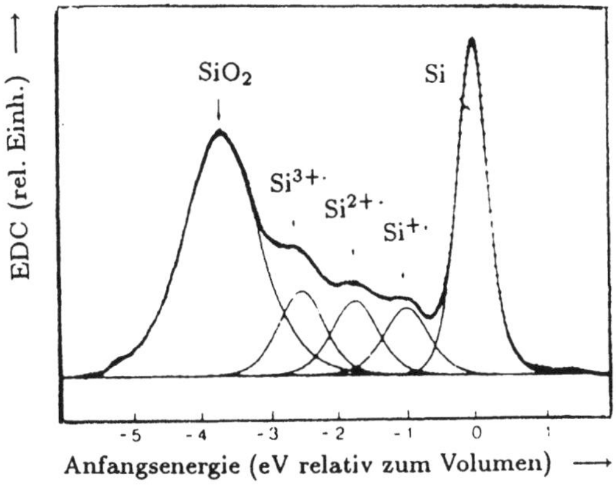

Bild 5.5
Photoelektronenspektrum des Si-$2p_{3/2}$-Rumpfniveaus in einer 1,1 nm dicken SiO_2-Schicht auf Si [77]. Das gemessene Spektrum (fette Kurve mit Meßpunkten) ist, gestützt auf eine theoretische Analyse, zerlegt in die Beiträge von fünf Bindungszuständen (dünne ausgezogene Kurven).

AES – Augerelektronen-Spektroskopie Das Auftreten von Augerelektronen ist ein Beispiel für die nicht zu vernachlässigende Elektron-Elektron-Wechselwirkung bei der Photoemission. Augereffekt bedeutet eine Umverteilung der Anregungsenergie auf mehrere Elektronen. Die Energie der Augerelektronen ist unabhängig von der Anregungsenergie und elementspezifisch. Die AES (**A**uger-**E**lektronen-**S**pektroskopie) kann daher ebenfalls zur Analyse der Elementverteilung dienen. Sie ist oberflächensensitiver als die Photoelektronen-Spektroskopie schlechthin, da die Augerelektronen eine geringere Energie als die primären Photoelektronen und damit eine geringere Austrittstiefe haben. Rumpfniveauverschiebungen beeinflussen die Energie der Augerelektronen gleichermaßen wie die der Photoelektronen. Als Auger-Sonde bezeichnet man ein Gerät zur elementspezifischen Tiefenprofilanalyse beim sukzessiven Sputtern.

Inverse Photoemission Bei der inversen Photoemission treffen Elektronen mit der Energie E und dem Wellenvektor $\boldsymbol{k}$ auf die Probe. Registriert werden die vom Festkörper emittierten Photonen der Energie $\hbar\omega$: wahlweise bei festem $\hbar\omega$ das Spektrum unter Variation von E (Isochromatenmethode) oder bei $E =$ const. das Spektrum unter Variation von $\hbar\omega$, siehe Smith (1988).

Die Energierelaxation der in den Festkörper injizierten heißen Elektronen unter Photonenemission erfolgt in freie Endzustände, daher liefert die inverse Photoemission die Dichte der freien Zustände, siehe Bild 5.6. Dies ist der Hauptvorteil der inversen Photoemission; denn freie Zustände zwischen E_{F} und E_{vak} sind für die normale Photoemission unzugänglich, da ein in diesen Bereich angeregtes Elektron das Metall bzw. den Halbleiter mit positiver Elektronenaffinität nicht verlassen kann. Auch hier sind winkelabhängige Messungen möglich.

Andererseits ist die inverse Photoemission ein spontaner Prozeß, während in die Photoemission die Absorption, also ein induzierter Prozeß, involviert ist. Daher unterscheiden sich die Wirkungsquerschnitte um den Faktor $(\lambda_{\mathrm{el}}/\lambda_{\mathrm{ph}})^2 \approx 10^5 \ldots 10^{-3}$ im UV- und Röntgenbereich.

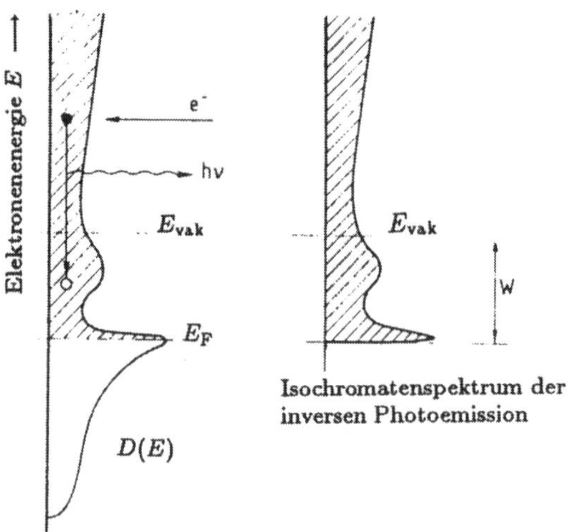

Bild 5.6
Isochromatenmethode der inversen Photoemission: Die bei Variation von E und $\hbar\omega$ = const. gemessene Photonenzählrate widerspiegelt die Dichte der unbesetzten Zustände.
a) Energetische Zustandsdichte,
b) Isochromatenspektrum der inversen Photoemission (nach Smith 1988).

Winkelaufgelöste Photoelektronen-Spektroskopie beruht auf der Erhaltung der Tangentialkomponente des Elektronen-Wellenvektors beim Verlassen des Festkörpers (siehe den Beitrag von N. V. Smith bei Cardona und Ley 1978 oder Leckey und Riley 1992). Projiziert auf das Drei-Schritt-Modell der Photoemission, bedeutet dies:

$$\boldsymbol{k}_\mathrm{f} - \boldsymbol{k}_\mathrm{i} = \boldsymbol{g} : \quad \boldsymbol{k}\text{-Erhaltung bei der Anregung;}$$

Berücksichtigung nur ballistischer Elektronen beim Transport;

$$k_{\mathrm{f}\|} = k_\| + g_\| : \quad k_\|\text{-Erhaltung beim Durchtritt durch die Oberfläche.} \tag{5.1}$$

Dabei bezeichnet der Index f den Endzustand, der Index i den Anfangszustand; $\boldsymbol{g}$ ist ein Vektor des reziproken Gitters der Oberfläche, bei fehlender Rekonstruktion gleichzeitig ein Vektor des reziproken Gitters des Volumens. Den Fall $\boldsymbol{g} \neq 0$ bezeichnet man in der Festkörperphysik allgemein als Umklapp-Prozeß, solche spielen nur bei hohen Elektronenenergien eine Rolle. Die Normalkomponente des Elektronen-Wellenvektors wird dagegen beim Verlassen des Festkörpers durch Wechselwirkung mit diesem als Ganzem verändert, da ja in dieser Richtung eine Potentialstufe besteht. Mit $E_\mathrm{kin} = E_\mathrm{f} - W$, $\boldsymbol{g} = 0$, der Annahme parabolischer Dispersion des freien Elektrons für die Endzustände (Nullpunkt E_0) und bei Einführung des Polarwinkels θ_e erhält man folgende Zusammenhänge zwischen den experimentell zugänglichen Größen E_kin, $\hbar\omega$ und θ_e und dem Anfangszustand des Festkörperelektrons vor der Photoemission:

$$E_\mathrm{i} = E_\mathrm{kin} - \hbar\omega + W \tag{5.2}$$

$$\hbar \boldsymbol{k}_{i\|} = \sqrt{2mE_\mathrm{kin}}\,\sin\theta_\mathrm{e} \tag{5.3}$$

$$\hbar \boldsymbol{k}_{i\perp} = \sqrt{2m(E_\mathrm{kin}\cos^2\theta_\mathrm{e} + W - E_0)}. \tag{5.4}$$

Der experimentelle Nachweis, daß $k_{\parallel}$ für einen beträchtlichen Anteil der bei $\boldsymbol{k}$-erhaltenden Übergängen angeregten Elektronen erhalten bleibt, wurde erstmals 1964 von Gobeli, Allen und Kane am Silicium und Germanium erbracht [62].

Als charakterisierende Acronyme sind ARPES (**A**ngle **R**esolved **P**hoto **E**lectron **S**pectroscopy) bzw. ARUPS (**A**ngle **R**esolved **UPS**) und ARXPS (**A**ngle **R**esolved **XPS**) geprägt worden.

Zeitaufgelöste Photoelektronen-Spektroskopie Zeitaufgelöste Messungen der Photoemission (siehe Weiner und Marcus 1990) sind möglich durch Anwendung von Impulslasern und Sampling-Meßverfahren. Zeitaufgelöste PES wird vor allem mit Laserimpulsen betrieben. In Photonenenergiebereichen, in denen keine intensiven Impulslaser zur Verfügung stehen, bietet die Synchrotronstrahlung aus Speicherringen eine Ergänzung. Diese ist insofern gepulst, als die Elektronen nicht gleichförmig auf der Bahn verteilt sind, sondern geklumpt. Die minimale Pulsdauer ist gegenwärtig etwa 100 ps, man will 20 ps erreichen. Ein großer Vorteil besteht darin, daß die Impulsdauer bei allen Wellenlängen die gleiche ist. Die Impulsenergie wird künftig mit Undulatoren gesteigert werden können (dann aber wieder wellenlängenselektiv). Da zeitaufgelöste Messungen hohe Strahlungsintensitäten erfordern, ist stets die Möglichkeit der Mehrphotonenabsorption zu bedenken.

Photoelektronenbeugung Die durch Absorption dicht unter der Festkörper-Oberfläche in freie Zustände angehobenen Elektronen können an den Atomen der obersten Atomlage oder auf der Oberfläche adsorbierten Atomen gebeugt werden. Die aus Beugung und Interferenz resultierende Änderung der Winkelverteilung der Photoelektronen ist einerseits ein Störeffekt, andererseits zu einer selbständigen Untersuchungsmethode entwickelt worden. Zwei **Meßverfahren der Photoelektronenbeugung** sind möglich:

- Bei festgehaltener Photonenenergie wird die Änderung der Winkelverteilung gemessen, oder
- bei festem Beobachtungswinkel wird die Photonenenergie und damit die Energie der Photoelektronen verändert.

Um definierte Elektronenenergien und damit de-Broglie-Wellenlängen einzustellen, nutzt man die Anregung aus den scharfen Rumpfniveaus. Die Photoelektronenbeugung kann u.a. auf folgende Fragestellungen angewendet werden:

- Symmetrie von Oberflächen incl. Relaxation und Rekonstruktion,
- Analyse von Eigenoxidschichten,
- strukturelle Perfektion von oberflächennahen Bereichen,
- Struktur von dünnen Epitaxie- und Metallisierungsschichten,
- Struktur von Adsorbaten.

Unter Registrierung der gesamten Winkelabhängigkeiten und Nutzung von Bildverarbeitungstechniken gelang Seelmann-Eggebert u. Mitarb. [141] eine aussagekräftige Analyse der Realstruktur am Interface von (Hg,Cd)Te mit Metallisierungsschichten bzw. Eigenoxiden.

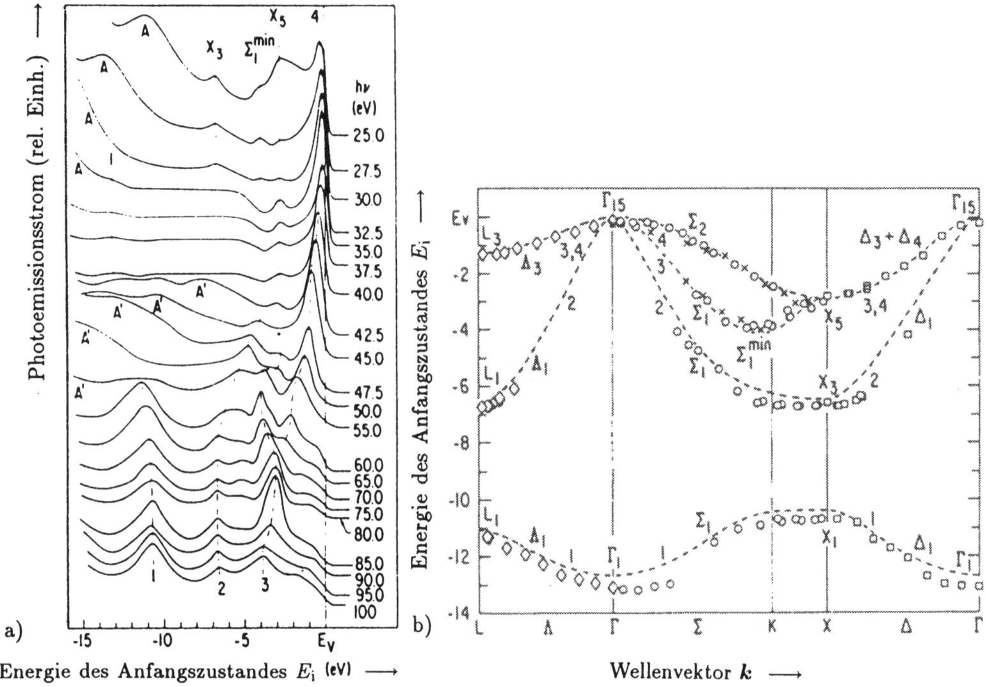

Bild 5.7 Winkelaufgelöste EDCs von einer GaAs-(110)-Fläche als Funktion der Photonenenergie (Normalemissionsmessung, a) und die daraus abgeleitete Dispersion im Valenzband entlang der wichtigsten Symmetrierichtungen (b) [32]

5.1.3 Ausgewählte Anwendungsbeispiele

Aussagen zur Bandstruktur von Festkörpern

Die Aussagekraft der Energieverteilungskurven zur Bandstruktur ist bereits im Abschnitt 5.1.1 belegt worden. Eine Zusammenfassung der Ergebnisse an Halbleitern bis 1968 findet man bei Spicer und Eden [151]. Mißt man die Energieverteilung bei definierten Winkeln oder gar winkelabhängig, kann man aus den im Photoelektronenspektrum beobachteten Strukturen auf Energie und Impuls des beteiligten Anfangszustands im Valenzband des Festkörpers schließen und daraus den Bandverlauf $E(\boldsymbol{k})$ rekonstruieren (winkelaufgelöste Photoelektronen-Spektroskopie, siehe Leckey und Riley 1992). Dies brachte eine wesentliche Verbesserung der Bandstrukturaufklärung mittels PES. Aussagen zur Bandstruktur können nur aus dem Spektrum der ballistisch emittierten Elektronen gemacht werden, alle Sekundärelektronen stören.

Wegen der leichteren Interpretation werden im 1. Schritt die Photoelektronen vorzugsweise in Normalenrichtung detektiert (*Normalemissionsmessung*): Da $\Delta k_\perp$ i. a. unbekannt ist, kann man aus dem im Außenraum gemessenen Winkel keine Aussage über die Richtung von $\boldsymbol{k}$ im Kristallinnern machen, es sei denn, man stellt $k_\parallel = 0$ ein. An einer zylindrischen Meßprobe mit der Achse in $[1\bar{1}0]$-Richtung ist mit Normalemissionsmessungen eine $E(\boldsymbol{k})$-Bestimmung längs [001], [111] und [110] möglich. Für Bandstrukturbestimmungen ist es darüber hinaus vorteilhaft, die CFS-Methode anzuwenden, weil dabei jede Struktur im Spektrum einem bestimmten Wellenvektor zugeordnet werden kann und dies die Auswertung vereinfacht.

Valenzbandstruktur von GaAs Die folgende Darstellung stützt sich auf Experimente von Chiang u. Mitarb. an GaAs [32]. Bezüglich der Endzustände E_{f} erwartet man für große Elektronenenergien eine geringe Beeinflussung durch das Kristallpotential und daher die Anwendbarkeit der Parabel für das freie Elektron. In [32] wurde gezeigt, daß die wichtigen Zustände tatsächlich auf einer Parabel mit der Masse des freien Elektrons

$$E_{\mathrm{f}}(\boldsymbol{k}) = \hbar^2(k_{\|}^2 + k_{\perp}^2)/2m + E_0$$

liegen, wobei für Energien von 25 ... 100 eV eine Verbreiterung von 3 ... 8 eV vorliegt und die Parabel an den Grenzen der 1. Brillouinzone zurückgefaltet werden muß. Die Verbreiterung führt zu einer gewissen Unsicherheit bezüglich $k_{\perp}$. Für GaAs ist $E_0 = E_{\mathrm{v0}} -$ 9,34 eV.

Die Absolutlage der Energieeigenwerte im Valenzband kann durch Bezug auf ein bekanntes Rumpfniveau, in diesem Falle das Ga-$3d_{5/2}$-Niveau (18,6 eV) fixiert werden. Bild 5.7a [32] zeigt die für unterschiedliche Photonenenergien gemessenen Energieverteilungskurven als Funktion der Energie des Anfangszustandes, wobei der Nullpunkt das Valenzbandmaximum $E_{\mathrm{v0}} = E_{\Gamma_{8\mathrm{v}}}$ angibt. Die nicht dispergierenden Strukturen sind auf Augerelektronen zurückzuführen (A bzw. A' bezeichnen Augerübergänge im Ga bzw. im As) oder auf indirekte Übergänge (kritische Punkte X_3, Σ^{min}, X_5).

Die mit 1 ... 4 bezeichneten dispergierenden Strukturen werden Übergängen aus vier Valenzbändern zugeschrieben. Das rechte Teilbild zeigt die so bestimmten Dispersionskurven dieser vier Bänder. Kreise bezeichnen die Meßpunkte aus Teilbild (a), Kreuze, Quadrate und Rhomben Meßpunkte aus den hier nicht zitierten Messungen bei von der Normalen abweichenden Polarwinkeln. Die Bezeichnungen sind die üblichen Angaben der irreduziblen Darstellungen in den hauptsächlichen Symmetrierichtungen im $\boldsymbol{k}$-Raum [111] ($\Gamma - L$), [110] ($\Gamma - K$) und [100] ($\Gamma - X$). Die gestrichelten Verläufe stammen aus Rechnungen nach einem Pseudopotentialverfahren ohne Berücksichtigung der Spin-Bahn-Wechselwirkung (die bei der Messung ohnehin nicht aufgelöst wird) – die Übereinstimmung ist sehr gut. Man vergleiche Bild 5.7b mit Bild 2.20a auf S. 48. Bandstrukturbestimmungen mittels winkelaufgelöster Photoelektronen-Spektroskopie sind für zahlreiche Metalle, Halbleiter und Halbleiter-Übergitter durchgeführt worden.

Bestimmung von Bandkantensprüngen in Heteroübergängen Die Kenntnis der Bandkantensprünge in Heteroübergängen und MQW-Strukturen ist wesentlich für das Verständnis der optischen und Transporterscheinungen niederdimensionaler Trägerensembles in solchen Strukturen, siehe Abschnitt 3.7. Die Bestimmung

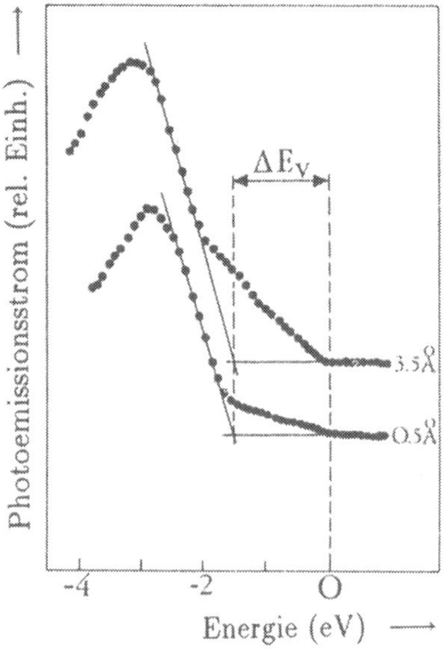

Bild 5.8
Doppelkantenstruktur der Photoelektronen-EDC von Heterostrukturen CdS/Si mit unterschiedlicher Dicke der Si-Schicht [108]. Als Energienullpunkt ist der Rand des Valenzbandes von Si gewählt. Anregung mit $\hbar\omega = 60$ eV

dieser Bandkantensprünge mittels Photoemission beruht darauf, daß der Potentialsprung in epitaktisch gewachsenen und daher störungsarmen Heteroübergängen auf einer Längenskala stattfindet, die mit der Austrittstiefe der Photoelektronen (siehe Bild 2.3 auf S. 17) vergleichbar ist. Die Austrittstiefe kann zudem über die Photonenenergie beeinflußt werden, so daß derartige Untersuchungen vor allem mit Synchrotronstrahlung durchgeführt wurden. Der Photoemissionsstrom einer Probe mit einer hinreichend dünnen Epitaxieschicht auf einem Fremdsubstrat wird dann gleichermaßen von Elektronen getragen, die im Substrat bzw. in der Epitaxieschicht angeregt worden sind. Der Teil der Energieverteilungskurve, der die vom oberen Rand des Valenzbandes emittierten Elektronen widerspiegelt, zeigt daher eine Doppelkante, wenn ein Valenzbandoffset besteht. Daraus kann man unmittelbar ΔE_v bestimmen. Die erreichbare Genauigkeit beträgt etwa $\pm$ 0, 1 eV, die Methode eignet sich vor allem für größere Valenzbandkantensprünge. Bild 5.8 zeigt ein besonders überzeugendes Beispiel für den Heteroübergang CdS/Si. Das Ergebnis ist E_{v0}(CdS) = E_{v0}(Si) - 1,58 eV.

Weiteres zu MQW-Strukturen: Ein Beispiel für die Anwendung der PES auf Bandstrukturprobleme hatten wir bereits im Abschnitt 3.7.2 beschrieben: den Nachweis des quantisierten Eigenwertspektrums einer MQW-Struktur im Photoemissionsspektrum.

Bestimmung der Verteilungsfunktion heißer Elektronen aus EDCs

Die Photoemission ist generell ein Effekt heißer Elektronen; dennoch wurden direkte Aussagen zur Energieverteilung heißer Elektronen in Halbleitern aus der Photoemission erst möglich, nachdem man die Einstellung der NEA-Situation an der

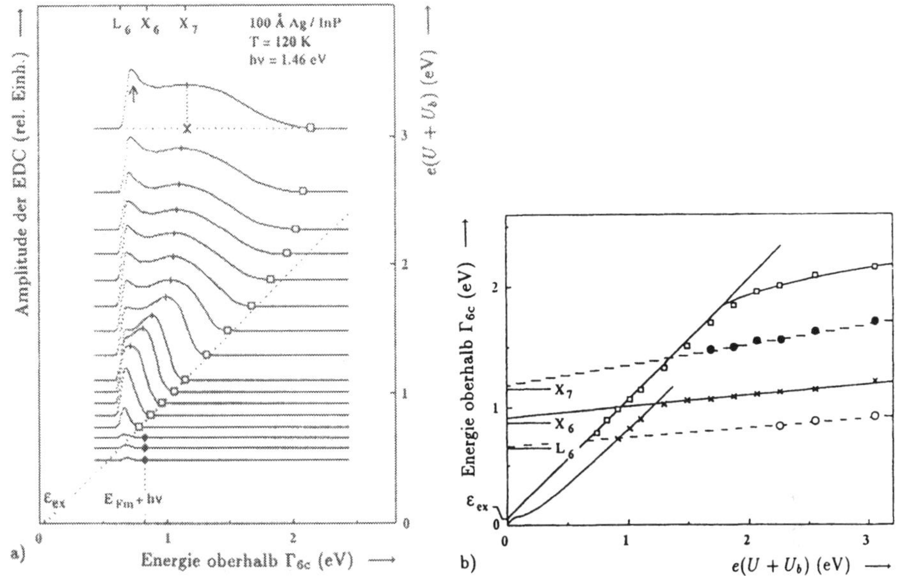

Bild 5.9 Energieverteilungskurven (a) gemessen an einer Ag/InP-Schottkydiode bei $T = 120$ K und Anregung mit $\hbar\omega = 1,46$ eV für verschiedene Vorspannungen (rechte Ordinatenachse) und daraus abgeleitetes Energiediagramm (b) [125]. Γ_6 – tiefstes Leitungsbandminimum, L_6, X_6 und X_7 in (a) bezeichnen die Lage der Ränder der Satellitentäler am Interface. U_B – Höhe der Schottkybarriere, U – angelegte Spannung. □ – hochenergetischer Rand des Spektrums in (a), × – Lage des Hauptmaximums, ϵ_{ex} – Injektionsenergie der Elektronen.

Halbleiteroberfläche gelernt hatte. Bei positiver Elektronenaffinität wird ja ein Teil der Verteilung weggeschnitten.[2]

Als applikatives Beispiel war im Abschnitt 2.3 die Zwischental-Übertragung in GaAs als Methode der feldverstärkten Photoemission erwähnt worden. Hier soll gezeigt werden, wie man durch Analyse der Energieverteilungskurven eine detaillierte Information über die dabei ablaufenden Vorgänge erlangt. Bild 5.9a) zeigt die an einer Ag/InP-Schottkydiode gemessenen EDCs. An der Oberfläche wurde eine kleine Elektronenaffinität eingestellt, die 10 nm dicke Ag-Schicht beeinflußt dabei die EDCs nur unwesentlich. InP ist wie GaAs ein direkter Halbleiter mit Satellitentälern, nur liegen die Leitungsbandminima in L tiefer als die Minima in X (Zustände X_6, X_7). Die Anregung erfolgte bandkantennah mit $\hbar\omega = 1,46$ eV $= E_g(120$ K$) + 45$ meV, so daß die Elektronen durch Photoeffekt nur eine geringe kinetische Energie (im Bild mit ϵ_{ex} bezeichnet) erhalten. Die Elektronen nehmen jedoch beim Durchlaufen des Feldes der Schottkybarriere Energie auf und werden heiß emittiert.

[2]Die gelegentlich geäußerte Meinung, der Energiebereich zwischen E_F und E_{vak} sei der Photoelektronen-Spektroskopie nicht zugänglich, stimmt nach Erkenntnis der NEA-Problematik so nicht mehr. Halbleiteroberflächen mit NEA-Situation sind inzwischen vor allem auch ein wissenschaftliches Hilfsmittel geworden.

Bei kleiner Vorspannung verlieren die im Halbleiter angeregten Elektronen ihre Energie auf dem Weg zum Kontakt und können den Festkörper nicht verlassen – man beobachtet nur eine sehr schwache Emission, die als Emission aus der Ag-Schicht gedeutet wird. Mit wachsender Vorspannung steigt die Photoemission wesentlich an – bei der höchsten Vorspannung erreicht die Quantenausbeute 0,4 %. –, und in den EDCs treten charakteristische Strukturen auf. Die beobachtete Energieverteilung wird als Energieverteilung der Elektronen an der Oberfläche interpretiert. Dafür kann man folgende Argumente angeben:

Die Austrittstiefe der Photoelektronen aus der vorliegenden Struktur ist nicht die Diffusionslänge, sondern die Diffusions-Driftlänge nach Gl. (3.42) von S. 78, so daß oberhalb einer bestimmten Spannung alle Elektronen vom Feld der Schottkybarriere gesammelt werden und die Oberfläche erreichen. Nimmt man außerdem noch wegen der angenäherten Einstellung des NEA-Falls eine energieunabhängige Austrittswahrscheinlichkeit an, spiegelt die EDC direkt die Energieverteilung der Elektronen $n(E) = f(E)D_c(E)$ an der Oberfläche wider.

Trägt man die aus den EDCs ablesbaren charakteristischen Energien über der gesamten Oberflächen-Bandverbiegung auf, erhält man das in Bild 5.9b) dargestellte Diagramm. Dieses erlaubt nun die Interpretation der EDCs: Die anfängliche der Spannung proportionale Verschiebung des Hauptmaximums ist der Aufheizung der Elektronen im zentralen Leitungsbandminimum bei Γ zuzuschreiben, wo die Elektronen sich quasi-ballistisch bewegen, sobald ihre mittlere Energie groß gegenüber der Energie der optischen Phononen ist. Bei höheren Vorspannungen erlangen die Elektronen dann genügend Energie zum Übertritt in die Satellitentäler in L und X, wo sie wegen der dort geringeren Beweglichkeit langsamer aufgeheizt werden. Dies sieht man als zusätzliche Strukturen in den Spektren im Teilbild a) und an dem schwächeren Anstieg der entsprechenden Kurven im Teilbild b). Die Ergebnisse bilden eine überraschende aktuelle Bereicherung der Physik heißer Elektronen und insbesondere der Vorstellungen zur Zwischental-Übertragung beim Gunneffekt. Die bei der PES erreichte hohe Energieauflösung bei den Photoelektronen resultiert hier in einer hohen Energieauflösung bei der Verteilungsfunktion der heißen Ladungsträger. Leider sind bezüglich der Energieverteilung mit hoher Energie optisch injizierter Elektronen bisher keine vergleichbaren Resultate erzielt worden.

Photoemission und Oberflächen-Photoeffekt

Bei der Messung von Photoelektronenspektren empfängt dic Probe die Meßstrahlung, die bei hohen Photonenenergien in Halbleitern eine nicht unbeträchtliche Generation von Elektron-Loch-Paaren bewirkt. Man muß sich daher die Frage stellen, ob der so angeregte Nichtgleichgewichtszustand einen Einfluß auf das Meßergebnis hat. In Untersuchungen an In/GaAs-Schottkybarrieren wurde ein solcher Effekt tatsächlich nachgewiesen, siehe Bild 5.10. Nach Abscheidung von 1,5 nm In auf hochdotiertem (110)-n-GaAs bei $T = 120$ K kann man aus der Dominanz des In-Rumpfniveau-Dubletts ($4d_{5/2,3/2}$) bzw. aus dem Intensitätsverhältnis zum Ga-Dublett ($3d_{5/2,3/2}$, dessen Ionisierungsquerschnitt nur um den Faktor 1,77

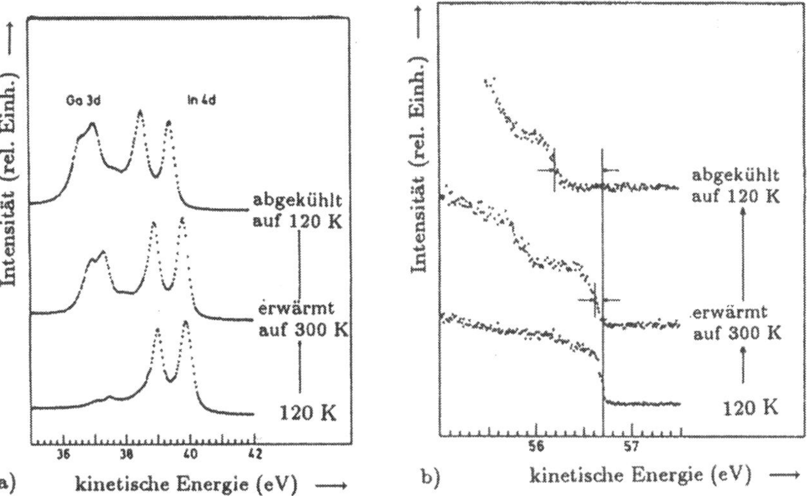

Bild 5.10 a) Mit $\hbar\omega = 61,2$ eV angeregte Rumpfniveauspektren einer bei 120 K abgeschiedenen 1,5 nm dicken In-Schicht auf n^+-GaAs(110) innerhalb eines Temperaturzyklus 120 → 300 → 120 K, b) Spektren derselben Probe in der Umgebung des Ferminiveaus [35]

kleiner ist) schlußfolgern, daß eine geschlossene In-Schicht entstanden ist (unteres Spektrum im linken Teilbild). Diese sollte einen etwa auftretenden Oberflächen-Photoeffekt kurzschließen. Bei Erwärmung der Schicht auf 300 K nimmt die Intensität des Ga-Signals im Raumpfniveauspektrum stark zu (mittleres Spektrum im linken Teilbild). Dies kann nur als Aufreißen der In-Schicht verstanden werden, wodurch ein Teil der GaAs-Oberfläche sichtbar wird. Zugleich tritt im Energiebereich des Ferminiveaus eine kleine Verschiebung um 0,1 eV ein, die als Oberflächen-Photospannung gedeutet wird (mittleres Spektrum im rechten Teilbild). Bei erneuter Abkühlung bleibt die Morphologie nach Ausweis des Raumpfniveauspektrums weitgehend stabil, die Verschiebung infolge der Oberflächen-Photospannung (obere Kurve im rechten Teilbild) wird aber wesentlich größer und führt zu einer scheinbaren Rumpfniveauverschiebung (obere Kurve im linken Teilbild). Die Temperaturabhängigkeit der Oberflächen-Photospannung ist bedingt durch die bei tiefen Temperaturen größere Lebensdauer der Nichtgleichgewichtsträger.

Auch dieses Beispiel belegt die hohe erreichbare Auflösung. Es lehrt außerdem, daß Rumpfniveauverschiebungen leicht durch Oberflächen-Photospannungen vorgetäuscht werden können. Für Absolutaussagen zu Linienlagen ist es wichtig, die Lage des Ferminiveaus in dem Bereich der Probe sicher zu kennen, aus dem die Photoelektronen stammen.

Literaturempfehlungen

Bücher:

Desjonquères, M. C., D. Spanjaard: Concepts in Surface Physics (Springer Series in Surface Sciences 30). Berlin: Springer-Verlag 1993

Watts, J. F.: Introduction to Surface Analysis by Electron Spectroscopy. Oxford: Oxford Science Publications 1990

Winick, H., S. Doniach (Hrsg.): Synchrotron Radiation Research. New York, London: Plenum Press 1980, darin: I. Lindau, W. E. Spicer: Photoemission as a tool to study solids and surfaces, S.159 - 221

Cardona, M., L. Ley (Hrsg.): Photoemission in Solids, I. General Principles: Topics in Applied Physics 26. II. Case Studies: Topics in Applied Physics 27. Berlin: Springer-Verlag 1978

Feuerbacher, B., B. Fitton, R. F. Willis (Hrsg.): Photoemission and the Electronic Properties of Surfaces. Chichester usw.: John Wiley & Sons 1978

Reviewartikel:

Leckey, R. C. G., J. D. Riley: Semiconductor Band Structure as determined from Angle Resolved Photoelectron Spectroscopy, in: CRC Critical Reviews in Solid State and Material Sciences 17 (4) 307 - 352 (1992)

Weiner, A. M., R. B. Marcus: Photoemissive probing, in: Semiconductors and Semimetals 28 (1990) 382 - 420

Goldmann, A., E.-E. Koch (Hrsg.): Landolt-Börnstein (Neue Serie) Band 23, Photoemissions-Spektren und verwandte Daten. Berlin: Springer-Verlag 1989/1990

Smith, N. V.: Inverse Photoemission, Reports on Progress in Physics 51 (1988) 1227 - 1294

Chiang, T.-C.: Core level photoemission studies of surfaces, interfaces and overlayers. CRC Critical Review in Solid State and Material Science 14, Nr. 3 (1988) S. 269 - 317

Drouhin, H.-J., C. Hermann, G. Lampel: Polarized Photoemission in GaAs. Spin Relaxation Effects. Festkörperprobleme 25 (1985) 255 - 263

Spicer, W. E.: Photoelectric emission, in: Optical Properties of Solids (Hrsg. F. Abelès), S. 755 - 858. Amsterdam, London: North-Holland Publishing Company 1972.

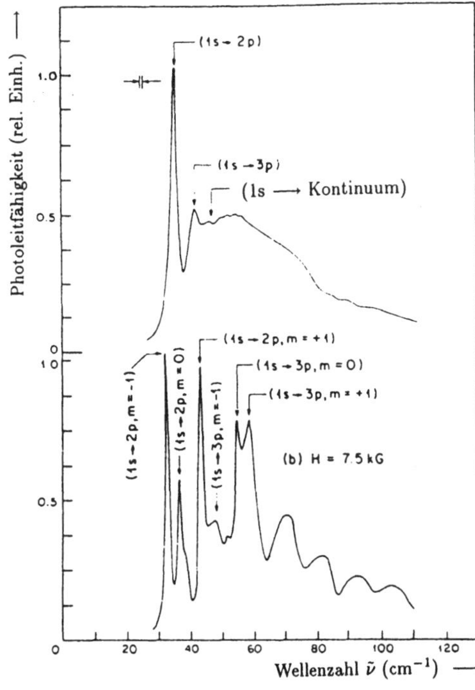

Bild 5.11
Spektrum der Störstellen-Photoleitfähigkeit einer hochreinen GaAs-Probe bei T = 1,46 K und $B = 0$ (oberes Teilbild) bzw. B = 0,75 T (unteres Teilbild) [152]. Die Bezeichnung der eingetragenen inneren Übergänge in einer wasserstoffähnlichen Störstelle entspricht der üblichen Notation für das H-Atom.

5.2 Spektroskopische Anwendungen des inneren Photoeffekts

Die photothermische Störstellenspektroskopie und Beipiele für spektroskopische Meßmethoden werden beschrieben, bei denen man eine hohe Empfindlichkeit dadurch erreicht, daß man die zu untersuchende Probe selbst als Strahlungsempfänger nutzt.

Photothermische Störstellen-Spektroskopie Die zahlreichen Möglichkeiten, aus dem spektralen Verlauf der Photoeffekte Aussagen über die Energieeigenwerte des untersuchten Systems und andere Eigenschaften zu erhalten, wurden insbesondere bezüglich der Interbandanregung ausführlich in den Abschnitten 3.1 und 3.2 diskutiert.

Eine Störstellen-Photoleitfähigkeit wurde dort nur bei der Ionisierung von Störstellen konstatiert. Innere Übergänge in der Störstelle tragen nicht zur Photoleitfähigkeit bei, es sei denn, ein weiterer Anregungsprozeß schafft die Elektronen aus den angeregten lokalisierten Zuständen in Bandzustände. Ein solcher zweistufiger Anregungsprozeß kann an Störstellen mit sehr kleiner Ionisierungsenergie (*flachen Störstellen*) in hochreinen Halbleiterkristallen tatsächlich beobachtet werden, wobei die zusätzliche Anregung ins Band thermisch erfolgt. Dies ist möglich in einem engen Temperaturbereich unterhalb 4,2 K, siehe Bild 5.11. Das Spektrum der

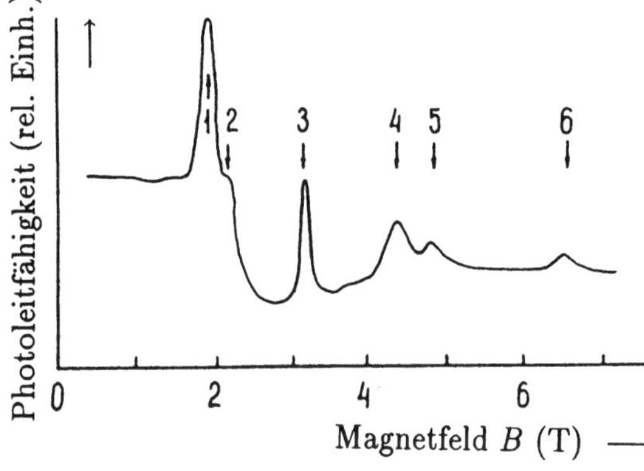

Bild 5.12
Abhängigkeit der μ-Photoleitfähigkeit vom Magnetfeld (Zyklotronresonanz-Spektrum) für ein p-PbTe/n-$Pb_{0,8}Sn_{0,2}Te$-Übergitter (25/10 nm) bei Anregung mit $\lambda = 119$ μm [121]. $T = 4,2$ K

Photoleitfähigkeit reproduziert direkt das Eigenwertspektrum der wasserstoffähnlichen Störstelle. Die Lyman$_\alpha$-Linie (1s-2p-Übergang) liegt bei 35 cm^{-1}, daraus ergibt sich die Ionisierungsenergie der Störstelle zu 5,86 meV – aus dem Halleffekt wurden 5,52 meV bestimmt und aus dem Wasserstoffmodell errechnet man mit $m_\text{n}^* = 0{,}0665$ m_0 und $\epsilon_\text{r} = 12{,}5$ $E_\text{ion} = 5{,}77$ meV. Die Zeemanaufspaltung im äußeren Magnetfeld (unteres Teilbild) bestätigt den Wert der effektiven Masse $m_\text{n}^* = 0,0665 \pm 0,0005 m_0$ – ein wohl überzeugendes Beispiel für die mit photoelektrischer Spektroskopie erreichbare Genauigkeit.

Genau wie das in Abschnitt 3.3 gegebene Beispiel einer exzitonischen Photoleitfähigkeit zeigt diese Messung, daß die Photoleitfähigkeit stets das *Anregungsspektrum* liefert, in diesem Falle dasjenige der ersten Stufe eines zweistufigen Prozesses.

Hinsichtlich ihrer Nachweisempfindlichkeit für Störstellen ist diese Methode hervorragend an die in den Elementhalbleitern Germanium und Silicium technologisch erreichten minimalen Störstellenkonzentrationen von $10^9 \ldots 10^{10}$ cm^{-3} bzw. 10^{11} cm^{-3} angepaßt, siehe Kogan u. Lifshits (1977). Die Autoren errechnen für Germanium eine minimal nachweisbare Störstellenkonzentration $N_\text{min} = 10^7$ cm^{-3}.

Eine Besonderheit besteht hier auch darin, daß die Spannungsempfindlichkeit des Photoeffekts unabhängig von der Störstellenkonzentration ist, weil bei der Störstellen-Photoleitfähigkeit $S_\text{U} \sim \Delta n / n_0$ ist und beide Größen in gleicher Weise von der Konzentration der vorherrschenden Störstellenart abhängen.

Photoelektrischer Nachweis der Zyklotronresonanz Zyklotronresonanz ist ursprünglich eine Methode zur Bestimmung der effektiven Masse und des Vorzeichens der quasifreien Ladungsträger aus der Resonanz ihrer Zyklotronbewegung mit einem zirkular polarisierten Mikrowellenfeld. Die Erfüllung der Resonanzbedingung $\hbar\omega = \hbar\omega_\text{c} = (e/m)B$ wird durch Detektierung der Mikrowellenabsorption bei Variation des Magnetfeldes nachgewiesen. Die Entwicklung der optisch gepumpten FIR-Molekülgaslaser führte zur Herausbildung einer analogen FIR-Magnetospektroskopie.

Nach den Überlegungen im Abschnitt 3.5 kann der Nachweis der Zyklotron-Resonanzabsorption aber auch mittels μ-Photoleitfähigkeit geführt werden. Das ist experimentell sogar wesentlich einfacher. Ein Beispiel für die Anwendung der FIR-Magnetophotoleitfähigkeit auf Fragestellungen an Übergittern zeigt Bild 5.12. Die Magnetophotoleitfähigkeit gestattet ebenso wie die Zyklotron-Resonanzabsorption, zwischen Elektronen- und Löcherresonanzen zu unterscheiden: Jede zirkular polarisierte Komponente spricht nur auf Elektronen *oder* Löcher an. Das Spektrum in Bild 5.12 wurde mit der elektronenaktiven Polarisationsrichtung in Faradaygeometrie[3] erhalten. PbTe ist ein Vieltalhalbleiter mit stark anisotropen Energieellipsoiden in den [111]-Richtungen und $m_{\|}/m_{\perp} \approx 10,5$. Aus den beobachteten Resonanzen schließt man auf die Existenz von Elektronen mit den Massen 0,0213 m_0 (1), 0,024 m_0 (2), 0,048 m_0 (4) und 0,0523 m_0 (5). Die unterschiedlichen Elektronenmassen entsprechen der Zyklotronbewegung der Elektronen in Tälern mit unterschiedlicher Orientierung bezüglich des Magnetfeldes. Die Linien 3 und 6 werden als Spin-flip-Resonanzen in unterschiedlichen Tälern gedeutet.

Bezüglich der Übergitter-Fragestellung führten diese Untersuchungen zu dem Ergebnis, daß sich die Elektronen im (Pb,Sn)Te verhalten wie in Potentialgräben, die von den PbTe-Barrieren gebildet werden – dies bewies die bis dahin strittige Annahme, daß es sich um ein Typ-II-Übergitter handelt.

Literaturempfehlungen

Reviewartikel:

Kogan, Sh. M., T. M. Lifshits: Photoelectric Spectroscopy – a new method of analysis of impurities in semiconductors, phys. stat. sol. (a) 39 (1977) 11 - 39

[3]Faradaygeometrie ($B\|e$) und Voigtgeometrie ($B\perp e$) sind übliche Bezeichnungen der Festkörper-Magnetospektroskopie. Das Vorgehen, in unterschiedlichen Beobachtungsrichtungen Übergänge infolge der unterschiedlichen Auswahlregeln $\Delta M = 0$ bzw. $\Delta M = \pm 1$ zu studieren, entspricht dem der Atomphysik.

6 Photoelektrische Strahlungsmessung

6.1 Meßgrößen und Bewertung von Strahlungsempfängern

Die zu messenden Größen des Strahlungsfeldes im Wellen- bzw. im Teilchenbild werden aufgelistet. Die radiometrischen Größen werden den entsprechenden photometrischen Größen gegenübergestellt. Das Ergebnis einer Messung ist stets die Faltung mit der Responsefunktion des Strahlungsempfängers. Dafür ist die Kenntnis der Eigenschaften von Empfängern (‚Sensorkenngrößen') wichtig.

Meßgrößen Die wichtigste Meßaufgabe ist die Ermittlung des Strahlungsflusses, der Strahlungsleistung bzw. der Exposition, häufig spektral und/oder zeitaufgelöst. Bez. dieses Hauptanwendungsgebiets werden meistens folgende **Sensorkenngrößen** angegeben:

- die (spektrale) Spannungs- oder Stromempfindlichkeit,
- der Linearitätsbereich,
- das Eigenrauschen (die Rauschäquivalentleistung) bzw. die Detektivität,
- die Zeitkonstante oder evtl. die Kapazität des Sensors.

Im sichtbaren Spektralbereich werden neben den radiometrischen Größen auch photometrische Größen angegeben, wenn ein Bezug auf das menschliche Auge besteht (sog. V_λ–Empfänger für die Beleuchtungsmeßtechnik, für Belichtungsmesser in Kameras, in Camcordern usw., siehe Abschnitt 6.5.1). Der Zusammenhang mit den radiometrischen Größen ist über die normierte spektrale Hellempfindlichkeitskurve V_λ mit dem Maximum bei $\lambda = 555$ nm gegeben. Das photometrische Strahlungsäquivalent beträgt $K_\mathrm{m} = 683$ lm/W. Bei monochromatischer Strahlung mit $\lambda = 555$ nm ist die radiometrische Größe mit K_m zu multiplizieren (bei anderen λ mit $V_\lambda K_\mathrm{m}$). Für nichtmonochromatische Strahlung erhält man den Lichtstrom Φ_v durch Faltung des spektralen Strahlungsflusses $\Phi(\lambda)$ mit der V_λ–Kurve:

$$\Phi_\mathrm{v} = K_\mathrm{m} \int_{380\,nm}^{780\,nm} \Phi(\lambda) V_\lambda \, d\lambda. \tag{6.1}$$

Für eine bessere Übersicht sind in Tabelle 6.1 die radiometrischen den photometrischen Größen und zugehörigen SI-Einheiten gegenübergestellt.

radiometr. Größe	Einheit	photometr. Größe	Einheit
Strahlungsfluß	W	Lichtstrom	Lumen(lm)
Strahlstärke	W/sr	Lichtstärke	Candela=lm/sr (cd)
Strahldichte	$W/m^2 \cdot sr$	Leuchtdichte	$cd/m^2 = lm/m^2 \cdot sr$
Bestrahlungsstärke, Intensität	W/m^2	Beleuchtungsstärke	$Lux=Lumen/m^2$ (lx)
Bestrahlung	$W \cdot s/m^2$	Belichtung	lx·s
Strahlungsenergie	W·s	Lichtmenge	lm·s = cd·sr·s

Tabelle 6.1 Gegenüberstellung radiometrischer und photometrischer Größen

Andererseits muß die Frage nach den zu messenden Parametern eines Strahlungsfeldes häufig allgemeiner gestellt werden. **Größen zur Charakterisierung des Strahlungsfeldes im Wellenbild** im weiteren Sinne sind:
- Strahlungsintensität, Strahlungsleistung oder -energie,
- Lage eines Lichtstrahls,
- Polarisationsgrad, Polarisationsebene,
- Strahlungsfrequenz bzw. Wellenlänge,

Größen zur Charakterisierung des Strahlungsfeldes im Teilchenbild sind:
- der Photonenfluß bzw. die Photonenflußdichte,
- die Energie der Lichtquanten,
- der Impuls der Lichtquanten.

Grenzen der Messung Eine Messung bedeutet immer eine Abbildung der physikalischen Realität mittels eines Meßgeräts begrenzter Auflösung. Beim Strahlungsnachweis werden wir uns dessen noch am ehesten bewußt bezüglich der Zeitauflösung. Wenn wir eine zeitlich veränderliche Intensität $I(t)$ mit einem linearen Strahlungsempfänger der Spannungsempfindlichkeit S_{U} messen, so ist das Ergebnis der Messung die Photospannung

$$U_{\mathrm{photo}}(t) = \int_{-\infty}^{+\infty} S_{\mathrm{U}} I(t') h_{\mathrm{temp}}(t,t')\, dt', \tag{6.2}$$

d. h. die Faltung des Signals mit der zeitlichen Apparatefunktion $h_{\mathrm{temp}}(t,t')$. Diese ist eine Gewichtsfunktion, sie beschreibt den Beitrag der Eingangsgröße zum Zeitpunkt t' auf die Ausgangsgröße zum Zeitpunkt t. Nur wenn die Apparatefunktion eine δ-Funktion ist, erhalten wir als Ausgangsgröße den unverfälschten zeitlichen Verlauf der Einfangsgröße.

Bei einem linearen Photodetektor ist das Abklingen exponentiell, wir haben es durch die Zeitkonstante τ beschrieben; für diesen Fall ist die Apparatefunktion

$$h_{\mathrm{temp}}(t,t') = \begin{cases} \exp\left(-\frac{t-t'}{\tau}\right) & \text{für} \quad t \geq t', \\ 0 & \text{für} \quad t < t'. \end{cases}$$

Ähnliche Überlegungen gelten auch bezüglich anderer Teilaspekte der Strahlungsmessung, z. B. bezüglich der spektralen Empfindlichkeit:

$$U_{\text{photo}}(\lambda) = \int_0^\infty S_{\text{U}} I(\lambda') h_{\text{spektr}}(\lambda, \lambda') \, d\lambda',$$

oder bezüglich der Ortsauflösung:

$$U_{\text{photo}}(x) = \int_{-\infty}^{+\infty} S_{\text{U}} I(\xi) h_{\text{lok}}(x, \xi) \, d\xi.$$

Umgekehrt kann man die zeitliche, örtliche usw. Apparatefunktion eines Strahlungsempfängers ermitteln, indem man δ-artig anregt. δ-artige Anregung läßt sich zeitlich mit kurzen Laserimpulsen verwirklichen (Impulsdauer bis herab zu 8 fs), spektral mit durchstimmbaren Lasern (Linienbreite bis herab zu 50 kHz). Femtosekunden-Lichtimpulse sind allerdings bereits so kurz, daß sie mit hoher spektraler Auflösung nicht vereinbar sind.

Die Frage nach der Ortsauflösung entsteht bei ortsauflösenden und Bildsensoren, δ-artige Anregung läßt sich am besten mit Gaußschen Bündeln annähern, die Ortsauflösung ist dabei etwa auf die Lichtwellenlänge begrenzt. Eine Entfaltung bei bekannter Apparatefunktion bringt nur nur eine geringe Verbesserung. Die Ortsauflösung von Strahlungssensoren wird häufig durch die Fourier-Transformierte der örtlichen Apparatefunktion beschrieben, die sog. Transferfunktion. Diese beschreibt den übertragbaren Kontrast als Funktion einer Ortsfrequenz. Daneben ist noch die Angabe der aufgelösten Linien oder Linienpaare pro mm in Gebrauch.

Dieses Buch will primär die physikalischen Argumente liefern, wie gut ein bestimmtes Meßverfahren sein kann und nicht eine Anleitung zur Auswahl eines Empfängers aus einem Katalog. Die angegebene Literatur kann aber bei der weiteren Orientierung helfen. Wer den geeigneten Strahlungsempfänger für einen bestimmten Anwendungszweck sucht, verschaffe sich *aktuelle* Kataloge und Anwendungshandbücher der Hersteller. Herstellerverzeichnisse findet man im ,Photonics Buyers Guide' und dem ,Photonics European Directory' (jährlich bei Laurin Publishing Company, Inc., Berkshire Common, Pittsfield, Mass., USA). Ein aktuelles Herstellerverzeichnis enthält auch die Beilage ,Detector Handbook' zum Märzheft 1992 von Laser Focus World. Ein Verzeichnis der lieferbaren SPIE-Konferenzbände kann man vom SPIE European Office, Xantener Str. 22, D-10707 Berlin, anfordern.

Im weiteren werden zunächst meßtechnische Lösungen für einige spezielle Meßaufgaben (Radiometrische Temperaturbestimmung, Lage von Lichtstrahlen, Polarisation der Strahlung, Wellenlänge, Frequenz bzw. Quantenenergie) besprochen, in den folgenden Abschnitten Meßtechniken hoher Genauigkeit, hoher Empfindlichkeit und hoher Zeitauflösung und anschließend die Strahlungsempfänger für unterschiedliche Spektralbereiche.

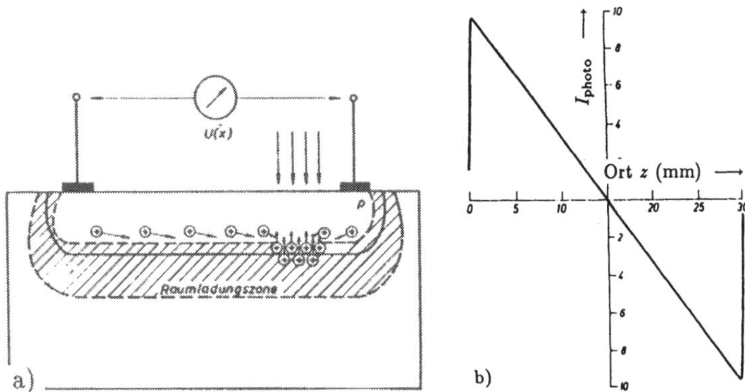

Bild 6.1 Analog ortsauflösende Silicium-Photodiode in Streifenanordnung: a) Struktur, b) Abhängigkeit des Signals von der Lage eines Lichtpunkts auf der Diode für eine 30 mm lange Streifendiode [92]

Meßtechnische Lösungen für einige Spezialaufgaben

Radiometrische Temperaturmessung: Die Aufgabe besteht darin, die absolute Temperatur eines als schwarz oder grau vorausgesetzten Temperaturstrahlers zu bestimmen. Die radiometrische Temperaturbestimmung geht vom Stefan-Boltzmann-Gesetz der Gesamtstrahlung aus. Obwohl auch punktförmig messende Geräte angeboten werden, liegt doch der Schwerpunkt bei der abbildenden Radiometrie. Diese wird im Abschnitt 6.6 beschrieben.

In dem Temperaturbereich, in dem die hochenergetische Flanke der Planckverteilung die indirekte Absorptionskante des Siliciums durchläuft (bei Temperaturen von etwa 1000 bis 3000 K), kann aus dem Quotienten S der Signale von zwei im Strahlungsfluß hintereinander angeordneten Silicium-Photowiderständen die Temperatur des Strahlers direkt bestimmt werden [106]. Es wirkt sich günstig auf die Genauigkeit aus, wenn der vordere Photowiderstand eine größere Dicke d hat als der hintere. Für $d_1 = 200\ \mu$m, $d_2 = 50\ \mu$m ergibt sich für $T = 2000$ K ein Wert $S = 25$ und $\Delta S/\Delta T = 0{,}014\ \mathrm{K}^{-1}$.

Lage eines Lichtstrahls Zur Bestimmung der Lage eines Lichtstrahls sind die in Abschnitt 6.6 diskutierten Mosaikempfänger geeignet. Für Aufgaben wie Fluchtungsmessungen oder CD-Abtastung sind spezielle niedrigintegrierte Anordnungen wie die Differenz-Photodiode, die Quadranten-Photodiode oder die Kreis-Kreisring-Photodiode entwickelt worden. Bezüglich der Lageinformation arbeiten Mosaiksensoren digital, mit einem Mehrelementsensor kann durch spezielle Signalverarbeitung u. U. eine Auflösung unterhalb des Sensorrasterabstandes erreicht werden.

Daneben gibt es auch *positionsempfindliche Sensoren* mit analoger Arbeitsweise (Vollflächen-Photodioden). Bei der Streifenanordnung in Bild 6.1 [92] wird der Schwerpunkt des Lichtstrahls aus der Aufteilung des Photostromes auf die lateral angebrachten Kontakte ermittelt. (der Rückseitenkontakt ist großflächig.) Die unverarmten p-Gebiete bilden laterale Bahnwiderstände, die den Abständen zwischen den Kontakten und dem Lichtfleck proportional sind. Die für diesen Anwendungsfall entscheidende Kenngröße ist die Linearität des Zusammenhangs zwischen der Auslenkung des Lichtstrahls aus der Mitte und der Differenz der Teilströme (Teilbild b), dafür maßgeblich ist die Proportionalität der Bahnwiderstände zu den relativen Abständen und dafür wiederum die Homogenität des Materials und des pn-Übergangs. Bei eindimensionalen Sensoren (Länge bis zu 30 mm) erreicht man 0,05 %, bei 2-dimensionalen Sensoren (Fläche bis 20 × 20 mm) 0,3 % maximale Linearitätsabweichung.

Polarisationsgrad bzw. Polarisationsebene der Strahlung Eine Vorzugs-Schwingungsebene und den Polarisationsgrad des Lichtes ermittelt man am einfachsten durch Kombination eines geeigneten Polarisators mit einem polarisationsunempfindlichen Detektor, z. B. einer Silicium-Photodiode. Darüber hinaus gibt es Photoeffekte in anisotropen (z. B. dichroitischen) Photoleitern, die von der Polarisationsebene des Lichtes abhängen [111].

In der Lichtwellenleitertechnik besteht die Forderung an den Detektor, zwischen TE- und TM-Moden in einem Wellenleiter zu unterscheiden. Die Aufgabenstellung wird in einer integrierten Anordnung dadurch gelöst, daß die Strahlung über unterschiedliche Vertikalkoppler an zwei pin-Photodioden ausgekoppelt wird [40].

Wellenlänge, Frequenz, Quantenenergie Wegen der quantenhaften Wechselwirkung wirkt jeder Quantendetektor an seiner langwelligen Empfindlichkeitsgrenze als Diskriminator bezüglich der Quantenenergie; beim äußeren Photoeffekt kann darüber hinaus die Quantenenergie direkt über eine Messung der Energie der Photoelektronen bestimmt werden. Im sichtbaren Spektralbereich sind für die Farbmessung (Kolorimetrie) spezielle Detektoren mit Farbfiltern entwickelt worden, z. B. zur Bestimmung der CIE-Farbkoordinaten. (Betr. Filterung siehe auch die Aussagen zum V_λ-Empfänger auf S. 204.)

Energiedispersive Röntgen- und *γ-Detektoren*, die z. B. in einem für die chemische Analyse eingerichteten Rasterelektronenmikroskop (Elektronenstrahl-Mikrosonde) benötigt werden, nutzen die Tatsache aus, daß energiereiche Quanten in einem Halbleiter etwa pro $3{\cdot}E_\mathrm{g}$ Quantenenergie ein Elektron-Loch-Paar erzeugen, siehe Bild 6.2. In Silicium beträgt die erforderliche Energie 3,7 eV.[1] Integriert man die Strombeiträge der durch ein Photon erzeugten Elektron-Loch-Paare in einer speziell konstruierten Si-pin-Diode mit einer bis zu 3 mm weiten Raumladungszone (sog. Si:Li-Detektor, so genannt wegen der Herstellungsmethode unter Kompensation von Si-Leerstellen durch Li-Atome) kann man daraus die Quantenenergie bestimmen. Eine solche Diode arbeitet also ähnlich wie ein Proportionalzählrohr, und zwar im Bereich von ca. 0,9 keV bis 60 keV. Die maximale Photonenflußrate beträgt etwa 1000 Photonen/s, eine Energieauflösung von 2...3% bei $\hbar\omega = 10$ keV wird erreicht.

[1] Die Gleichheit der Paarbildungsenergie bei Anregung durch energiereiche Teilchen im MeV-Bereich und durch Synchrotronstrahlung wurde für Si auf ± 2 % genau nachgewiesen [94].

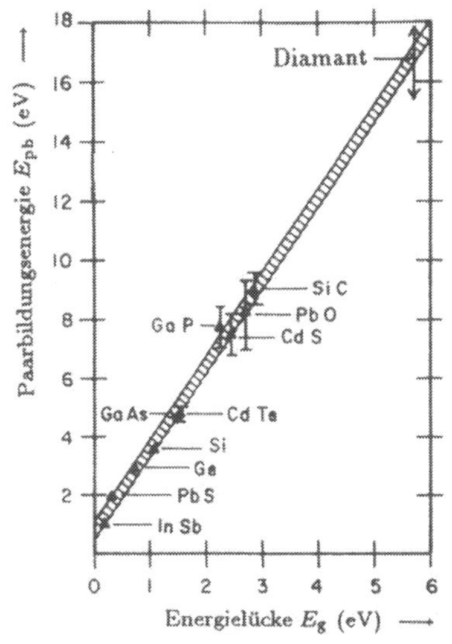

Bild 6.2
Mittlere erforderliche Energie für die Bildung eines Elektron-Loch-Paares in Halbleitern in Abhängigkeit von der Energielücke [68] nach Meßwerten in [89]. △ – Meßwerte, schraffierter Bereich – Theorie

Auch andere Materialien wie CdTe, (Cd,Zn)Te, Ge und HgJ_2 werden angewendet. Aus (Cd,Zn)Te wurden nach diesem Prinzip monolithische Röntgen-Matrixsensoren mit 32 × 32 Elementen und 1 × 1 mm^2 Elementgröße hergestellt [27].

6.2 Meßtechniken hoher Genauigkeit

Die Absolutkalibrierung von Photodioden ermöglicht deren Nutzung als sekundäres Normal. Die Möglichkeiten in unterschiedlichen Spektralbereichen werden diskutiert.

Silicium-Photodioden nehmen unter den auf dem inneren Photoeffekt beruhenden Strahlungsempfängern eine Spitzenstellung ein sowohl hinsichtlich der Genauigkeit beim mikroskopischen Verständnis der Quantenausbeute als auch hinsichtlich der technologischen Beherrschung. Das ist u. a. meßbar an der Konstanz der Empfindlichkeit über die gesamte Empfängerfläche, an der Langzeitkonstanz der Kennwerte (d. h. an der geringen Alterung) und an der besonders guten Linearität (vgl. Bild 3.9). Diese Eigenschaften haben erfolgreiche Versuche ausgelöst, Si-p^+nn^+-Photodioden für radiometrische Messungen so genau zu kalibrieren, daß sie im Sinne eines sekundären Normals als Absolutempfänger gelten können. Die Prozedur besteht darin, die Verluste an Lichtquanten und photogenerierten Trägern, die die effektive Quantenausbeute der Photodiode unter Eins senken, entweder durch Relativmessungen zu bestimmen oder durch genaue Modellierung zu berechnen. Zalewski und Geist [171] schreiben die Stromempfindlichkeit als

$$S_\mathrm{I} = \frac{hc}{\hbar\omega}(1-\rho_{5^\circ})\eta_i\epsilon_\mathrm{F}\epsilon_\mathrm{A}\epsilon_\mathrm{R}\frac{S_{0^\circ}}{S_{5^\circ}}. \qquad (6.3)$$

Für die innere Quantenausbeute ist $\eta_i \equiv 1$ im sichtbaren Spektralbereich eine sehr gute Näherung. Durch Relativmessung werden bestimmt:

- ρ_{5°, der Reflexionsgrad der SiO_2-vergüteten Oberfläche bei 5° Einfallswinkel (spiegelnde Reflexion angenommen),
- ϵ_F, der Sammlungsverlust infolge Rekombination an der Silicium/SiO_2-Grenzfläche wird durch Oxidvorspannung bestimmt,
- ϵ_R, der Sammlungsverlust infolge Rekombination im n-Basisgebiet, durch Messung der Abhängigkeit der Quantenausbeute von der Sperrvorspannung, wobei Sättigung der Quantenausbeute mit der Sperrvorspannung erreicht werden muß.

Ein etwaiger Rekombinationsverlust im Gebiet zwischen der Grenze zur SiO_2-Antireflexionsschicht und der Raumladungszone $(1 - \epsilon_A)$ wird der Augerrekombination zugeschrieben und theoretisch berechnet. De facto ist aber $\epsilon_A > 0{,}999$.

Bei Wellenlängen zwischen 600 und 700 nm ist die Unsicherheit kleiner als 0,05 %, im Wellenlängenbereich zwischen 400 und 900 nm ist die erzielte Genauigkeit immer noch vergleichbar mit der bei elektrischer Kalibrierung (Substitution der Strahlungsleistung durch eine elektrische Heizleistung). Die langwellige Grenze für 0,1 % Fehler wurde in [123] zu $\lambda = 920$ nm abgeschätzt. Bei größeren Wellenlängen müssen Germanium-Photodioden verwendet werden. Aufbauend auf dieser Absolutbestimmung der Empfindlichkeit von Silicium-Photodioden, wurden an die schwarze Strahlung beim Golderstarrungspunkt ($\theta_b = 1064{,}43$ °C, Fixpunkt der IPTS-68) angekoppelte Wolframbandlampen an die Synchrotronstrahlung mit einem Fehler unter 1 % angeschlossen [138].

Si-*np*-Photodioden wurden mittels Synchrotronstrahlung auch für den Bereich der weichen Röntgenstrahlung bis etwa $\hbar\omega = 2500$ eV mit einer Genauigkeit zwischen 3 und 4,2 % kalibriert [94]. Si-Dioden haben eine höhere Quantenausbeute als z. B. Ga(As,P)/Au- oder GaP/Au-Schottkydioden, da die Paarbildungsenergie in Si wegen der kleineren Energielücke geringer ist als in Ga(As,P), man vergleiche Bild 6.2.

6.3 Meßtechniken hoher Empfindlichkeit

Zur Photostromverstärkung werden beim äußeren Photoeffekt die Sekundärelektronenemission und beim inneren Photoeffekt die Stoßionisation im Festkörper genutzt. Mit speziellen Signalverarbeitungstechniken wie Photoelektronenzählung, optischen Vielkanalanalysatoren und dem Lock-in-Verfahren erreicht man ebenfalls hohe Empfindlichkeiten.

Photostromverstärkung durch Sekundärelektronenemission

Beim äußeren Photoeffekt können die Photoelektronen mit Mitteln der Vakuumelektronik beeinflußt werden, d. h. insbesondere mit elektronenoptischen Anordnungen abgelenkt und gebündelt, aber auch durch Sekundärelektronenemission verstärkt werden. Sekundäremission nennt man die Tatsache, daß energiereiche Elektronen

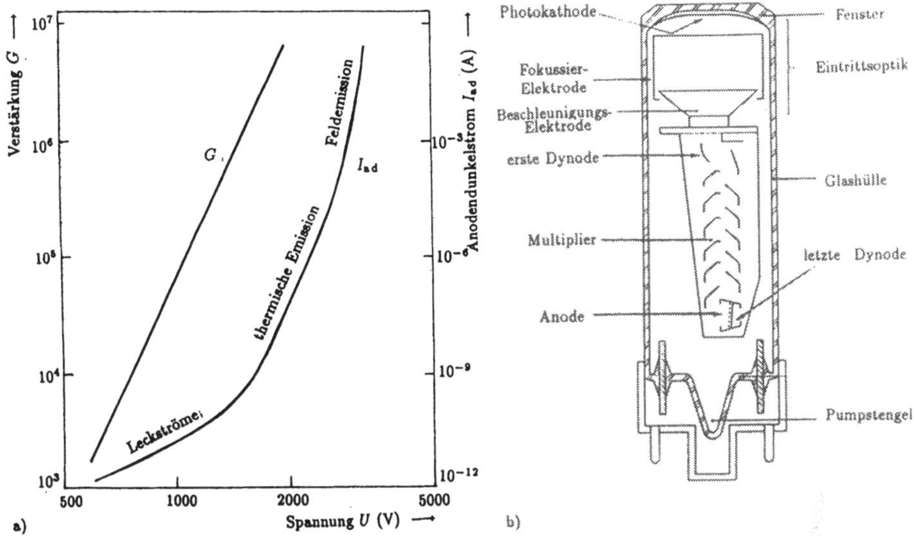

Bild 6.3 Photomultiplier: a) Verstärkung G und Dunkelstrom I_{ad} in Abhängigkeit von der Gesamtspannung, b) Schnittzeichnung am Beispiel eines schnellen SEV (Typ 56 AVP von Philips 1956) [126]

aus bestimmten Materialien eine größere Zahl sekundärer energiearmer Elektronen herausschlagen. Als *Sekundäremissionskathoden* eignen sich die beim äußeren Photoeffekt besprochenen Cs_3Sb-Kathode und besonders die NEA-Emitter GaP:Cs u.ä. In GaP:Cs erreicht man bei einer Energie der Primärelektronen von 500 ... 1000 V eine 30- bis 50fache Vervielfachung (pro Stufe).

Die wichtigsten photoelektrischen Anwendungen der Sekundäremission sind der Sekundärelektronenvervielfacher als punktförmig messender Sensor (bzw. in niedrigintegrierter Anordnung mit bis zu 96 Sensorelementen in einem Gehäuse) und die Mikrokanalplatte als Mosaik-Bildverstärker.

Sekundärelektronenvervielfacher Im Sekundärelektronenvervielfacher (SEV, auch Photovervielfacher, engl. Multiplier, Photomultiplier, Bild 6.3) werden die von der Kathode ausgehenden Photoelektronen mehrfach zwischenbeschleunigt und zur Vervielfachung auf Sekundäremissions-Elektroden (Dynoden) gelenkt. Die Felder zwischen den einzelnen Stufen (Stufenzahl $n = 4 \ldots 10$) dienen gleichzeitig der Beschleunigung und der Abbildung, je nach elektronenoptischer Lösung ergeben sich unterschiedliche Konfigurationen. Bei identischem Aufbau der einzelnen Stufen ist die Stromverstärkung bei n Stufen und einer Stufenverstärkung S_I näherungsweise durch $S_{I\,ges} = S_I{}^n$ gegeben. Der Vorteil dieser Anordnung besteht in der hohen Signalverstärkung von bis zu $S_{I\,ges} = 10^8$, besonders bei Kühlung erreicht man auch eine hohe Nachweisempfindlichkeit. Als Nachteil gegenüber der Lawinenphotodiode ist außer der Baugröße die Notwendigkeit präzise geteilter und stabilisierter

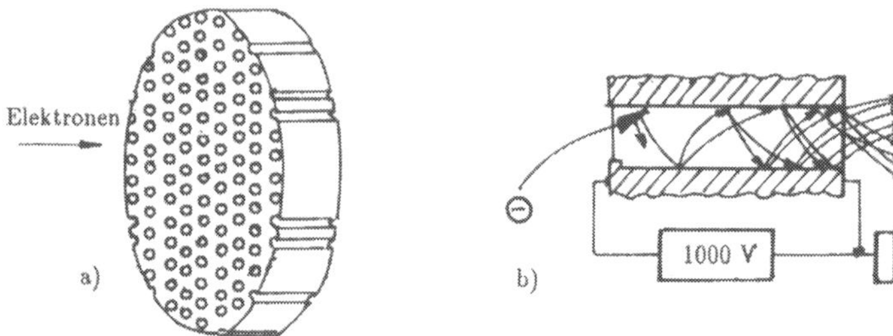

Bild 6.4 Mikrokanalplatten-Verstärker: a) Gesamtansicht, b) Schnitt durch einen einzelnen Kanal (nach Jüpner 1987)

Dynodenspannungen zu sehen (pro Stufe ca. 100 V). Zur Vermeidung einer irreversiblen Ermüdung der Dynoden muß der Ausgangsstrom eines SEV auf wenige mA begrenzt werden. SEV haben hohe Elektronenlaufzeiten und dementsprechend eine große Laufzeitstreuung (‚Jitter'). In schnellen SEV für die Photonenzählung liegt diese typisch bei $0,25 \ldots 0,8$ ns (1σ-Wert). Mit speziellen Feldanordnungen ($E \times H$-Multiplier) wird bei $S_{\mathrm{I\,ges}} = 10^5$ noch eine Bandbreite von 6 GHz erreicht.

Die spektrale Empfindlichkeit eines Multipliers wird durch den Spektraltyp der Photokathode (s. Abschnitt 1) und durch das Fenstermaterial bestimmt. Der Dunkelstrom (Bild 6.3b) enthält außer dem (verstärkten) kathodenspezifischen Anteil (s. die Tabelle auf S. 10) noch konstruktiv bedingte Leckströme und bei hohen Spannungen einen Feldemissionsanteil. Die Verringerung des Dunkelstroms bei Kühlung ist kathodenspezifisch (s. Abschnitt 2.5), die sinnvolle Temperaturabsenkung muß man den Typlisten entnehmen.

Mikrokanalplatte Die Mikrokanalplatte ist ein Mosaik-Bildverstärker für Photoelektronen. Die Verstärkung des lokalen Elektronenstromes erfolgt in Mikrokanälen durch Sekundärelektronenemission beim wiederholten Aufprallen der Elektronen auf die Innenfläche der hohlen Kanäle. Die Kanäle haben einen Innendurchmesser von $12 \ldots 25$ μm, 10^5 bis 10^6 Kanäle werden zu einer Platte zusammengefaßt. Bei einer Spannung von 1000 V erreicht man eine Verstärkung von 10^4 bis 10^6.

Photostromverstärkung durch Stoßionisation: Die Lawinenphotodiode

Die Verstärkung des Photostromes durch Stoßionisation wurde bereits bei den alten gasgefüllten Photozellen angewendet. Diese waren empfindlicher und dafür langsamer als Vakuumzellen. Eine große praktische Bedeutung hat die Verstärkung des Photostromes beim inneren Photoeffekt erlangt. Im Unterschied zum Photowiderstand besitzt eine Halbleiter-Photodiode zunächst keine innere Verstärkung. Eine Möglichkeit für eine Empfindlichkeitssteigerung ergibt sich durch Ladungsträgervervielfachung infolge Stoßionisation (siehe Abschnitt 3.3.3). Die notwendige kinetische

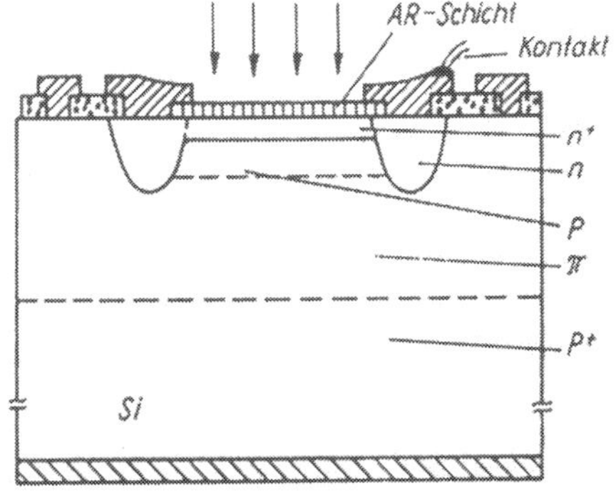

Bild 6.5
Querschnitt durch eine $n^+p\pi p^+$-Lawinenphotodiode mit Durchgriff und Schutzringstruktur. AR-Schicht = Antireflexions-Beschichtung

Energie erlangen die Ladungsträger im hohen elektrischen Feld in der Raumladungszone der in Sperrichtung vorgespannten Lawinenphotodiode auf (APD von engl. **A**valanche **P**hoto **D**iode). Die Paarerzeugung durch ein Elektron (bzw. ein Loch) genügend hoher Energie wird in Analogie zu den Verhältnissen in Gasentladungen durch Townsend-Koeffizienten α_n bzw. α_p beschrieben, damit bezeichnet man hier die Anzahl der pro Zentimeter Wegstrecke erzeugten Elektron-Loch-Paare:

$$g = \frac{\partial n}{\partial t} = \frac{\partial p}{\partial t} = \alpha_\mathrm{n} \left| \frac{j_\mathrm{n}}{e} \right| + \alpha_\mathrm{p} \left| \frac{j_\mathrm{p}}{e} \right| . \tag{6.4}$$

Der Kehrwert des Townsend-Koeffizienten ist die mittlere freie Wegstrecke des Elektrons zwischen zwei Paarerzeugungsakten. Auf dieser Strecke nimmt das Elektron die für die Paarerzeugung nötige Energie aus dem Feld auf. Ausreichende Townsend-Koeffizienten werden in Feldern von einigen 10^5 V/cm beobachtet, die in pn-Übergängen bequem erreicht werden können. Eine typische Feldstärkeabhängigkeit ist in Bild 3.37 auf Seite 140 für den spezifischen Fall einer GaAs/(Ga,Al)As-MQW-Struktur dargestellt.

Übliche pin-Strukturen sind wegen des harten Durchbruchs als Lawinenphotodioden ungeeignet. Das gesamte hochohmige Gebiet würde als Lawinenzone wirken, die Wahrscheinlichkeit für lokale Durchbrüche wäre sehr groß. Diesen Nachteil vermeidet die in Bild 6.5 dargestellte $n^+p\pi p^+$-Struktur mit Durchgriff (engl. reach through, s. Webb, McIntyre u. Conradi 1974). Der Schutzring soll einen geringen Störstellengradienten und einen großen Krümmungsradius der Äquipotentiallinien gewährleisten, so daß der zentrale Teil bei einer geringeren Spannung als der Schutzring durchbricht. Die Bezeichnung ‚mit Durchgriff' rührt daher, daß bei kontinuierlicher Erhöhung der Sperrspannung die am n^+p-Übergang entstehende Raumladungszone zunächst das p-Gebiet erfüllt und dann durch das π-Gebiet hindurchgreift und wenig unterhalb derDurchbruchspannung den p^+-Rückkontakt erreicht.

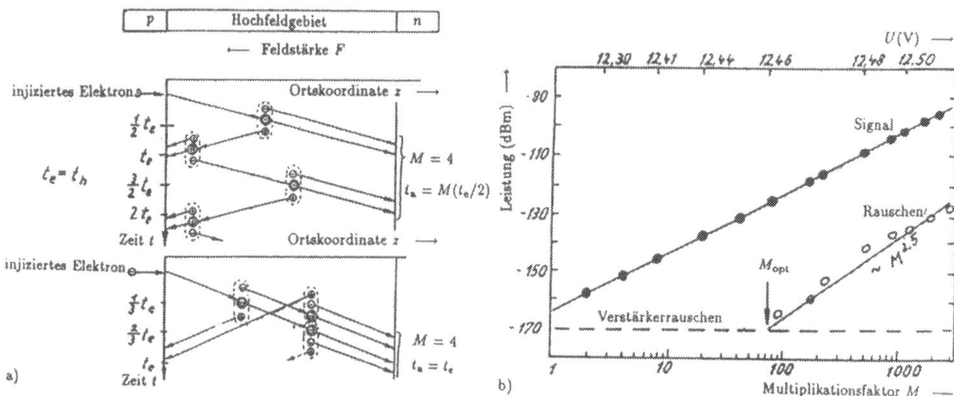

Bild 6.6 a) Bewegung der Ladungsträger durch das Hochfeldgebiet einer Lawinenphotodiode im Falle $\alpha_n = \alpha_p$ (oben) und im Falle $\alpha_n \gg \alpha_p$ (unten). b) Signal- und Rauschleistung einer Si-APD in Abhängigkeit vom eingestellten Multiplikationsfaktor (obere Abszissenskala: Sperrspannung) [12]

Das von der p^+-Seite her einfallende Licht wird ähnlich wie in einer *pin*-Photodiode hauptsächlich im schwach *p*-dotierten π-Gebiet absorbiert. Die generierten Löcher verlassen die Struktur über den p^+-Kontakt, die Elektronen dagegen driften zum Hochfeldgebiet des pn^+-Übergangs und erreichen dort die zur Stoßionisation nötige Energie. Der Vorteil einer solchen Struktur besteht darin, daß nur eine Trägersorte, hier die Elektronen, die im Silicium den größeren Townsend-Koeffizienten haben, in die Lawinenzone gelangen. Das Vorliegen unterschiedlicher Townsend-Koeffizienten (im Silicium $\alpha_n \gg \alpha_p$) bewirkt, daß auch aus der Lawinenzone die Löcher schnell ausgeräumt werden und nicht nennenswert ihrerseits zu Stoßanregung fähig sind. Das ist für die Funktion der APD in zweierlei Hinsicht vorteilhaft:

- Das Bauelement wird schneller, da eine sich in einer Richtung bewegende reine Elektronenkaskade die Hochfeldzone schneller durchläuft als verästelte Bäume aus vorwärtslaufenden Elektronen und rückwärts laufenden Löchern (siehe Bild 6.6a).
- Der Multiplikationsprozeß erzeugt ein geringeres Zusatzrauschen, da eine einfache Kaskade weniger Stochastik enthält als vielgliedrige verzweigte Ketten.

Mit einer Lawinenphotodiode kann man eine Verbesserung der Signalempfindlichkeit ohne Verschlechterung des Signal-Rausch-Verhältnisses erreichen. Dazu muß die Diode in einem Arbeitspunkt betrieben werden, in dem das zusätzliche Multiplikationsrauschen noch gering ist; in dem in Bild 6.6b gezeigten Beispiel wäre dies bei einem Multiplikationsfaktor von etwa 80 der Fall. Als Multiplikationsfaktor M wird dabei das Verhältnis der Photoströme bei multiplizierendem und bei nicht multiplizierendem Betrieb bezeichnet. Wir können M auch als Verhältnis der

Elektronenströme nach bzw. vor Durchlaufen der Lawinenzone mit der Weite W_m betrachten und erhalten mit Gl. (6.4):

$$M = \frac{j_n(W_m)}{j_n(0)} = \frac{1-k}{\exp[-(1-k)\alpha_n W_m] - k} \,. \tag{6.5}$$

($k = \alpha_p/\alpha_n < 1$). Für Anwendungen in der Meßtechnik und in der Lichtwellenleitertechnik ist ferner die Ansprechgeschwindigkeit einer Lawinenphotodiode eine wichtige Kenngröße. Diese wird zusätzlich zu den von der *pin*-Photodiode her bekannten Begrenzungen (Laufzeit, Diffusion, *RC*-Zeitkonstante) durch den Lawinenprozeß begrenzt. Bei Silicium-APD verschlechtert die Lawinenaufbauzeit die Zeitkonstante gegenüber derjenigen einer *pin*-Photodiode unwesentlich. Verstärkungs-Bandbreite-Produkte von etwa 100 GHz werden erreicht.

Die Konstruktion einer APD muß ferner darauf gerichtet sein, einen über die gesamte Diodenfläche homogenen Druchbruch zu erzielen, d.h. Kantendurchbrüche und lokale Durchbrüche im Innern (Mikroplasmen) zu vermeiden. Wegen solcher Probleme waren lange Zeit trotz spezieller Konstruktionen nur APDs mit typischen Flächen von etwa 0,1 mm^2 möglich. Im Jahre 1992 wurde erstmals über großflächige Lawinenphotodioden mit Empfängerflächen bis zu ca. 25 mm Durchmesser berichtet [136]. Dies wurde möglich durch Fortschritte in der Technologie und durch Anwendung der bei Hochspannungs-Gleichrichtern bewährten Kantenschräge.

Großflächige APDs können an vielen Stellen in der Meßtechnik die Photomultiplier ersetzen, insbesondere bei Anwendungen mit Szintillator. Einerseits ist die Quantenausbeute etwa um den Faktor zwei größer als beim Multiplier, andererseits umfaßt der Dynamikbereich etwa zwei Größenordnungen mehr. Interessant ist auch die Verknüpfung mit einer Photokathode zu einer *Vakuum-APD* [136] für die Photonenzählung (s.u.): In einem hermetisch abgeschlossenen Keramikgehäuse werden aus einer Frontkathode Photoelektronen ausgelöst, durch eine Spannung von 6000 V in Richtung auf die dahinter montierte Si-APD beschleunigt und in dieser vervielfacht. Die energiereichen Elektronen bewirken im Silicium eine hohe Paarerzeugungsrate, so daß insgesamt eine Vervielfachung von 10^6 erreicht wird. Gegenüber einem Multiplier erlaubt die Anordnung einen höheren Ausgangsstrom (3,2 A bei 50-ns-Impulsen) und eine bessere Linearität. Man beachte, daß die APD hier als Elektronenvervielfacher benutzt wird – die optisch-elektrische Signalwandlung erfolgt in der Photokathode, diese bestimmt den Spektraltyp.

Die Realisierung großflächiger APDs ist ferner der Ansatzpunkt für aktuelle Versuche, Lawinenphotodioden zu einem Matrixsensor zu integrieren. Im Jahre 1993 wurden erstmals durch Grabenätzen aus einer großflächigen APD 8×8-APD-Arrays mit Pixeln der Größe 500×500 μm hergestellt. Übersprechen < 1 % und eine Streuung des Multiplikationsfaktors von 3 % werden angegeben [105].

Spezielle Signalverarbeitungstechniken

Photoelektronenzählung Bei der Photoelektronenzählung (häufig als Photonenzählung bezeichnet) werden die Signalimpulse mit einem SEV hoch verstärkt und bezüglich ihrer Amplitude diskriminiert. Die Anzahl der Impulse pro Zeiteinheit ist ein Maß für den Photonenfluß. Die Verstärkung am SEV wird so eingestellt, daß maximaler Abstand zwischen Signalimpulsen und Dunkelimpulsen (maximales SNR) erreicht wird. Photonenzählung ist möglich mit schnellen SEV mit hoher Verstärkung und kleinem Dunkelstrom. Die relative Genauigkeit wird bestimmt durch die zeitliche Schwankung der Dunkelzählimpulse. Die maximal erreichbare Nachweisempfindlichkeit liegt bei einigen Photonen pro Sekunde. Zur Veranschaulichung der Signalgröße betrachte man ein Photoelektron, das mit einem SEV 10^8fach verstärkt wird. Diese Elektronen ergeben einen 10 ns langen elektrischen Impuls von 1,6 mA, an 50 Ω also eine Signalspannung von 80 mV. (Man vergleiche dies mit der nach der Nyquistformel bei der erforderlichen Bandbreite zu erwartenden Rauschspannung.)

Als *zeitkorrelierte Einphotonenzählung* bezeichnet man ein Verfahren zur Lebensdauerbestimmung aus dem Fluoreszenzabklingen. Diesem liegt die Annahme zugrunde, daß die Wahrscheinlichkeitsverteilung für die Emissionszeit eines Photons nach Beendigung der Anregung gleich der zeitlichen Verteilung der Intensität im Mittel über alle emittierten Photonen ist. Die Wahrscheinlichkeitsverteilung wird bestimmt, indem die zeitliche Korrelation zum Anregungsimpuls einer großen Zahl von Einphotonenregistrierungen mittels Vielkanalverfahren gemessen wird, siehe O'Connor und Philips (1984).

Optischer Vielkanalanalysator Der optische Vielkanalanalysator (OVA, auch OMA von engl. **O**ptical **M**ultichannel **A**nalysator) nutzt das in der Kernphysik entwickelte Prinzip der Vielkanalanalysatoren zum simultanen Nachweis der Signale von den Pixeln eines Mehrelementsensors. Wird die zu registrierende spektrale Intensitätsverteilung mittels Polychromator auf den Mehrelementsensor abgebildet, so gewinnt man gegenüber einem abtastenden Spektrometer einen Multiplexvorteil durch die simultane Registrierung der Signale in den einzelnen Spektralelementen. Als Sensoren werden Si-Multidiodenvidikons oder CCD-Sensoren eingesetzt, siehe Abschnitt 6.6. Mit diesen erreicht man eine Empfindlichkeit von einigen 10^{-4} Zählimpulsen pro Photon.

Eine (allerdings spektral eingeengte) Empfindlichkeitssteigerung auf bis zu 10^{-1} Zählimpulse pro Photon erzielt man mit einer SIT-Röhre oder mit CCD-Zeilen und vorgesetztem Bildverstärker (z. B. Mikrokanalplatte). In der SIT-Röhre (von engl. **S**ilicon **I**ntensifying **T**arget) wird ein Si-Multidiodentarget (s. Abschnitt 6.6) nicht mit Licht angeregt, sondern mit beschleunigten Elektronen. Man macht sich dabei wieder die Tatsache zunutze, daß zur Erzeugung eines Elektron-Loch-Paares im Mittel etwa 3,7 eV benötigt werden, gleichgültig ob Elektronen oder Photonen diese Energie übertragen. Mit 10 kV Beschleunigungsspannung sind Verstärkungen von über 1000 möglich.

Der OVA ermöglichte erstmals zeitlich *und* spektral aufgelöste Messungen in der Spektroskopie kurzlebiger Anregungszustände. Die Systeme mit starrer Parallel-Serien-Wandlung wie Vidikon und CCD haben für spektroskopische Anwendungen den Nachteil, daß – unabhängig von der tasächlichen Signalhöhe – alle Spektralelemente mit dem gleichen Takt ausgelesen werden. Wenn z. B. schwache Analysenlinien neben starken Referenzlinien vermessen werden müssen, kann leicht der Linearitätsbereich überschritten werden. Diesen Nachteil vermeiden Systeme mit wahlfreiem Zugriff wie die CID-Bildsensoren (siehe Abschnitt 6.6). Bei diesen kann die Akkumulationszeit pixelspezifisch gestaltet werden.

Lock-in-Technik. Pseudo-Photoeffekte Zur Trennung des Photostromes vom Dunkelstrom verwendet man beim Strahlungsnachweis mittels innerem Photoeffekt üblicherweise moduliertes Licht (Wechsellicht), das durch elektrooptische oder akustooptische Modulatoren (vor allem bei gewünschten hohen Frequenzen) oder einfacher durch motorgetriebene ,Zerhacker' (vor allem bei niedrigeren Freqenzen bis etwa 10 kHz und bei geringen Anforderungen an die Oberwellenfreiheit) erzeugt wird. Die Meßschaltung enthält neben der Anregungslichtquelle und dem Modulator einen frequenzselektiven Verstärker, um durch Einengung der Bandbreite eine Verringerung des weißen Rauschens und eine höhere Empfindlichkeit zu erzielen.

Eine optimale Einengung der Bandbreite erreicht man mit dem Lock-in-Meßprinzip. Dieses beinhaltet einen Homodyn-Gleichrichter: Die Meßwechselspannung wird durch Abwärtsmischung mit einem Referenzsignal gleicher Frequenz, das eine feste Phasenverschiebung φ gegenüber dem Lichtmodulator hat, zur Frequenz Null geschoben und dort ausgewertet:

$$U^0_{\text{hom}} \sim U_1^\omega U_2^\omega \cos\varphi .$$

Bei $\omega = 0$ kann mit einfachen Siebgliedern die Bandbreite beliebig eingeengt werden. Dies bietet zweierlei **zusätzliche Vorteile:**

- die Anforderungen an die Frequenzkonstanz des Modulators und des Selektivverstärkers sind geringer,
- der Nachweis wird phasenempfindlich (*phasenempfindlicher Gleichrichter*), so daß z. B. negative von positiver Photoleitfähigkeit unterschieden werden kann.

Bei genügend groß gewählter Zeitkonstante kann man sehr kleine Photospannungen nachweisen. Besonders bei niedrigen Modulationsfrequenzen ist dann zu prüfen, ob der beobachtete Effekt tatsächlich von Nichtgleichgewichtsträgern herrührt, oder ob es sich um eine Leitfähigkeitsänderung infolge der durch das Licht bewirkten Temperaturänderung in der Probe handelt, einen Pseudo-Photoeffekt (Bolometereffekt). Glücklicherweise sind die thermischen Zeitkonstanten der meisten Meßproben groß gegen die Zeitkonstante für die Einstellung des Generations-Rekombinations-Gleichgewichts. Daher kann man den Bolometereffekt von den echten Photoeffekten trennen, indem man die Abhängigkeit von der Modulationsfrequenz prüft. Auch die Beachtung der Phasenlage kann bei der Entscheidung helfen. Es gibt auch einen Nernst-Ettingshausen-Effekt als Analogon des PEM-Effekts usw.[61]. Der Bolometereffekt wird als Detektor-Wirkprinzip in den thermischen Strahlungsempfängern genutzt, siehe Abschnitt 6.5.3.

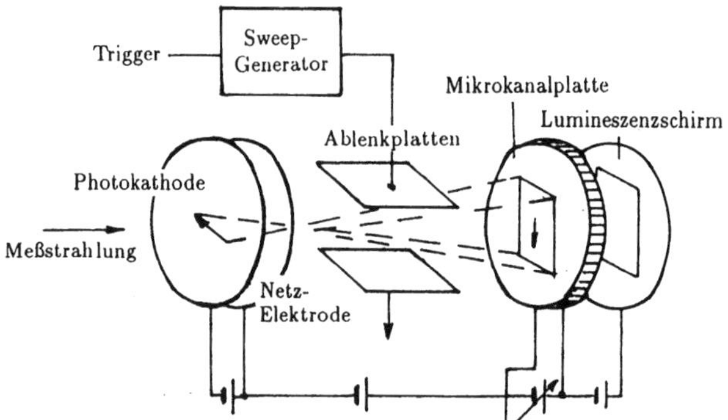

Bild 6.7
Zum Streak-Meßprinzip (nach Jüpner 1987)

6.4 Meßtechniken hoher Zeitauflösung

Die Zeitauflösung der Photodioden wurde bereits im Abschnitt 2.1 bzw. 3.2 diskutiert. Hier werden nach einem allgemeinen Überblick über schnelle Meßverfahren das Streakverfahren und die Pikosekunden-Photoleitungsschalter dargestellt.

Die folgende Tabelle gibt eine Übersicht:

Methode	Zeitauflösung	$P_{L\,min}$
Oszillographische Aufzeichnung		
Echtzeit-Oszilloskop	100...500 ps	> 1W
Sampling-Oszilloskop	<50...100 ps	>0,1 W
Boxcar-Integrator	≈ 200 ps	<0,01 W
Verschlußmethoden		
el.-optischer Bildwandler	≥50 ps	100 μW
optischer Kerreffekt	2 ps	1...10 mW
Streakverfahren		
Streakröhre, Einzelimpuls	<0,5 ps	0,1...1 W
Streakröhre, Synchroscan	≈ 10 ps	<0,05 W
NLO-Korrelationsverfahren		
2-Photonen-Fluoreszenz	0,3 ps	> 100 kW
Harmonischengeneration	≈0,1 ps	1...100 μW

Streakverfahren Streakverfahren dienen der Sichtbarmachung des Zeitverlaufs von Einzelimpulsen, im einfachsten Falle auf einem Leuchtschirm. Eine hohe Zeitauflösung wird erreicht, indem über eine schnelle Transversalbewegung der Photoelektronen die Zeit in einen Weg transformiert wird. Dieses Konzept liegt in der Tradition der Bestimmung der Lebensdauern angeregter Atome und Ionen mittels Atom- und Kanalstrahlen. Bei einer Ablenkgeschwindigkeit von $2 \cdot 10^{10}$ cm/s und einer Ortsauflösung des Schirms oder des Si-Verstärkertargets von 10...20 Linienpaaren/mm wird eine Zeitauflösung unter einer ps erreicht.

Im Bild 6.7 werden die aus der Kathode ausgelösten Photoelektronen beschleunigt und durch ein Ablenkplattenpaar vertikal abgelenkt. Die Spur auf dem Bildschirm

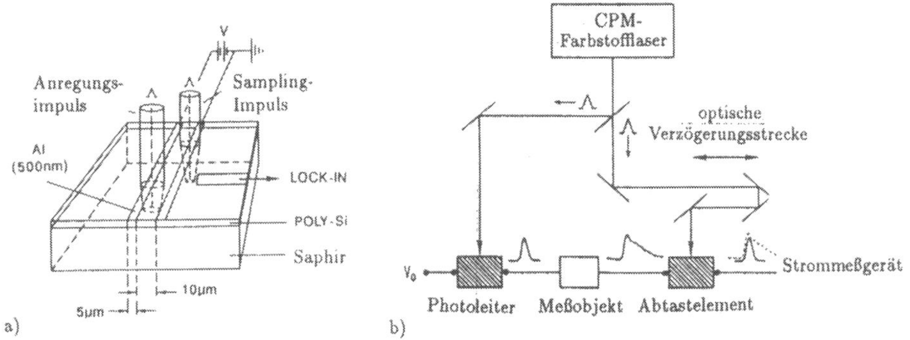

Bild 6.8 a) Erzeugung von elektrischen Sub-Pikosekunden-Impulsen und integrierte Korrelationsschaltung mit zwei Photoleitungsschaltern, die durch optische 100-fs-Impulse gesteuert werden [96]; b) Aufbau eines optischen Sampling-Meßplatzes zur Untersuchung elektronischer Bauelemente mit Sub-Pikosekunden-Zeitauflösung

markiert durch ihre Ausdehnung die Impulslänge und durch ihre Helligkeit die Impulshöhe. Eine photographische Aufnahme wird photometriert. In horizontaler Richtung kann bei Vorschaltung eines dispergierenden Elements spektral aufgelöst werden. Um bei schneller Zeitablenkung eine ausreichende Helligkeit zu erzielen, kann eine Mikrokanalplatte als Bildverstärker zwischengeschaltet werden. Eine objektive Auswertung nach dem OVA-Prinzip ist möglich, wenn der Streak auf das Multidiodentarget eines Si-Vidikons abgebildet wird. Diese Kombination einer Streakröhre und einer SIT-Röhre erhielt die Bezeichnung *temporaldisperse Sensorröhre* [102]. Bei der Analyse von Impulsfolgen erreicht man mit dem *Synchroscan-Verfahren* eine noch bessere Dynamik, siehe bei Bradley (1979). Die mit der Streaktechnik erreichbare Zeitauflösung ist durch die transversale Geschwindigkeitskomponente der austretenden Photoelektronen begrenzt.

Piko- und Subpikosekunden-Photoleitungsschalter Die kürzesten elektrischen Impulse, wie sie u. a. zum Testen schneller Bauelemente gebraucht werden, werden mit ultrakurzen Lichtimpulsen und Photoleitungsschaltern hergestellt (*Optoelektronisches Schalten*, siehe z. B. Auston 1990). Um den Photoleitungsschalter schnell zu machen, wird zur Herabsetzung der Lebensdauer gezielt eine hohe Defektdichte eingestellt, z.B. durch Ionenimplantation. Untersucht wurden kristallines Silicium, polykristalline Si-Schichten auf Saphirsubstrat, GaAs-Epitaxieschichten sowie amorphes Si und Ge und stark dotiertes GaAs und InP.

Der Leitwert eines Photoleiters wird durch optische Injektion von Elektron- Loch-Paaren bei Absorption eines fs-Impulses schlagartig erhöht. Um die kurzen Lebensdauern auszuschöpfen, wird der Photoleitungsschalter in eine Mikrostreifenleitung integriert. Durch Kombination zweier Schalter kann die Impulsform selbst über eine Korrelationsmessung ähnlich den NLO-Korrelationsverfahren bestimmt werden. Bild 6.8 zeigt eine solche Anordnung in Silicium-auf-Saphir(SOS)-Technik. Die Streifenleitung besteht aus zwei 5 μm breiten und 0,5 μm dicken Aluminium-

Leitbahnen in 10 μm Abstand, an die eine Gleichspannung angelegt wird. Zur Impulserzeugung wird der Spalt lokal mit dem Laserimpuls angeregt. Dabei entsteht kurzzeitig ein lokaler Kurzschluß, der zur Ausbreitung je eines kurzen elektrischen Impulses in beiden Richtungen auf der Streifenleitung führt. Dieser Impuls wird abgetastet, indem der Photoleitungsschalter zwischen dem einen Streifen und der Stichleitung durch einen mit dem ersten Impuls synchronisierten, jedoch zeitlich verzögerten Lichtimpuls aufgeschaltet wird. Der Zeitpunkt des zweiten Impulses kann durch eine optische Verzögerungsstrecke (rechtes Teilbild) variiert werden – man bedenke, daß 10 ps Laufzeit 3 mm Lichtweg entsprechen. Gemessen wird die in einen stromempfindlichen Lock-in-Verstärker fließende Ladung in Abhängigkeit von der Verzögerungszeit. Die erhaltene Korrelationskurve hat eine Breite von 1 ps, woraus durch Entfaltung die schon erwähnte Trägerlebensdauer von 0,5 ps bestimmt wurde.

Die optischen Sampling-Techniken zeichnen sich durch eine überlegene Zeitauflösung und durch einen dynamischen Bereich von vielen Größenordnungen aus. Dies ist auf die hohe Impulsfolgefrequenz der modegelockten Laser in Verbindung mit Lock-in-Technik zurückzuführen. Damit wurde u.a. das Zeitverhalten der in Abschnitt 6.5.2 beschriebenen MSM-Photodioden untersucht.

Literaturempfehlungen zu den Abschnitten 6.1-6.4

Bücher:

The Photonics Design and Applications Handbook (erscheint jährlich im Verlag von ‚Photonics Spectra')

O'Connor, D. V., D. Philips: Time-correlated Single Photon Counting, London: Academic Press (1984)

Grum, F. (Hrsg.): Optical Radiation Measurements. New York: Academic Press Vol. 1 (1979) F. Grum, R. J. Becherer: Radiometry; Vol. 2 (1980) F. Grum, C. J. Bartheson (Hrsg.): Color Measurement and Evaluation; Vol. 3 (1982) K. D. Mielenz (Hrsg.): Measurement of Luminescence; Vol. 4 (1983) W. Budde: Physical Detectors of Optical Radiation; Vol. 5 Visual Measurements

Reviewartikel:

Auston, D. H.: Picosecond Photoconductivity: High-Speed Measurements of Devices and Materials, in: Semiconductors and Semimetals, Vol. 28 (1990), S. 85 - 134

Jüpner, H.: Nachweis elektromagnetischer Strahlung, Kap. 6 in: Wissensspeicher Lasertechnik (Hrsg. W. Brunner, K. Junge). Leipzig: Fachbuchverlag (2. Aufl.) 1987

Bradley, D. J.: Recent development in picosecond photochronoscopy, Optics and Laser Technology 11 (1979) 23 - 28

Webb, P. P., R. J. McIntyre, J. Conradi: Properties of Avalanche Photodiodes, in: RCA Review 35 (1974) 234 - 278

Zeitschriften, Konferenzbände etc.:

Photonics Spectra: Laurin Publishing Company, Inc., Berkshire Common, Pittsfield, MA (USA)

Laser Focus World: Pennwell, Westford, MA (USA)

6.5 Strahlungsmessung in unterschiedlichen Spektralbereichen

Im sichtbaren, nahen infraroten und nahen ultravioletten Spektralbereich haben i. a. Si-Strahlungsempfänger die besten Kennwerte. Physikalische Besonderheiten und spezielle Lösungen für den Strahlungsnachweis im infraroten, ultravioletten und Röntgengebiet werden dargestellt.

Strahlungsempfänger für bestimmte Systemanwendungen erfordern maximale Empfindlichkeit in den spektralen *Fenstern* der Atmosphäre (1. Fenster: sichtbarer Spektralbereich $\lambda = 0,4 \ldots 0,8\ \mu$m, 2. und 3. Fenster im Infraroten: $3 \ldots 5\ \mu$m bzw. $8 \ldots 14\ \mu$m) bzw. der Lichtwellenleiter aus Kieselglas (1. Fenster bei $\lambda = 0,8\ \mu$m, 2. Fenster bei 1,3 bzw. 3. Fenster bei $1,55\ \mu$m). An Glühlampenlicht waren Germaniumdetektoren am besten angepaßt, für spezielle Laseranwendungen wurden weitere spezifische Empfänger gefordert. Unter wissenschaftlichen Aspekten muß die Überdeckung möglichst aller interessanter Spektralbereiche gefordert werden.

In den physikalisch orientierten Kapiteln ist klar geworden, in welchen Spektralbereichen Strahlungsempfänger auf der Basis der Photoeffekte anwendbar sind: Beim äußeren Photoeffekt an Metallen und an Halbleitern mit positiver Elektronenaffinität wirkt zu langen Wellenlängen hin begrenzend die Austrittsarbeit, bei negativer Elektronenaffinität bildet die Absorptionskante die langwellige Grenze. Insgesamt ist eine Anwendbarkeit nur bis etwa 1,2 μm gegeben, siehe Bild 1.4 auf S. 9.

Beim inneren Photoeffekt wirkt zu langen Wellenlängen hin begrenzend die Energielücke E_g bei den auf Interbandanregung beruhenden (‚intrinsischen') Detektoren – für Photodioden liegt die langwellige Grenze überhaupt bei etwa 16 μm – bzw. die Ionisierungsenergie der relevanten Störstelle bei den auf Anregung aus Störstellen beruhenden (‚extrinsischen') Detektoren – mit gedrücktem Ge:Ga ist eine Grenzwellenlänge von 240 μm erreicht worden, siehe Abschnitt 6.5.3.

Somit ist beim inneren Photoeffekt im nahen und mittleren Infrarot, im sichtbaren und im ultravioletten Spektralbereich das Finden eines Werkstoffes für einen Strahlungsdetektor geeigneter Spektralempfindlichkeit grob auf die Wahl der Energielücke E_g bzw. einer Störstelle geeigneter Aktivierungsenergie zurückgeführt. Damit ist bereits der Schwerpunkt der Anwendungen erfaßt.

Bei extrem großen Quantenenergien etwa oberhalb von 20 eV wird die mikroskopische Beschreibung der Generation mittels optischer Interbandübergänge ungenau, da die Quantenausbeute wegen der hohen Injektionsenergie der Träger wesentlich größer als Eins wird, siehe Abschnitt 3.5. Eine mikroskopische Theorie muß dann u.a. die Anregung von Plasmonen berücksichtigen. Gültig bleibt aber die phänomenologische Aussage über die Paarbildungsenergie, die in Bild 6.2 auf S. 191 enthalten ist. Zusätzlich können in der spektralen Quantenausbeute Strukturen infolge der Röntgen-Absorptionskanten der in der untersuchten Struktur enthaltenen Elemente (Si-K bei 1900 eV, Ga-$L_{2,3}$ bei 1100 eV und P-K bei 2100 eV in GaP-Dioden) entstehen, siehe Bild 6.18 für Si-CCDs, vergleiche [94]. Als Konkurrenzprozeß zum Photoeffekt ist der Comptoneffekt zu beachten. In Si muß der Comptoneffekt etwa oberhalb $\hbar\omega = 50$ keV berücksichtigt werden, in Germanium etwa oberhalb 100 keV.

Bei extrem kleinen Quantenenergien andererseits versagt das Konzept des Strahlungsnachweises mittels Photoeffekt überhaupt. Hier wird dann die auftreffende Strahlung im wesentlichen über die Erwärmung infolge Strahlungsabsorption nachgewiesen.

In diesem Abschnitt werden zunächst *Echtzeit-Strahlungsempfänger* behandelt, die zur Registrierung des momentanen Strahlungsflusses konstruiert sind. Bildauflösende Sensoren mit Integrationsfunktion werden in Abschnitt 6.6 erläutert.

6.5.1 Silicium-Strahlungsempfänger mit Grundgitteranregung

Silicium hat eine Energielücke $E_g = 1{,}1$ eV, dies entspricht einer Grenzwellenlänge von 1,1 μm; daher sind Silicium-Strahlungsempfänger im gesamten sichtbaren und nahen infraroten Spektralbereich einsetzbar. Zugleich ist bei Zimmertemperatur E_g hinreichend groß gegen kT, so daß das Rauschen bei adäquater Technologie auf einem für die meisten Anwendungen unmerklichen Niveau liegt. Die Empfindlichkeit für die Lumineszenzstrahlung von GaAs (Infrarotemitter- und Laserdioden) ist die Basis für den Masseneinsatz in Kopplern und Lichtschrankenanordnungen. Daneben sei daran erinnert, daß Silicium der bestbeherrschte Werkstoff überhaupt ist. Unter Verwendung von Grundtechnologien können aus Si-Einkristallscheiben mit bzw. ohne Epitaxieschicht Sensoren unterschiedlicher Spektralcharakteristik, Lateralstruktur und empfindlicher Fläche hergestellt werden, die sich wahlweise durch spezielle Eigenschaften auszeichnen:

- Ultraviolett-Empfindlichkeit bis zu Wellenlängen von 200 nm durch Minimierung der Frontschichtabsorption und der Rekombination an der Grenzfläche zur SiO_2-Antireflexionsbeschichtung,
- Anpassung an die Augenempfindlichkeit des Menschen (V_λ- Empfänger, s.u.),
- hohe Infrarot-Empfindlichkeit bis zu 1100 nm Wellenlänge durch weite Raumladungszonen,
- unterdrückte Tageslichtempfindlichkeit bei hoher Infrarotempfindlichkeit,
- Farbselektivität,
- gute Homogenität der Empfindlichkeit bei Empfängerflächen bis Scheibengröße,
- innere Signalverstärkung durch Lawinenmultiplikation (Lawinen-Photodiode),
- hohe Schaltgeschwindigkeit,
- geringer Dunkelstrom bzw. hoher Nullpunktwiderstand,
- hoher Integrationsgrad und/oder hohe Integrationsdichte,

Für spezielle Anforderungen wird eine kundenspezifische Hybridintegration vorgenommen. Im folgenden werden die bisher nicht behandelten Ausführungsformen V_λ-Empfänger, Phototransistor und Photothyristor beschrieben.

V_λ-Empfänger und andere spektral eingeengte Sensoren V_λ-Empfänger heißt ein Strahlungsempfänger, dessen spektrale Empfindlichkeit an die V_λ-Kurve der spektralen (Hell-)Empfindlichkeit des menschlichen Auges angepaßt ist. Die Forderung nach einem solchen Empfänger ergibt sich aus der Splittung der Strahlungsmeßtechnik in Radiometrie und Photometrie. Die technische Realisierung erfolgt

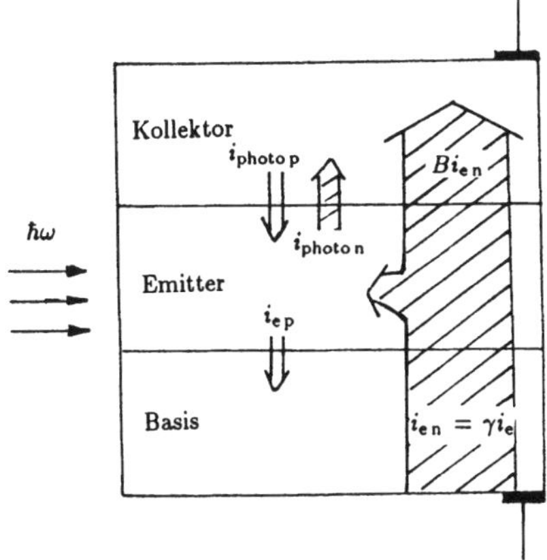

Bild 6.9
Schematische Darstellung der Teilchenströme in einem bipolaren *npn*-Phototransistor. Elektronenströme sind schraffiert dargestellt.

bei Massenanwendungen durch Vorschalten geeigneter Filter vor einen Silicium-Empfänger. Dies ist billiger als eine Beeinflussung der spektralen Sammlungseffizienz mit halbleitertechnologischen Maßnahmen. Gleiches gilt für farbempfindliche Photodioden.

Die Komposition eines geeigneten Filters ist letztlich eine chemische Methode. Die Chemie mag erfinderisch sein, für meßtechnische Anwendungen reicht die Genauigkeit solcher Filteranpassungen nicht aus, wenn man nicht eine zu große Zahl von Einzelfiltern und damit sinkende Transmission in Kauf nehmen will. Hier wird daher häufig die *Partialfilterung* verwendet. Dazu fächert man den Strahl so auf, daß die spektrale Verteilung über den Querschnitt konstant ist und ordnet nun unterschiedliche Filter *nebeneinander* im Strahlengang an. Ihr Flächenanteil bestimmt den relativen Einfluß auf die resultierende Filterkurve.

Extrem schmalbandige Empfänger sind durch Aufdampfen von Vielschicht-Interferenzfiltern auf Si-Photodioden realisierbar: Eine spektrale Halbwertsbreite FWHM = 10 ± 2 nm und Blockierwirkung an den Flanken über 6 Größenordnungen werden angegeben [45]. Die gewümschte Mittenwellenlänge kann auf $\pm$ 2 nm vorgegeben werden.

Phototransistor Im Phototransistor wird der Transistoreffekt zur Verstärkung des Photostroms einer Photodiode ausgenutzt. Die Erhöhung der Signalempfindlichkeit erfolgt auf Kosten der Zeitauflösung: Die Zeitkonstante von Si-Phototransistoren ist typisch 1 μs. Konstruktiv ist der Phototransistor ein Bipolartransistor in Emitterschaltung, bei dem der Basiskontakt nicht herausgeführt und die Basis großflächig ausgelegt ist, da das Licht in den Basis-Kollektor-*pn*-Übergang eingestrahlt wird. Die optisch generierten Ladungsträger bewirken einen Kollektor-Basis-Sperrstrom. Dieser verursacht eine Änderung des Emitterstromes. Ohne äußeren Basisstrom muß nun der durch den Emitterstrom zustandekommende innere Basisstrom den Photostrom gerade kompensieren. Dies ist aber nur ein kleiner Anteil des Emitterstromes, also resultiert eine Photostromverstärkung. Dies wollen wir anhand Bild 6.9 quantitativ betrachten: Die Pfeile im Bild bezeichnen die Richtung der Teilchenströme, die Indizes c und e kennzeichnen die Transistorelektroden, ein zweiter Index (n oder p) die stromtragenden Teilchen. Für den Kollektorstrom gilt

$$i_{\mathrm{c\,ges}} = i_{\mathrm{photo}} + B i_{\mathrm{e\,n}}. \tag{6.6}$$

B nennt man Basis-Transportfaktor. Setzen wir den Elektronenanteil des Emitterstroms $i_{\mathrm{e\,n}} = \gamma i_{\mathrm{e}}$, so erhalten wir

$$i_{\mathrm{c\,ges}} = i_{\mathrm{photo}} + B\gamma i_{\mathrm{e}}. \tag{6.7}$$

Dabei ist $B\gamma = A$ die Stromverstärkung des Transistors in Basisschaltung. Da kein äußerer Basisstrom fließt, müssen im sationären Zustand gleich viele Träger in die Basis hinein- und aus ihr herausfließen:

$$\begin{aligned} i_{\mathrm{e\,p}} = (1-B) i_{\mathrm{e\,n}} &= i_{\mathrm{e}}(1-\gamma) + (1-B)\gamma i_{\mathrm{e}} \\ &= i_{\mathrm{e}}(1-A) = i_{\mathrm{photo}}. \end{aligned} \tag{6.8}$$

Setzen wir die zweite dieser Gleichungen in Gl. (6.7) ein, so erhalten wir

$$i_{\mathrm{c\,ges}} = i_{\mathrm{photo}} \left(1 + \frac{A}{1-A}\right) = i_{\mathrm{photo}} \frac{1}{1-A}. \tag{6.9}$$

In der runden Klammer im linken Teil der Gleichung beschreiben die Eins den primären Photostrom und $A/(1-A)$ die Photostromverstärkung. Da $A = 1-\varepsilon$ mit $\varepsilon \ll 1$, wird eine merkliche Verstärkung von einigen Hundert erreicht.

Phototransistoren werden vor allem aus Silicium hergestellt und vorteilhaft in Optokopplern eingesetzt. Während mit Diodenkopplern ein Stromübertagungsverhältnis von 0,2 % typisch ist, erreicht man mit Transistorkopplern bis zu 50 %. Im Photodarlington-Transistor wird eine integrierte Darlington-Schaltung ausgenutzt, um die Empfindlichkeit nochmals zu erhöhen. Insgesamt ist auf diese Weise eine Empfindlichkeitssteigerung um den Faktor 25000 möglich.

Photothyristor Der Photothyristor ist ein Thyristor, der durch optisch generierte Nichtgleichgewichtsträger geschaltet wird. Mit 10 mW Lichtleistung können Ströme von 200 A bei Spannungen von einigen kV geschaltet werden. Die Zeitkonstante beträgt auch hier 1 ... 2 μs. Der Vorteil für die Automatisierungstechnik besteht in der galvanischen Entkopplung von Steuer- und Lastkreis, die Zuführung des steuernden Lichtes kann über einen Lichtwellenleiter erfolgen.

Detektorkenngröße		Ge	InGaAs	HgCdTe
Grenzwellenlänge in μm		1,7	1,6	1,6
Stromempfindlichkeit in A/W	bei 1,3 μm	0,75	0,80	0,70
	bei 1,55 μm	0,75	0,90	0,80
Betriebsspannung in V		> 10	5	5
Dunkelstrom[1)] in nA		100	5	1,5
Sperrschichtkapazität[1)] in pF		2	1,5	1,8
Anstiegs-, Abfallzeit[1)] in ns		$< 1,5$	< 1	< 2

[1)] für pin-Photodioden mit einer aktiven Fläche von 100 μm Durchmesser

Tabelle 6.2 Typische Eigenschaften von NIR-Detektoren

6.5.2 Strahlungsempfänger für die Lichtwellenleitertechnik

Die Lichtwellenleitertechnik (LWL-Technik) stellt an den Strahlungsempfänger **spezifische Anforderungen** hinsichtlich

- der Übertragungswellenlänge,
- der großen angestrebten Bandbreite,
- der Ankopplung an den Lichtwellenleiter.

Für die 1. Generation der LWL-Technik mit GaAs-Emittern bei $\lambda = 0,85\ \mu$m werden vor allem Si-Lawinenphotodioden verwendet. Dagegen mußten für das 2. und 3. Fenster der LWL spezifische Detektoren aus (Ga,In)As auf InP-Substrat entwickelt werden. Daneben wurden die vordem entwickelten Germanium-Photodioden sowie solche aus (Hg,Cd)Te erprobt. Tabelle 6.2 zeigt typische Eigenschaften solcher Detektoren für das nahe Infrarot (NIR). Die Entwicklung rauscharmer Lawinenphotodioden aus (In,Ga)As bereitet Schwierigkeiten, weil das Verhältnis der Stoßionisationskoeffizienten von Elektronen und Löchern in diesem Material nahezu gleich Eins ist und weil mit abnehmender Energielücke Tunnelströme in *pn*-Übergängen stark zunehmen. Das letztgenannte Problem versucht man zu lösen, indem man das Böersche Konzept der Trennung von ‚Emitter' und ‚Junction' anwendet, siehe Abschnitt 3.4.3 und Bild 3.20 auf S. 107. Das erstgenannte Problem – starkes Multiplikationsrauschen infolge gleicher Stoßionisationsationskoeffizienten der Elektronen und Löcher – wurde auf eine völlig unkonventionelle Weise angepackt: durch Anwendung einer speziellen Supergitterstruktur mit periodischen gradierten Gebieten. Diese wurde bereits im Abschnitt 3.7 beschrieben, siehe Bild 3.36 auf S. 139.

MSM-Schottky-Photodioden MSM steht für Metal-Semiconductor-Metal. Es sind MSM-Photowiderstände und MSM-Photodioden entwickelt worden. Die Kontakte werden fingerartig[2] ineinandergeschachtelt, so daß der Abstand klein gehalten

[2]Derartige Strukturen tragen die beim heutigen Gebrauch des Wortes ‚digital' leicht mißverständliche Bezeichnung *interdigital* von engl. (lat.) digit, Finger.

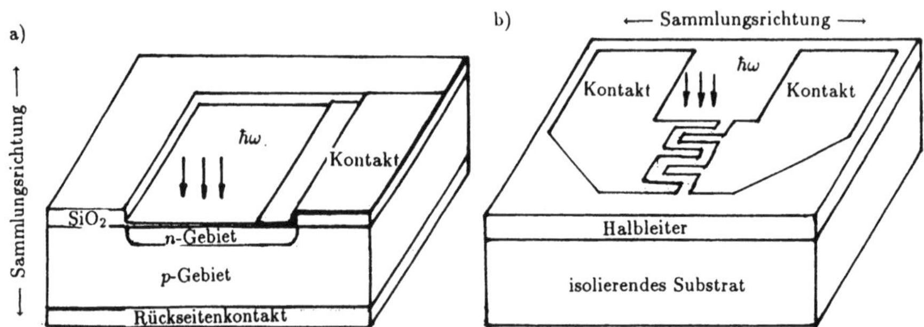

Bild 6.10 Vergleich von vertikal sammelnder planarer Photodiode (a) und lateral sammelnder MSM-Diode (b, Layout nach [5]). Die Größe der Kontaktinseln bei der MSM-Photodiode beträgt typisch 50×50 μm.

und kurze Laufzeiten erreicht werden können. Wegen des kleinen Kontaktabstands verarmt der dazwischenliegende Halbleiter schon bei kleinen Spannungen. Das Feld ist zwar inhomogen, aber im wesentlichen werden die photoangeregten Träger lateral gesammelt und driften mit der Sättigungsdriftgeschwindigkeit durch dieses Hochfeldgebiet. Die Optimierung erfolgt wie bei der vertikal sammelnden *pin*-Photodiode unter Berücksichtigung der Transitzeit und der *RC*-Zeitkonstante. Bei Stegbreiten und -abständen in der Größenordnung von einigen 100 nm und aktiven Flächen bis herab zu 5×5 μm, die gut an Einmoden-Lichtwellenleiter angepaßt sind, erreicht man 3dB-Grenzfrequenzen von 375 GHz in GaAs und 75 GHz in Si (bei λ = 465 nm); für die 1,3-μm-Technik wird auch hier (Ga,In)As eingesetzt [5]. Die einfache Planarstruktur der MSM-Photodioden erlaubt die Fertigung in einem mit der Planartechnologie kompatiblen Prozeß und ist daher attraktiv für integrierte optoelektronische Schaltungen. Auch großflächige MSM-Photodioden sind in Entwicklung, sie lassen mit den *pin*-Dioden vergleichbare Kennwerte erwarten.

6.5.3 Infrarot-Strahlungsempfänger

Wegen der interessanten physikalischen Fragestellungen hatten wir wesentliche Aspekte der Infrarotempfänger bereits im Abschnitt 3.4 behandelt. Unter applikativem Aspekt muß aufgrund des mit abnehmender Quantenenergie stärker werdenden Rauschens ein IR-Empfänger grundsätzlich durch die Detektivität nach Gl. (3.74) auf S. 105 gekennzeichnet werden. Bild 6.11 gibt eine Übersicht, welche Detektivität bei einer bestimmten Grenzwellenlänge möglich ist (BLIP-Fall) und welche Empfängertypen bei welchen Betriebstemperaturen verwendet werden. Man beachte, daß in dieser Darstellung Empfänger sehr unterschiedlicher Zeitkonstante miteinander verglichen werden. Der Unterschied zwischen der typischen Spektralcharakteristik der auf dem inneren Photoeffekt beruhenden Detektoren und dem Bolometer als Vertreter der thermischen Detektoren ist offensichtlich.

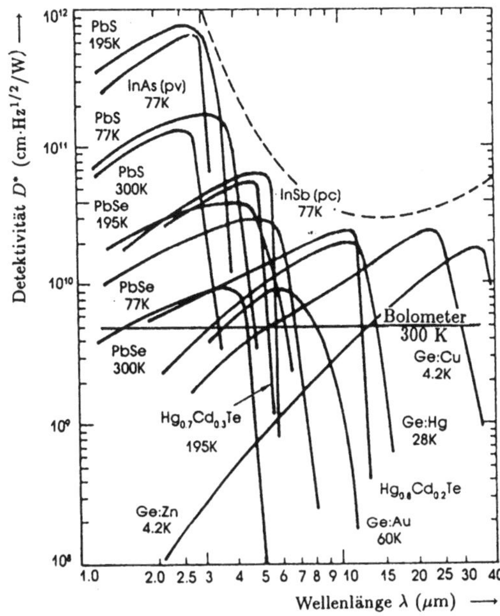

Bild 6.11
Detektivität als Funktion der Grenzwellenlänge für unterschiedliche Strahlungsempfänger und BLIP-Kurve nach Gl. (3.83) für $T_{\mathrm{HG}} = 300$ K, FOV $= 2\pi$; pc – Photowiderstände, pv – Photodioden (nach [159]), ergänzt)

Vergleich intrinsischer und extrinsischer Detektoren Nach Bild 6.11 kann man für den Infrarot-Strahlungsnachweis zwei verschiedene Anregungsmechanismen nutzen:

Interbandanregung in schmallückigen Halbleitern (*intrinsische Anregung*) und

Störstellenanregung (*extrinsische Anregung*).

Ein wesentlicher Vorteil der Interbandanregung besteht in der Möglichkeit, mit Photodioden zu arbeiten. Photodioden sind wegen der drastischen Verschlechterung der Sperrwirkung der *pn*-Übergänge mit abnehmender Energielücke nur bis etwa 16 μm sinnvoll, siehe Abschnitt 3.4. Photowiderstände andererseits können – die Existenz von Photoleitern mit einer an die nachzuweisende Wellenlänge angepaßten Energielücke bzw. Störstellenenergie vorausgesetzt – nach beiden Wirkprinzipien arbeiten. Welchem Wirkprinzip ist der Vorzug zu geben?

Extrinsische Photoleitungsdetektoren haben eine Reihe von **Besonderheiten:**

- der Absorptionskoeffizient für Störstellenabsorption ist der Konzentration der Störstellen proportional. Die Löslichkeit der relevanten Fremdatome ist begrenzt, daher ist grundsätzlich der Absorptionskoeffizient geringer als für Interbandabsorption in direkten Halbleitern – typisch sind einige bis einige 10 cm^{-1}. Dies erfordert große Schichtdicken des Photoleiters zur Erzielung einer hinreichenden Sammlungseffizienz.

- Die Nutzung der Anregung aus einer Störstelle ins Band zum Strahlungsempfang setzt voraus, daß die Störstelle nicht zu stark thermisch ionisiert

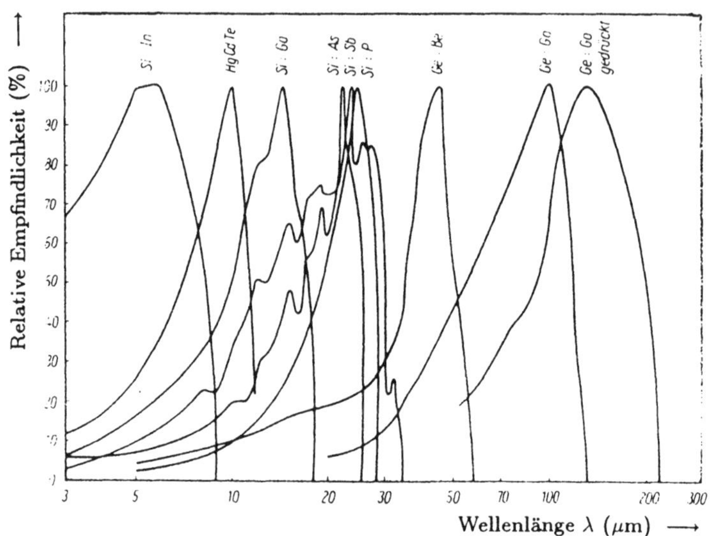

Bild 6.12 Relative spektrale Empfindlichkeit von Störstellen-Photoleitungsdetektoren mit Wirtsgitter Silicium bzw. Germanium [168]

ist. Empirisch findet man als notwendige Bedingung etwa $kT < \Delta E_{\text{ion}}/20$. Dies erfordert eine tiefere Absenkung der Betriebstemperatur als bei einem intrinsischen Detektor gleicher Grenzwellenlänge.

Die ersten Störstellen-Photoleitungsdetektoren nutzten Germanium als Wirtsgitter. Die Dotanden Au, Cu und Hg waren auch aus physikalischer Sicht interessant, weil es sich um sog. ‚tiefe', mehrfach umladbare Zentren handelt. In dem Maße, in dem Silicium technologische Reife erlangte, sind Sensoren mit Silicium als Wirtsgitter an die Seite getreten. Bild 6.12 zeigt einen Überblick über die relative spektrale Empfindlichkeit einiger Störstellen in Germanium und Silicium.

Für größere Wellenlängen wird inzwischen auch die Photoanregung aus den flachen wasserstoffähnlichen Störstellen technologisch beherrscht. Dies ist vor allem durch die weitere Senkung der Störstellenpegel möglich geworden, z. B. in Germanium auf etwa 10^{10} cm^{-3} elektrisch aktiver Störstellen bei einem Kompensationsgrad von 10^{-4} als Voraussetzung zur Nutzung der Ga-Störstelle. Als Begrenzung der Störstellenkonzentration wirkt die Hoppingleitfähigkeit, das ist Tunneln eines Elektrons von einer neutralen Störstelle zu einer benachbarten ionisierten. Die Obergrenzen liegen bei $10^{16} \ldots 10^{17}$ cm^{-3} in Silicium und bei $2 \cdot 10^{14}$ cm^{-3} in Germanium.

Uniaxial verspanntes Ge:Ga Die flachsten Akzeptoren in Germanium, das sind wasserstoffähnliche, haben Bindungsenergien von etwa 10 meV. Flachere Störstellen kommen wegen der kleineren Elektronenmassen in den III-V-Halbleitern vor, doch deren zu hohe Verunreinigungspegel verbieten einen Einsatz als Sensormaterial. Ein

Betr.	Detektorkenngröße	Maßeinheit	(Pb,Sn)Te	(Hg,Cd)Te
Einzel-sensoren	Spektralbereich	μm	3...5 und 8 ...14	3...5 und 8 ...14 auch für 1,3; 1,55
	Kantensteilheit[1]	$10^4/\text{cm}\cdot\text{eV}^{1/2}$	5,9	1,6
	relative stat. DK		1500	17
	Kapazität/Fläche	nF/cm^2	1000	100
Mehr-element-sensoren	Dotierungspegel	cm^{-3}	10^{17}	10^{16}
	thermischer Ausdehnungskoeffizient	$10^{-6}/\text{K}$	20	5
	$\Delta\lambda/\Delta x$ bei $\lambda = 10\mu$m	μm/Mol-%	0,44	1,13

[1] Parameter β der Wurzelkante $\alpha(\hbar\omega) = \beta\sqrt{\hbar\omega - E_g}$ für PbTe und (Hg,Cd)Te gleicher Energielücke bei $T = 300$ K.

Tabelle 6.3 Vergleich zwischen (Pb,Sn)Te und (Hg,Cd)Te für den Einsatz in Infrarotsensoren.

Weg zur Erzielung größerer Grenzwellenlängen besteht in der Nutzung von uniaxialem Druck. Dieser bewirkt mittelbar über die Aufhebung der Entartung der Bänder der schweren und der leichten Löcher (die bei [100]-Verspannung den Valenzbandrand bilden) eine Verringerung der Bindungsenergie etwa um den Faktor zwei, so daß in Ge:Ga die Empfindlichkeit bis $\lambda = 240$ μm (5 meV) ausgedehnt werden konnte [69].

Vergleich von (Hg,Cd)Te und Bleichalkogeniden Sowohl (Hg,Cd)Te als auch bestimmte Bleichalkogenide ((Pb,Sn)Te, (Pb,Sn)Se) sind direkte schmallückige Halbleiter, in denen durch Wahl des Mischungsverhältnisses beliebig kleine Energielücken und damit beliebig große Grenzwellenlängen des inneren Photoeffekts bei Interbandanregung eingestellt werden können. Trotzdem haben (Hg,Cd)Te-Infrarotdetektoren eine ungleich größere Verbreitung gefunden, Bleichalkogenid-Detektoren sind im wesentlichen nur aus den binären Verbindungen PbS, PbSe und PbTe auf dem Markt. Die Gründe dafür lassen sich aus Tabelle 6.3 [13] ablesen. Für Einzel- bzw. Mehrlementsensoren ergeben sich unterschiedliche Schlußfolgerungen: Bei Einzelsensoren hat (Hg,Cd)Te im wesentlichen nur Vorteile bez. der Schnelligkeit. Die bei (Hg,Cd)Te erreichbaren geringeren Dotierungen ermöglichen – zumindest für das nahen Infrarotbereich – die Herstellung von monolithisch integrierten Sensoren nach dem CCD- oder CID-Prinzip. Bei hybriden Mehrelementsensoren besitzt (Hg,Cd)Te infolge des geringeren thermischen Ausdehnungskoeffizienten den wesentlichen Vorteil, daß es besser an Silicium angepaßt ist. Zur Einstellung des BLIP-Falls sind an (Hg,Cd)Te als Ausgangsmaterial für Photowiderstände im 3. atmosphärischen Fenster ($x \approx 0,2$) mit 77 K Betriebstemperatur erfahrungsgemäß die folgenden hohen Anforderungen zu stellen: Elektronenkonzentration $n \leq 5 \cdot 10^{14}$ cm^{-3}, Elektronenbeweglichkeit $\mu_n \approx 10^5$ cm^2/Vs, Lebensdauer $\tau \leq 1\mu$s. Die dem (Hg,Cd)Te verwandten Mischkristalle (Hg,Mn)Te und (Hg,Zn)Te bieten trotz im Detail günstigerer physikalischer Eigenschaften keine wesentliche Verbesserung gegenüber dem (Hg,Cd)Te.

Mittels MBE können auch PbSe und andere Bleichalkogenide epitaktisch auf Silicium abgeschieden werden, wenn man dünne Pufferschichten aus CaF_2/BaF_2 verwendet. Dies gestattet die Herstellung monolithischer Sensorarrays für den Wellenlängenbereich bis 12 μm [109]. Daran knüpfen sich neue Hoffnungen an eine Konkurrenzfähigkeit mit den (Hg,Cd)Te-Sensoren, weil eine solche Technologie billiger sein könnte.

Optische Maßnahmen zur Empfindlichkeitssteigerung Zur Ausschöpfung von Empfindlichkeitsreserven werden moderne Strahlungsempfänger mit *Antireflexionsschichten* versehen. Im einfachsten Falle erfolgt dies durch eine $\lambda/4$-Schicht aus einem Dielektrikum, dessen Brechzahl möglichst gleich der Wurzel aus der Brechzahl des Photoleiters sein sollte. Für Silicium (n = 3,42) wird diese Forderung relativ gut von aufgewachsenem SiO_2 (n = 2,14) erfüllt: Der Reflexionsgrad kann von 33 % bei λ = 700 nm bzw. 48 % bei 400 nm mit einer für λ = 400 nm optimalen $\lambda/4$-Schicht der Dicke $d = 68,5$ nm im gesamten sichtbaren Spektralbereich unter 20 % gedrückt werden. Darüber hinaus werden bei Infrarotempfängern mitunter **weitergehende Maßnahmen** angewendet:

- Verspiegelung der Rückseite erhöht bei schwacher Absorption die effektive Quantenausbeute auf $\eta = [1 - \exp(-\alpha 2d)]$. Noch konsequenter kann man die Probe selbst als Resonator für die zu empfangende Strahlung ausführen. Dem verwandt ist die Ausnutzung von Wellenleitereffekten, siehe Abschnitt 3.7.
- Durch geätzte Linsen (*Immersionsdetektor*) kann eine Vergrößerung der optisch wirksamen Empfängerfläche A_{opt} bei konstant bleibender elektrisch wirksamer Empfängerfläche A_{elektr} erreicht werden. Dies ist vorteilhaft, da der Dunkelstrom und damit das Rauschen mit der elektrisch wirksamen Fläche des pn-Übergangs anwachsen.
- Als elektrische Maßnahme wendet man eine innere Potentialstufe (bei einer n^+p-Diode einen pp^+-Rückseitenkontakt) an, die nahe dem Rückkontakt optisch angeregte Träger von diesem fernhält und damit eine effektive Senkung der Grenzflächenrekombination bewirkt. Bei Solarzellen erhöht diese Maßnahme den Kurzschluß-Photostrom.

Betrieb nahe Zimmertemperatur als Optimierungsziel Für den ungekühlten Betrieb bzw. Betrieb mit Peltierkühlern ist insbesondere von Piotrowski (1991) zur Optimierung von Photowiderständen, PEM-Detektoren und Photodioden gearbeitet worden. Als Beispiel seien die Parameter von (Hg,Cd)Te-Photowiderständen für Anwendungen bei 10,6 μm angeführt:

T K	D^* cm·Hz$^{1/2}$/W	τ ns
300	$2 \cdot 10^6 \ldots 6 \cdot 10^7$	< 1
230	$(1 \ldots 2) \cdot 10^8$	10
200	$3 \cdot 10^8$	30

Thermische Infrarotempfänger beruhen nicht auf dem Photoeffekt, sondern detektieren die durch Strahlungsabsorption hervorgerufene Erwärmung des Sensorelements. Gegenüber den photoelektrischen Sensoren[3] haben diese i. a. eine geringere Empfindlichkeit und eine größere Zeitkonstante. Dennoch finden sie (siehe Herrmann und Walther 1990) **spezifische Anwendungsgebiete:**

- wegen der geringen Kosten (i. a. durch Verzicht auf Kühlung, was z. B. bei Bewegungsmeldern wichtig ist),
- wegen der wellenlängenunabhängigen Empfindlichkeit (z. B. für Spektrometer, Leistungsmesser),
- bei Zulässigkeit großer Zeitkonstanten,
- in Wellenlängenbereichen, in denen photoelektrische Sensoren versagen, insbesondere im fernen infraroten (FIR) und Submillimetergebiet.

Typen thermischer Strahlungsempfänger nach der Signalentstehung:

Pyroelektrische Sensoren nutzen den pyroelektrischen Effekt,

Thermoelemente und Thermosäulen nutzen den thermoelektrischen Effekt,

Bolometer nutzen die Temperaturabhängigkeit des Widerstandes, supraleitende Bolometer die Widerstandsänderung beim Übergang vom supraleitenden zum normalleitenden Zustand. Neuere Entwicklungen zielen auf die Anwendung von Hoch-T_c-Supraleitern [17].

Golayzellen nutzen die Wärmeausdehnung eines Gases.

Monolithische thermische Festkörpersensoren absorbieren die nachzuweisende Strahlung direkt, in hybriden wird ein spezieller Absorber (*Schwarzschicht*) auf das Wandlerelement aufgebracht. Halbleiter-Bolometer für den FIR-Bereich werden mit flüssigem Helium gekühlt und nutzen die Hopping-Leitfähigkeit aus, die einen großen Temperaturkoeffizienten des Widerstandes bietet und deren Absolutwert gut an die zur Signalverstärkung genutzten gekühlten JFETs angepaßt ist. Besonders gute Parameter erreicht man mit neutronen-dotiertem Germanium. Die Spannungsempfindlichkeit kann $2 \cdot 10^5$ V/W erreichen, die NEP liegt typisch um 10^{-13} W/Hz$^{1/2}$.

[3] In diesem Zusammenhang wird im technischen Schrifttum für die auf dem Photoeffekt beruhenden Detektoren häufig die Bezeichnung *Quantendetektoren* verwendet.

Putley-Detektor Der Putley-Detektor (siehe Putley 1980) beruht auf der μ-Photoleitfähigkeit (siehe Abschnitt 3.5). In gewisser Analogie zu den thermischen Strahlungsempfängern kann man den Putley-Detektor als ein Bolometer auffassen, das auf die Erhöhung der Elektronentemperatur reagiert. Die Bedeutung liegt im FIR- und Submillimeterbereich, wo andere geeignete Detektoren fehlen. Günstige Kennwerte erreichen Putley-Detektoren aus GaAs und InSb bei Kühlung mit flüssigem Helium. Eine Spannungsempfindlichkeit der Größenordnung 100 V/W wird erreicht, die Anstiegszeit nach Gl. (3.95) ist 200 ps. Durch ein äußeres quantisierendes Magnetfeld wird der Detektor selektiv und zugleich im Maximum der Absorption empfindlicher (sog. *Zyklotronresonanz-Detektor*).

Literaturempfehlungen

Bücher:

Paul, R., Optoelektronische Halbleiterbauelemente. Stuttgart: B. G. Teubner 1992

Herrmann, K. H.; L. Walther (Herausgeber): Wissensspeicher Infrarottechnik. Leipzig: Fachbuchverlag 1990

Ebeling, K. J.: Integrierte Optoelektronik. Berlin: Springer-Verlag 1989

Bleicher, M.: Halbleiteroptoelektronik. Heidelberg: Dr. Alfred Hüthig Verlag 1986

Kingston, R. H.: Detection of Optical and Infrared Radiation. Berlin: Springer-Verlag 1977

Reviewartikel:

Putley, E. H.: Thermal Detectors, in: Topics in Applied Physics, Vol. 19, Berlin: Springer-Verlag 1980

Sammel- und Konferenzbände:

Selected Papers on Semiconductor Infrared Detectors (Hrsg. A. Rogalski), SPIE Milestone Series Vol. MS 66, 1992

Piotrowski, J.: Principles for Near Room-Temperature BLIP IR Detectors, SPIE Short Course Notes SC 51 (1991)

Semiconductors and Semimetals (Hrsg. R. K. Willardson, A. C. Beer). New York und London: Academic Press Vol. 5: Infrared Detectors, 1970; Vol. 12: Infrared Detectors II, 1977; Vol. 18: Mercury Cadmium Telluride, 1981; Vol. 22: Lightwave Communication Technology, Part C (Photodiodes) 1985.

Kressel, H. (Hrsg.): Semiconductor Devices for Optical Communications, Springer Topics in Applied Physics, Vol. 39, 2. Auf. 1982

thematische SPIE-Konferenzbände über Infrarotdetektoren

6.6 Bildaufnahme

Bildauflösende Sensoren werden zur Erfassung statischer Intensitätsverteilungen, z. B. der Energieverteilung über den Strahlquerschnitt eines Lasers, für optische Vielkanalanalysatoren usw., bei der xerographischen Bildübertragung, vor allem aber für die Bewegtbildaufnahme genutzt. Die photoelektrischen Targets für Bildaufnahmeröhren und die auf festkörperphysikalischen Prinzipien beruhenden CCD-Sensoren werden schwerpunktmäßig behandelt.

Elektronische Bildaufnahme beinhaltet aus meßtechnischer Sicht folgende Funktionen:

- die optisch-elektrische Wandlung der auf das einzelne Bildelement auftreffenden Helligkeits- bzw. Farbinformation, d. h. die Ermittlung eines skalaren bzw. vektoriellen Feldes von Intensitäten und
- eine Parallel-Serien-Wandlung (Multiplexen); denn die elektrischen Signale an den einzelnen Bildpunkten werden fast immer zeitlich nacheinander abgetastet und sequentiell über einen einzelnen Kanal übertragen.
- Für eine spätere Farbbilddarstellung benötigt man Bildhelligkeitsinformationen in drei Farbkanälen (‚Farbauszüge'), in meßtechnischer Hinsicht ist dies ein Mehrkanalverfahren.

Zur Optimierung der Empfindlichkeit ist es wünschenswert, daß das Sensorelement die Information jeweils bis zur nächsten Abtastung speichert, d.h. zeitlich integriert. Ohnehin ist mit einem bildauflösenden Sensor ja keine bessere Zeitauflösung zu erreichen, als der Bildwechselfrequenz des Gesamtsystems entspricht. Durch die Integration erreicht man eine Empfindlichkeitssteigerung, diese bezeichnet man mitunter als Multiplexvorteil. Die Forderung nach Signalakkumulation ist eine wichtige Konsequenz für den photoelektrischen Sensor. Insofern ist die Funktion des photoelektrischen Bildsensors verwandt mit derjenigen der Photoplatte.

Die Funktion der *Serien-Parallel-Wandlung zur Bildwiedergabe* wird in einer Braunschen Röhre in sehr eleganter Weise durch den rasternden Elektronenstrahl erfüllt. Daher ging die Fernseh-Bildaufnahme von Anfang an den Weg, gewissermaßen durch Umkehrung des Informationsflusses in der Braunschen Röhre diese für die *Parallel-Serien-Wandlung* nutzbar zu machen, indem ein flächenhafter photoelektrischer Sensor auf der Innenwand der Röhre angebracht wurde, der durch den Elektronenstrahl kurzzeitig ‚kontaktiert' und dabei ausgelesen wird. Die ersten Bildaufnahmeröhren nutzten den äußeren Photoeffekt (‚Orthikon'), alle späteren nur den inneren Photoeffekt (‚Vidikon'). Der Sensor kann dabei lateral homogen oder auch unterteilt sein (*Mosaiksensor*). Erst im Jahre 1970 wurde mit der Erfindung des CCD der Weg gewiesen, wie man bei der Bildaufnahme auf den rasternden Elektronenstrahl und somit auf Vakuumröhren verzichten kann. CCD-Bildsensoren – die dann zwingend Mosaiksensoren sind – nennt man selbstauslesende oder Festkörper-Bildsensoren. Die Entwicklung dieser CCD-Sensoren zur technischen Reife in nur 20 Jahren hat die Meßtechnik wesentlich bereichert, sie hat eine Umwälzung der

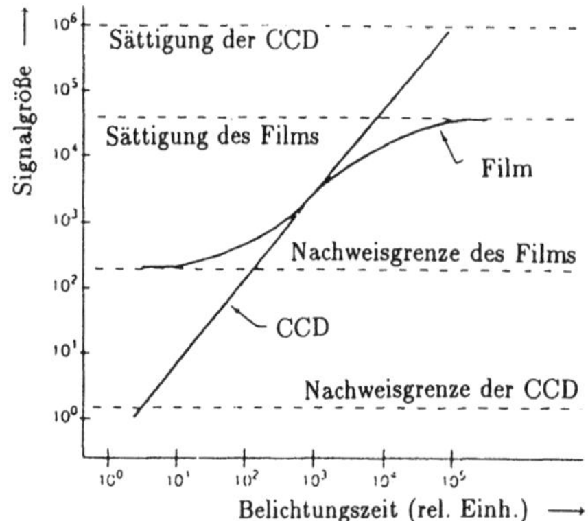

Bild 6.13
Vergleich zwischen CCD und Photoplatte/Film betr. Linearität [81](©SPIE, mit frdl. Genehmigung)

Fernseh-Aufnahmetechnik herbeigeführt und mit den Camcordern für jederman Fernsehaufnahme wie vorher Schmalfilmen möglich gemacht.

Linearität eines integrierenden Sensors Bei der Behandlung der Photodetektoren wurde ursprünglich nach der Reaktion des Sensors auf die momentan auftreffende optische Leistung gefragt und diese z. B. durch die Photostromempfindlichkeit S_{I} beschrieben:

$$\text{Photostrom } I_{\mathrm{Photo}} = S_{\mathrm{I}} \cdot (\text{Strahlungsleistung} P_{\mathrm{L}})$$

Linearität bedeutet hier, daß S_{I} unabhängig von P_{L} ist. Für einen integrierenden Detektor soll Linearität zwischen dem akkumulierten Signal (also z. B. der während der Bildwechselzeit T photogenerierten Ladung, häufig ausgedrückt durch die Elektronenanzahl) und der während der Zeit T bis zur nächsten Signalabfragung absorbierten Strahlungsenergie bestehen:

$$Q_{\mathrm{Ph}} = \int_0^T I_{\mathrm{Ph}}(t)\,dt \sim \int_0^T P_{\mathrm{L}}(t)\,dt. \tag{6.10}$$

(In der Photographie nennt man diese Forderung das *Reziprozitätsgesetz*).

Bei extremen Anwendungen, z. B. in der Astronomie, muß man Integrationszeiten von Stunden realisieren. Dabei ersetzen gekühlte CCD-Sensoren (s. u.) zunehmend die bislang üblichen photographischen Platten, deshalb vergleicht man einen solchen Sensor am ehesten mit der Photoplatte oder dem Film. Bild 6.13 zeigt die deutliche Überlegenheit der auf dem Photoeffekt beruhenden CCD-Sensoren. Der Vergleich mit den nicht integrierenden Si-Photodioden (Bild 3.9 auf S. 81) signalisiert allerdings eine Verringerung des Linearitätsbereichs von 9 auf 6 Größenordnungen, was auf die endliche Speicherkapazität der MOS-Zellen bei gegebener zulässiger Fläche zurückzuführen ist.

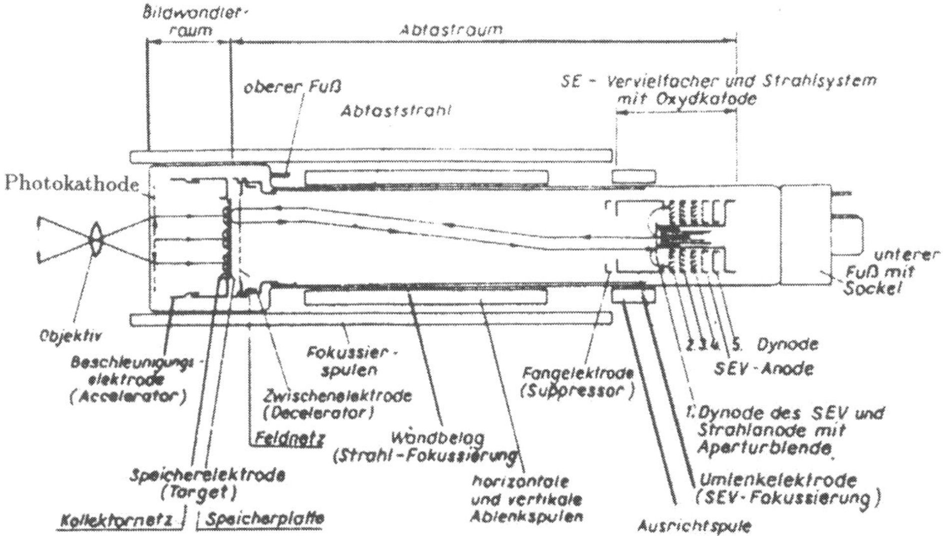

Bild 6.14 Aufbau und Funktionsweise eines 7,5-cm-Superorthikons

6.6.1 Bildaufnahme mit Elektronenstrahlröhren

Bildaufnahme mit Orthikon

Das Orthikon wird hier als ein Beispiel für eine mit dem äußeren Photoeffekt arbeitende Bildaufnahmeröhre beschrieben. Gegenüber seinen Vorgängern erreichte es eine hohe Empfindlichkeit durch Verwendung eines Speichertargets und durch dessen Abtastung mit langsamen (vor dem Target abgebremsten) und senkrecht auf das Target gerichteten Elektronen.

Als Super-Orthikon (siehe Bild 6.14) wird eine Konstruktion mit Bildwandler und einem Multiplier zur Verstärkung des mit dem Bildsignal modulierten Abtaststrahls bezeichnet. Teil I der Röhre enthält die transparente Photokatode (z. B. mit S20-Spektralcharakteristik), den Bildwandler und das Speichertarget. Die beschleunigten Photoelektronen werden in einer kombinierten elektrischen und magnetischen Elektronenlinse auf das Speichertarget abgebildet. Dieses besteht aus einer 2 bis 5 μm dicken Glasfolie, die zusammen mit einem in 30 bis 50 μm Abstand angeordneten feinmaschigen Netz den Speicherkondensator bildet. Die auf etwa 500 V beschleunigten Photoelektronen erzeugen in der Folie Sekundärelektronen, die zum Netz hin abfließen. Die Folie lädt sich entsprechend der lokalen Bildhelligkeit positiv auf. Sie wird durch den rasternden Elektronenstrahl im Bauteil II periodisch entladen. Der rückkehrende Elektronenstrahl wird im Bauteil III in einem Multiplier (s. Abschnitt 6.3) etwa 1000fach verstärkt. Farbauszüge erhält man nur mit einem Strahlteiler und drei einzelnen über Filter farbselektiv gemachten Röhren. Dies bedingte die großen Abmessungen der früheren Studiokameras.

Bildaufnahme mit Vidikon

Im modernen Sprachgebrauch wird ,Vidikon' als Synonym für Bildaufnahmeröhren auf der Grundlage des inneren Photoeffekts verwendet.[4] Ursprünglich wurde als Vidikon die 1951 bei RCA entwickelte Röhre mit Sb_2S_3-Photoleitertarget bezeichnet. Das Target wird von innen über eine durchsichtige leitende Elektrode auf das Lichteintrittsfenster der Röhre aufgedampft, es besteht aus mehreren Schichten aus porösem bzw. kompaktem Sb_2S_3. Durch diesen Aufbau kann die für das Auflösungsvermögen maßgebliche laterale und die den Dunkelstrom bestimmende normale Leitfähigkeit beeinflußt werden. In der Photoleiterschicht wird das Helligkeitsbild in ein Ladungsbild umgewandelt und dieses während eines Fernseh-Vollbildes (40 ms) gespeichert. Das Target kann man sich aus vielen kleinen Kondensatoren gebildet vorstellen, zu denen jeweils ein Photowiderstand parallelgeschaltet ist. Es wird durch einen rasternden Strahl sehr stark abgebremster Elektronen periodisch abgetastet. Dabei wird diejenige Ladung wieder ergänzt, die seit der vorhergehenden Abtastung infolge des durch die Belichtung erzeugten Photostroms abgeflossen ist. Das Videosignal wird aus dem Strahlstrom gebildet. Beim Vidikon hängt der Photostrom sublinear von der Bestrahlungsstärke ab.

Eine bessere Linearität und ein schnelleres An- und Abklingen erreicht das sog. Plumbikon, ein Vidikon mit einem PbO-Sperrschicht-Target. Dieses stellt de facto eine großflächige *pin*-Struktur dar, bei der die *p*-Schicht durch Verdampfung mit Sauerstoffüberschuß, die *i*-Schicht durch stöchiometrische Verdampfung und die *n*-Schicht unter Sauerstoffmangel hergestellt wird. Dieser Typ wurde bis zur Ablösung durch die CCD-Sensoren Ende der 80er Jahre in der Studiotechnik eingesetzt. Das Vidikon nutzt fast stets einen lateral nicht unterteilten Sensor. Die Auflösung wird als auflösbare Zeilenzahl angegeben. Übliche Werte liegen bei 700. Obwohl farbtüchtige Röhren mit Farbfilterstreifen direkt auf dem Halbleiter entwickelt wurden, setzten sich diese nicht durch. Der Nachteil, daß man für eine Farbbildaufnahme drei Röhren benötigte, blieb somit bestehen.

Silicium-Dioden-Vidikon Das erste einsatzbereite Silicium-Multidiodentarget (Bild 6.15) wurde 1968 vorgeführt [39]. Es besteht aus einer im zentralen Teil auf etwa 15 μm abgedünnten *n*-Silicium-Scheibe, auf der rund 10^6 *pn*-Photodioden von je etwa 8 μm Durchmesser und 12 μm Mittenabstand definiert sind. Zur Speicherung der Bildinformation dient die Kapazität der in Sperrichtung vorgespannten Dioden. Bei Belichtung wird diese Kapazität durch den Photostrom entladen. Der die *p*-Seite abrasternde Elektronenstrahl lädt die Dioden wieder auf, die ersetzte Ladung bildet das lokale Bildhelligkeitssignal. Das Silicium-Dioden-Vidikon hat eine größere Empfindlichkeit und ist robuster als das mit Sb_2S_3-Photoleitertarget. Einen wesentlichen Fortschritt brachte es durch seine Linearität und die für Si-Photodioden charakteristische breite spektrale Empfindlichkeit im gesamten sichtbaren Spektralbereich, die gegenüber den Röhren mit aufgedampften Targets teurere Herstellungstechnologie

[4] Die Bezeichnung des Pyrikons als ,Vidikon mit pyroelektrischem Sensor' belegt die Begriffserweiterung hin zu Bildaufnahmeröhren überhaupt.

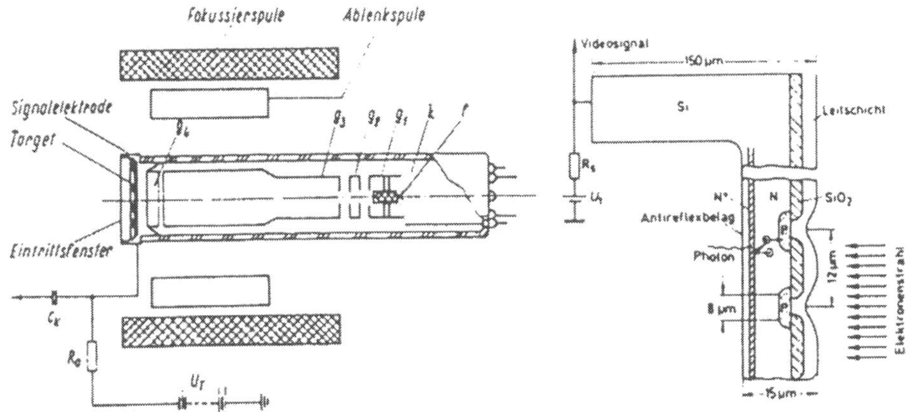

Bild 6.15 Si-Multidiodenvidikon schematisch (links) und Aufbau des Targets (rechts)

begrenzte jedoch den Einsatz. Gegenüber dem Plumbikon hat das Si-Vidikon ferner einen größeren Dunkelstrom, weil die Energielücke kleiner ist (1,1 eV beim Si gegenüber 2,3 eV beim PbO); dieser Zusammenhang ist im Abschnitt 3.4.2 ausführlich diskutiert worden.

Infrarotempfindliche Vidikons Infrarot-Vidikons haben nur in dem Wellenlängenbereich Bedeutung erlangt, der mit ungekühlten Sensoren zugänglich ist, als Material wird im wesentlichen PbS genutzt. Bild 6.16 zeigt die spektrale Empfindlichkeit von PbS-Vidikons im Vergleich mit der von CCD-Bildsensoren aus Silicium am Beispiel von Erzeugnissen der Firma Hamamatsu [72]. Die langwellige Empfindlichkeit reicht aus, um z. B. mittels Transmissions-Mikroskopie Defekte in Silicium-Einkristallen zu untersuchen. Solche IR-Vidikons arbeiten sublinear. Der Signalstrom hängt von der Strahlungsleistung etwa wie $I = const.P^{0,65}$ ab. Bei zu hohen Bestrahlungsstärken tritt außerdem ein Gedächtniseffekt ein, ein sog. Einbrennen.

Die Forderung nach Kühlung eines Infrarotsensors verträgt sich schlecht mit der Elektronenstrahlabtastung, dennoch beweist die bekannte Möglichkeit, in einem Raster-Elektronenmikroskop Proben auf einer mit flüssigem Stickstoff gekühlten Probenbühne mit einem Elektronenstrahl zu untersuchen, daß das Vidikonprinzip auch auf gekühlte Sensoren anwendbar wäre, doch haben diesbezügliche Versuche keine praktische Bedeutung erlangt. Infrarotempfindlichkeit ohne Kühlung erreicht auch das Pyrikon, eine Bildaufnahmeröhre mit pyroelektrischem Target, allerdings mit schlechterem Signal/Rausch-Verhältnis.

6.6.2 CCD-Bildsensoren

Das Si-Multidiodentarget stattete das Vidikon mit Linearität aus und brachte die Gleichförmigkeit und Zuverlässigkeit, die mit Silicium-Bauelementen möglich ist. Es

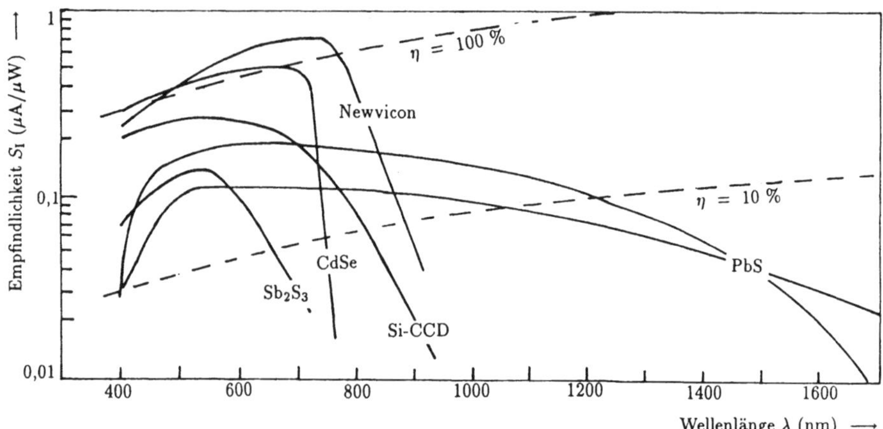

Bild 6.16 Spektrale Empfindlichkeit von Vidikons für den sichtbaren und den Infrarotbereich mit unterschiedlichen Targets. Zum Vergleich ist ein typischer Si-CCD-Sensor eingetragen (ergänzt nach [72]).

ist zwar ein Mosaiksensor, wird aber wie ein nichtunterteilter Sensor benutzt, d. h. es besteht keine 1:1-Zuordnung zwischen Einzeldioden und Bildpunkten. Doch auch das Si-Vidikon war noch ein Röhrenbauelement. Erst durch das 1970 von Boyle und Smith [23] vorgeschlagene CCD wurde auch die Serialisierung rein festkörperphysikalisch gelöst. Dies brachte die Vorteile der Miniaturisierung, eine geringere Leistungsaufnahme, eine wesentliche Verbesserung der Linearität und paßgerechte Ausgangssignale für eine digitale elektronische Bildverarbeitung.

CCD (engl. **C**harge **C**oupled **D**evice) bezeichnet ladungsgekoppelte Bauelemente. Ein CCD ist zunächst ein Schieberegister, bei dem Elektronen als Signalladungen durch geeignete Taktspannungen zwischen benachbarten MIS-Kondensatoren an der Oberfläche eines Halbleiters (Oberflächen-CCD) oder besser dicht unter dieser (sog. BCCD, CCD mit vergrabenem Kanal von engl. **B**uried **C**hannel) verschoben werden können. Das entscheidende Wirkprinzip besteht hier darin, daß man den Potentialverlauf unter der Metallelektrode (engl. Gate, Tor) eines MIS-Kondensators durch die Größe der angelegten Spannung steuern kann. Insbesondere kann man die Struktur von Ladungsträgern verarmen, so daß sie einen leeren Potentialtopf für Elektronen bildet. (‚Potentialtopf' ist hier wieder ganz makroskopisch zu verstehen, typische laterale Abmessungen sind 10 μm oder größer.) Die Dunkelstromdichte von Si-CCDs ist bei Zimmertemperatur mit einigen 10 nA/cm^2 hinreichend klein, um bei üblichen Bestrahlungsstärken die Wiederauffüllung des Potentialtopfes mit Elektronen durch den Dunkelstrom gegenüber der Füllung durch Photoeffekt vernachlässigen zu können, wenn man eine typspezifische Integrationszeit nicht überschreitet (siehe auch die Linearitätskurve in Bild 6.13). Bild 6.17a zeigt für ein BCCD den Bandkantenverlauf längs der Ortskoordinate z, die wie üblich von der Oberfläche des Halbleiters bei $z = 0$ in die Tiefe zeigt, im tief verarmten Zustand (‚leer') und im teilweise gefüllten Zustand. An der z-Achse ist die Vertikalstruk-

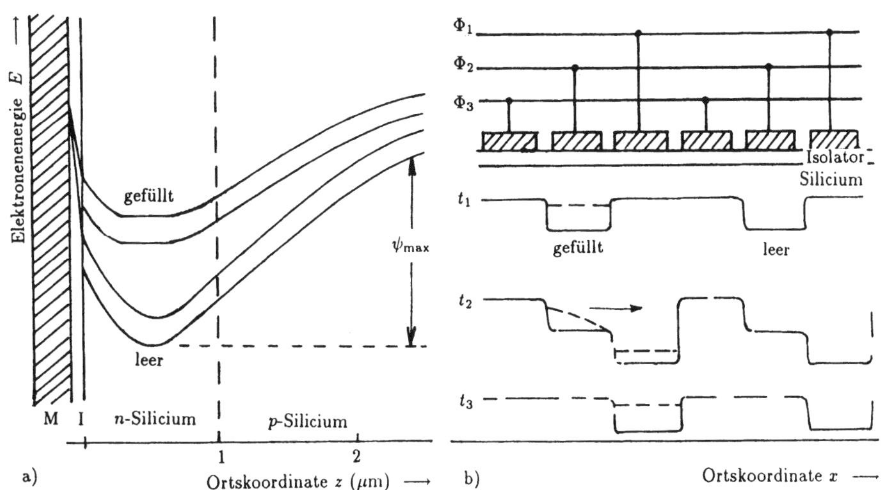

Bild 6.17 Zur Funktionsweise eines CCD: a) Bandkantenverlauf mit Potentialtopf für die Elektronen in einem BCCD im verarmten Zustand (‚leer') und im teilweise gefüllten Zustand (M = Metall, I = Isolator), b) Querschnitt durch eine Kette benachbarter Potentialtöpfe und sukzessive Verschiebung von Elektronen während eines Taktimpulszyklus (Zeiten t_1, t_2, t_3) beim 3-Phasen-CCD (Φ_1, Φ_2, Φ_3 - Taktleitungen)

tur Metall(Al)/Isolator(SiO_2)/Semiconductor(Si) vermerkt. Der vergrabene Kanal wird durch einen n^+p-Übergang erzeugt. Die n-Dotierung ist typisch 10^{16} cm^{-3}, die p-Dotierung 10^{15} cm^{-3}; mit diesen Werten sind zur Einstellung der gezeichneten Tiefe des Potentialtopfes ψ_{max} etwa 8 V Gatespannung erforderlich.

Die laterale Ausdehnung der Potentialtöpfe ist durch die Größe der Gates bestimmt. Bild 6.17b zeigt einen Querschnitt längs einer Kette benachbarter Gates, wobei jetzt durch die gezeichnete Tiefe der Töpfe deren spannungsabhängiges Ladungsspeichervermögen und durch die gestrichelte Linie deren Füllstand symbolisiert wird. Legt man an benachbarte Gates zyklisch variierende Spannungspegel, kann man Ladungen zwischen den Potentialtöpfen unter benachbarten Gates verschieben. Die Zeichnung zeigt dies am Beispiel eines sogenannten 3-Phasen-CCD.

Ein CCD-Bildsensor kombiniert photoempfindliche Strukturen (z. B. Photodioden, Photo-MIS-Zellen) mit Schieberegistern. Zur besseren konstruktiven Handhabbarkeit trennt man die eigentlichen Bildpunktsensoren und die zugeordneten Speicherzellen im Schieberegister, zwischen diesen werden die Ladungen ebenfalls durch Taktimpulse an dazwischenliegende spezielle Transfergates transportiert. Entscheidend für die Qualität der Ladungsverschiebung ist eine geringe Transferineffizienz, so bezeichnet man denjenigen Bruchteil der Ladung, der bei einer Verschiebung zwischen zwei benachbarten Speicherzellen verlorengeht. In Silicium-CCDs liegt dieser Wert weit unterhalb von 10^{-5}, so daß schon Matrizen mit 5120 × 5120 Pixeln realisiert werden konnten. In diesen erfordert das Auslesen eines Bildes rund 10000 Ladungsverschiebungen, die Elektronen werden dabei einige Zentimeter weit auf dem Silicium verschoben. Am Videoausgang des Schaltkreises (‚Ladungsdetektor') wird das Ladungssignal in ein Spannungssignal zurückverwandelt.

Silicium-CCD-Sensoren Si-CCD-Sensoren werden als Zeilensensoren (für Scanner, das sind Geräte zur zeilenweisen Bildaufnahme) und als Matrixsensoren (für die eigentliche Bildaufnahme) hergestellt. Diese Typen unterscheiden sich durch die technische Organisation der Parallel-Serien-Wandlung für ein 1- bzw. 2-dimensionales Pixelarray. Hier interessiert vor allem die Photoempfindlichkeit, bezüglich anderer technischer Details sei auf die Spezialliteratur verwiesen.

Die Empfindlichkeit der CCD-Bildsensoren wird bei kleinen Bestrahlungsstärken durch das Rauschen des Dunkelstromes begrenzt. Bei den in Großserien hergestellten Sensoren für Camcorder wird eine Empfindlichkeit von 3 lux angegeben. 3 lux bedeutet 3 lumen/m^2. Nimmt man monochromatische Strahlung im Maximum der V_λ-Kurve ($\lambda = 555$ nm, $h\nu = 2,25$ eV) an, so rechnet sich die Beleuchtungsstärke über das photometrische Strahlungsäquivalent in die radiometrische Bestrahlungsstärke um, siehe Abschnitt 6.1. Nimmt man eine Quantenausbeute $\eta = 60$ %, eine Bildwechselfrequenz von 25 Hz und eine Sensorfläche von 15×15 μm^2 an, so entspricht die Beleuchtungsstärke von 3 lux immerhin rund 65 000 Photoelektronen pro Bildpunkt und Bild.[5]

Die Dunkelstromdichte von CCDs für wissenschaftliche Anwendungen kann bei Zimmertemperatur kleiner als 10 nA/cm^2 sein. Bei thermoelektrischer Kühlung sinkt der Dunkelstrom entsprechend Gl. (3.78) für je 20 K Temperaturerniedrigung um etwa eine Größenordnung. In der Astronomie (Hubble-Teleskop!) ist ein geringer Dunkelstrom besonders wichtig, weil eine Verbesserung der Empfindlichkeit um den Faktor 10 eine Vergrößerung der Reichweite der Teleskope um den Faktor 3 bringt. Deshalb ist hier auch Kühlung bis T = 77 K sinnvoll, die weitere Gültigkeit von Gl. (3.78) vorausgesetzt. Bei $T = 77$ K werden Empfindlichkeiten von 10^{-11} lux erreicht. Die Linearität der CCD-Sensoren bei 300 K hatten wir bereits durch Bild 6.13 illustriert, bei dieser Temperatur kann der Dynamikbereich sechs bis sieben Größenordnungen betragen; eine Erweiterung nach unten um 5 Größenordnungen durch Temperaturabsenkung ist problemlos.

CCD-Sensoren können mit einer Geschwindigkeit von bis zu 40 MPixel/s ausgelesen werden. Das endliche Ladungsspeichervermögen der Potentialtöpfe im Zusammenwirken mit der Linearität der CCDs kann ohne konstruktive Gegenmaßnahmen (z. B. Ableitung ins Substrat) zu einem Überlaufen der Ladung in die Potentialtöpfe benachbarter Bildpunkte führen (Ausblühen, engl. blooming). Deshalb ist der sog. Antiblooming-Schutz ein wichtiges Qualitätsmaß: Gute CCDs verarbeiten bis zum 1000fachen der Sättigungs-Bestrahlungsstärke ohne Blooming.

Der Schwerpunkt der Anwendungen von Silicium-CCDs liegt im sichtbaren Spektralbereich. Durch unmittelbar auf den CCD-Schaltkreis aufgebrachte Farbfiltertripel mit Filterkurven entsprechend den CIE-Normspektralkurven werden benachbarte Sensorpixel abwechselnd den drei Farbkanälen zugeordnet, dies entspricht der Arbeitsweise der Retina der Wirbeltiere. Dadurch erlangen CCD-Matrixsensoren

[5] Mondlicht enspricht größenordnungsmäßig 0,3 lux.

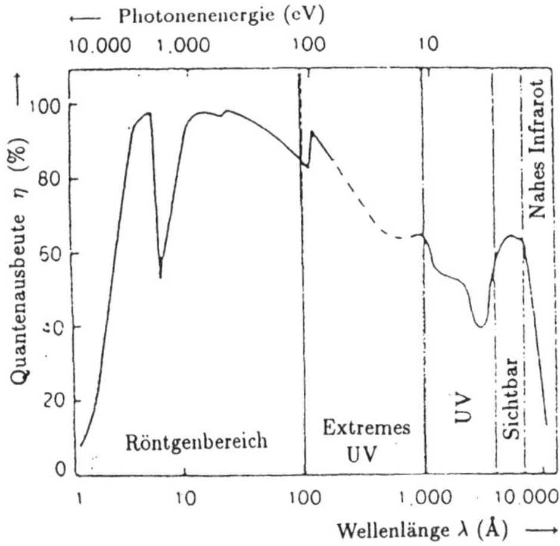

Bild 6.18
Spektrale Abhängigkeit der Quantenausbeute von Si-CCDs [81]. Ausgezogene Kurve: gemessen, gestrichelt: erwartete Werte (©SPIE u. Sky & Telescope, mit frdl. Genehmigung)

Farbtüchtigkeit für die Fernseh-Bildaufnahme (Bei der PAL-Fernsehnorm werden 580×400 Bildpunkte übertragen.). Meßtechnische Anwendungen stellen besonders hohe Anforderungen an die Gleichförmigkeit der Pixel-Kenngrößen Empfindlichkeit (Bei großen Si-Matrizen sind etwa 10 % Streuung in Kauf zu nehmen.), Sättigungs-Bestrahlungsstärke und Dunkelstrom.

Darüber hinaus haben Silicium-CCD-Sensoren vom weichen Röntgenbereich bis zum nahen Infrarot eine hohe Quantenausbeute, siehe Bild 6.18. Im sichtbaren Spektralbereich kann die Empfindlichkeit aufgrund von Interferenzeffekten an dünnen metallischen Deckschichten typspezifisch nichtmonoton sein. Die Empfindlichkeit im Röntgengebiet hat zu Versuchen geführt, auch in der medizinischen Röntgendiagnostik den Film durch CCD-Sensoren zu ersetzen. Erste Erfolge gibt es in der Dentaldiagnostik, wo nur 5×5 cm^2 große Filme benötigt werden und die Auflösung von besser als 10 Linienpaaren pro mm ausreicht [101].

Andere Organisationsformen der Parallel-Serien-Wandlung In einem CCD-Matrixsensor werden die Bildhelligkeitsinformationen der einzelnen Pixel auf eine durch das Layout des Schaltkreises fixierte Weise serialisiert, wie es als das Ziel der Bildaufnahme formuliert worden ist. Für Sonderanwendungen sind daneben auch Matrixsensoren mit wahlfreiem oder anders organisiertem Zugriff (z. B. Matrixorganisation) wünschenswert. Dies kann z. B. durch eine mit dem eigentlichen Sensor integrierte FET-Matrix oder mit Schaltkreisen nach dem Ladungsinjektions-Verfahren (CID von Charge Injection Device) realisiert werden.

In einem CID-Sensor kann jedes Sensorelement einzeln adressiert und ausgelesen werden. Dazu ist die Gateelektrode jedes Pixels in zwei Teile unterteilt, die als Sammel- bzw. Leseelektrode dienen. Diese sind ihrerseits spalten- bzw. zeilenweise verbunden, über die Leitungen werden die Takte zugeführt und die Informationen abgefragt. Zur Integration der photogenerierten Ladungen wird die Sammelelektrode wie beim CCD an ein so stark negatives Potential gelegt, daß in dem unter der Elektrode gebildeten Potentialtopf Ladungsträger gesammelt werden können. Zum

Auslesen läßt man das Potential der Leseelektrode kurzzeitig floaten und liest es dann aus. Das Potential der Sammelelektrode wird danach kurzzeitig erhöht, so daß die Ladung in den Potentialtopf unter der Leseelektrode geschoben wird – in diesem Zustand liest man erneut aus. Die Differenz der beiden abgefragten Potentiale ist der gespeicherten Ladung dQ proportional: $dV = dQ/C$ (C – Kapazität der Leseelektrode). Im weiteren sind zwei Betriebsarten möglich. Durch Wiederherstellung der ursprünglichen Elektrodenpotentiale kann die Ladung wieder unter die Sammelelektrode zurückgeschoben werden, dann kann die Integration fortgesetzt werden – der Ausleseprozeß hat die Signalladung nicht beeinflußt. Die zweite Möglichkeit besteht darin, die Ladung zu vernichten, indem sie durch kurzzeitiges Anlegen eines hohen positiven Potentials an beide Elektroden ins Substrat injiziert wird (Daher rührt die Bezeichnung als Ladungsinjektions-Bauelement).

Die bisher größten CID-Matrixsensoren besitzen 512×512 Pixel bei einer Pixelfläche bis zu $28 \times 28 \mu m^2$. Elemente mit einem Dynamikbereich von 7 Dekaden sind realisiert worden.

6.6.3 Infrarot-Bildaufnahme

Eine Infrarot-Bildaufnahme ist mit infrarotempfindlichem Einzelsensor und mechanisch-optischer Abtastung (siehe z. B. Herrmann u. Walther (1990)) oder mit infrarotempfindlichen Mosaiksensoren möglich, ferner mit pyroelektrischen Vidikons und im nahen Infrarot auch mit Vidikons mit Halbleitertarget.

Als Bildsignal wird die gesamte von dem momentan abgebildeten Bildelement ausgehende Infrarotstrahlung genutzt (abbildende Radiometrie, z. B. in der Infrarot-Astronomie). Wird ein derartiges Gerät mit einem schwarzen Strahler bekannter Temperatur kalibriert, ist aufgrund des Stefan-Boltzmann-Gesetzes der Gesamtstrahlung eine radiometrische Bestimmung eines Temperaturfeldes möglich (*Infrarot-Thermographie*). Eine absolute Temperaturmessung ist allerdings nur möglich, wenn im registrierten Wellenlängenbereich der Emissionsgrad gleich Eins ist; bei von Eins verschiedenem, aber wellenlängenunabhängigem Emissionsgrad (bei sogenannten grauen Strahlern) ist eine *Emissionsgrad-Korrektur* möglich. Eine Verbesserung gegenüber diesen sogenannten Einkanalverfahren bringt eine Messung in verschiedenen Spektralbereichen (Zwei- und Mehrkanalverfahren). Mit einem solchen ist auch die gleichzeitige Bestimmung von Emissionsgrad und Temperatur bei einem grauen Strahler möglich.

Thermographiegeräte werden durch die kleinste nachweisbare, d.h. durch die rauschäquivalente Temperaturdifferenz (NETD – **N**oise **E**quivalent **T**emperature **D**ifference) charakterisiert. Gegenüber der Messung mit einem einzelnen Sensorelement und Abtastung bewirkt die Anwendung eines Mosaiksensors mit N Sensorelementen bei sonst gleichen Bedingungen eine Verbesserung (Verringerung) der NETD um den Faktor $\sqrt{N}$. Dies ist äquivalent der bei der Diskussion der Bildaufnahme mit einem integrierenden Mosaiksensor als Multiplexvorteil bezeichneten Verbesserung. Die Entwicklung solcher sog. *Bildfeldmosaiken* ist daher das Ziel umfangreicher Bemühungen der Industrie. Bez. der Details und der zahlreichen Anwendungen siehe

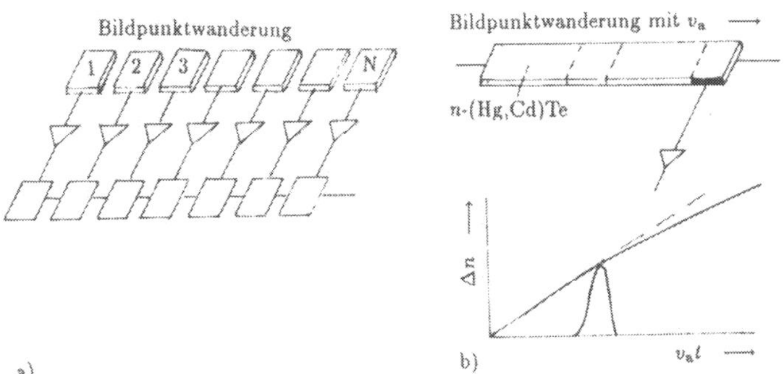

Bild 6.19 Vergleich von diskretem TDI (a) und SPRITE-Sensor (b)

die Spezialliteratur, z. B. Norton (1991).

SPRITE-Sensor SPRITE ist eine hochintelligente festkörperphysikalische Lösung für die Rauschverbesserung durch Signalakkumulation bei einem seriell abtastenden Thermographiegerät [51]. Zur Erklärung werde zunächst die diskrete Anordnung mit TDI-Funktion (engl. **T**ime **D**elay and **I**ntegration) in Bild 6.19a erläutert. Durch Abtastung einer Objektszene wird ein bestimmtes Objektelement nacheinander auf die einzelnen Sensoren einer Zeile aus N Elementen abgebildet. Die schon erwähnte Verbesserung der NETD um den Faktor $\sqrt{N}$ wird erreicht durch phasenrichtige, mit der Abtastung synchronisierte Addition der Signale von den N Sensoren, da das Signal um den Faktor N, das Rauschen aber nur um den Faktor $\sqrt{N}$ wächst. Wird nun in der Anordnung nach Bild 6.19b derselbe Bildpunkt derart über einen streifenförmigen Photoleiter geführt, daß die Bildpunktgeschwindigkeit gleich der ambipolaren Driftgeschwindigkeit v_a der Ladungsträger im elektrischen Längsfeld ist, werden im mitbewegten Koordinatensystem die Nichtgleichgewichtsträger gemäß

$$\Delta n = \eta \Phi \tau \left[1 - \exp\left(-t/\tau\right)\right] = \eta \Phi \tau \left[1 - \exp\left(-x/v_a \tau\right)\right] \tag{6.11}$$

akkumuliert, bis sie am Endkontakt ausgelesen werden (Φ – Strahlungsfluß). Bei genügend großer Lebensdauer τ erfüllt die Anordnung die TDI-Funktion. Daher rührt die Bezeichnung SPRITE (engl. **S**ignal **P**rocessing **I**n **T**he **E**lement) [51]. Ein SPRITE-Sensor für das 8...-14μm-Band aus (Hg,Cd)Te erreicht bei $T = 77$ K ein äquivalentes $D^* = 11 \cdot 10^{10}$ cm$\cdot$Hz$^{1/2}\cdot$W^{-1}. Für die Infrarot-Bildaufnahme werden bis zu 20 SPRITE-Sensoren kombiniert. Die Auflösung hoher Ortsfrequenzen ist durch die laterale Diffusion der Ladungsträger und durch die endliche Länge des Auslesegebietes begrenzt.

Monolithische und hybride Mosaiksensoren für den IR-Bereich

Monolithische Matrixsensoren Mit dem Ziel, eine Hybridisierung zu umgehen, werden Detektoren auf der Basis von Silicium selbst entwickelt. Als Sensorelemente eignen sich Störstellen-Photoleitungssensoren, z. B. aus Si:In, und Schottkydioden aus Siliciden, vor allem aus PtSi, siehe Abschnitt 3.2.5. Diese haben den Vorteil eines geringeren Bildpunktrauschens gegenüber den (Hg,Cd)Te-Matrixsensoren, jedoch den Nachteil einer geringen Quantenausbeute. Matrixsensoren aus PtSi werden bereits in kommerziellen Thermographiegeräten eingesetzt.

Hybride Matrixsensoren Bei infrarotempfindlichen Mosaiksensoren für größere Grenzwellenlängen ist i.a. ein hybrider Aufbau notwendig, weil in den zur Erzielung von Infrarotempfindlichkeit anzuwendenden schmallückigen Photoleitern – besonders bei großen Wellenlängen (und damit kleinen Energielücken) – wegen der kleinen intrinsischen Lebensdauern und damit kurzen thermischen Füllzeiten von verarmten Raumladungsstrukturen keine Schieberegister realisierbar sind. Als Konsequenz versucht man, eine Photodioden- oder Photoleitermatrix aus einem schmallückigen Halbleiter mit einem Silicium-Schieberegister zu hybridisieren. Dies erfolgt in der für hybride Schaltkreise erarbeiteten sog. Flip-chip-Technik durch Simultankontaktierung aller Sensorelemente über Indium-Lotbrücken mit einer geometrisch paßfähigen Kontaktstruktur auf dem Si-Schieberegister. Das ganze Sandwich wird dann auf Betriebstemperatur (T = 77 K oder tiefer) abgekühlt. Bei dieser Konstruktion setzt vor allem die i.a. recht unterschiedliche Wärmeausdehnung von Si und schmallückigem Halbleiter Grenzen. Welche Pixelzahlen dabei trotzdem erreicht werden, zeigt die Tabelle 6.4.

Pixelformate von Mosaiksensoren Für die Ortsauflösung bei der Bildaufnahme mit Mosaiksensoren ist die Pixelzahl entscheidend (pixel von picture element). Siliciumsensoren mit bis zu 5120×5120 Pixeln wurden bereits hergestellt (1993). Dies entspricht dem bei dRAMs erreichten Integrationsgrad. Außer den Standardformaten z. B. für Fernsehkameras, Camcorder, Faxgeräte usw. werden auch kundenspezifische Formate hergestellt. Bei anderen Halbleitern und insbesondere bei den hybriden Matrixsensoren für den Infrarotbereich ist die Entwicklung weniger weit gediehen. Tabelle 6.4 charakterisiert den erreichten Entwicklungsstand bezüglich Matrixsensoren. Zeilensensoren für Scanner und spektroskopische Anwendungen sind mit Pixelzahlen verfügbar, die um den Faktor 3...4 höher liegen als die Zeilenzahl bei den Matrixsensoren aus dem gleichen Material. Zur Anpassung an das Spaltbild erhalten die Pixel der Zeilensensoren für spektroskopische Anwendungen (in OVAs) ein größeres Seitenverhältnis, z. B. 10:1.

Bildpunktrauschen Mosaiksensoren zeigen – technologisch bedingt – neben einer systematischen Variation von Parametern über die Scheibe auch eine merkliche stochastische Streuung der Empfindlichkeit der einzelnen Sensorelemente. Dies hat bei der Bewegtbildaufnahme eine ähnliche Wirkung wie Rauschen und wird daher als Bildpunktrauschen (engl. fixed pattern noise) bezeichnet. Bei geringer Datenrate kann man diesen Fehler on-line rechnerisch korrigieren. Daneben gibt es stets einen Totalausfall von Pixeln. InSb-Matrixsensoren können mit garantierten 98 %, gegen Aufpreis auch mit 99,5 % akzeptierten Pixeln bezogen werden. Silicidsensoren haben

Photo-leiter	λ_{co} μm	T_{arb} K	Wirkprinzip	Auslese-prinzip	Element-anzahl	Pixelgröße μm×μm
Silicium	1,1	300	Photodiode	CCD	5120×5120	7 × 7
$In_{0,53}Ga_{0,47}As$	1,7	300			128×128	60 × 60
PtSi	5	< 90	Schottkydiode	MOSFET	488×640	20 × 20
InSb	5,6	77	Photodiode	FET+PMOS	256×256	30 × 30
(Hg,Cd)Te	5	195	Photodiode	FET+CMOS	256×256	40 × 40
Si:In	7	< 50	Photowid.		64×64	65 × 65
(Hg,Cd)Te	12	77	Photodiode	FET+CMOS	256×256	40 × 40
Si:Ga	17	< 30	Photowid.		64×64	75 × 75
Si:As	23	13	Photowid.		10×50	

Tabelle 6.4 Typische Eigenschaften von infrarotempfindlichen CCD-Matrizen

eine geringere Streuung der Pixelempfindlichkeit. Von (Hg,Cd)Te-Matrixsensoren ist bekannt, daß die Streuung der Kennwerte bei Vergrößerung der Grenzwellenlänge zunimmt (Norton 1991).

6.6.4 Xerographische Bildübertragung und Druckbilderzeugung

Das erste Patent zur Elektrophotographie wurde 1942 von Carlson angemeldet [31]. Der ursprüngliche Warenname ‚Xerographie' wird meist als Synonym für Elektrophotographie verwendet. Die eigentliche Bildaufnahme verläuft wie im Vidikon durch Fixierung der lokalen Bestrahlungsstärke als Ladungsverteilung auf einer nicht unterteilten Photoleiterschicht (‚Photorezeptor'). Im folgenden wird nur die Elektrophotographie mit geladenen Pigmenten dargestellt, die das Kopieren und Drucken auf unbeschichtetes Papier ermöglicht.

Der Photorezeptor ist beim klassischen Xerox-Verfahren eine 40 μm dicke Schicht aus amorphem Selen auf einer zylindrischen Aluminiumtrommel von Dokumentbreite. Diese wird zunächst in einer Koronaentladung elektrostatisch aufgeladen. Bei der Belichtung werden nahe der Oberfläche Elektron-Loch-Paare gebildet. Die Elektronen kompensieren die positive Oberflächenladung, die Löcher driften in dem starken vertikalen Feld zur Rückseite und kompensieren dort die negative Substratladung. Durch die Belichtung entsteht auf diese Weise ein latentes elektrostatisches Bild. In a-Se ist $\mu_D = 0,13\ \mathrm{cm^2/Vs}$, $\tau_h \approx 50\ \mu s$, zur Erzielung einer ausreichenden Driftlänge $\mu F \tau_h > 50\ \mu m$ muß also die Feldstärke mindestens 10^3 V/cm betragen.

Das entstandene Ladungsbild wird mit triboelektrisch aufgeladenen mikroskopischen Farbpartikeln, dem Toner, beladen; der Toner wird dann von der Trommel auf ein Trägermaterial (Papier, Folie etc.) umgedruckt. Auf diesem erfolgt die Fixierung der Tonerteilchen durch Aufschmelzen. Der Rezeptor ist nach Passieren der Umdruckwalze und von Reinigungsbürsten sofort wieder einsatzbereit, so daß der Prozeß periodisch ablaufen kann.

Elektronische Forderungen an den Photorezeptor (Madan und Show 1988):
- niedrige Trägerkonzentration (spezifischer Dunkelwiderstand typisch 10^{13} $\Omega \cdot$cm),
- nicht zu geringe Trägerbeweglichkeit,
- ausreichend große Driftlänge,
- geringe thermische Generationsrate,
- blockierende Kontakte für die beweglichen Träger.

Ursprünglich wurde nur *a*-Selen als Photoleiter verwendet, später zur Vergrößerung der Grenzwellenlänge Mischungen von *a*-Selen mit *a*-Tellur, in jüngster Zeit auch *a*-Si:H.

Die Xerographie wird vor allem in Kopierern und Laserdruckern genutzt. Beim Linsenkopierer wird die Photoleitertrommel wie in einer Kamera belichtet, beim Laserdrucker und Laserkopierer bildpunktweise mit einem mikroprozessorgesteuerten Laserstrahl. Farb-Laserdrucker bzw. -kopierer bauen das Bild in drei bzw. vier Druckgängen aus farbigem Toner auf.

Literaturempfehlungen

Bücher:

Paul, H.: Optoelektronische Halbleiterbauelemente (Teubner Studienskripten), Stuttgart: B. G. Teubner 1992

Herrmann, K. H.; L. Walther (Hrsg.): Wissensspeicher Infrarottechnik, Leipzig: Fachbuchverlag 1990

Ebeling, K. J.: Integrierte Optoelektronik, Berlin: Springer-Verlag 1989

Bleicher, M.: Halbleiteroptoelektronik. Heidelberg: Hüthig, 2. Aufl. 1986

Gaussorgues, G., La Thermographie Infrarouge, Technique et Documentation, Paris: Lavoisier, 2. Aufl. 1988

Biberman, L. M., S. Nudelman: Photoelectric Imaging Devices. New York, London: Plenum Press 1971

Reviewartikel:

Norton, P. R.: Infrared image sensors, Optical Engineering 30 (1991) 1649 - 1663

Weimer, P. K.: A Historical Review of the Development of Television Pickup Devices (1930 - 1976), IEEE Trans. Electron Devices ED-25 (1976) 739 - 752

Schmidlin, F. W.: Electrophotography. Chapter 11 pp. 421 - 478 in: Mort, J., D. M. Pai (Hrsg.): Photoconductivity and related phenomena. Amsterdam usw.: Elsevier Scientific Publishing Company 1976

Sammel- und Konferenzbände:

Barbe, D. F. (Hrsg.): Charge Coupled Devices, Springer Topics in Applied Physics, Vol. 38 (1980)

SPIE-Konferenzserien ‚Infrared Detectors and Focal Plane Arrays': I (1990) Proc. SPIE 1308, II (1992) Proc. SPIE 1685 sowie ‚Infrared Technology'

SPIE-Konferenzserie ‚Charge-Coupled Devices and Solid State Optical Sensors': I (1990) Proc. SPIE 1242, II (1991) Proc. SPIE 1447, III (1993) Proc. SPIE 1900, IV (1994) Proc. SPIE 2172

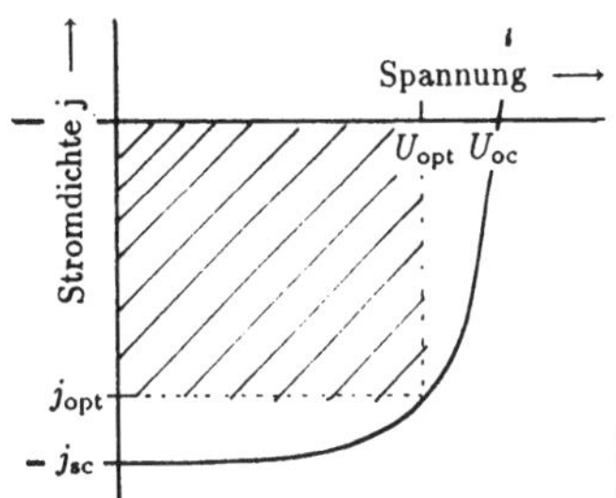

Bild 6.20
Strom-Spannungs-Kennlinie einer belichteten Solarzelle

6.7 Solarzellen: Optimierungsziel Leistung

Bei der Solarzelle wird ein hoher Leistungswirkungsgrad bei Bestrahlung mit Sonnenlicht gefordert. Die physikalischen Argumente für die Auswahl des Halbleiterwerkstoffs und die Optimierung für ein kontinuierliches Anregungsspektrum werden erörtert.

Die wichtigste Anwendung des photovoltaischen Effekts ist eine außerhalb der Meßtechnik, nämlich die Solarzelle. Eine Solarzelle ist eine Photodiode, bei deren Konstruktion eine möglichst große elektrische Ausgangsleistung bzw. ein maximaler Leistungs-Wirkungsgrad bei Bestrahlung mit Sonnenlicht angestrebt wird. Das kontinuierliche Sonnenspektrum hat näherungsweise die Energieverteilung eines schwarzen Strahlers mit der Temperatur 5900 K, modifiziert durch Absorption in der Erdatmosphäre. Bei $\lambda \approx 300$ nm schneidet die Erdatmosphäre das Sonnenspektrum völlig ab. Die Energieflußdichte beträgt bei senkrechtem Einfall 1,35 kW/m^2 außerhalb der Erdatmosphäre (sog. AM0-Wert, engl. **A**ir **M**ass Zer**0**) und 974 W/m^2 an der Erdoberfläche (AM1-Wert).

Die im Abschnitt 3.2.4 erörterten Vorstellungen und die Kennlinie der Photodiode Bild 3.8 auf S. 80 können als Grundlage der Diskussion dienen. Wenn eine elektrische Leistung entnommen werden soll, kann die Diode aber weder im Kurzschluß noch im Leerlauf betrieben werden. Die Solarzelle ist in einem optimalen Arbeitspunkt (j_{opt}, U_{opt}) zu betreiben, in dem der Wirkungsgrad

$$\eta_P = \frac{I_{sc} U_{oc} \mathrm{FF}}{P_{opt}} \tag{6.12}$$

maximal wird, man beachte den Bezug auf die Leistung im Unterschied zur Definition der Quantenausbeute, z. B. Gl. (3.22) auf S. 67. Die Größe FF bezeichnet man als Füllfaktor, für die Definition nach Gl. (6.12) ergibt sich:

$$\mathrm{FF} = \frac{j_{opt} U_{opt}}{j_{sc} U_{oc}} = \frac{U_{opt}}{U_{oc}} \exp\left(eU_{opt}/2kT\right)) \frac{\sinh\left(e(U_{oc} - U_{opt}/2kT\right)}{\sinh\left(eU_{oc}/2kT\right)} . \tag{6.13}$$

Der Füllfaktor setzt die Größe des schraffierten Gebiets in Bild 6.20 in Relation zum Produkt $j_{sc} U_{oc}$. Realistische Werte liegen bei 0,75.

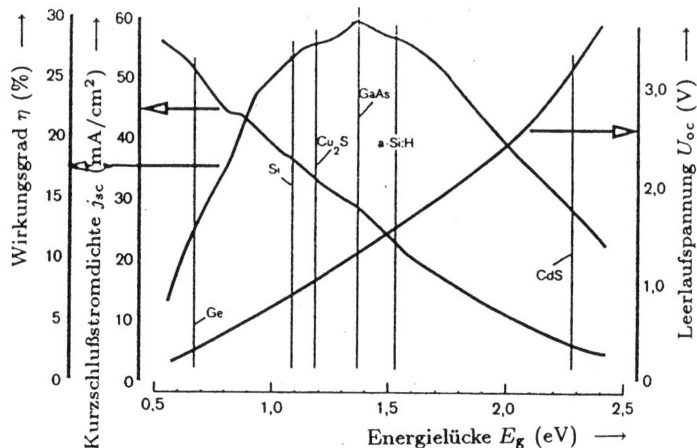

Bild 6.21 Theoretische Abhängigkeit des Kurzschlußstroms, der Leerlaufspannung und des Wirkungsgrades einer Solarzelle von der Energielücke des verwendeten Halbleiters [76] (gestrichelt nach dem detaillierten Gleichgewicht)

Wahl des Halbleiterwerkstoffs Die Optimierung für das kontinuierliche Sonnenspektrum bringt eine weitere Besonderheit mit sich. Während bei der Photodiode zur optisch-elektrischen Signalwandlung die Energielücke des Diodenwerkstoffs auf die Strahlung mit der größten nachzuweisenden Wellenlänge eingestellt werden kann, versagt dieses Konzept bei der Solarzelle. Hier ist

$$I_{sc} = \int_{300\ \mathrm{nm}}^{hc/E_g} I_{photo}(\lambda)\, d\lambda. \tag{6.14}$$

Optimal werden nur Photonen mit $\hbar\omega = E_g$ genutzt - die langwelligeren Strahlungsanteile werden nicht absorbiert, von der Photonenenergie der kürzerwelligen Strahlungsanteile geht jeweils der Teil $\hbar\omega - E_g$ als Wärme verloren. Dies führt zu der in Bild 6.21 dargestellten Abhängigkeit des Wirkungsgrades von der Energielücke des verwendeten Halbleiters: Da die mögliche Leerlaufspannung mit E_g steigt, der Kurzschlußstrom aber fällt, durchläuft der Wirkungsgrad ein Maximum. Die Energielücken einiger für Solarzellen wichtiger Halbleiter sind zur Veranschaulichung in das Bild eingetragen. Einkristallines Silicium ist glücklicherweise annähernd optimal, trotzdem beträgt der theoretische Wirkungsgrad nur 27 %.[6] Außerdem führt die indirekte (also wenig steile) Interband-Absorptionskante des Si zu einer weiteren Verringerung des Wirkungsgrades. GaAs erlaubt einen höheren Wirkungsgrad, kann jedoch wegen der hohen Kosten nur in Anordnungen mit konzentriertem Sonnenlicht eingesetzt werden.

[6] Bei der Feststellung der möglichen *Quanteneffizienz* von 90 % und mehr bei Si-Photodioden wird auf Lichtquanten bezogen, nicht auf Leistung!

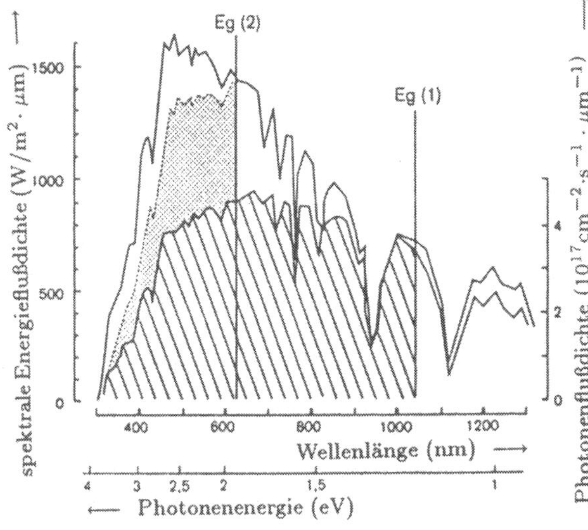

Bild 6.22
Energetische Ausnutzung des Sonnenspektrums in einer Tandem-Solarzelle [76]. Der ausgenutzte Anteil ist schraffiert bzw. gepunktet dargestellt.

Auch konstruktiv ist es schwieriger, den *pn*-Übergang für Strahlungsanteile mit unterschiedlicher Eindringtiefe der Strahlung gleichzeitig zu optimieren. Wegen des Betriebes in einem Arbeitspunkt mit hohem Photostrom muß die Konstruktion auch möglichst niederohmige Kontakte garantieren. Bei großflächigen Solarzellen ist daher ein rein vertikaler Stromtransport ungünstig, man verwendet für die Kontakte Fingerstrukturen. Die bei Photodioden übliche Unterdrückung der Reflexionsverluste hat bei Solarzellen einen besonders hohen Stellenwert. Der Rückkontakt wird reflektierend gestaltet, damit auch die beim ersten Druchgang nicht absorbierte Strahlung noch für den Photoeffekt genutzt wird.

Die erste Massenanwendung der Solarzelle fand in der Raumfahrt statt: Der Satellit Telstar (1963) hatte Zellen mit einer elektrischen Leistung von 14 W an Bord, heute sind auf einem Satelliten 20 kW und mehr Solarleistung installiert. Dies ist auch die Energiequelle der Satelliten-Fernsehsender. Für eine Zelle für Weltraumanwendungen aus einkristallinem Silicium ($\eta = 15\%$) mit 2 Zoll Durchmesser errechnet man mit dem oben angegebenen AM0-Wert eine Ausgangsleistung von 0,4 W.

Solarzellen sind darüber hinaus eine regenerierbare Energiequelle mit zunehmender Bedeutung. Für terrestrische Anwendungen sind außer dem Wirkungsgrad die Herstellungskosten und die sog. Energierückflußdauer zu beachten. Die Herstellungskosten werden für einkristalline Zellen aus Silicium wahrscheinlich 1 US-$ pro Watt Spitzenleistung nicht unterschreiten. Die Energierückflußdauer gibt an, in welcher Zeit die Zelle die bei ihrer Herstellung aufgewendete Energie erzeugen kann. Diese Gesichtspunkte führten dazu, daß statt des nur mit großem Energieaufwand herstellbaren einkristallinen Siliciums auch amorphes hydrogeniertes Silicium (*a*-Si:H) als Solarzellenmaterial verwendet wird, obwohl nur Wirkungsgrade deutlich unter dem theoretisch möglichen erreicht werden: etwa 11 % mit p^+in^+-Zellen. *a*-Si:H ist ein direkter Halbleiter mit einer Energielücke $E_g = 1{,}7$ eV. Die Ladungsträgertrennung kann in den Raumladungszonen von Schottkybarrieren, von *pin*- oder MIS-

Strukturen erfolgen, auch Tandemzellen (s. u.) mit anderen amorphen Werkstoffen wie a-$Ge_{1-x}Si_x$:H werden untersucht. Haupteinsatzgebiet sind z. Zt. Meßgeräte, Uhren etc. mit CMOS-Schaltungen und LCD-Display. Eine energetische Nutzung wäre schon bei 10...15 % Moduleffizienz sinnvoll. Bei einem Wirkungsgrad von 5 % ist die Energierückflußdauer bereits nur ein Jahr. Die projektierten Herstellungskosten liegen dafür bei 0,15 US-$ pro Watt Spitzenleistung.[7]

Eine interessante Lösung stellen die sogenannten *Tandemzellen* dar. Eine Tandemzelle besteht aus zwei im Lichtstrom hintereinander angeordneten Solarzellen aus Materialien mit unterschiedlicher Energielücke. Der Strahlung direkt zugewandt ist die Zelle mit der größeren Energielücke E_{g2}, die den kurzwelligen Teil des Sonnenspektrums umsetzt. Man nutzt dabei die Tatsache aus, daß die vordere Zelle bei geeigneten transparenten Elektroden langwellige Strahlung mit $\lambda > hc/E_{g2}$ hindurchläßt, und dieser Strahlungsanteil wird in der hinteren Zelle aus einem Material mit der kleineren Energielücke $E_{g1} < E_{g2}$ ausgenutzt, siehe Bild 6.22. Eine typische untersuchte Materialkombination besteht aus a-Si:H und $CuInSe_2/CdS$.

Literaturempfehlungen

Bücher:

Meissner, D. (Hrsg.): Solarzellen. Wiesbaden: Vieweg 1993

Madan, A., M. P. Show: The Physics and Application of Amorphous Semiconductors. Kapitel 3.2. Solar Cells, S. 161 - 276. Boston: Academic Press Inc. 1988

van Overstraeten, R. J.: Physics, Technology and Use of Photovoltaics, Adam Hilger Ltd., Bristol and Boston, 1986

Konferenzbände:

IEEE Photovoltaic Conference Proceedings (z. B. 18th, Las Vegas 1985)

[7] Im Jahre 1993 kostete in Deutschland die Elektroenergie aus netzgekoppelten Photovoltaikanlagen noch etwa das 10fache der konventionell erzeugten Energie.

Ausblick

Photoeffekte und Wissenschaftsfortschritt Die Photoeffekte haben wesentlich zur Aufklärung der Quantennatur des Lichtes und das Streben nach schnelleren, breitbandigeren und genaueren optischen Messungen zur Belebung der gesamten Physik beigetragen. Die Herausbildung unseres Wissens zum inneren Photoeffekt ist untrennbar von der Entwicklung der Halbleiterphysik, und heute ist die auf dem äußeren Photoeffekt aufbauende Photoelektronen-Spektroskopie die wohl wichtigste Untersuchungsmethode für die elektronischen Eigenschaften von Festkörpern.

Das Photon wird beim äußeren wie bei inneren photoelektrischen Effekt immer vernichtet, seine Eigenschaften lassen sich nur ungenau aus den Eigenschaften des angeregten Photoelektrons rekonstruieren. Deshalb ist die Möglichkeit umso verblüffender, in einem 1-Photonen-Maser mit supraleitendem Mikrowellenresonator die Wirkung einzelner Photonen auf die Emissions- und Absorptionsprozesse zu untersuchen, ohne daß die Zahl der Photonen im Resonator sich dabei ändert.

Photoeffekte und Technologiefortschritt Die Zeittafel am Anfang hat gezeigt, wie eng der Technologiefortschritt auf dem Gebiet der Optoelektronik mit dem Wissen um die mikroskopischen Prozesse beim Photoeffekt verknüpft war.

Die Grundlagenforschung zum Photoeffekt hat mit den Elektronenspeicherringen, die angewandte Physik mit der Produktion von Camcordern und anderen Sensoren die Dimensionen von Industriezweigen angenommen.

Im Jahrzehnt um den 100. Jahrestag des Photoeffekts ist die Sensorentwicklung ungebrochen dynamisch:
Si-CCDs mit 5120 $\times$ 5120 Pixeln, das ist ein Integrationsgrad, der mit dem von 64-Mbit-dRAMs vergleichbar ist. Doch das CCD ist ein analoges Bauelement, und diese Pixelzahl bedeutet nicht nur Integration im Scheibenmaßstab, sondern die Verschiebung von Elektronen über die ganze Scheibe hinweg!
Die großflächigen Si-APDs und die Absolutkalibrierung von Si-Photodioden sind deutliche Beweis für die erreichte technische Perfektion.

Es ist nicht sehr risikobehaftet vorherzusagen, daß Photoeffekte weiterhin die Wissenschaftler fordern werden. Vom Fortschritt bei Solarzellen hängt vielleicht und vom Fortschritt bei der Photosyntheseforschung und Biotechnologie hängt mit ziemlicher Sicherheit das Überleben der Menschheit ab. Unsere Fähigkeit, ausgetretene Pfade zu verlassen, ist gefordert: Die ‚klassischen' Solarzellen aus einkristallinem Silicium werden nicht das Energieproblem lösen, aber wir können von der anwendungsorientierten ebenso wie von der Grundlagenforschung neue Erkenntnisse und vor allem neue Orientierungen für die Erkenntnissuche erwarten.

Zitierte Originalarbeiten

[1] Abeles, B., C. R. Wronski, T. Tiedje, E. D. Cody, Sol. State Comm. 36 (1980) 537

[2] Akimov, B. A., N. B. Brandt, L. I. Ryabova, D. R. Khokhlov, Soviet Phys. - J. Techn. Phys. Letters 6, 544 (1980)

[3] Allan, G. R., A. Black, C. R. Pidgeon, E. Gornik, W. Seidenbusch, P. Colter, Phys. Rev. B31 (1985) 3560

[4] Al'perovich, V. L., B. I. Belinicher, V. N. Novikov, A. S. Terechov, Zh. eksper. teor. Fiz. 80 (1981) 2298

[5] Ambree, P., B. Gruska, K. Wandel, R. Wolf, D. Bimberg, E. H. Böttcher, F.Hieronymi, D. Kuhl, S. Kollakowski, W. Schlaak, 'Forschungsmarkt Berlin', Hannover-Messe 21. - 28. 4. 1993

[6] Ameurlaine, J., J. L. Dessus, J. L. Lyot, J. Maille, B. Pitault, Proc. 3rd Intern. Conf. on Advanced Infrared Detectors and Systems, London 1986, S. 40

[7] Ashley, T., C. T. Elliott, A. T. Harker, Infrared Phys. 26 (1986) 313

[8] Auth, J., D. Genzow, K. H. Herrmann: Photoelektrische Erscheinungen. Braunschweig: Vieweg 1977. Tabelle 7.2, S. 148

[9] Baker, I. M., F. A. Capocci, E. E. Charlton, J. T. M. Wotherspoon, Solid-State Electronics 21 (1978) 1475

[10] Baryshev, N. S., M. P. Shchetinin, S. P. Chashchin, Ju. S. Charionovskij, I. S. Averyanov, Fiz. tech. poluprov. 8 (1974)

[11] Beattie, A. R., u. P. T. Landsberg, Proc. Roy. Soc. A249 (1958) 16; P. T. Landsberg, A. R. Beattie, J. Phys. Chem. Solids 8 (1959) 73

[12] Behrendt, R., Dissertation, Humboldt-Universität zu Berlin 1975

[13] Behrendt, R., K. H. Herrmann, B. Küttner, Feingerätetechnik (Berlin) 38 (1989) 264

[14] Behrendt, R., K. H. Herrmann, K.-P. Moellmann, Infrared Phys. 29 (1989) 965

[15] Berglund, C. N., W. E. Spicer, Phys. Rev. 136 (1964) A 1030

[16] Beth, R. A., Phys. Rev. 50 (1936) 27

[17] Bhasin, K. B., V. O. Heinen (Hrsg.): Superconductivity Applications for Infrared and Microwave Devices, Proc. SPIE 1292 (I, 1990), 1477 (II, 1991)

[18] Bittner, H., W. Bremser, K. H. Herrmann, Proc. 9th Intern. Symp. of the IMEKO TC 2 on Photon Detectors, Visegrad 1980, S. 200

[19] Blinov, L. M., E. A. Bobrova, V. S. Vavilov, G. N. Galkin, Soviet Physics – Solid State 9 (1967) 3221

[20] Böer, K. W., phys. stat. sol. (a) 49 (1978) 13

[21] Born, M., Naturwiss. 42 (1955) 425

[22] Bothe, W., Z. Phys. 37 (1926) 547

[23] Boyle, W. S., G. E. Smith, Bell System Techn. J. 49 (1970) 587

[24] Brundle, C. R., Surf. Sci. 48 (1975) 99

[25] Budde, W., C. X. Dodd, Proc. 10th Intern. Symp. of the IMEKO TC-2 Photon Detectors, Berlin 1982, S. 54

[26] Busch, G., M. Campagna, H. C. Siegmann, Phys. Rev. B 4 (1971) 746

[27] Butler, J. F., F. P. Doty, B. Apotovsky, S. J. Friesenhahn, C. Lingren, MRS-93 Conference, April 12-16, 1993, San Francisco, CA (USA)

[28] Campbell, J. C., A. G. Dentai, W. S. Holden, B. L. Casper, Electronics Letters 19 (1983) 818

[29] Capasso, F., K. Mohammed, A. Y. Cho, R. Hull, A. L. Hutchinson, Appl. Phys. Lett. 47 (1985) 420

[30] Carenkov, G. V., Fiz. tekh. Poluprov. 9 (1975) 253

[31] Carlson, C. F., Electrophotography, U.S. Patent 2,297,691 (1942)

[32] Chiang, T.-C., J. A. Knapp, M. Aono, D. E. Eastman, Phys. Rev. B 21 (1980) 3513

[33] Cho, G.C., W.Kütt, H. Kurz, Proc. 20th Intern. Conf. Phys. of Semicond., Thessaloniki 1990, S. 1807

[34] Ciccacci, G., H.-J. Drouhin, C. Hermann, R. Houdré, G. Lampel, F. Alexandre, in: Excitons in Confined Systems, Springer Proceedings in Physics, Vol. 25 (1988)

[35] Cimino, R., A. Giarante, M. Alonso, K. Horn, Appl. Surf. Sci. 56 (1992) 151

[36] Compton, A. H., Phys. Rev. 21 (1923) 483

[37] Compton, K. T., L. W. Ross, Phys. Rev. 13 (1919) 374

[38] Coon, D. D., R. P. Devaty, A. G. U. Perera, R. E. Sherriff, Appl. Phys. Lett. 55 (1989) 1738

[39] Crowell, M. H., T. M. Buck, E. F. Labuda, J. V. Dalton, E. J. Walsh, Bell System Tech. J. 46 (1967) 491; M. H. Crowell, E. F. Labuda, Bell System Tech. J. 48 (1969) 1481

[40] Deri, R. J., E. C. M. Pennings, A. Scherer, A. S. Gozdz, C. Caneau, N. C. Andreadakis, V. Shah, L. Curtis, R. J. Hawkins, J. B. D. Soole, J. I. Sony, Proc. 18th European Conference on Optical Communications, Berlin 1992, Band I, S. 457

[41] deVore, H. B., Phys. Rev. 102 (1956) 86

[42] Drouhin, H. J., C. Hermann, G. Lampel, Phys. Rev. B31 (1985) 3872

[43] DuBridge, L. A., W. W. Roehr, Phys. Rev. 39 (1932) 99; Phys. Rev. 42 (1932) 52

[44] Dymnikov, V. D., M. I. Dyakonov, V. I. Perel', Zh. eksper. teor. Fiz. 71 (1976) 2373

[45] EG&G Electro-Optics, Salem MA (USA), DF Series Photodiode-Interference Filter

[46] Einstein, A., Ann. Phys. 17 (1905) 132 (Diese und die Arbeit von 1916 sind abgedruckt bei D.ter Haar: Quantentheorie. Einführung und Originaltexte. Braunschweig: Friedr. Vieweg + Sohn 1969)

[47] Einstein, A., Ann. Phys. 20 (1906) 199

[48] Einstein, A., Phys. Z. 10 (1909) 185

[49] Einstein, A., Mitt. Phys. Ges. Zürich (1916) Nr. 18; Phys. Z. 18 (1917) 121

[50] Elabd, H., W. F. Kosonecky, Proc. SPIE 446 (1983) 210

[51] Elliott, C. T., D. Day, D. J. Wilson, Infrared Physics 22 (1982) 31

[52] Elliott, C. T., Semicond. Sci. Technol. 5 (1990) S 30

[53] Elster, J., H. Geitel, Phys. Z. 11 (1910) 257

[54] Erbudak, M., T. E. Fischer, Phys. Rev. Letters 29 (1972) 732

[55] Esaki, L., R. Tsu, IBM J. Dev. 14 (1970) 61

[56] Escher, J. S., R. Sankaran: Appl. Phys. Letters 29 (1976) 87

[57] Fermionics Corpration, Photonics Spectra 22 (1988) 115

[58] Fonash, S. J., Photovoltaic Devices, CRC Crit. Revs. in Solid State and Mat. Sci. 9 (1980) 107

[59] Fowler, R. H., Phys. Rev. 38 (1931) 45

[60] Galkin, G. N., K. H. Herrmann, E. A. Bobrova, phys. stat. sol. (b) 82 (1977) 237

[61] Genzow, D.; K. H. Herrmann, K.-P. Möllmann, M. Wendt, Thermomodulation and stationary photoeffects in semiconductors, Exper. Technik der Physik 33 (1985) 61

[62] Gobeli, G. W., F. G. Allen, E. O. Kane, Phys. Rev. Lett. 12 (1964) 94

[63] Göbel, E. O., Hildebrandt, phys. stat. sol (b) 88, 645 (1978)

[64] Goodman, Solid State Technology Dez. 1992, S. 27

[65] Gordy, W., W. J. O. Thomas, J. Chem. Phys. 24 (1955) 439

[66] Grodnenskij, I. M., T. N. Pinsker, K. V. Starostin, I. I. Zasavickij, Fiz. Tekh. poluprov. 22 (1988) 1223

[67] Gutsche, E., Proc. Intern. Conf. Physics of Semicond., Moscow 1968, S. 1157; J. Voigt, E. Ost, phys. stat. sol. 33 (1969) 381

[68] Haller, E. E., F. S. Goulding: Kernstrahlungsdetektoren, in: Handbook on Semiconductors (Hrsg.: T. S. Moss) Vol. 4, S. 937. Amsterdam, New York, London, Tokyo: North Holland Publishing Company 1993

[69] Haller, E. E., M. R. Hueschen, P. L. Richards, J. Appl. Phys. 34 (1979) 495

[70] Hallwachs, W., Ann. Phys. u. Chem. 33 (1888) 301

[71] Hallwachs, W., Die Lichtelektrizität, Handbuch der Radiologie, Bd. IIIb, Leipzig, 1916

[72] HAMAMATSU Photomultiplier Tubes, Typical Photocathode Spectral Response 500K, 5005, Dec. 86

[73] Herrmann, K. H., Proc. 11th Intern. Conf. Physics of Semicond., Warszawa 1972, S. 870

[74] Herrmann, K. H., M. Wendt, K. Vogler, G. Wanie, Exper. Technik d. Phys. 24 (1976) 63

[75] Hertz, H., Ann. Phys. u. Chem. 31 (1887) 983

[76] Hoffmann, W. in: 12. Hochschultage Energie, Tagungsbericht, RWE Essen 1992, S. 117

[77] Hollinger, G., F. J. Himpsel, Appl. Phys. Lett. 44 (1984) 93

[78] Howorth, J. R., J. Roberts, M. F. Robinson, Proc. SPIE 1161 (1989) 189

[79] Hughes, A. L., Phil. Trans. Roy. Soc. A212 (1912) 205

[80] Humphreys, R. G., Infrared Physics 26 (1986) 337

[81] Janesick, J., OE Reports No. 110 (Februar 1993), S. 2; Sky & Telescope September 1987, S. 242

[82] Jantsch, W., K. Lischka, A. Eisenbeis, P. Pichler, H. Clemens, G. Bauer, Appl. Phys. Lett. 50 (1987) 1654

[83] Johnson, M. R., J. Appl. Phys. 43 (1972) 3090

[84] Johnson, M. R., E. A. Chapman, J. S. Wrobel, Infrared Phys. 15 (1975) 317

[85] Jones, R. C., Proc. Inst. Radio Engrs. 47 (1959) 1481

[86] Jüpner, H. J., K. H. Herrmann, Proc. SPIE 1712 (1992) 2

[87] Karunasiri, R. P. G., J. S. Park, K. L. Wang, Appl. Phys. Lett. 59 (1991) 2588

[88] Kingsley, S. A., OE Reports No. 108 (Dezember 1992) 1

[89] Klein, C. A., IEEE Trans. Nucl. Sci. NS-15 (1968) 214

[90] Korsunskij, M. I.: Anomale Photoleitfähigkeit und spektrales Gedächtnis in Halbleiteranordnungen. Moskau: Nauka 1978

[91] Kravchenko, A. F., A. M. Palkin, V. N. Sozinov, O. A. Shegai, ZETF - Pis'ma 38 (1983) 328

[92] Kriegel, B., radio fernsehen elektronik 37 (1988) 41

[93] Krowlikowski, W. F., Ph. D. Thesis Stanford University 1967, zitiert nach W. E. Spicer

[94] Krumrey, M., E. Tegeler, Berliner Elektronen-Synchrotron, Jahresbericht 1990, S. 92; PTB-Mitteilungen 100 (1/90) 9

[95] Künzel, Fischer, K. Ploog, Appl. Phys. Lett. 22 (1983) 23

[96] Kuhl, J., M. Lambsdorff, Phys. Bl. 46 (1990) 119; Kuhl, J., M. Klingenstein, M. Lambsdorff, J. Rosenzweig, C. Moglestue, A. Axmann, Microel. Engineering 16 (1992) 261

[97] van Laar, J., Acta Electronica 16 (1973) 215

[98] Lawrence, E. O., L. B. Lindford, Phys. Rev. 36 (1930) 482

[99] Lenard, P., Ann. Phys. 2 (1900) 359, Ann. Phys. 8 (1902) 149

[100] Levine, B. F., C. G. Bethea, K. G. Glogovsky, J. W. Stayl, R. E. Leibenguth, Semicond. Sci. Technol. 6 (1991) C 114

[101] Lewis, R., Photonics Spectra 27 (1993) 1, 132

[102] Lucht, H., E. Jäger, J. Jüpner, H. Schmidt, Exper. Techn. Phys. 33 (1985) 149

[103] Lucovsky, G., Solid State Comm. 3, 299 (1965)

[104] Lukirsky, P., S. Priležaev, Z. Phys. 49 (1928) 236

[105] Madden, R. M., Photonics Spectra 39 (12) (1993) 114

[106] Malachowski, M. J., I. Higersberger, Proc. 13th Symposium of the IMEKO TC 2 on Photon Detectors, Braunschweig 1987, S. 74

[107] Marcus, R. B., A. M. Weiner, J. H. Abeles, P. S. D. Lin, Appl. Phys. Lett. 49 (1986) 357

[108] Margaritondo, G.: Electronic Structure of Semiconductor Heterojunctions, Kluwer Academic Publishers 1988 (Perspectives in Condensed Matter Physics. A Critical Reprint Series. Vol. 1), S. 8

[109] Masek, J., T. Hoshino, C. Maissen, H. Zogg, S. Blunier, Proc. SPIE 1735 (1992)

[110] Mayer, H., H. Thomas, Z. Phys. 147 (1957) 419

[111] Medvedkin, G. A., Yu. V. Rud, M. A. Tairov: Photoelectric anisotropy of II-IV-V_2 ternary semiconductors, phys. stat. sol. (a) 115 (1989) 11

[112] Meyer, E., Berl. Ber. (1910) 647

[113] Michajlova, M. P., S. V. Slobodchikov, A. V. Pencov, M. Chamrokulov, Fiz. tekh. poluprov. 10 (1976) 191

[114] Miller, D. A. B., D. S. Chemla, T. C. Damen, T. H. Wood, C. A. Burrus jr., A. C. Gossard, W. Wiegmann, IEEE J. Quant. Electron. QuE-21 (1985) 1462

[115] Millikan, R. A., Phys. Z. 17 (1916) 217

[116] Möllmann, K.-H.; K. H. Herrmann, R. Enderlein: Proc. 16th Intern. Conf. Physics of Semicond., Montpellier 1982, Physica 117B&118B (1983) 582

[117] Möllmann, K.-P., Dissertation Humboldt-Universität zu Berlin 1983, Habilitationschrift 1989

[118] Mönch, W., Festkörperprobleme 13 (1973) 241

[119] Moss, T. S., J. Phys. Chem. Solids 22 (1961) 117

[120] Mott, N. F., Proc. Roy. Soc. A 167 (1938) 384, R. W. Gurney, N. F. Mott, Trans. Faraday Soc. 35 (1939) 69

[121] Neisvestnyj, I. G., A. M. Palkin, V. N. Shumsky, V. N.Sozinov, E. T. Stankevich, O. I. Vasin, Superlattices and Microstructures 10 (1991) 291

[122] Nordheim, L., Phys. Z. 30 (1929) 177

[123] Palmer, J. M., Proc. SPIE 499 (1984) 7

[124] Pankove, J. I., L. Tomasetta, B. F. Williams, Phys. Rev. Letters 27 (1971) 29

[125] Peretti, J., H.-J. Drouhin, D. Paget, Phys. Rev. Lett. 64 (1990) 1682

[126] Philips Photonics: Photomultiplier tubes (1993)

[127] Pierce, D. T., F. Meier, Phys. Rev. B 13 (1976) 5484

[128] Radford, W. A., J. F. Shanley, O. L. Doyle, J. Vac. Sci. Technol. A 1 (1983) 1700

[129] Richardson, O. W., Phil. Mag. 23 (1912) 594

[130] Richardson, O. W., K. T. Compton, Phil. Mag. 24 (1912) 575

[131] Riel, P., P. Kiesel, M. Ennes, Th. Gabler, M. Kneissl, G. Böhm, G. Tränkle, G. Weimann, K. H. Gulden, X. X. Wu, J. S. Smith, G. H. Döhler, Proc. SPIE 1675 (1992) 242

[132] Ritter, D., E. Zeldov, K. Weiser, Appl. Phys. Letters 49 (1986) 791

[133] Rogalski, A., Infrared Phys. 20 (1980) 363

[134] Rosencher, E., Ph. Bois, B. Vinter, J. Nagle, D. Kaplan, Appl. Phys. Lett. 56 (1990) 1822

[135] Ryan, J. F., R. A. Taylor, C. W. W. Bradley, Proc. 19th Intern. Conf. Phys. of Semicond., Warszawa 1988, p. 1353

[136] Saloff, D., M. Madden, Photonics Spectra Heft 1/1992, S. 111; Advanced Photonix, Inc., Camarillo, Kalifornien: The Avalanche Photodiode Catalog (ohne Jahresangabe, 1993 ?)

[137] S. E. Schacham, E. Finkman, J. Appl. Phys. 57 (1985) 2001, neu berechnet durch J. W. Tomm (pers. Mitt.)

[138] Schaefer, A. R.; R. D. Sounders, L. R. Hughey, Proc. SPIE 499 (1984) 15

[139] Scheer, J. J., J. Van Laar, Solid State Comm. 3 (1965) 189

[140] Schneider, H., P. Koidl, F. Fuchs, B. Dischler, K.Schwarz, J. D. Ralston, Semicond. Sci. Technol. 6 (1991) C120

[141] Seelmann-Eggebert, M., H. J. Richter, J. Vac. Sci. Technol. B 9 (1991) 1861; M. Seelmann-Eggebert, G. P. Carey, R. Klauser, H. J. Richter, Surface Science 287/288 (1993) 495

[142] Serfaty, A., N. V. Joshi, J. M. Martin, Proc. MRS 261 (1992) 167

[143] Shah, J., R. C. C. Leite, Phys. Rev. Lett. 22 (1969) 1304

[144] Sher, A., Y. H. Tsuo, J. A. Moriarty, W. E. Miller, R. K. Crouch, J. appl. Phys. 51 (1980) 2137

[145] Shockley, W., W. Read, Phys. Rev. 87 (1952) 835; R. N. Hall, Phys. Rev. 87 (1952) 387

[146] Sizmann, A., G. Leuchs, Phys. Bl. 46 (1990) 485

[147] Sommer, A. H., W. E. Spicer: Photoelectronic Materials and Devices, S. Larach (Ed.), Van Nostrand, Princeton, N. J., 1965

[148] Sommerfeld, A., Z. Phys. 47 (1928) 1

[149] Spicer, W. E., Phys. Rev. 112 (1958) 114

[150] Spicer, W. E., J. Appl. Phys. 31 (1960) 2077

[151] Spicer, W. E., R. C. Eden, Proc. 9th Intern. Conf. Physics of Semicond., Moscow 1968, S. 65

[152] Stillman, G. E., C. M. Wolfe, J. E. Dimmock, Solid State Comm. 7 (1969) 921

[153] Stöckmann, F., Z. Phys. 143 (1955) 348

[154] Stöckmann, F., Appl.Phys. 7 (1975) 1

[155] Suhrmann, R., Z. Phys. 33 (1925) 63

[156] Suhrmann, R., A. Schallamach, Z. Phys. 91 (1934) 775

[157] Teitsworth, S. W., Appl. Phys. A 48 (1989) 127

[158] Tersoff, J., Phys. Rev. B 30 (1984) 4874

[159] The Photonics Design and Application Handbook (1991) S. H-173 (Daten von der University of Michigan and Loral Infrared & Imaging Systems)

[160] Thomas, H., Z. Phys. 147 (1957) 395

[161] Tomboulian,D. H., P.L.Hartman, Phys. Rev. 102 (1956) 1423

[162] Valov, P. M., I. D. Yaroshetskij, I. N. Yassievich, Z. eksper. i teor. Fiz. – Letters 20 (1974) 448

[163] van Roosbroeck, W., W. Shockley, Phys. Rev. 94 (1954) 1558

[164] Van Roosbroeck, W., J. Appl. Phys. 26 (1955) 380

[165] Van Roosbroeck, W., Phys. Rev. 123 (1961) 474

[166] Werij, H. G. C., J. E. M.Haverkort, J. P. Woerdman, Phys. Rev. A 33 (1986) 3270

[167] Wieck, A. D., H. Sigg, K. Ploog, Phys. Rev. Lett. 64 (1990) 463

[168] Wolf, J., D. Lemke, Proc. CIRP 3, Zürich 1984, S. 278

[169] Wolfe, J. P., J. of Luminescence 53 (1992) 327

[170] Yamamoto, S., K. Susa, U. Kawabe, J. Chem. Phys. 60 (1974) 4076

[171] Zalewski, E. F., J. Geist, Appl. Opt. 19 (1980) 1214

[172] Zasavickij, I. I., K. Lischka, H. Heinrich, Fiz. techn. Poluprov. 19 (1985) 1058

[173] Zasavickij, I. I., A. V. Matveyenko, B. N.Matsonashvili, V. T. Trofimov, Fiz. tekh. poluprov. 21 (1987) 1789

[174] Zebda, Y., J. Hinckley, P. Bhattacharya, J. Singh, F.-Y. Yuang, Proc. SPIE 861 (1987) 125

[175] Ziep, O., D. Genzow, M. Mocker, K. H. Herrmann, phys. stat. sol. (b) 99 (1980) 129

Sachwortverzeichnis

Anlaufmessungen 3
Anregungsspektroskopie 172, 184
Antireflexionsschicht 195, 212
APD siehe Lawinenphotodiode
Apparatefunktion 187
Augerelektronen 14, 95, 167
  -Spektroskopie 173
Austrittsarbeit 14, **18**, 30
  Bestimmung 4, **20**, 170
  von Einkristallen 21
  photoelektrische 3, 37
  Senkung durch Fremdschichten 33
  thermische 38
Austrittspotential 4
Austrittstiefe der Photoelektronen **17**, 32

Bandkantensprünge 131, 137
  Bestimmung 132, 177
Bandstruktur 24
  von GaAs 48, 176, 177
  -Engineering 131
Bildaufnahme **215**
  Bildpunktrauschen 226
  mit CCD-Sensoren 219
  mit CID-Sensoren 223
  mit Elektronenstrahlröhren 217
  Infrarot- 219, **224**, 226
  mit Orthikon 217
  mit Vidikon 218
Bildfeld 20
  -mosaik 224
BLIP-Bedingung 107

CCD siehe Bildaufnahme
Chaos in Photoleitern 161
chemische Verschiebung 172
Confinement
  elektronisches 128
  energetisches 133
  optisches 128

Dembereffekt 10, 72
detailliertes Gleichgewicht 90
Detektivität 105
  einer Photodiode 105, 109
  eines Störstellen-Photoleiters 111
Diffusionslänge 42, 61
  Bestimmung 62, 81, 164
dimensionsreduzierte Systeme **127**
  Energiespektrum 128
  Subband-Photoeffekte **134**
  Zustandsdichte 129, 130
Drude-Modell für Metalle 29, 30
Dunkelstrom
  von Photodioden 81, 106
  von Photokathoden 10, 50, 51

EDC s. Energieverteilungskurven
Effektivmassenfilter 143, 144
Eindringtiefe der Strahlung 16
Einfangquerschnitt 96
Einsteinsche Gleichung 3
Elektronenaffinität 37, 38, 131
  effektive 42
  negative effektive 42, 43, 48
Elektrophotographie siehe Xerographie
Empfindlichkeit (spektrale) 8
  von Photodioden 78, 104, 209
  von Photokathoden 9, 43
  von Photowiderständen 67, 69, 209
  von Silicium-CCDs 220, 223
  von Vidikons 220
Energiespektrum der Photoelektronen 13, 27
Energieverteilungskurven 13, 166
  von GaAs 167
  von Kupfer 168
  polarisierter Elektronen 168, 169
ESCA 172
Exciton 100, 101, 155, 160

Ferminiveau 14, 24, 56
  Quasi- 56, 146

Fowler-Kurve 20, 21, 25

Generationsrate 58
  bei Mehrquantenabsorption 150
  nichtlineare 153, 154
Glühemission 26

heiße Photoelektronen 17, **117**, 146, 178
  Elektronentemperatur 146
  Injektionsenergie 37, 120, 179
  Nachweis 118, 178, 179
  nichtrelaxierte 118
  relaxierte 120
Heterodynempfang 163
Heterostruktur 84, 131

Immersionsdetektor 212
Infrarotdetektoren siehe unter Strahlungsempfänger
Interbandübergänge 30, 69, 133
  k-erhaltende 35, 167
Intrabandübergänge 29, 124, 125

Konfigurations-Koordinaten 99, 113

Laserkühlung 121
Lawinenphotodiode 107, **194**
  großflächige 197
  Kanal- 143
  Multiplikationsfaktor 196
  Übergitter- 138
  Zeitverhalten 197
Lebensdauer 60, **87**
  Bestimmung 62, 73, 147
  gezielte Einstellung 98
  in schmallückigen Halbleitern 91, 112
lichtelektrische Gerade 4
lichtelektrische Proportionalität 7
lichtinduzierte Gitter 163, 164

Majoritätsträger
  Einstellung des Gleichgewichts 60
  -Photoeffekte **65**, 85
Mehrquantenabsorption
  beim äußeren Photoeffekt 152
  beim inneren Photoeffekt 150
Meßverfahren
  hoher Empfindlichkeit 192
  hoher Genauigkeit 191
  hoher Zeitauflösung 200
  mit reduziertem Hintergrund 115
Mikrokanalplatte 194
Minoritätsträger
  Einstellung des Gleichgewichts 60
  -Haftstellen 67
  -Photoeffekte 72, 76
MQW-Struktur **131**
Multiplier 140, 193
μ-Photoleitfähigkeit **118**, 122
  bei Intrabandübergängen 124
  zwischen Landauniveaus 123, 184
  im Ortsraum 143
  bei Subbandübergängen 120

NEA siehe Elektronenaffinität
nipi siehe Übergitter, Dotierungs-
Nobelpreise 7
Normalemissionsmessung 176

Oberflächen-
  anregung 41, 69, 71, 157, 158
  Photoeffekt 83, 86, 119, 149, 180
  potential 41
  Randschicht 40, 83
  rekombination 70, 71, 83
optische Orientierung 48, 119
optischer Vielkanalanalysator 198

PEM-Effekt 10, 70, 72, 156
  Abklingen 73, 157
Phasenfluorimetrie 147
Photoabsorption 147, 148, 156
Photodiode 75, 221
  Beschreibung nach Böer 106
  Beschreibung nach Carenkov 76, 77
  Funktionsweise 75, 208
  Hetero- 84
  Kennlinie 80

Lösung der Bilanzgleichung 76
MIS- 86, 221
MSM- 86, 202, 207, 208
pin- 76, 195
Schottky- 84, 85, 86, 226
Quantenausbeute 76
Zeitverhalten 79
Photoeffekt
äußerer **13**
Grundversuch 1
Merkmale 2
heißer Elektronen **117**
innerer **54**
in amorphen Photoleitern 63
mit Grundgitteranregung 55
mit Ausläuferanregung 54
Mehrquanten- 150, 152
nichtlinearer **150**
am *pn*-Übergang 75 ff.
Pseudo- 199
Zeitskalen 61, 146
photoelektromagnetischer Effekt siehe PEM-Effekt
Photoelektronenbeugung 175
Photoelektronenzählung 197
Photoelektronen-Spektroskopie 15, **166**
Anwendungsbeispiele **176**
Methodenübersicht 169
winkelaufgelöste 174
zeitaufgelöste 175
Photoemission
Drei-Schritt-Modell 15, 26, 174
feldverstärkte 43
Fowler-Nordheim-Theorie 24
von Halbleitern **35**
innere 132
inverse 173, 174
von Metallen **29**
von MQW-Strukturen 133
Oberflächenbedeckungen 32
polarisierter Elektronen **46**
Valenzband- 170, 171
Zeitdauer der 27, 45
Photo-Hall-Effekt 112, 156
Photokathoden 9, 10, 39
NEA- 41, 42, 48
Multialkaliantimonid- 39
Photoleitfähigkeit **65**, 70
Abklingen 157
negative 114
persistente 113
Störstellen- 111
Tilgung 115
bei Zyklotronresonanz 185, 214
Photostromverstärkung 67
Photoleitungsschalter 201
photometrische
Empfindlichkeit, Photokathoden 10
Maßeinheiten 187
Meßgrößen 187
-s Strahlungsäquivalent 186
Photon-drag **125**
Photonen-Recycling 158
Photoreflexion 149, 156
Photothyristor 206
Phototransistor 205
Potentialtopfmodell 18
Pump-and-Probe-Experimente 147
Putley-Detektor 214

Quantenausbeute (spektrale) 9
der Photodiode 78
der Photoemission 26, 39
der Photoleitfähigkeit 67, 118
Quasistationarität 156

radiometrische
Maßeinheiten 187
Meßgrößen 187
Temperaturmessung 189, 224
Rauschäquivalentleistung 104
Rauschen
Generations-Rekombinations- 90, 92
von Photodioden 106
Schrot- 51, 109
Widerstands- 105
Rekombination **87**
Auger- 93, 95, 116, 154

Herabsetzung der 116
extrinsische, intrinsische 88
nichtlineare **154**
nichtstrahlende 88, 89
strahlende 88, 154
Band-Band- 89, 95, 158
über Zentren 90, **95**
Rekombinationsrate 58, **87**
Relaxations-Halbleiter 64
Relaxationszeit
dielektrische (Maxwellsche) 60
Energie- 56, 87
Richardson-Gleichung 20, 26
Rumpfniveaus 13, 172, 173, 181

Schottkyeffekt 19, 135
Schottkysches Napfmodell s. Potentialtopfmodell
SEED 160
Sekundärelektronen 17, 27, 167
-emission 192
-vervielfacher 193
Shockley-Read-Hall-Modell **95**
Solarzellen **229**
Störstellenspektroskopie 183
Stoßionisation 93, 139
-skoeffizienten 138, 195
SPRITE 225
Strahlungsempfänger **186**
Absolutkalibrierung 191
Bewertung **186**
Bleichalkogenid- 211
Echtzeit- 204
elektrische Kalibrierung 192
energiedispersive 190
extrinsische 203
Germanium- 192, 210, 211
(Hg,Cd)Te- 110, 211
Infrarot- 208, 209, 210
Besonderheiten **103**
Betriebstemperatur 110
thermische 213
intrinsische 203
integrierende 216
für Lichtwellenleitertechnik 104, 207
Linearität 81, 187, 216, 219
ortsauflösende 188, 189
Silicium- 192
mit Grundgitteranregung 204
extrinsische 210
Transferfunktion 188
V_λ- 204
Subbandübergänge 120, 126
Streakverfahren 200
Synchrotronstrahlung 171, 192

thermalisierte Nichtgleichgewichtsträger 56
Townsend-Koeffizienten siehe Stoßionisationskoeffizienten
Tunnelbarrieren 135, 136
Tunneln 135
sequentielles resonantes 143, 144

Übergitter 131, 132, 185
Dotierungs- 140
Paarrekombination 141, 142
Kompositions- 132
-Lawinenphotodiode 138, 139
UPS 169

Vakuumniveau 14, 18

Welle-Teilchen-Dualismus des Lichtes 5

Xerographie 227
XPS 170

Zustandsdichte
energetische 24, 57, 58
Interband- 36
in i Dimensionen 130
im $\boldsymbol{k}$-Raum 24
im Phasenraum 22
des 2DEG 129

Halblei erphysik

Eine Einführung

von Karlheinz Seeger

Band I: *1992. XXXIX, 422 Seiten mit 180 Abbildungen. Kartoniert.*
ISBN 3-528-06506-0

Band II: *1992. XXXIII, 229 Seiten mit 123 Abbildungen. Kartoniert.*
ISBN 3-528-06507-9

Dieses Lehrbuch für Physiker und Elektrotechniker führt in die physikalischen Grundlagen der Halbleiterphysik ein und beschreibt ausführlich die damit verbundenen Anwendungen: Transistor, Dioden, Halbleiterlaser. Besonderer Wert wird auf das Verständnis der zugrundliegenden Transport- und Steuervorgänge gelegt. Es ist aber auch für Forscher und Bauteilentwickler gedacht.

Band I behandelt die Grundlagen, Bandstruktur, Ladungstransport und Streuvorgänge, andere Quanteneffekte, sowie den Lawinendurchbruch.

Band II führt ein in die optischen Eigenschaften der Halbleiter, geht aber auch auf neuere Entwicklungen wie Heterostrukturen oder den Quanten-Hall-Effekt ein.

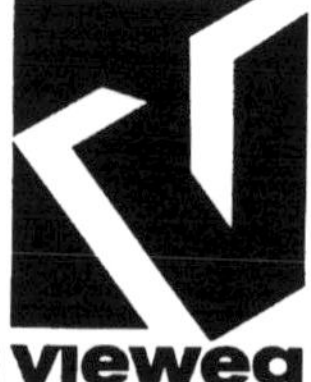

Verlag Vieweg · Postfach 58 29 · 65048 Wiesbaden

GPSR Compliance

The European Union's (EU) General Product Safety Regulation (GPSR) is a set of rules that requires consumer products to be safe and our obligations to ensure this.

If you have any concerns about our products, you can contact us on ProductSafety@springernature.com

In case Publisher is established outside the EU, the EU authorized representative is:

Springer Nature Customer Service Center GmbH
Europaplatz 3
69115 Heidelberg, Germany

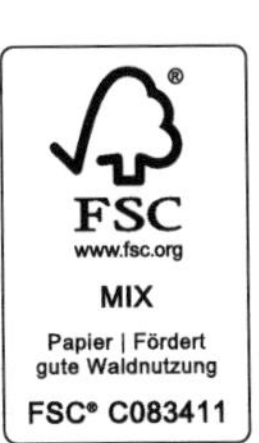

Zeitfracht Medien GmbH
Ferdinand-Jühlke-Straße 7
99095 Erfurt, Deutschland
produktsicherheit@kolibri360.de